国家科学技术学术著作出版基金资助出版

环保绝缘气体综合性能研究及应用

张晓星　田双双　李　祎　张　英　张国治　著

科学出版社

北　京

内 容 简 介

环保绝缘气体的研究及应用既符合绿色、低碳的发展理念，也是解决输配电制造业对强温室气体 SF_6 依赖使用问题的根本之策。本书围绕环保绝缘气体及设备研发，介绍了主要研究手段和方法，重点对目前主流环保绝缘气体的基础物化特性、绝缘及灭弧性能、稳定性及分解特性、设备材料相容性及生物安全性进行了深入分析与探讨，评估了各类环保绝缘气体的应用潜力，还介绍了环保气体绝缘设备国内外研发及应用情况，以及环保气体绝缘设备运维监测技术。

本书可作为从事气体绝缘装备制造、运维等工程应用领域技术人员的参考书，也能够为高电压与绝缘技术领域的高等院校学者提供参考。

图书在版编目（CIP）数据

环保绝缘气体综合性能研究及应用 / 张晓星等著. —北京：科学出版社，2023.6

ISBN 978-7-03-071204-2

Ⅰ. ①环… Ⅱ. ①张… Ⅲ. ①气体绝缘—输电线路 Ⅳ. ①TM726

中国版本图书馆 CIP 数据核字（2022）第 005374 号

责任编辑：叶苏苏 孙 曼 / 责任校对：杜子昂
责任印制：罗 科 / 封面设计：义和文创

科 学 出 版 社 出版
北京东黄城根北街 16 号
邮政编码：100717
http://www.sciencep.com
成都锦瑞印刷有限责任公司 印刷
科学出版社发行 各地新华书店经销
*
2023 年 6 月第 一 版 开本：720 × 1000 1/16
2023 年 6 月第一次印刷 印张：19 1/2
字数：475 000

定价：229.00 元

（如有印装质量问题，我社负责调换）

前　言

SF_6气体具有介质损耗极小、不燃、不爆、使用寿命长、价格经济及绝缘自恢复性优等特点，自20世纪60年代以来被广泛应用于各电压等级的输配电装备中，包括断路器、母线、变压器、开关柜等。SF_6气体绝缘设备也具有尺寸小、易于运行维护、安全可靠等优势，目前在我国特/超高压输电设备中占据绝对主导。

然而，SF_6的全球增温潜能值（global warming potential，GWP）是CO_2的23500倍，大气寿命长达3200年，被《京都议定书》列为六大类限制使用的气体之一。目前，SF_6在电力行业中使用量占其总产量的70%～80%，我国年需求量达7000t以上。同时，全球大气环境中的SF_6含量已经超过10ppt①，由SF_6引起的全球温升达到了0.004℃，且呈快速增长趋势。随着全球经济的不断发展，电力设备的需求也逐年增加，SF_6大量使用引起的温室问题不容忽略。全球主要经济体均制定了相应的税收、减排等政策限制SF_6的使用。

2020年我国提出“碳达峰、碳中和”减排目标，即二氧化碳排放力争于2030年前达到峰值，努力争取2060年前实现碳中和。在电力行业中，电力装备的绿色环保化是减排的重要内容之一。随着环保政策的逐步推进，寻找新型环保绝缘气体逐步替代SF_6气体是电力行业科研工作者、电网运营商以及电气设备制造商亟须解决的难题，也是构建新型电力系统和清洁高效能源互联网的必然选择。

本书介绍了SF_6气体绝缘输配电装备的应用现状及存在的主要问题，提出了环保绝缘气体及设备研发的研究背景、理论方法、试验手段等，系统总结和分析了现阶段主流环保绝缘气体的基础理化参数、绝缘及灭弧特性、分解及材料相容性、生物安全性等综合指标，指出了不同种类环保绝缘气体的性能优势及存在的问题，评估了其在中高压气体绝缘设备中的应用潜力；最后，介绍了国内外环保气体绝缘设备的研发及应用情况，以及环保气体绝缘设备运维监测方法等，展望了环保绝缘气体及设备未来的发展前景。全书共分为10章，其中第1章绪论主要介绍了环保绝缘气体研究背景，第2章总结了环保绝缘气体综合性能评价指标及研究方法，第3～9章系统介绍了常规气体、SF_6混合气体以及C_2F_6、C_3F_8、c-C_4F_8、CF_4、CF_3I、C_4F_7N、$C_5F_{10}O$、$C_6F_{12}O$和HFO等氟碳类气体的综合性能及设备研发、应用情况，第10章介绍了环保绝缘气体设计、合成进展，并展望了未来的研究重点和发展趋势。张晓星负责撰写第1、2、6、8章，田双双负责撰写第3、9章，李祎负责撰写第7、10章，张英负责撰写第4章，张国治负责撰写第5章。田双双、李祎负责全书图表及格式的编辑。

本书是作者及其研究团队对近10年来对环保绝缘气体绝缘、分解、材料相容、安全

① $1ppt=10^{-12}$。

性及设备研发等关键科学与技术问题系统研究后取得初步成果的总结。本书在研究过程中，得到了科技部国际合作项目“智能环保型刚性气体绝缘高压输电线路在线检测和预警研发”（2011DFR70460-1）、国家重点基础研究发展计划（973 计划）项目“气体绝缘设备早期及突发性故障机理与预测研究”、国家自然科学基金项目“SF_6等离子体降解无害化调控及高效降解研究”（51777144）、“全氟异丁腈混合气体局部放电分解副产物的生物安全性研究”（52107145）以及博士后创新人才支持计划（BX2021224）等的持续资助。研究团队的唐炬教授和肖淞、曾福平、潘成副教授给予了大量帮助与指导，文豪、李亚龙、叶凡超、崔兆仑、陈达畅、伍云健、张引等博士及戴琦伟、周君杰、韩晔飞、邓载韬、陈琪、张季、张跃、杨紫来、卫卓、柯琨等硕士在课题研究中付出了大量的精力；在设备研发、示范应用等过程中得到了广东、广西、江苏、浙江、贵州、重庆等省、自治区和直辖市电力和设备制造公司，以及襄阳湖北工业大学产业研究院的有关专家、技术人员的大力支持和资助。在此，作者表示诚挚的感谢。同时，本书还引用了国内外同行在本领域研究中取得的成果，也一并表示谢意。

由于作者水平有限，加之目前国内外针对环保绝缘气体的研究及应用仍处于初步阶段，本书疏漏之处在所难免，敬请广大读者批评指正。

作　者

2023 年 3 月

目　　录

第1章 绪　　论

1.1 SF_6气体简介

图 1.1　SF_6分子结构

1900 年，法国两位化学家 Moissan（穆瓦桑）和 Lebeau（勒博）合成了人造惰性气体六氟化硫（SF_6），SF_6 由卤族元素中最活泼的元素氟（F）和硫（S）原子结合而成，S 原子以 sp^3d^2 杂化轨道成键，其分子结构是六个 F 原子处于顶点位置而 S 原子处于中心位置的正八面体，S 原子和 F 原子以共价键连接，如图 1.1 所示[1]。其化学结构稳定，具有优良的绝缘性能和灭弧性能，是一种绝缘性能介于空气和油之间的超高压绝缘介质材料。

1.1.1 基本性质

SF_6 通常由电解产生的氟在中高温下与硫反应来制备。SF_6 分子量为 146.05，常温常压下为无色、无味、无毒、无腐蚀性、不燃、不爆炸的气体，密度约为空气的 5 倍，标准状态下密度为 6.14kg/m^3。在低温和加压情况下可呈液态，冷冻后变成白色固体。升华温度（sublimation point）为−63.9℃，熔点（melting point）为−50.8℃，临界温度为 45.55℃，临界压力为 3.78MPa。

SF_6 常温常压下的液化温度为−62℃，在 1.2MPa 压力下，液化温度为 0℃，可满足大部分电气设备运行温度的最低要求。SF_6 的导热系数低于空气[0.0267W/(m·K)]，但是 SF_6 的定压比热容远远高于空气，在分子扩散传输热量方面具有明显的优势。SF_6 的基本参数见表 1.1。

表 1.1　SF_6 的基本参数[2-4]

基本参数	数值
密度/(kg/m^3)（25℃，0.1MPa）	6.14
导热系数/[W/(m·K)]	0.0136
升华温度/℃	−63.9
熔点/℃	−50.8
临界温度/℃	45.55
临界密度/(kg/m^3)	730
临界压力/MPa	3.78
声速/(m/s)	136
折光率	1.000783
定压比热容[kJ/(kg·K)]	0.657
生成热/(kJ/mol)	−1221.66

1.1.2　绝缘性能

SF_6单硫多氟的对称结构，使其具有极强的电子亲和性。它的分子极易吸附自由电子而形成质量大的负离子，从而削弱气体中的碰撞电离过程，这也是其具有较高绝缘性能的原因。SF_6的绝缘能力为同一压力下空气的3倍。在较低的气压下仍能保持较好的绝缘性能，当气压足够大时其绝缘性能可以与油相当，高温下仍然比较稳定且自恢复性能较好。在25～125℃范围内，温度对SF_6气体分子的吸附电子过程基本不会产生影响。不同电场均匀度下SF_6的工频击穿电压见图1.2。

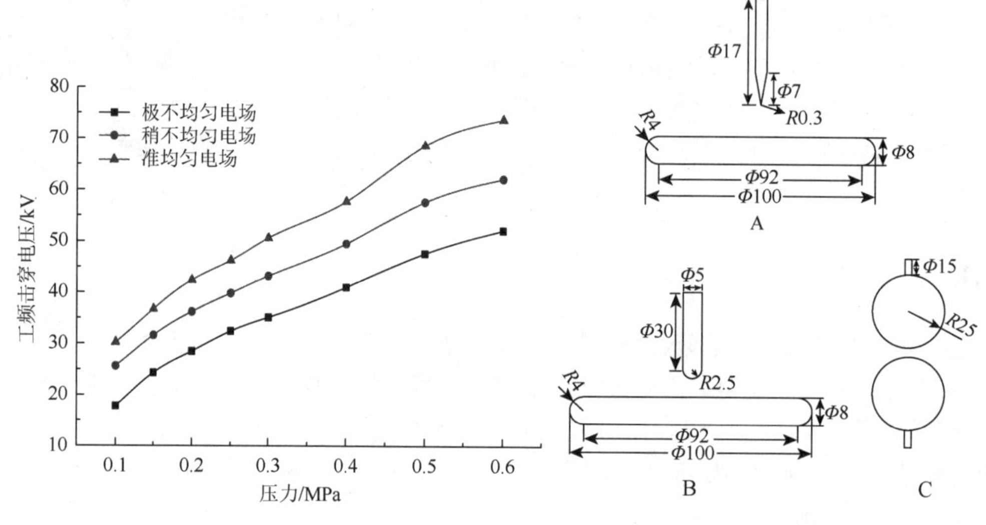

图1.2　不同电场均匀度下SF_6的工频击穿电压

A. 极不均匀电场（针-板电极）；B. 稍不均匀电场（棒-板电极）；C. 准均匀电场（球-球电极）；A、B、C中数据单位均为mm

在均匀间隙下，SF_6气体在气压0.1MPa时击穿电场强度约为8.9kV/mm，且击穿性能随着气压升高不断提升，在设备应用的气压范围内，击穿电压与气压基本呈线性关系并出现趋于饱和的状态。同时，SF_6对电场均匀度改变较为敏感，当电场不均匀度增加时，击穿电压下降较为明显，例如，设备内出现导电颗粒、突出物等电场集中部位时，较容易引起SF_6放电。

1.1.3　灭弧性能

SF_6具有优异的灭弧性能，其灭弧能力是空气的100倍，并且灭弧电流的极限电流值，随着电弧长度和充气压力值的增加呈现粗略的线性关系[5]。灭弧过程中，SF_6气体分子发生一系列物理化学过程形成含低氟硫化物的等离子体，电弧熄灭后各类粒子又复原为SF_6，即开断过程中触头间弧隙状态呈现绝缘—导体—绝缘的演变特性。通过调整设备的尺寸以及灭弧室内气体的气压值，可以满足不同电压等级断路器中额定短路电流的开断要求，一般 SF_6 断路器的充气压力为 0.6～0.7MPa。

1.2 SF_6 在电气设备中的应用及发展

随着当今科技的发展，SF_6 涉及的领域不断扩展，被越来越多的前沿科技领域广泛应用[6-8]。电子级高纯 SF_6 是一种理想的电子蚀刻剂，被大量应用于微电子技术领域。冷冻工业中 SF_6 作为制冷剂，制冷范围可在–45～0℃之间。采矿工业中 SF_6 用作反吸附剂，用于矿井煤尘中置换氧。高纯 SF_6 还因其化学惰性、无毒、不燃及无腐蚀性，被广泛应用于金属冶炼（如镁合金熔化炉保护气体）、航空航天、医疗（X 光机、激光机）、气象（示踪分析）、化工（高级汽车轮胎、新型灭火器）等。目前，全球生产的 SF_6 主要用于电力行业，占其总生产量的 70%～80%，主要用于各种电气设备中，如气体绝缘的断路器、互感器、高压套管、组合电器、开关柜、输电线路和变压器等。

早期的电气设备以空气或者矿物油作为绝缘或灭弧介质。SF_6 被合成后因为优良的性能成为新一代的绝缘和灭弧介质，将其应用在气体绝缘设备中可以大幅度降低设备的尺寸、空间高度和变电站的占地面积，实现设备和变电站的小型化。同时，设备的带电部件都密封在不同气压值的 SF_6 的气室中，大大提高了设备的安全性和可靠性。设备的小型化和单元化设计使得设备的检修和维护更为方便。基于以上优点，SF_6 气体在各种电气设备中逐渐推广应用，是目前最广泛的气体绝缘介质和灭弧介质。

1937 年法国首次将 SF_6 应用在高压绝缘电气设备中。美国西屋电气公司于 1953 年在负荷开关设备里开始使用 SF_6 气体来协助灭弧，并于 1955 年研制了第一台 115kV 1000MW 的断路器。1964 年德国西门子公司制造了第一台 220kV SF_6 断路器，并于 1968 年投入德国电力系统正式使用。美国、日本、俄罗斯等国家开始探究 SF_6 在变压器中的应用，并研制了 SF_6 变压器，与油浸式变压器相比，其在质量上最高可减少 40%，但是散热性能要低于油浸式变压器，对绝缘材料的热稳定性要求也更高。1965 年，第一台 SF_6 500kV 断路器在美国开始使用[8]。1967 年美国制造出了第一套以 SF_6 气体为绝缘介质的气体绝缘断路器（gas insulated switchgear, GIS）并首次在德国投运，至 1972 年，法国、瑞士、日本、德国和美国等国家的大城市都已经装有 110～245kV GIS。之后，SF_6 在输电线路中也开始逐步应用[9]。1972 年，世界上第一条交流气体绝缘线路（GIL）在美国新泽西州的 Hudson 电厂落成，该条输电线路电压等级为 242kV，载流量为 1600A，由麻省理工学院与 CGIT 公司共同开发完成。1975 年，德国建设了欧洲第一座 GIL 工程，其电压等级达到 400kV，并使用了斜井敷设的方法，以应对山顶的高落差。1980 年，日本三菱电机、东芝公司等开发出电压等级在 275kV 的 GIL，并在 1998 年建设了当时世界上最长的输电线路，该线路总长达到 3.3km，使用隧道敷设方式。SF_6 在电气设备中的应用逐步得到认可，并迅速发展，被广泛应用于电力系统的高压和超/特高压领域。

国内对 SF_6 气体绝缘设备的研发和使用起步略晚，20 世纪 60～90 年代设备来源主要依靠进口[10]。1967 年西安高压电器研究院有限责任公司开始研制 110kV GIS，并于 1971 年开始试用。1971 年，我国进口了西门子公司三台 220kV SF_6 断路器，并开始自主研发高电压等级的 SF_6 气体绝缘设备。1979 年，我国引进法国 Merlin Gerin（MG）公司 72.5～500kV 的一系列断路器。在“七五”计划（1986～1990 年）期间，我国共引进国外 SF_6 开关设备 1700 余台，图 1.3 为主要引进设备的来源和电压等级分布。2007 年，我国具有自主知识产权、技术水平先进的 800kV 罐式断路器和 GIS 已投产。

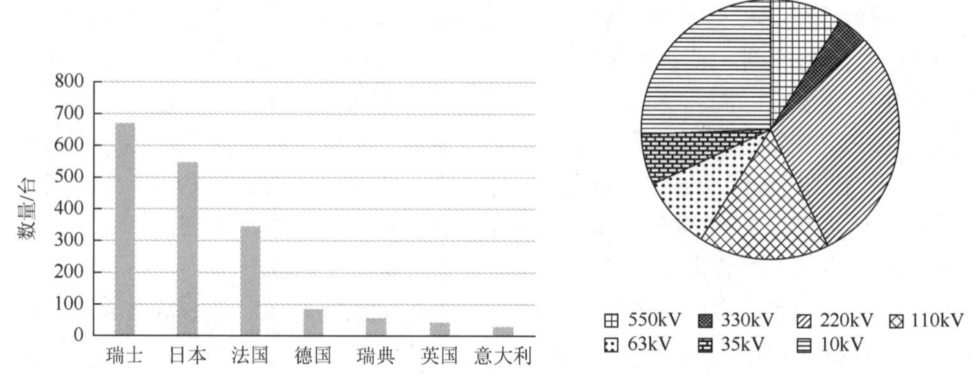

图 1.3　1986～1990 年我国 SF_6 设备进口国家和电压等级分布

从 20 世纪 90 年代开始，我国部分城市开始使用 110kV SF_6 变压器，前期主要依赖进口，2005 年，在借鉴国外技术的基础上，自行研制成功 110kV、容量为 40～80MW 的系列 SF_6 变压器，并实现批量生产。2014 年，国内首次研制的 220kV SF_6 变压器投入运行。GIL 技术在 20 世纪 90 年代被应用到我国电力系统中，经过多年的发展，GIL 已经在我国逐渐推广应用，如大亚湾岭澳核电站 500kV GIL 工程和青海拉西瓦水电站 800kV GIL 工程。2019 年，苏通 GIL 综合管廊工程投运，是全球首条特高压 1000kV GIL 过江综合管廊（图 1.4）[11]，首次将大直径盾构隧道应用于过江 GIL 电力输送，是目前世界上电压等级最高、输送容量最大、技术水平最高的超长距离 GIL（管廊隧道长 5468.5m），实现了世界电网技术的新跨越。

图 1.4　苏通 GIL 正式投运

随着经济发展和电网建设的不断推进，我国逐渐在气体开关设备上取得突破，尤其在超高压和特高压开关设备方面，达到了世界先进水平。

1.3　SF_6存在的主要问题

SF_6突出的性能使其成为目前电力设备中使用最广泛的气体绝缘介质和灭弧介质，使用量也随着电力行业的发展和建设逐年增加。随着环境保护政策的逐步落实，SF_6作为一种典型的温室气体，被要求限制使用。除此之外，液化温度和分解产物的毒性也是应用过程中需要考虑的问题。

1.3.1　温室效应

随着全球温室效应的蔓延，温室气体的使用和排放越来越引起全球各国的关注。美国前总统奥巴马发表在 *Science* 中的论文指出如果不对温室气体排放进行限制，到 2100 年可能导致全球平均气温增加 4℃或更多[12]。1997 年《京都议定书》中明确了温室气体的种类，包括二氧化碳（CO_2）、甲烷（CH_4）、氧化亚氮（N_2O）、氢氟碳化物（hydrofluorocarbons，HFCs）、全氟化碳（perfluorocarbons，PFCs）、六氟化硫（SF_6），其中 SF_6 的全球增温潜能值（GWP）为 CO_2 的 23500 倍，大气寿命长达 3200 年，被要求在 2020 年以前逐渐减少使用。

1995 年以来，全球监测实验室（global monitoring laboratory）开始对大气中 SF_6 含量进行监测（图 1.5），发现 SF_6 在大气中的含量逐年递增，每年增加值约为 0.28ppt。目前大气中 SF_6 的含量已经超过 10ppt，由 SF_6 引起的全球温升已达到了 0.004℃，且呈现上升趋势[13]。

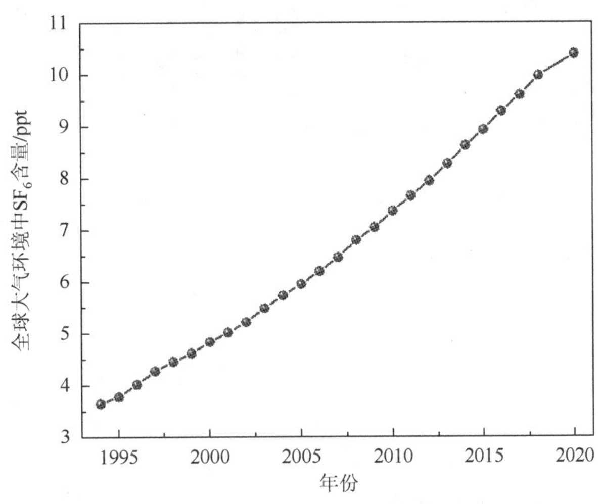

图 1.5　SF_6 在大气中的含量变化情况

目前，全球电力行业 SF_6 的年使用量占其年产量的 70%～80%。根据 2019 年发布的《电力行业六氟化硫替代技术研究报告》，2018 年我国仅 GIS 设备 SF_6 气体的使用量接近 7000t，相当于 1.65 亿 t CO_2（图 1.6）。为限制 SF_6 的使用和排放，部分国家已经出台了一系列政策法规和征税措施。例如，目前欧盟成员国中已有西班牙、瑞典、波兰、丹麦、挪威、斯洛文尼亚对包括 SF_6 在内的 HFCs 气体征收排放税，税额按照每吨（等当量 CO_2）15～50 欧元收取。法国政府对新安装的含氟气体设备强制征收每千克 6.52 欧元的排放税，并对每吨（等当量 CO_2）HFCs 气体征收 30.5 欧元的排放税。另外，美国《清洁空气法》第 202（a）条款将 SF_6 列为“对当代和后代的健康和福利造成威胁的温室气体”。

然而，世界主要国家和地区的 SF_6 排放量仍呈增长趋势，其中我国 SF_6 年排放量由 2000 年的 523t 增加到了 2010 年的 2573t（增长了 392%）。国务院发布的《“十三五”控制温室气体排放工作方案》明确指出要进一步加大 SF_6 等非 CO_2 温室气体的控排力度。习近平主席在第七十五届联合国大会一般性辩论上的讲话提出了我国应对气候变化新的国家自主贡献目标和长期愿景，即“中国将提高国家自主贡献力度，采取更加有力的政策和措施，二氧化碳排放力争于 2030 年前达到峰值，努力争取 2060 年前实现碳中和”。在“碳达峰、碳中和”的背景下，寻找环保型气体绝缘介质应用于输配电设备既符合绿色、低碳的发展理念，也是解决输配电制造业对强温室气体 SF_6 依赖使用问题的根本之策。

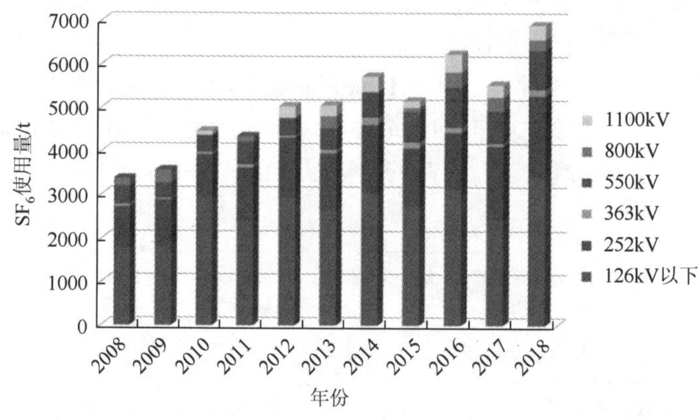

图 1.6　我国 GIS 设备 SF_6 年使用量

1.3.2　极寒地区液化

SF_6 的液化温度为–62℃，SF_6 高压断路器的气压在 0.6～0.7MPa，而 GIS 中除断路器外其余部分的充气压力一般不超过 0.45MPa。对于中低压设备如 40kV 以下具有封闭气室的开关柜、环网柜等，气室内的充气压力一般不超过 0.2MPa。根据 SF_6 液化温度与充气压力的关系曲线可以得到不同设备内气体的液化温度范围（图 1.7）。充气压力为 0.75MPa，则对应的液化温度约为–18℃；充气压力为 0.45MPa（GIS 中大部分间隔气室内的气压值），则对应的液化温度约为–33℃。在我国大部分地区，SF_6 绝缘设备都能满足最低温度运行要求，但是在高寒地区需要采取加热措施，如我国东北、新疆地区。

20 世纪 80 年代，通用电气等设备企业研发人员开始探索潜在的各种气体绝缘介质，以寻求液化温度更低且绝缘性能优异的气体，通过对几十种气体的综合性能对比发现，SF_6 仍然是最优异的绝缘介质。当然，当前寻找新型绝缘介质的主要矛盾不再是液化温度的问题。

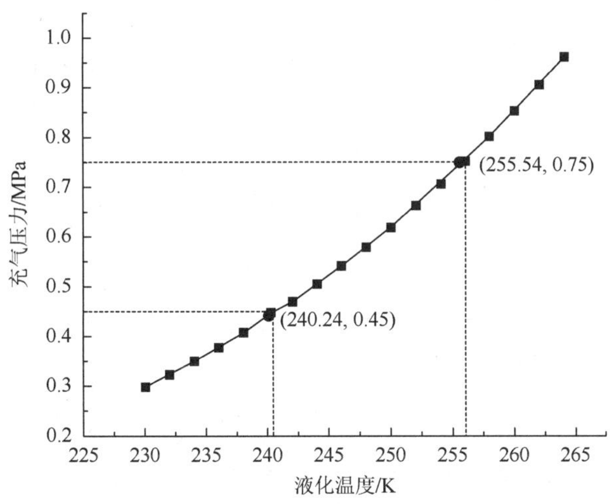

图 1.7　SF_6 液化温度与充气压力的关系曲线

1.3.3　分解产物毒性

SF_6 气体分子具有较好的化学惰性且无毒，但由于设备制造质量控制不严，遗留的金属微粒、因设备运行中的机械摩擦或振动而形成的金属毛刺或粉末、因导体与支撑绝缘子剥离形成的微小气隙，以及检修后腔体内遗留的金属物件等潜伏性绝缘缺陷会导致设备内部电场发生畸变，使设备在运行过程中逐渐发生放电性绝缘故障，故障初期会诱发产生不同形式和程度的局部放电（partial discharge，PD）。同时，由于气体绝缘设备内部高压导杆的连接大量采用触指与触头结构，这些插接结构常因制造、安装或检修工艺的不足，容易出现镀银不均、脱落或者形成氧化层等问题，或者在运行中由于设备的振动导致插接不良等，最终会因触头有效接触面积减小造成接触电阻过大而引发局部过热性故障。局部放电激发的强电磁能或局部过热性故障产生的灼热高温均会导致气体发生不同形式和程度的分解，分子的化学键发生断裂、重组。SF_6 在气体分子吸收能量时如放电过热作用下，化学键断裂失去 F 原子而产生低氟硫化物（SF_5、SF_4 等），但是由于 SF_6 具有较好的复原性能，F 原子与 S 原子结合重组成 SF_6 的概率极大，这也是 SF_6 能保持优异的灭弧性能的重要原因。然而，即使在高纯 SF_6 中也难免存在微量的水分子和氧分子（ppm①级别），在断键过程中，低氟硫化物与少量的 O_2 和 H_2O 反应可生成各类氟化物，甚至产生毒性极大的 S_2F_{10}、HF 等[14-16]。

① $1ppm = 10^{-6}$。

此外，SF_6作为灭弧介质使用时，断路器的每次开合均会形成温度高达 20000K 以上的等离子体，燃弧和熄弧过程中形成各种气体分解产物，并且等离子体与断路器的金属表面相互作用，形成固体反应产物。表 1.2 中列出了 GIS 主要故障下的分解产物类型。目前SF_6分解机理的研究和分解产物检测已经成为实现SF_6气体绝缘设备在线监测和故障诊断的重要手段。

表 1.2　GIS 放电故障类型与分解产物之间的对应关系（IEC 60480：2019）

故障部位	放电故障类型	可产生的分解产物
主气室	局部放电（电晕和火花放电）	HF、SOF_4、SOF_2、SO_2F_2、SO_2
开关设备	开关电弧	HF、SOF_4、SOF_2、SO_2F_2、SO_2、CuF_2、SF_4、WO_3、CF_4、AlF_3
	金属腐蚀	金属粉尘、微粒
内部电弧	各种材料的熔化和分解	HF、SO_2、SOF_4、SOF_2、SF_4、SO_2F_2、CuF_2、WO_3、CF_4、AlF_3、FeF_3、金属粉尘、微粒

值得注意的是，SF_6在放电或过热情况下生成的大部分分解气体及部分固体产物对人身安全和健康有不同程度的威胁。1988 年，美国电力工人在SF_6设备检修过程中出现不同程度的中毒，两个电力工人进行现场维修工作时吸入SF_6的分解产物，出现呼吸困难、咯血等一系列症状，并且临床观察发现SF_6的主要分解产物对肺泡毛细血管膜有直接的影响，可导致肺水肿、低氧血症、心律失常和轻度组织酸中毒[17]。1990 年，加拿大 6 名电气工人在维修时接触到SF_6分解产物，他们在无防护情况下于封闭空间接触超过 6h（12h 内）。初期症状包括气短、胸闷、咳嗽、眼鼻刺激、头痛、疲劳、恶心和呕吐等。接触终止后症状减弱，但 4 名工人的症状持续了 1 个月。肺部影像学显示，1 名工人出现暂时性的肺不张，1 名工人出现左下肺叶的轻微弥漫性浸润，另有 1 名工人肺功能检查显示短暂阻塞性变化[18]。表 1.3 为SF_6主要分解产物对人体健康的影响和阈限值（threshold limit value，TLV）。

表 1.3　SF_6主要分解产物对人体健康的影响和阈限值[19-22]

分解产物	健康影响	TLV/ppm
SF_2	无毒	—
SF_4	吸入可导致肺部损伤，影响呼吸系统，其毒性与光气毒性相似	0.1
S_2F_2	有毒，具有刺鼻气味，破坏呼吸系统	0.5
SOF_4	具有腐蚀性，对眼睛、皮肤具有刺激性	0.5
S_2F_{10}	有毒，毒性约为光气的 4 倍，可引起休克、急性肺水肿	0.01
SO_2	对上呼吸道和肺部有很强的刺激性，主要损伤上呼吸道，大量急性吸入可引起肺水肿和呼吸麻痹	2
SOF_2	有毒，可引起严重的肺水肿和黏膜刺激	1.6
SO_2F_2	有毒，吸入很快就会导致死亡	5

续表

分解产物	健康影响	TLV/ppm
HF	高毒，具有强腐蚀性、强刺激性，对呼吸道黏膜及皮肤有强烈的刺激和腐蚀作用。吸入较高浓度 HF，可引起眼及呼吸道黏膜刺激症状，严重者可发生支气管炎、肺炎或肺水肿，甚至发生反射性窒息	3
CS_2	高浓度时具有麻醉作用。可通过呼吸道及皮肤侵害人体机能，主要使中枢神经中毒引起神经系统疾病，对生物有剧毒	10
CO	与血液中的血红蛋白结合，导致缺氧	50
WF_6	有剧烈的刺激性，遇潮湿、空气或水分解，散发有剧毒和腐蚀性的 HF 烟雾。对眼睛、皮肤和黏膜能引起非常严重的烧伤	0.1
SiF_4	有毒，具有腐蚀性，高浓度暴露可能会产生肺部刺激	0.6

注：TLV 是一个时间加权平均浓度，对于每天 8h 每周最多 40h 的暴露，指的是预计不会产生不良健康影响的浓度值。

综合以上原因，除了限制 SF_6 的排放和进行合理循环利用，寻找绝缘和灭弧能力较强、生物安全性好的新型环保气体成为电力行业目前的重要研究课题，也是电气设备制造业面临的重大挑战。

参考文献

[1] Maiss M，Brenninkmeijer C A M. Atmospheric SF_6：trends，sources，and prospects. Environmental Science & Technology，1998，32（20）：3077-3086.

[2] Koch D. SF_6 properties，and use in MV and HV switchgear. Cahier Technique，2003：188.

[3] Malik N H，Qureshi A H. A review of electrical breakdown in mixtures of SF_6 and other gases. IEEE Transactions on Electrical Insulation，1979，（1）：1-13.

[4] 张晓星，田双双，肖淞，等. SF_6 替代气体研究现状综述. 电工技术学报，2018，33（12）：2883-2893.

[5] Lingal H J，Strom A P，Browne T E. An investigation of the arc-quenching behavior of sulfur hexafloride [includes discussion]. Transactions of the American Institute of Electrical Engineers. Part Ⅲ：Power Apparatus and Systems，1953，72（2）：242-246.

[6] Murphy K P，Stahl R F. Process of refrigeration using mixture SF_6 and $CHClF_2$：US 3642639. 1972-02-15.

[7] Tsai W T. The decomposition products of sulfur hexafluoride（SF_6）：reviews of environmental and health risk analysis. Journal of Fluorine Chemistry，2007，128（11）：1345-1352.

[8] van Sickle R C，Yeckley R N. A 500-kV circuit breaker using SF_6 gas. IEEE Transactions on Power Apparatus and Systems，1965，84（10）：892-901.

[9] 肖登明，阎究敦. 气体绝缘输电线路（GIL）的应用及发展. 高电压技术，2017，43（3）：699-707.

[10] 漆振侠. 我国进口 SF_6 开关设备调查综述. 华中电力，1992，（S1）：14-18.

[11] 国网特高压事业部. 苏通 GIL 综合管廊工程. 电力勘测设计，2020，（7）：5.

[12] Obama B. The irreversible momentum of clean energy. Science，2017，355（6321）：126-129.

[13] Zhang X X，Xiao H Y，Tang J，et al. Recent advances in decomposition of the most potent greenhouse gas SF_6. Critical Reviews in Environmental Science and Technology，2017，47（18）：1763-1782.

[14] 唐炬，杨东，曾福平，等. 基于分解组分分析的 SF_6 设备绝缘故障诊断方法与技术的研究现状. 电工技术学报，2016，31（20）：41-54.

[15] Wock S. On the toxicity of SF_6 insulating gas. IEEE Transactions on Electrical Insulation，1984，EI-19（2）：156.

[16] Griffin G D，Sauers I，Christophorou L G，et al. On the toxicity of sparked SF_6. IEEE Transactions on Electrical Insulation，1983，EI-18（5）：551-552.

[17] Pilling K J，Jones H W. Inhalation of degraded sulphur hexafluoride resulting in pulmonary oedema. Occupational Medicine，

1988，38（3）：82-84.

[18] Kraut A，Lilis R. Pulmonary effects of acute exposure to degradation products of sulphur hexafluoride during electrical cable repair work. Occupational and Environmental Medicine，1990，47（12）：829-832.

[19] Liu C，Palanisamy S，Chen S，et al. Mechanism of formation of SF_6 decomposition gas products and its identification by GC-MS and electrochemical methods：a mini review. International Journal of Electrochemical Science，2015，10：4223-4231.

[20] Griffin G D，Nolan M G，Easterly C E，et al. Concerning biological effects of spark-decomposed SF_6. IEEE Proceedings A，1990，137（4）：221-227.

[21] Tian S S，Zhang X X，Cressault Y，et al. Research status of replacement gases for SF_6 in power industry. AIP Advances，2020，10（5）：050702.

[22] Li X W，Zhao H，Murphy A B. SF_6 alternative gases for application in gas-insulated switchgear. Journal of Physics D：Applied Physics，2018，51（15）：153001.

第 2 章　环保绝缘气体的评价指标及研究方法

根据电气设备安全、环保运行的基本要求，目前在电气设备中应用的气体介质需要满足以下条件。

（1）较强的绝缘强度。针对不同的设备以及不同的应用环境作为绝缘介质或灭弧介质使用的气体，可达到与 SF_6 相当或相近的效果，需要满足设备的运行要求。

（2）满足环保性。气体的排放对环境无害，无温室效应或远远低于 SF_6 的温室效应，对臭氧层无破坏。

（3）安全性。气体本身无毒或毒性足够低，对人身、生态不会产生不利的影响，并且气体在电、热故障下分解后的产物也具有良好的安全性能。

本章将从评价环保绝缘气体的详细参数入手，对基本含义、理论依据以及试验手段等方面进行阐述。

2.1　基 本 参 数

2.1.1　基本性质

在筛选环保气体时，首先考虑的是基本物理化学参数，包括分子结构、密度、临界点参数、导热系数、挥发性、稳定性等基本参数及性能，现场应用最重要的考察指标是液化温度。目前大部分具有应用潜力的气体绝缘介质的液化温度均高于 SF_6，部分纯气体不满足设备运行最低温度的要求，因此需要考虑与液化温度较低的缓冲气体配合以满足设备运行的要求。混合气体的液化温度一般以主绝缘气体的饱和蒸气压来衡量，保证在确定的气压下主绝缘气体的分压低于饱和蒸气压。气体的饱和蒸气压可以通过试验得到，一般可根据数据点拟合 Antoine（安托万）方程来获取饱和蒸气压的变化曲线。典型的 Antoine 方程见式（2.1），SF_6 的饱和蒸气压变化曲线见图 1.7。

$$\ln P = A - B / (T + C) \tag{2.1}$$

式中，A、B 和 C 为常数，不同的气体常数不同。

由于不同地区的电气设备运行温度范围略有不同，气体在应用过程中需要根据应用场景确定其混合比和气压。一般设备根据应用地区及室内/户外等不同，最低运行温度从−5℃至−40℃不等，在严寒气候地区可能要达到−50℃[1-3]。

2.1.2　环境参数

环境参数主要从环保角度考虑，最重要的评价指标为气体的 GWP。GWP 是联合国政府间气候变化专门委员会（Intergovernmental Panel on Climate Change，IPCC）为了计算全球变暖趋势而专门提出的概念，IPCC 第三次评估报告中定义了 GWP 的计算方法。GWP 的定义为：从瞬时脉冲排放 1kg 某物质 i 起，一段时间内引起辐射强迫的积分，与同条件下释放 1kg 参考气体，即 CO_2 在对应时间引起辐射强迫积分的比值，为该物质的 GWP[4, 5]。

$$\mathrm{GWP}_i(H)=\frac{\int_0^H \mathrm{RF}_i(t)\mathrm{d}t}{\int_0^H \mathrm{RF}_{\mathrm{CO_2}}(t)\mathrm{d}t} \tag{2.2}$$

式中，H 为计算时的时间阈值，与物质的大气寿命相关，可通过该物质与大气中的活性物种的反应过程来求得；$\mathrm{RF}(t)$为辐射强度，可通过红外吸收光谱测定，目前也有学者通过量子化学的计算方法实现辐射强度的计算。

2.1.3　安全性参数

对绝缘气体介质的毒性参数评价主要是从气体对从业人员的人身安全考虑，包括毒性基本参数：急性大鼠（小鼠）半数致死浓度（LC_{50}）、气体对各器官的损伤等。对于生产厂家和运维人员来说，其可能长期接触气体。因此，除了要对环保型气体急性致死浓度进行研究外，还亟须对更长时间周期（2 周、3 周、1 个月和 2 个月）的亚急性毒性、中长期（3 个月和半年）毒性进行深入研究，明确气体对个体靶器官的毒性作用机理，测试其致细胞突变性、遗传毒性等。

参考欧盟相关标准 *Registration, Evaluation, Authorization, and Restriction of Chemicals*（EC 1907/2006），新替代气体的工业应用应根据年使用量的增加逐级开展更为严苛的毒理学测试，以明确其大规模应用的安全性，保证气体大量应用时不会对人类产生慢性毒性的威胁。表 2.1 给出了气体在不同年使用量条件下应开展的各类测试项目。

表 2.1　不同气体年使用量下致突变测试项目

项目	年使用量/t			
	>1	>10	>100	>1000
细菌体外基因致突变测试	√	√	√	√
哺乳动物体外细胞或微核遗传毒性测试		√	√	√
哺乳动物体外细胞致突变测试		√	√	√
体内细胞遗传毒性测试			√	√
第二次体内细胞遗传毒性测试				√
生殖细胞致突变测试			√	√

另外，电弧开断、设备长期运行及故障条件下混合气体将发生分解，分解产物对设备生产及运维带来的安全隐患也需要引起重视。

2.2 绝 缘 性 能

评价气体的绝缘性能，宏观参数主要包括试验测试不同气体的击穿电压、局部放电电压以及伏秒特性，试验中电压类型、电场均匀度、充气压力以及混合气体的混合比都是判断绝缘性质的重要影响因素。微观参数主要体现在气体分子与电子之间的相互作用，即在放电过程中电子崩参数如电离系数、附着系数、临界击穿场强等，也可用于评判气体的绝缘性能。

2.2.1 宏观参数

1. 击穿电压

气体的绝缘强度是指气体不发生击穿的能力，击穿特性是研究绝缘介质耐压水平的关键指标，一般可通过施加不同类型的电压（交流、直流、雷电冲击）获取。影响击穿电压的因素包括气压、电场均匀度。考虑到目前大部分绝缘介质的研究采用混合气体，缓冲气体类型、混合比也成为绝缘性能的重要决定因素。

1）气压

气压的不同体现在气体分子的密度不同，在较大的分子空间密度下，电子运动碰撞频率增加，导致电子的自由程减小，同时绝缘气体对电子具有吸附作用，因此增加气压可以有效抑制放电过程的发展。一般情况下增加气压可以有效提高气体的绝缘能力，但是击穿电压并不是与气压呈简单的线性关系，当分子密度足够大时，增加气压对绝缘能力的提升不再明显。同时，对于在设备中的应用，增加气压对绝缘气室的安全性和气密性的要求也更严格，因此合理确定绝缘气体的气压是气体应用和设备研发的重要步骤。

2）电场均匀度

气体绝缘电气设备内部存在各种机械结构，导致内部电场均匀度也不尽相同。此外，由于工业制造水平的限制、装配过程中引入金属杂质和设备老化变形等因素，设备内部局部区域电场也有可能发生变化。绝缘介质对电场均匀度的敏感程度直接影响着气体的绝缘能力，进而影响设备的安全和使用寿命。因而有必要对气体在不同电场均匀度下的耐电性能展开研究。

电场的均匀程度由电场均匀度 η 来衡量[7]：

$$\eta = \frac{E_{av}}{E_{max}} \tag{2.3}$$

$$E_{av} = \frac{U}{d} \tag{2.4}$$

式中，E_{av} 为平均场强；E_{max} 为最大场强；U 为电极间电压；d 为电极间距。

3）气体的混合比

分析混合气体击穿电压与混合比的关系的目的在于寻找最优混合比。协同效应一般用来表征混合气体的击穿电压与混合比之间的非线性关系。当两种气体（至少一种是具有良好绝缘性能的气体）混合时，混合气体的绝缘性能随绝缘气体含量的增加呈现出四种不同的变化形式：负协同效应、线性关系、协同效应和正协同效应[8]。若混合气体的绝缘强度比两种组成气体按分压加权的绝缘强度之和求得的绝缘强度要高，则混合气体呈协同效应，反之，混合气体呈负协同效应；若混合气体的绝缘强度在一定混合比范围内比任一组成气体要高，则混合气体呈正协同效应。呈负协同效应型的混合气体极少。协同效应越明显，混合气体作为绝缘气体越有优势。但仅根据图形很难辨别协同效应的强弱，引入协同效应指数 C，C 与气压及混合比 k 的关系如式（2.5）所示[7, 8]：

$$V_m = V_2 + \frac{k(V_1 - V_2)}{k + (1-k)C} \quad (V_1 > V_2) \tag{2.5}$$

式中，V_1 为强电子亲和性气体（SF_6 或其他替代气体）的击穿电压；V_2 为某种缓冲气体（如 CO_2）的击穿电压；V_m 为强电子亲和性气体与缓冲气体按混合比 k 混合后的击穿电压；C 为常数。具体分类标准如下：

（1）$k < m$ 时，$C < 0 \cup m \ll k < 1$ 时，或 $C > 1$ 时，m 为混合气体的击穿电压等于 V_2 时对应的混合比 k 值，则混合气体属于负协同效应型，C 值越大，负协同效应越明显；

（2）$C = 1$，则混合气体属于线性关系型，V_m 随着 k（$0 \leqslant k \leqslant 1$）的增长由 V_2 线性增长到 V_1；

（3）$0 < C < 1$，则混合气体属于协同效应型，且 C 越接近 0，协同效应越明显；

（4）$k < m$ 时，$0 < C < 1 \cup m \leqslant k < 1$ 时，或 $C < 0$ 时，m 为混合气体的击穿电压等于 V_1 时对应的混合比 k 值，则混合气体属于正协同效应型，C 值越小，正协同效应越明显。

2. 局部放电电压

气体绝缘设备的故障前期一般会产生局部放电，局部放电的发展会引起绝缘性能进一步劣化。因此，气体绝缘介质的局部放电电压也是表征气体绝缘性能的重要特征参数，包括局部放电起始电压（partial discharge inception voltage，PDIV）和局部放电熄灭电压（partial discharge extinction voltage，PDEV）。测量方法参照国标 GB/T 7354—2018 中的要求进行。根据国标，局部放电起始电压定义为局部放电脉冲参量幅值超过某一规定阈值时的最低施加电压。针对试品上已出现的明显局部放电信号，随着外施电压的降低，局部放电脉冲幅值低于某一规定制定值时的外施电压定义为局部放电熄灭电压。国标 GB/T 17648—1998 中对液体绝缘介质局部放电起始电压的定义为在规定条件下试验液体样品时，发生视在电荷大于或等于 100pC 的局部放电时的最低电压。通常情况下气体绝缘介质局部放电形成稳定脉冲信号对应的视在电荷低于液体绝缘介质。

一般情况下，相同条件下起始电压要高于熄灭电压，根据流注理论中气体自持放电的条件，在局部放电形成过程中，需要积累足够的电离过程形成相对较大的流注电流，当气体间隙出现流注时维持流注的电流要远远小于引发放电的电流值，因此当气体在外加电压下出现放电时需要降低电压值才能明显减小其自持放电的电流，从而使形成的流注熄灭。

3. 宏观参数的测量方法

气体的绝缘性能，包括击穿电压和局部放电电压，都可采用试验测量的方法获取。

采用的气体放电综合试验平台（工频交流）回路如图 2.1 所示。平台中 1～6 可组成击穿电压测量平台，与 7～9 连接后可利用脉冲电流法测量局部放电电压，依据 IEC 60270：2015 标准实施，环境温度一般控制在 25℃。

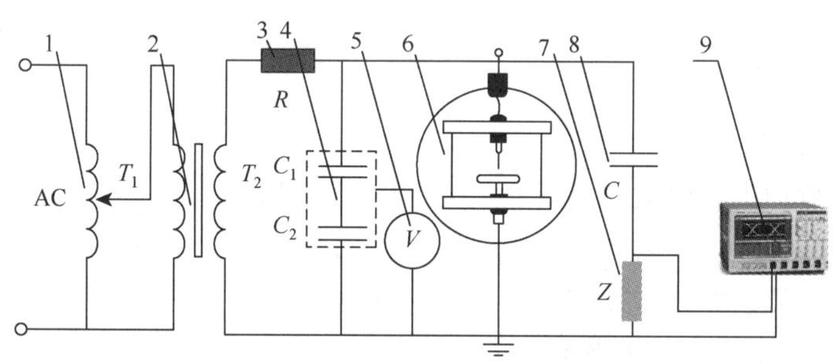

图 2.1　试验平台接线图

1. 感应调压器；2. 无晕试验变压器；3. 保护阻抗；4. 电容分压器；5. 电压表；6. 气体绝缘性能试验装置；7. 耦合电容；8. 无感检测阻抗；9. 数字存储示波器

2.2.2　微观参数

如前所述，气体的绝缘强度是指气体不发生击穿的能力，具有高绝缘强度的一个重要因素是气体分子能够在宽的能量范围内附着电子形成稳定负离子，阻止由电子与分子碰撞引起电子数量增长。经典的气体放电理论分为汤森放电和流注放电，适用于不同的气体压力（P）和电极之间的距离（d）[9, 10]。两种放电理论中均提出了气体出现自持放电的判断依据，即气体由放电直至击穿的过程计算。对各类绝缘气体性能的研究过程中，表征气体放电至击穿过程的主要物理量包括电离系数、附着系数和临界击穿场强。尤其在强电子亲和性气体中，分子的吸附过程对放电的抑制作用不可忽略，只有电场与分子密度比值（约化电场，E/N）大于临界击穿场强$(E/N)_{cr}$（即分子电离系数和附着系数相等时对应的场强）时，击穿才有可能发生。

1. 电离系数

在外加电场的作用下，电子在气体中运动与气体分子发生碰撞，电子碰撞引起的电离过程用电离系数 α 表示，它表示一个电子沿电场方向运动 1cm 时，平均发生的碰撞电离次数。

2. 附着系数

大部分强电子亲和性气体具有较好的电子吸附特性，中性分子吸附电子的过程称为附着过程。与电离系数的定义相似，单位距离内分子发生吸附的次数被定义为附着系数 η。附着系数和电离系数都是表征气体放电过程中分子行为的概率数值，用于描述气体中电子增加和减少的行为特性，一般用两者的差值与分子密度的比值衡量气体在均匀电场中的绝缘能力。

根据汤森放电的原理中电子崩发展的规律，在较小的气压下采用稳态汤森放电试验可以通过测量多组放电电流和极板间距 d，拟合得到不同折合电场（E/N）下电离系数和附着系数值，拟合公式见式（2.6）：

$$I = I_0\left[\frac{\alpha}{\alpha-\eta}\mathrm{e}^{(\alpha-\eta)d} - \frac{\eta}{\alpha-\eta}\right] \tag{2.6}$$

3. 临界击穿场强

根据电离系数和附着系数的变化曲线得到两个系数在折合电场下的交点，即对应临界击穿场强，该参数能够反映气体放电过程的绝缘性能。

大多数强电子亲和性气体在均匀电场中的击穿电压，根据 Paschen（帕邢）定律，仅是气体压力（P）和电极之间的距离（d）的函数。在 Pd 值足够大的范围内，在 Paschen 曲线中显示击穿电压与 Pd 的关系可以看作是线性关系。通过计算气体放电电子崩的发展过程可以评估气体的绝缘性能。

电离系数和附着系数可通过稳态汤森法（steady state Townsend method，SST）或暂态脉冲汤森法(pulsed Townsend method, PT)测量获得，图 2.2 给出了两类方法的基本原理图。

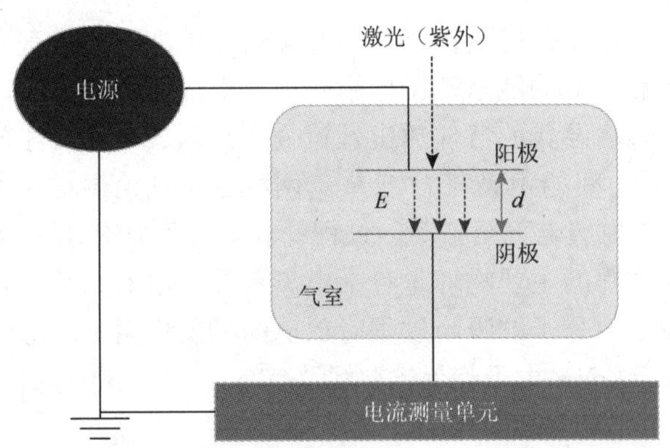

图 2.2　电离系数和附着系数测量示意图

4. 计算方法

计算气体分子放电过程最经典的两种方法为玻尔兹曼（Boltzmann）解析法和蒙特卡罗（Monte-Carlo）模拟法[11, 12]。两种方法都是在已知各种碰撞截面的前提下，求解电子能量和其他放电参数。

玻尔兹曼解析法是在已知各种碰撞截面的条件下，用玻尔兹曼方程求解微观放电参数。通过求解玻尔兹曼方程，用放电过程中分子以及电子之间的碰撞过程来描述气体中的电子崩发展过程，最终导出电子能量、电离系数、附着系数和电子漂移速度等参数，将求得的这些参数和试验数据比较，并对各项截面参数进行修正改进。求解较为困难，既要恰当地考虑电子与气体分子之间的弹性碰撞与非弹性碰撞过程，又要考虑外电场对带电粒子的作用影响，因此通常需要进行一些简化和近似。

蒙特卡罗模拟方法可以直接模拟电子输运过程。在已知各种碰撞截面的前提下，由计算机产生一些随机数模拟电子崩的发展过程，即电子和离子在气体中的运动过程，具有直观、简便和使用范围广等优点，同时计算过程迭代次数较多，计算量较大。

2.3 灭弧性能

传统的电弧特性研究中，一般采用经典的数学模型即迈尔（Mayer）方程来描绘电弧电导、电压、电流之间的关系，利用电弧时间常数及功率损耗系数来表征气体的熄弧性能，见式（2.7）[13]。

$$\frac{1}{g}\frac{\mathrm{d}g}{\mathrm{d}t}=\frac{1}{\theta}\left\{\frac{Vi}{N_0}-1\right\} \tag{2.7}$$

式中，V 为电弧电压；i 为电弧电流；g 为电弧电导；θ 为时间常数；N_0 为功率损耗系数。

在试验过程中，可通过测量电弧开断过程中喷口处压力及电流过零时气体电弧电压和电流的变化，分析开断短路电流大小以及各种影响因素对灭弧室喷口喉气压和电弧零区行为的影响。

气体放电形成的电弧是由电、磁、压力、温度等共同作用下的磁流体，其动态变化过程可以借助磁流体动力学方法对灭弧过程和动态特性等开展理论计算。同时，电弧放电过程中会发生一系列的电离、解离等物理化学过程形成等离子体，并且随着温度的变化，等离子体的粒子组分、热力学性质和输运参数均会有不同的变化趋势，反映了气体放电过程中等离子体的微观特性。气体的热力学参数如焓值、内能、比热容等以及输运参数导热系数、导电系数可以衡量气体在电弧放电过程中的基本物理变化，是评估电弧放电过程中气体物理特性的重要参数。

当温度很高、等离子体具有统一的热力学温度时，其就处于热力学平衡状态。此时，粒子的运动速度符合麦克斯韦-玻尔兹曼（Maxwell-Boltzmann）分布，基态与激发态粒子数密度符合玻尔兹曼分布，Saha 方程则建立了电离度关系式。然而，完全的热力学平衡态等离子体几乎无法在自然环境和实验室环境中存在。对于电弧等离子体，通常假设其处于局部热力学平衡（local thermodynamic equilibrium，LTE）态。在该状态下，粒子碰撞取代辐射在各种反应过程中占据主导，电子温度与重粒子温度近似相等，粒子数密度近似符合玻尔兹曼分布，Saha 方程也近似成立。然而，随着电弧温度下降，粒子数密度降低，原来在激发、电离等反应及其逆反应中起决定性作用的电子碰撞逐渐减弱，电子温度偏离重粒子温度，电弧等离子体为非热力学平衡态。此外，在电弧等离子体中，分解、电离、复合、吸附等化学反应的速率是有限的，当化学反应的弛豫时间小于粒子对流、扩散等物理运动的特征时间时，等离子体则达到局部化学平衡状态，否则电弧放电形成的等离子体处于非化学平衡状态。由于非化学平衡状态的存在，原有的统计物理学方法无法准确描述等离子体的粒子分布和内部过程，而需要对每个粒子建立既包含化学反应过程又包含物理过程的控制方程，从而使得建模和计算难度大大增加。

现有的计算模型包括化学平衡态下的局部热力学平衡和双温模型[14]。平衡态条件下，粒子组分计算有两种理论：一种基于 Saha（萨哈）方程和 Guldberg-Waage（古尔德贝格-瓦格）方程，结合道尔顿（Dalton）分压定律、化学计量数守恒以及电荷守恒条件获得粒子组分；另一种则通过求解系统的最小 Gibbs（吉布斯）自由能获得粒子组分。在所有粒子都处于气态相情况下，这两种计算理论在数学上是等价的。如果考虑非气态相（如固态、液态、熔融态等）粒子，则 Saha 方程不再适用，而需应用最小 Gibbs 自由能法。该方法无需考虑特定的电离和分解反应，简化了建模过程，因而广泛应用于平衡态粒子组分的求解。

非化学平衡态下的电弧放电过程，结合化学反应过程可建立化学动力学模型获取各粒子的浓度变化，进一步得到影响的参数变化。其中化学反应过程以及化学反应速率是模型建立的关键，可通过量子化学计算方法获取。灭弧过程中，气体形成等离子体的电子密度、重粒子密度以及温度等也可以通过试验测量。

在掌握电弧放电等离子体热力学性质和输运参数的基础上，依托断路器灭弧室的结构可建立磁流体动力学模型，综合电磁、温度、压力、气流等因素的影响，分析电弧的动态特性，对弧前、弧后以及恢复过程进行全面的评估。

目前研究的主流环保绝缘气体在灭弧性能上无法达到 SF_6 的灭弧水平，现有的研究局限于理论计算，因此本书不对各类环保气体的灭弧性能进行介绍。

2.4 分 解 特 性

2.4.1 放电分解特性

气体绝缘介质的放电分解主要包含局部放电分解、火花放电分解、沿面放电分解、电弧放电分解等。其中，局部放电分解主要与设备内部由于安装、运输和运行等环节存在的各种绝缘缺陷引发的局部放电有关，分解特性主要由局部放电强度、持续时间、缺陷类型等决定；火花放电分解则是由设备内部发生间歇性电击穿或局部放电缺陷进一步劣化引起；沿面放电分解则由设备内部绝缘子缺陷引发的沿面放电引发，主要由气固界面特性决定；电弧放电分解则是气体绝缘介质参与灭弧时引发的分解，与气体绝缘介质的灭弧特性息息相关。

1. 理论研究

针对环保型气体放电稳定性及分解特性的理论研究，主要有以下几种方法。

1）密度泛函理论

基于第一性原理的密度泛函理论（density functional theory，DFT）是一种研究多电子体系电子结构的量子力学方法，被广泛应用于分子结构和性质、分子反应机理等问题研究。基于密度泛函理论的计算能够为环保型气体稳定性及分解特性的研究提供诸多基础参数，是目前应用最为广泛的一种分解特性研究方法。

通过分子结构的自洽计算，能够得到满足收敛标准的能量最低构型及组成分子各原子的价电子结构；结合前线分子轨道理论、键级理论等，可以揭示环保型气体分子的结构特性，如化学键键长、键角、化学键强度、反应活性位点等，实现对分子基本参数和结构特性的理解。

对环保型气体分解体系，基于密度泛函理论的研究思路如下。第一，需要对气体分解涉及的各类化学反应进行建模，结合分子化学结构列写所有可能的反应路径和相应路径的反应物、产物结构。第二，对所有可能的反应进行建模，并基于密度泛函理论对所有粒子的分子结构进行几何优化计算。第三，在更高精度的收敛标准上开展粒子能量、电子结构、振动频率等微观参数计算。第四，对于有过渡态的反应路径，基于过渡态理论寻找反应进程中的过渡态结构和反应能垒，同时基于内禀反应坐标法确认过渡态构型；对于没有过渡态的反应（如分子断键等），则对该断键或成键反应过程进行势能面柔性扫描，获得反应坐标上各个驻点的几何构象，构建反应势能面[15]。

基于密度泛函理论的计算平台主要有 Gaussian 09、Materials Studio 的 DMol3 模块和 Amsterdam Modeling Suite 的 ADF 模块等，其中 Gaussian 09 对于小分子体系的计算应用较为广泛。

2）过渡态理论

过渡状态理论（transition state theory，TST）是一种将分子结构、能量与反应速率相联系用于求解基元化学反应的速率常数的一种理论。该理论假设在反应物和过渡态结构之间有一种特殊的化学平衡（准平衡），总反应的反应速率则由过渡态转化成产物的速率决定。通过对反应过渡态结构的振动特性、频率等进行分析，能够得到该反应的速率常数。

过渡态理论在环保型气体分解机理的研究中被广泛应用，结合密度泛函理论，该方法能够理论计算出各类气体分解反应在指定温度区间内的平衡常数和速率常数。其中，对于有过渡态的化学反应，采用传统过渡态理论可以计算得到反应速率常数和平衡常数；对于没有过渡态的化学反应，则可以采用正则变分过渡态理论计算得到反应速率常数及平衡常数。对于平衡常数大于 1 的反应，则正向反应在该温度区间内占主导；对于平衡常数小于 1 的反应，则逆反应在该温度区间内占据主导。

基于过渡态理论的反应速率常数计算结果将为研究环保型气体在不同放电类型、不同温度下的分解机理提供基础参数。

3）电弧放电化学动力学模型

化学动力学模型主要用于研究气体绝缘介质电弧放电等离子体组分的变化情况。考虑化学反应速率常数有限，且达到化学平衡需要一定的弛豫时间，而电弧放电过程中电流和电压衰减速率快，因此化学反应的弛豫时间往往大于粒子的对流、扩散等状态变化特征时间，即电弧放电过程中气体放电等离子体涉及的相关反应偏离化学平衡态[15]。另外，电弧放电过程中电子能量在电流零区无法通过弹性碰撞有效传递给重粒子，导致电子的温度高于重粒子，即放电过程中的等离子体偏离局部热平衡。因此，研究非平衡态下气体放电等离子体组分的动态变化特性及分解粒子的演化规律能够揭示环保型气体的电弧放电分解特性。

化学动力学模型是一种有效的求解化学非平衡问题的方法，其核心思想是系统中所有组分的演化过程服从质量守恒、元素守恒和化学计量数守恒，且电弧等离子体及电弧温度均一分布。因此，通过对固定压力下组分含量随时间变化的方程组进行求解，可以获得电弧放电过程中气体粒子在不同温度、压力下的动态演化特性。

4）电晕放电化学动力学模型

电晕放电是气体绝缘设备内部常见的一类故障，且伴随着气体分解。目前针对气体电晕放电分解机理的研究，主要采用电晕放电化学动力学模型来求解。电晕放电模型主要由等离子体区和气体区耦合，即气体区包围着等离子体区[16]。由于电晕放电的物理化学过程涵盖了从单个放电脉冲（纳秒级）到中性粒子反应（小时级），因此对等离子体区参与反应的粒子需要按照生命周期进行划分，假定短寿命粒子仅在等离子体区活动，而长寿命粒子则可以扩散到气体区，即长寿命粒子在稳态分解产物的生成中贡献较大。

电晕放电化学动力学模型计算中，需要考虑放电区域计算时间尺度、化学反应体系、控制方程、扩散系数、局部放电脉冲源等参数，采用不同时间尺度求解长寿命中性粒子的缓慢动力学过程和带电粒子、短寿命中性粒子的快速动力学过程[16]。首先，通过对等离子体区和气体区的多放电周期求解，获得趋于周期性稳定的短寿命粒子数密度；其次，计算周期性平均反应速率常数并基于该常数对气体区开展缓慢的长寿命粒子反应动力学过程求解，计算过程中保持等离子体区短寿命粒子数不变，最终得到长寿命粒子的分布规律。

2. 试验研究

1）气体绝缘介质放电分解试验平台

针对气体绝缘介质放电分解特性的试验研究，主要基于气体绝缘介质放电分解平台开展模拟试验，诱发气体绝缘介质发生分解并检测分解产物。试验平台如图 2.1 所示。

试验气室一般要求能够承受 0.8MPa 的绝对压力，罐体材料一般为不锈钢，气室内部安装的电极可根据试验需求进行更换。常用的电极模型有板电极、球电极等，分别用于模拟稍不均匀电场、准均匀电场。另外，为模拟设备内部局部放电环境下气体的分解，可根据需要构建不同缺陷类型的电极模型，如模拟金属突出物的针-板电极，模拟自由金属微粒的球-碗电极，模拟绝缘子气隙、绝缘子污秽的电极等（图 2.3）。

针对环保绝缘气体在不同放电类型下的分解特性研究，根据需要更换电源及试验回路即可。同时，针对真实设备放电分解特性的研究，对设备改装预留气体采样口即可。

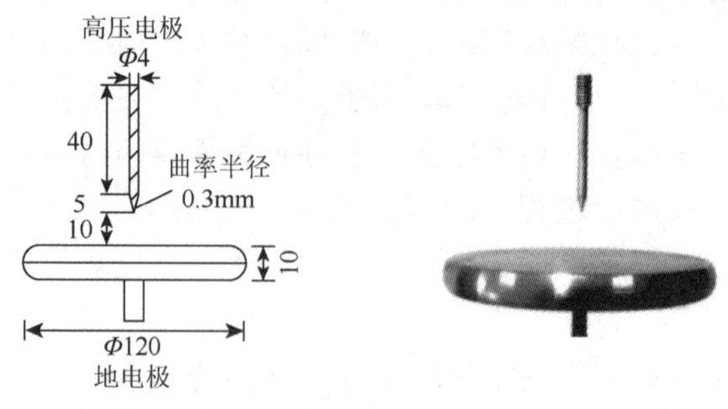

(a) 金属突出物物理模型

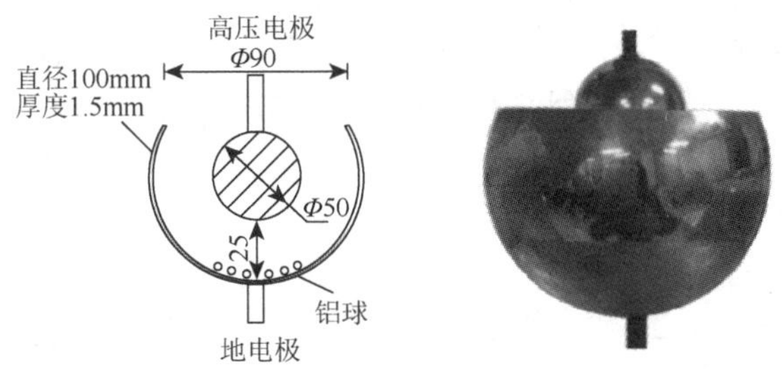

(b) 微粒缺陷物理模型

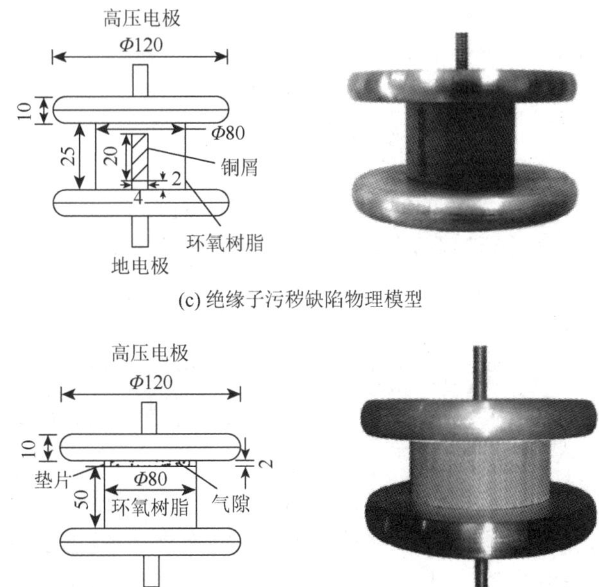

(c) 绝缘子污秽缺陷物理模型

(d) 绝缘子气隙缺陷物理模型

图 2.3　模拟不同设备内缺陷的电极

图中数据单位均为 mm

2）放电信号提取与检测

针对环保型气体放电分解特性的试验研究，需要将分解组分的变化情况与多种影响因素关联，如气压、放电强度等。对于宏观参数如气压等可以在试验过程中进行调节，对放电参数的获取主要有以下方法。

（1）局部放电信号检测。

对于局部放电信号的检测，一般使用示波器即可获取放电信号波形，但在局部放电分解特性的研究过程中，一般关注放电量（放电强度）对分解产物的影响情况，因此对放电量的获取和标定是开展局部放电分解试验的重点。

实验室研究中，一般采用 IEC 60270：2015 推荐的脉冲电流法进行局部放电信号检测及放电量校正，校准电路如图 2.4 所示。其中，校正脉冲发生器可以输出已知电荷量的脉冲信号，耦合电容给脉冲信号提供高频低阻通道，经检测阻抗转换成电压信号，再由示波器显示和存储，最后通过强制过零线性拟合方法得到放电量校正曲线。

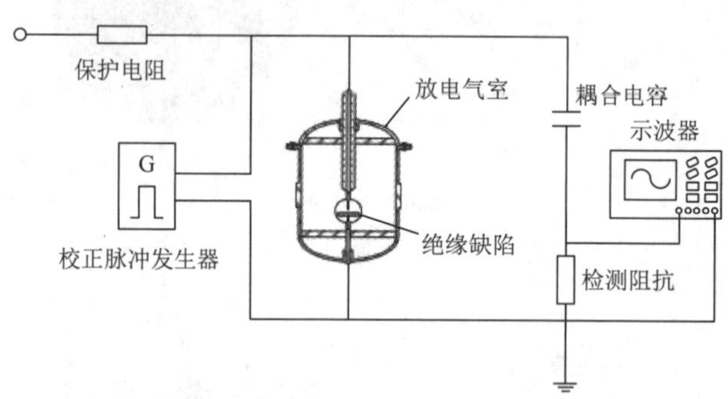

图 2.4　局部放电信号校准电路

试验过程中，需要采集不同时间（试验周期内）的真实放电信号，并基于放电量校正曲线反演获取真实放电量等参数，结合分解组分的检测结果得到放电量等对特征分解产物的影响规律。

（2）火花放电信号检测。

火花放电信号的检测主要关注放电能量与放电分解产物的关联关系。火花放电能量的直接获取方法是采集放电瞬间的脉冲电压和电流，再通过积分计算得到单次火花放电的能量。

目前用于脉冲电流的传感器主要有法拉第效应装置、分流器和罗氏线圈。其中法拉第效应装置成本较高且装置复杂；分流器的测量性能较好，但由于电流的趋肤效应，测量的结果误差较大，一般多用于低频电流的测量；罗氏线圈由于被测线路与测量线圈之间不存在电气连接，因此测量过程不会消耗被测电路能量，且具有抗干扰能力强、频带宽、电磁屏蔽特性优异等优势，从而在脉冲电流信号测量中得到了广泛应用。对于脉冲电压信号，可以采用高压探针或阻容分压器配合示波器捕捉放电瞬间的波形。

（3）电弧放电信号检测。

电弧放电信号检测主要关注电弧电压、电弧电流、电弧放电能量三个参数。针对电弧放电信号的测量与火花放电类似，主要测量设备包括阻容分压器、罗氏线圈、示波器等。阻容分压器、罗氏线圈用于记录每次放电金属电极两端的电压以及流过金属电极的电流，经示波器采集的电压、电流波形信号积分便可以得到单次电弧放电的能量。

3）　试验方法

针对环保型气体放电分解特性研究，主要按照以下流程开展试验。

（1）试验准备：连接试验电路，并对放电气室内的杂质等利用无水乙醇进行去除，安装试验电极（缺陷模型）。

（2）充气：对试验气室进行抽真空处理，根据试验计划充入试验用环保型气体，再次抽真空处理。重复上述步骤 3 次，以去除试验气室中原本存在的杂质气体。最后充入试验用气体，并采集试验前气体开展组分分析（分析方法见 2.4.3 节）。

（3）试验：采用逐步升压法施加所需试验电压（诱发所需放电）至电极两端，测量相关放电信号，开展放电分解试验。

（4）分析：在试验不同阶段采集气室内气体组分，基于气体组分分析系统（见 2.4.3 节）开展组分分析，获取气体组分的组成及含量。

2.4.2　过热分解特性

气体绝缘电气设备内部的载流母线等部件因固有温升，长期工作在 70～110℃温度范围内；另外，气体绝缘设备内部存在触头镀银层不均匀、开关闭合错位等缺陷时，隔离开关、断路器等触头的接触电阻会大于正常值，在正常运行或开断时会使得设备局部温度升高，引发气体绝缘介质发生热分解。因此，对气体绝缘介质热稳定的评估也十分重要。

1. 理论研究

目前针对环保型气体绝缘介质热稳定性及分解机理的研究方法主要有密度泛函理论、过渡态理论、化学动力学模型、反应分子动力学方法等。其中基于密度泛函理论、过渡态理论、化学动力学模型的热分解机理研究与放电分解相类似，主要考察温度对分子结构稳定性、化学反应焓值、活化能、反应速率常数、平衡常数及平衡态粒子分布的影响情况。

另外，ReaxFF 反应分子动力学（ReaxFF molecular dynamics）方法为研究气体绝缘介质的热分解机理提供了新的思路。该方法以描述复杂体系的各种反应为目标，计算过程中无需预设反应路径，通过电负性平衡算法动态更新体系中的电荷变化来计算平衡几何构型。ReaxFF 反应力场的核心为键级，在其基础上将原子间的相互作用定义为键级的函数，表示为键能、键角、非键相互作用等多个能量项的和，除非键相互作用外，分子内能量各部分均通过键级来表达。

ReaxFF 反应分子动力学方法的核心是力场，力场的质量对计算结果往往有着直接影响。针对环保型气体热分解机理的研究，需要构建新的适用于环保型气体体系的力场参数。力场的优化可以基于密度泛函理论（DFT）和蒙特卡罗方法。具体流程如下（图 2.5）：首先，对参与反应的粒子进行势能面扫描，获得一系列结构和能量，作为力场的训练集并确定力场优化参数范围；其次，设置蒙特卡罗迭代参数，利用获取的粒子数据开展计算，判断相关构型能否满足接受准则；最后，利用优化后的力场参数开展分子势能面扫描，并与 DFT 计算结果对比确定其准确性。

基于 ReaxFF 反应分子动力学方法可以开展多原子体系的热分解过程模拟，研究温度、气压、缓冲气体类型等因素对环保型气体热分解的影响机制，获取热分解过程中主要特征粒子的组成、含量及变化规律。

2. 试验研究

1）气体绝缘介质局部过热分解试验平台

气体绝缘介质局部过热分解研究的模拟试验平台如图 2.6 所示，主要包括试验气室和局部过热故障模拟系统。试验气室由不锈钢制成，故障模拟系统由温度控制系统、加热单元及真空气压表组成，其中加热单元采用不锈钢材料制成，置于罐体中央。温度控制系统由温度传感器、开关电源、PID（比例-积分-微分）控制器构成，开关电源为加热单元提供低压直流电（额定电压 36V，最大工作电流 2A）。PID 控制器接收到温度传感器的温度信号，通过电磁继电器控制电源的通断，从而使加热单元保持在一个稳定的温度值。

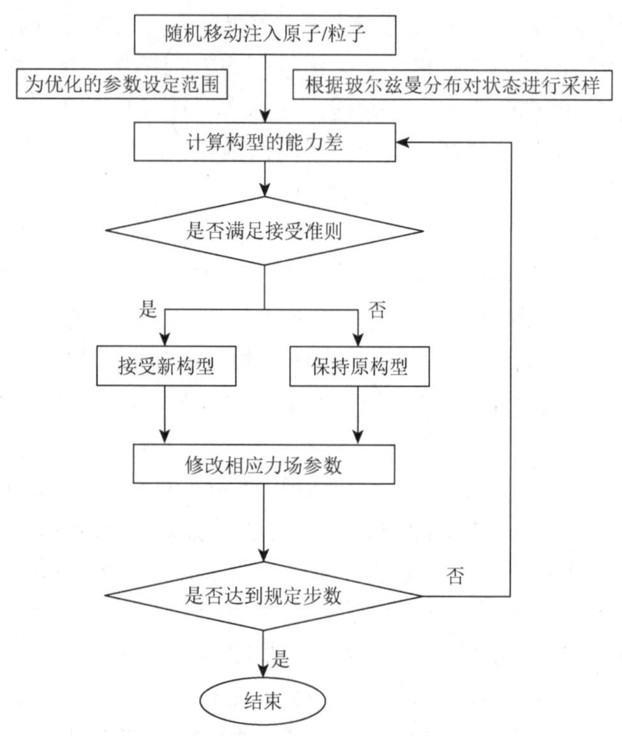

图 2.5　蒙特卡罗方法优化力场参数流程图

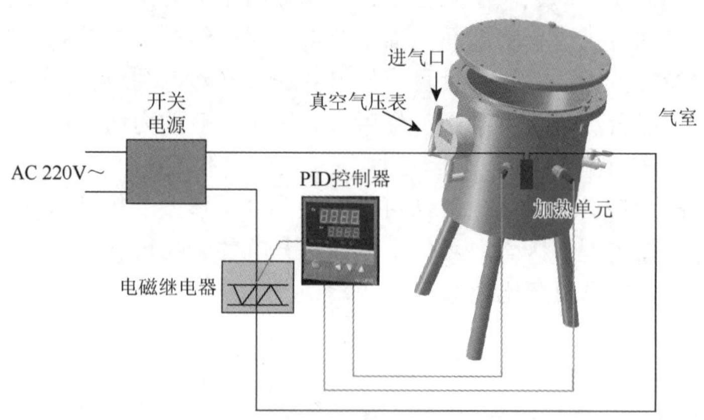

图 2.6　气体绝缘介质局部过热分解试验平台

图 2.7 为温度控制系统的工作原理图。首先安置在加热单元中的温度传感器可以监测罐体内局部过热点的故障温度；PID 控制器通过比较试验前的设定温度值与温度传感器监测到的实际表面温度，根据比较的结果，输出一个信号，控制继电器的工作状态；信号传输至固态继电器后，继电器接收控制信号，并调节局部加热源的输入电流，从而实时调节加热单元的温度，使表面温度维持在设定值附近的一个小范围内，维持局部过热温度基本稳定。

另外，也可以采用管式炉开展环保型气体过热分解特性的试验研究。

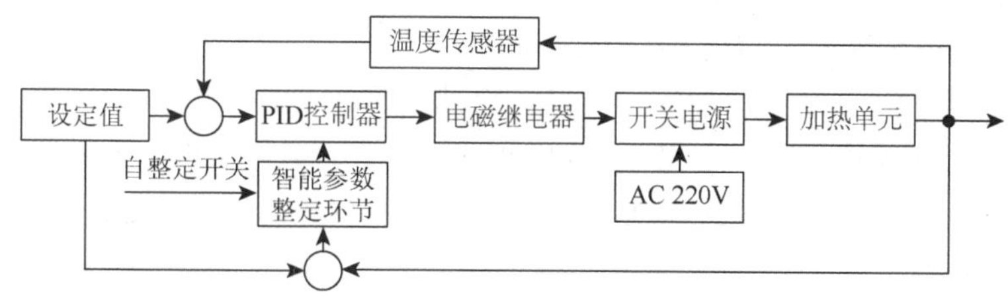

图 2.7　温度控制系统的工作原理图

2）试验方法

针对环保型气体过热分解特性研究，主要按照以下流程开展试验。

（1）试验准备：对热分解气室内的杂质等利用无水乙醇进行去除，安装新的热源。

（2）充气：对试验气室进行抽真空处理，根据试验计划充入试验用环保型气体，再次抽真空处理。重复上述步骤 3 次，以去除试验气室中原本存在的杂质气体。最后充入试验用气体，并采集试验前气体开展组分分析（分析方法见 2.4.3 节）。

（3）试验：设定试验温度、时间等参数，开展环保型气体热分解模拟试验。

（4）分析：采集不同试验阶段的气室内气体，开展特征组分检测，获取组分的种类、含量变化规律。

2.4.3　分解产物检测及分析方法

针对气体绝缘介质放电分解产物的检测，目前主要应用的方法有气相色谱法（gas chromatography，GC）、质谱法（mass spectrometry，MS）、气相色谱-质谱法（gas chromatography-mass spectrometry，GC-MS）、傅里叶变换红外光谱法（Fourier-transform infrared spectroscopy，FTIR）、紫外光谱法（ultraviolet spectroscopy）、核磁共振（nuclear magnetic resonance，NMR）法等。

1. 气相色谱法

气相色谱的典型用途包括测试某一特定化合物的纯度与对混合物中的各组分进行分离（同时还可以测定各组分的相对含量）。气相色谱的流动相是载气（一般以 H_2 或 He 为主），固定相（色谱柱）则由一薄层液体或聚合物附着在一层惰性固体载体表面构成。待分析的物质与覆盖有不同固定相的色谱柱柱壁相互作用，不同物质在不同时间将被分离，从一种物质进样开始到出现色谱峰最大值的时间被称为该物质的保留时间，通过将未知物质的保留时间与相同时间下标准物质保留时间比较即可表征未知物。

气相色谱法能够开展定性和定量分析。定性分析主要基于色谱图中的保留时间开展；定量分析则基于色谱图中特征峰的峰面积开展。由于峰面积与所分析物的含量成正比，通过积分计算峰面积，可以确定分析物中各组分的浓度。定量分析需要获取待分析物质的标准曲线，通过配制一系列浓度的标准样品并测量它们的响应（信号强度），进行线性拟合便可得到物质的标准曲线。对未知样品定量分析时，利用标准曲线反演测得的未知浓度样品峰面积便可得到样品实际浓度。

气相色谱法广泛应用于气体绝缘介质及其特征分解产物的检测中，是 IEC 60480：2019 和 GB/T 18867—2014 共同推荐的 SF_6 组分检测方法，具有灵敏度高、分析速度快、样品用量少且分离效率高等优点，但其对不常见未知样品或结构相似样品的定性能力较差。

2. 质谱法

质谱法是一种电离化学物质并根据其质荷比（质量-电荷比）对其进行排序的分析技术。在典型的质谱法中，样品（气体）被高能电子电离形成分子碎片，利用磁场或电场对加速的碎片进行分离，这一过程中相同质荷比的离子将经历相同数量的偏转。通过对各类带电粒子的检测，可以获得质量与浓度（或分压）相关的谱图，即质谱。

质谱法广泛应用于对未知化合物鉴定、确定分子元素的同位素组成等。相对于其他方法，质谱法具有更高的灵敏度，但对混合组分的分析能力较弱。

3. 气相色谱-质谱法

气相色谱-质谱法结合了气相色谱法和质谱法的优点，其原理是利用质谱仪作为气相色谱仪的检测器，首先利用气相色谱仪对混合气体进行分离，再利用质谱仪对分离得到的单一气体组分进行定性和定量分析。

图 2.8 给出了气相色谱-质谱联用仪的工作原理，载气通过进样系统将混合试样带入色谱柱内，利用色谱柱将混合试样分离为单一气体，这些气体先后进入离子源，气体分子在离子源中离子化，真空系统确保离子由离子源转移至质量分析器，通过质量分析器可以得到离子的质荷比，进而识别出气体种类，检测器将离子浓度信号转变为电流信号，通过电路处理后得到气体含量，最后对气体种类和含量进行数据处理后输出检测结果。

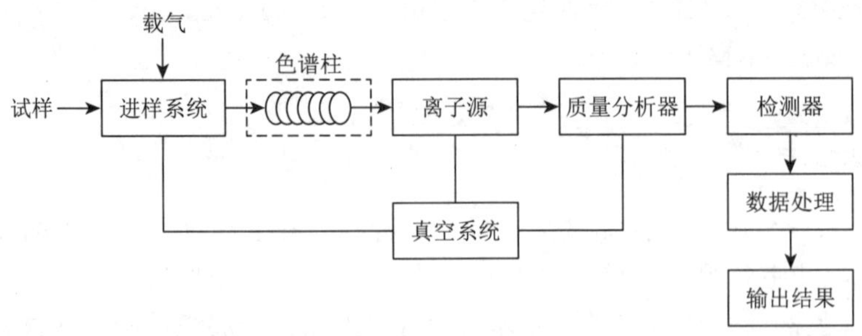

图 2.8　气相色谱-质谱联用仪工作原理图

基于气相色谱-质谱联用的气体分解组分定性和定量分析原理与气相色谱类似，定性法主要是将检测得到的质谱图与标准谱库进行对比分析，进而对气体进行定性分析，即确定气体种类；对特征分解产物定量分析主要基于峰面积外标法开展，即先将已知浓度的标准气体通入气相色谱-质谱联用仪获得峰面积并拟合得到标准曲线，再根据待测气体峰面积和标准气体定量曲线即可获得待测气体浓度。需要注意的是，标准曲线与设备运行状态密切相关，在设备运行一段时间或意外断电等情况下需要重新注入标准气体进行校正，对于校正后精度不够的情况则需要重新获取定量曲线。

气相色谱-质谱法在气体分解组分分析领域得到了广泛应用，也是目前针对环保型气体分解特性研究最为有效的测试系统。为了实现对环保型气体的分解组分进行有效检测，针对不同气体需要选择合适的色谱柱，并基于气体特性对气相色谱-质谱联用仪的运行参数进行调试和优化，以达到最好的分离效果。

4. 傅里叶变换红外光谱法

红外光谱检测技术是一种快速、准确和有效的气体检测技术，目前已广泛应用于医疗、化学工程、食品安全和环境监测领域。它具有许多优点，如响应速度快、灵敏度高，只需要少量样品以及样品可重复使用。针对气体的定性及定量分析通常会采用傅里叶变换红外光谱仪在实验室中进行样本检测。傅里叶变换红外光谱仪的入射光首先经过迈克耳孙干涉仪变换成干涉光，干涉光透射样品后由检测器获取干涉图，再通过计算机对干涉图进行傅里叶变换，得到红外光谱图。傅里叶变换红外光谱仪具有信噪比高、分辨率高、波长准确且重复性好、稳定性好等优点，是研究性仪器的首选[17, 18]。

傅里叶变换红外光谱仪的原理如图2.9所示。主要的光学部件为迈克耳孙干涉仪，图中虚线框内为迈克耳孙干涉仪的原理，干涉仪由光源、检测器、分束器、定镜和动镜组成。分束器的反射率和透射率均为50%，光经分束器后被分成两部分，反射光射向定镜，光程长为OF，透射光入射到动镜，光程长为OM，两束光再次在分束镜相遇时，便会出现光程差，这样就形成了干涉光。一般情况下，动镜匀速移动，检测器检测到的信号强度呈正弦波变化，也就是说单色光的干涉图是一个正弦波。干涉图包含了光源的全部频率和强度信息，利用模数（A/D）转换器、计算机、数模（D/A）转换器及傅里叶变换快速计算，可将时域干涉图转化为以波数为横坐标的频域光谱，即一般的光谱图。

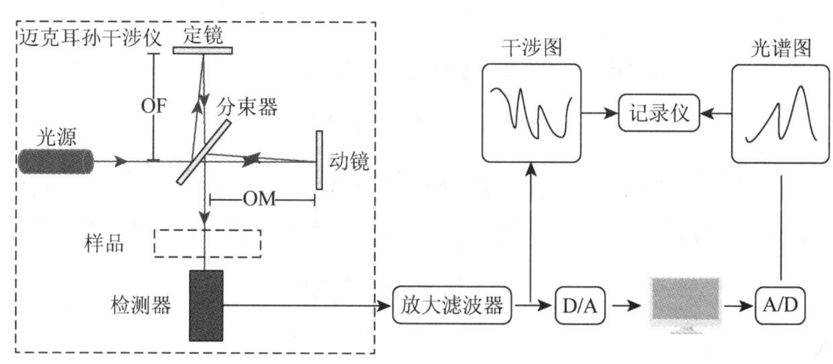

图2.9 傅里叶变换红外光谱仪原理图

利用傅里叶变换红外光谱法可以获取替代气体的红外光谱特性，通过分析替代气体及其缓冲气体的红外光谱，找到最佳的替代气体检测波段，可以为开发替代气体红外光谱检测装置选取合适的仪器参数提供一定参考[19]。

傅里叶变换红外光谱法目前还被用于 SF_6 分解产物的检测，这是由于其红外光谱检测范围主要在中红外，且分布较广，可以检测到大部分气体组分。在今后替代气体电气设备的应用过程中，设备故障诊断与状态评估所需要的分解产物信息也可以采用傅里叶变换红外光谱技术获取。通过长光程气体池配合傅里叶变换红外光谱仪进行微量分解产物的检测，结合化学计量学等算法完成分解产物的定量分析[20, 21]。

5. 紫外光谱法

紫外光谱，即物质的电子光谱，是电子在发生能级跃迁时吸收光子能量所引起的光谱变化，是不同分子所特有的一种性质。基于紫外光谱的检测方法是一种常用的气体定量检测方法，具有检测速度快和精度高的优点。紫外光谱气体检测仪器可以模块化，结构紧凑，易于制成便携式仪器或在线监测设备，完全满足电力行业中气体检测仪器的需求[22]。

紫外光谱检测平台主要由紫外光源、气体池和光谱仪（探测器）构成，并采用光纤进行光路连接，以排除干扰气体及杂质影响，其原理图如图 2.10 所示。光源发出光谱强度为 I_0 的紫外光进入气体池内，若气体池内气体具有紫外吸收特性，则会对特定波段的紫外光产生吸收，使得输出光 I 在某些波段减弱，光谱仪获取输出光的原始光谱数据，再经过处理得到气体的吸收光谱数据。本节对标准样品浓度下的原始光谱数据进行处理，获取紫外光谱信息，之后确定气体浓度反演算法，实现气体在紫外波段的定量检测。

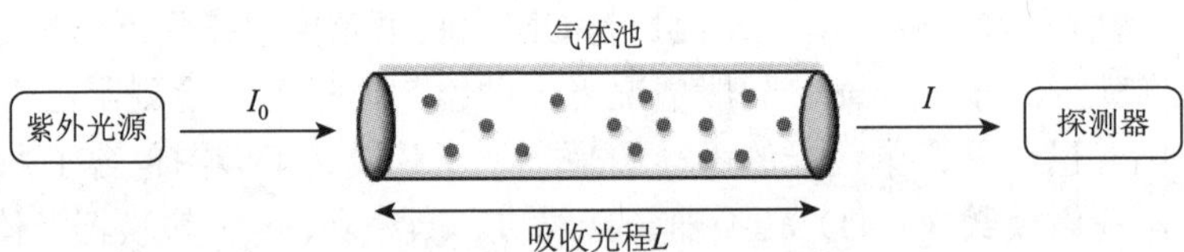

图 2.10　紫外光谱技术检测原理图

利用光谱技术进行气体定量检测的原理是朗伯-比尔定律，见式（2.8）：

$$c = A(\lambda) / [\sigma(\lambda) \cdot L] \tag{2.8}$$

式中，c 为浓度；$A(\lambda)$为吸光度；$\sigma(\lambda)$为摩尔吸光系数；L 为吸收光程。

通过式（2.9）扣除测量过程中的暗光谱及背景光谱，得到气体的吸收光谱：

$$A(\lambda) = \ln\left(\frac{I_0(\lambda) - I_N(\lambda)}{I_t(\lambda) - I_N(\lambda)}\right) \tag{2.9}$$

式中，$I_0(\lambda)$ 为背景光谱强度；$I_t(\lambda)$ 为样品的光谱强度；$I_N(\lambda)$ 为暗光谱强度。

由式（2.8）可知，在光程和吸收截面一定的情况下，气体浓度与其吸收光谱之间存在线性规律，可以通过式（2.9）计算吸收光谱来进行气体浓度定量检测。

目前，紫外光谱检测技术已被应用于 CS_2、H_2S 和 SO_2 等 SF_6 分解产物的检测，这主要是由于 SF_6 气体本身在紫外光谱波段不存在光谱吸收，因此不会对分解产物的吸收光谱产生干扰。根据 MPI-Mainz UV/VIS Spectral Atlas 数据库信息可知，N_2 气体在紫外光谱波段不存在光谱吸收，CO_2 气体的紫外光谱主要集中在 120～160nm，处于深紫外波段。一般而言，紫外光谱检测光源波段范围主要在 180～400nm，对于大多数需要以 N_2、CO_2 作为缓冲气体的替代气体而言，如果在 180～400nm 存在光谱吸收，便具有基于紫外光谱技术进行混合比检测的可行性。

6. *核磁共振法*

核磁共振谱是指位于外磁场中的原子核吸收电磁波后从一个自旋能级跃迁到另一个自旋能级而产生的吸收波谱。将样品置于磁场中，并通过用电磁波激发样品发生核磁共振来产生核磁共振信号，然后利用高灵敏度的接收器对其进行检测。分子中原子周围的分子内磁场会改变共振频率，从而可以了解分子及其各官能团的电子结构细节。在现代有机化学中，核磁共振法是鉴定单分子有机化合物的权威方法。生物化学家使用核磁共振谱来识别蛋白质和其他复杂分子。除了鉴定外，核磁共振谱还提供了分子结构、动力学、反应状态和化学环境的详细信息。最常见的核磁共振谱是质子和碳-13 核磁共振谱，适用于任何含有自旋原子核的样品[23-25]。

替代气体大部分为含氟化合物，可以采用氟-19 核磁共振谱（^{19}F NMR）。^{19}F NMR 灵敏度高，化学位移范围大、结构近似的化合物不易出现峰重叠，是进行有机氟化合物结构分析最重要的手段之一[26]。

2.5　材料相容性

气体绝缘设备内广泛应用了各类金属及非金属材料，部分材料如导电母线在正常运行情况下存在一定的固有温升，且各类材料与气体绝缘介质紧密接触。因此，需要评估气体绝缘介质与设备内应用的各类材料的相容性。设备中使用的绝缘介质应与设备内部的各类材料具有优良的相容性，即气体绝缘介质在设备长期运行过程中不与设备内材料发生相互作用，引发气体绝缘介质分解或固体材料腐蚀、功能劣化或丧失等。针对环保型气体相容性的研究是评估其应用可行性的重要组成部分。

2.5.1　相容性机理研究

1. *理论方法*

1）密度泛函理论

基于密度泛函理论可以对环保型气体的相容性开展理论研究，通过对多种气固界面相互作用模型的分析计算，得到气体与固体材料相互作用能、电子结构参数、气体解离参数等内容，揭示气固界面的相容性机理。具体研究方法如下。

首先，结合气体分子结构特性（官能团、对称性）、固体材料界面特性（位点、官能团）构建气体分子与固体界面体系的多种可能相互作用初始结构。其次，对所构建的多种初始结构开展几何优化计算，获取满足能量最低原理的气固界面相互作用模型。最后，计算各个气固界面相互作用模型的电子结构特性，对比分析相互作用前后的气体结构特性、体系电子结构特性等，评估气固界面的相容性。

气固界面的相互作用强度根据相互作用能（吸附能）、分子距离界面的远近可以划分为物理吸附和化学吸附，其中物理吸附过程中范德瓦耳斯力为主要作用且分子距离界面较远（一般在 2.5Å 以上），化学吸附过程中电子相互作用为主要作用且分子距离界面较近。考虑气体在固体界面相互作用（化学吸附）后发生解离的极端情况，构建相互作用后气体分子发生解离的多种可能结构，并对体系开展几何优化可以获得解离后体系的弛豫结构；将气固界面相互作用后的结构作为反应物、气固界面解离后的结构作为产物，构建反应路径并开展过渡态计算，可以获得气固界面解离所需的焓值、活化能等热力学和动力学参数，进而评估气固界面分解机理。

2）分子动力学方法

分子动力学方法能够用于研究气体与设备中应用的橡胶、吸附剂等材料的相容性。分子动力学方法基于分子力场开展模拟，分子力场描述了原子间共价键、非键相互作用（范德瓦耳斯作用）、静电相互作用等。该方法通常与蒙特卡罗方法联用，非常适合于模拟分子与晶体间的相互作用。

分子动力学计算的目的是获取满足能量最小化且结构合理的分子体系，即单个分子的键长、键角、二面角等参数合理，多分子聚集体系分子间的堆砌合理。具体计算中，对于给定初始参数（温度、粒子数、密度、时间）的体系，首先根据力场描述文件计算目前构型的能量和能量对于坐标的一阶和二阶导数（满足能量最低时势能对笛卡儿坐标的一阶导数为零，二阶导数大于零），随后判断是否满足极值条件，对于不满足极值的系统按能量优化方法计算移动的方向、大小获得新的构型，并重复计算体系势能的一阶/二阶导数，直至满足极值条件，获取最终体系的势能、总能量、平均温度等参数。

相对于密度泛函理论，分子动力学方法能够更为宏观地反映多个气体分子与固体材料的相互作用机理及体系的吸附能、吸附等温线、扩散速率等物理参数。但分子动力学的计算结果依赖于力场参数的准确度，实际应用中可根据密度泛函理论计算结果或试验结果对部分力场参数进行优化。

2. 分析指标

基于密度泛函理论和分子动力学方法获得气体与固体相互作用体系满足收敛标准的结构后，需要对该结构开展性能分析，下面对两种方法关注的主要指标进行介绍。

1）密度泛函理论

（1）吸附能。

气体与固体界面相互作用的吸附能定义如下：

$$E_{ad}=E_{sub}(\text{surface})+E_{ads}(\text{gas})-E_{ads\text{-}sub}(\text{gas-surface}) \tag{2.10}$$

式中，$E_{ads\text{-}sub}(\text{gas-surface})$ 为气体与固体材料相互作用后体系的能量；$E_{sub}(\text{surface})$ 和 $E_{ads}(\text{gas})$ 分别为相互作用前固体界面和气体分子的能量；E_{ad} 为相互作用体系的吸附能。如果 E_{ad} 为正值，则表示相互作用后体系的能量低于固体和分子单独存在时的能量，即相互作用过程是一个放热过程，在一定条件下能够自发、稳定地进行；如果 E_{ad} 为负值，则表示相互作用后体系的能量高于固体和分子单独存在时的能量，即相互作用过程是一个吸热过程，相互作用需要外界提供能量才能完成。吸附能是描述气固界面相互作用强弱程度的重要参数。

（2）电荷转移特性。

气体分子与固体材料相互作用过程中，除了体系的能量会发生变化之外，气体分子与固体界面之间也会发生电子云的重叠和重新分布，即气体分子和固体界面之间存在电荷转移。分析气固界面相互作用过程中的电荷转移特性，能够从一定程度上揭示相互作用的强度，净电荷转移数值越大，表明气体分子与固体界面的相互作用越强烈。一般情况下，电荷转移具有方向性，即从气体分子转移到固体界面或从固体界面转移到气体分子；同时，电荷转移能够佐证气固界面相互作用属于物理吸附（净电荷转移量较小）或化学吸附（净电荷转移量较大）。

（3）电子局域函数分析。

电子局域函数（electron localization function，ELF）是研究电子结构的重要工具，能够展示三维实空间中不同位置的电子定域程度，其取值为 0～1。ELF 能够描述气体分子与固体界面相互作用后体系的成键情况，其中 ELF 值越接近 1 的区域电子定域的概率越高，ELF 值接近 1/2 的区域电子具有自由电子的属性，通过对气体分子与固体界面相互作用体系 ELF 的分析，能够揭示两者之间是否含有化学键成分。

（4）差分电荷密度分析。

差分电荷密度（charge difference density，CDD）分为一次差分电荷密度和二次差分电荷密度。其中一次差分电荷密度用于描述体系中各原子的电荷相对各原子孤立存在时的电子云变化情况，即反映了体系原子成键前后电荷重新分布机制；二次差分电荷密度则描述了体系中两个不同片段（如气体分子与固体材料界面）相互作用前后的电荷差异，即反映了片段间的电荷转移机制。在评估气固界面相互作用机制中，通过求解气体分子与界面的二次差分电荷密度能够直观地揭示其电荷转移情况。

（5）态密度分析。

态密度（density of states，DOS）定义为电子能级准连续分布时单位能量间隔内的电子态数目。电子态密度的分析能够揭示气固界面相互作用后各能级电子分布情况。对于化学吸附，气体分子与固体界面部分特征原子的电子态密度在一定程度上存在重叠，即两者存在化学键成分；对于物理吸附，气体分子与固体界面往往不会有明显的态密度重叠。

电子态密度分析分为总态密度（total density of states，TDOS）和分波态密度（partial density of states，PDOS），其中总态密度主要用于分析分子与固体界面相互作用后对固体界面电子态密度的影响情况，分波态密度则主要用于分析气固界面相互作用中特征原子间的电子态分布情况。

2）分子动力学方法

（1）吸附热与吸附等温线。

当吸附质（气体）与吸附剂长期接触后，气相中吸附质的浓度与吸附剂中吸附质的浓度将达到动态平衡。吸附达到平衡时，吸附质在气、固两相的浓度之间存在的函数关系一般用等温吸附线表示。吸附热定义为吸附过程中产生的热量，其大小可以衡量吸附强度的强弱，是表征吸附剂效能的重要参数。基于分子动力学模拟可以模拟不同吸附剂对环保型气体及其特征分解产物的吸附效果，评估气体组分种类、温度、压力等参数对吸附剂性能的影响情况，评估现有 SF_6 设备中所使用吸附剂与环保型气体的相容性及其在环保型气体设备中应用的可行性；另外，也可以根据环保型气体及其特征分解产物的性质设计新型吸附剂，并模拟吸附剂的选择性和应用潜力。

（2）气体扩散系数。

气体扩散系数表示单位浓度、单位时间内通过单位面积的气体量，反映了其在不同材料中的扩散能力。分子动力学模拟能够模拟气体在聚合物、吸附剂等材料中的扩散系数，以及温度、压力、密度等参数对扩散的影响情况。气体的扩散性能有多种模式，不同扩散方式下粒子的均方位移（mean square displacement，MSD）与时间 t 的关系是不一样的。分子动力学一般研究的体系是简单扩散模式，即粒子做简单的布朗运动。具体模拟中，首先以不同的初始结构进行多次模拟，计算得到均方位移；其次，判断体系是否发生了真实的扩散，即均方位移对数与时间对数图的斜率应为 1；最后，绘制均方位移与时间的关系图并进行线性拟合，将得到的斜率除以 6 即为扩散系数。需要指出的是，使用不同时间段的 MSD 数据拟合得到的扩散系数存在一定差异，一般情况下 MSD 数据的起始部分和最后部分是不宜用来计算扩散系数的，因为起始部分属于扩散弛豫过程，最后部分 MSD 的关联时间较长且数据点较少，计算误差较大。

2.5.2　试验研究

1. 试验平台与方法

针对环保型气体与材料相容性的试验研究，主要方法是将材料置于待研究气体或其分解产物的气体氛围内，开展长期热老化试验，并对气体组分及固体材料的特性进行测试，评估气体与不同材料的相容性。

1）气体绝缘介质与金属材料相容性测试平台

气体绝缘介质与金属材料相容性测试平台原理图如图 2.11 所示，平台主要由气室、加热系统和温度反馈监测控制系统组成。加热系统包括电源（AC-DC 转换器）、电磁继电器、热源、热源外部的不锈钢套管，热源通过不锈钢套管把热量传递到待测样品表面。不锈钢套管与试验用金属片（铜片、铝片、银片等）通过不锈钢丝捆绑连接。

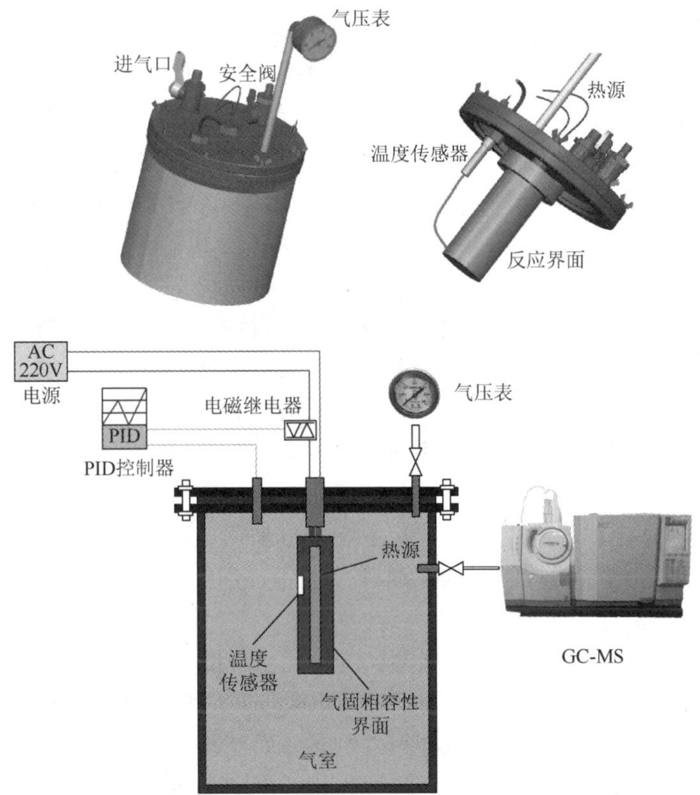

图 2.11　气体绝缘介质与金属材料相容性测试平台原理图

温度反馈监测控制系统由温度传感器（气体温度传感器、不锈钢套管温度传感器）、PID 控制器组成，气体温度传感器安装于气室内部悬空位置用于测量气体温度，不锈钢套管温度传感器通过螺母固定在不锈钢套管上监测其温度，且不锈钢套管温度传感器与 PID 控制器连接。试验过程中，不锈钢套管温度传感器将测量信号发送给 PID 控制器，PID 控制器通过对比实测值和设定值，对电磁继电器开关进行控制，达到控制热源电路连接或关断，实现对不锈钢套管和金属样品温度的精确控制。气室内部还设置有一个用于监测气体温度的传感器，用于显示气体温度。

气室主体材料为不锈钢，设计承压范围为 0～0.8MPa，体积可根据试验需求进行更改。该平台主要模拟了气体与设备内部载流母线等金属材料热相互作用的情况，能够反映设备正常及故障条件下的气体-金属材料界面相互作用。

2）气体绝缘介质与非金属材料相容性测试平台

气体绝缘设备输配电设备内部广泛应用的非金属材料主要有橡胶材料（密封圈）、环氧树脂、硅脂、吸附剂等，且上述材料中部分材料（如硅脂、吸附剂）的工作环境温度在一般情况下低于金属，因此针对非金属材料与气体相容性的测试，可以按照材料本身用途参考相关国标设计试验平台并开展相容性测试。

针对橡胶材料、环氧树脂、硅脂等材料与环保型气体相容性测试，可以采用高压封管 法，该方法具有安全性高、操作简单、不同材料独立试验等优势。具体可根据需求设

图 2.12　气体绝缘介质与非金属材料相容性测试平台实物图[27]

计能够承受高气压、高温的不锈钢密封罐。图 2.12 给出了一种可用于测试橡胶、环氧树脂等材料与环保型气体相容性的密封装置。该装置以不锈钢为主体结构材料，内高 100mm，内径为 60mm，容积约为 300mL。装置顶部与不锈钢钢管焊接，并在钢管上安装能够连接气体管路的阀门。装置最高允许使用温度为 230℃；固体试样从底部放入装置，罐体内部使用支架固定试验样品，使其与待测气体充分接触。装置通过恒温烘箱控制试验温度，可以开展多批次不同种类样品在不同温度下的相容性测试。

针对吸附剂等工作温度为常温的材料，可设计密闭装置，在其内部放入吸附剂并充入试验气体，维持一定压力开展相容性测试即可。

3）试验方法

环保型气体与非金属材料相容性试验主要方法是热加速老化试验（吸附剂等除外），试验根据固体材料和测试项目的不同，在样品制备、性能表征方面存在一定差异。但主要步骤如下。

（1）样品制备：根据材料物理性能测试制样需求，准备满足相关标准的样品。例如，针对橡胶材料应力应变测试，可参考国标《硫化橡胶或热塑性橡胶 拉伸应力应变性能的测定》（GB/T 528—2009）中规定的试样尺寸制备哑铃状样品；针对金属材料相容性测试，试验前需要将金属片裁切为与不锈钢套管尺寸相匹配的金属条，并捆绑在金属套管上。

（2）试验准备：试验前需要对装置内壁和样品清洗，以排除表面黏附的污渍对结果可能带来的影响；将样品放入气室内部后，需要将气室抽真空并测试其气密性。考虑老化试验一般开展时间较长，因此需要确保试验装置气密性良好。

（3）充气及试验：利用待测气体清洗试验气室至少三次，最后充入待测气体至所需压力，设定相关参数开展相容性测试。IEC 62271-203：2022 给出了气体绝缘设备运行温度范围为–50～50℃；直埋式 GIL 外壳最高容许温度为 50℃，隧道敷设 GIL 的外壳最高容许温度为 70℃；《橡胶物理试验方法试样制备和调节通用程序》（GB/T 2941—2006）推荐的橡胶材料相容性测试温度为 70～125℃，推荐试验时间为 168h 或 168h 的倍数。为了避免设备本身所用材料与气体反应对试验结果可能带来的影响，需要设置仅充入试验气体的对照组。

（4）表征与分析：根据相关标准要求，每隔一定时间取出气室内样品开展相关表征和性能测试，根据测试结果评估气固材料相容性和材料的使用寿命。

2. 表征手段

针对相容性测试后的样品，主要表征包括对气体成分的表征及对固体材料的表征，其中气体组分表征可采用 2.4.3 节中给出的各类方法，针对固体材料性能的表征方法主要包括功能性能表征、形貌表征、元素组成表征等，主要手段如下。

1）功能性能表征

（1）机械性能。

机械性能主要包括拉伸应力应变测试和压缩应力松弛测试，可以表征橡胶材料的弹性性能。针对橡胶材料与气体绝缘介质的相容性测试需要考察这一性能。通过对试验前后的杨氏模量、断裂伸长率、刚度等参数的测定，可以评估气体与固体材料相互作用后对固体材料机械性能的影响情况。

（2）密封性。

针对橡胶材料与气体绝缘介质的相容性评估，还需要开展橡胶密封性测试。将老化试验前后的密封圈分别安装于试验气室，并充入一定气压的气体开展气密性监测，评估待测材料对气体绝缘介质的密封性能。

另外，也可以使用压差法气体渗透仪测试橡胶对气体的透过量。将试样置于高、低气压腔之间，对低压腔体进行抽真空处理，高压腔充入一定量的气体绝缘介质，测试低压腔压力变化并计算得到试样的气体渗透系数、透过量等参数，相关测试可参考《塑料薄膜和薄片气体透过性试验方法 压差法》（GB 1038—2000）开展。

（3）吸附性能。

吸附性能主要用于评估吸附剂与气体绝缘介质的相容性。针对吸附剂吸附性能的表征主要包括吸附量、吸附速率、比表面积、孔径分布等测试分析。其中，相容性测试重点考察特定环境下的吸附量与吸附速率，测试中可以将干燥后的吸附剂分子置于密闭气室，并充入相关测试气体，通过检测气体组分浓度变化来评估吸附剂对特定组分的吸附效果；另外，在特定气体绝缘介质吸附剂的选择和开发上，可以对不同种类吸附剂的孔径和比表面积进行测试以获取吸附剂的孔径分布信息，并根据吸附量测试结果评估吸附剂应用的可行性，相关测试可使用比表面分析仪开展。

2）形貌表征

（1）光学显微镜。

光学显微镜（optical microscope，OM）能够表征放大倍数在 1600 倍以下物体的表面形貌，且能够输出彩色图。因此，对于金属等固体材料微观形貌的低倍表征具有一定优势，它能够表征测试前后试样表面形貌、颜色等变化情况，为试样腐蚀程度评估提供了重要的参考。

（2）扫描电子显微镜。

扫描电子显微镜（scanning electron microscope，SEM）主要用于对材料表面形貌的表征，其通过聚焦电子束扫描样品实现对样品表面形貌的测试。相对于光学显微镜，扫描电子显微镜具有更高的放大倍数，且能够联合其他电子检测器对样品表面元素分布等参数进行检测。

3）元素组成表征

（1）X 射线光电子能谱法。

X 射线光电子能谱法（X-ray photoelectron spectroscopy，XPS）是主要用于测量材料表面元素组成、含量、化学态、电子态的定量能谱技术。对测试前后的固体试样进行 XPS 分析，能够判断样品表面元素组成、含量及特征元素的化学态变化情况，进而分析气固界面的反应机制等，评估气固界面相容性。

（2）X 射线衍射法。

X 射线衍射法（X-ray diffractometry，XRD）是利用 X 射线与试样相互作用形成的衍射谱图来表征试样晶体结构。该方法适用于分析晶体材料的结构（官能团种类及位置分布），通过对衍射谱图中特征峰的数目、位置、相对强度等信息进行分析，可以获得样品的物相组成及变化情况，进而评估气体绝缘介质对固体材料晶体形貌的影响情况。

（3）能量色散 X 射线分析。

能量色散 X 射线分析（energy-dispersion X-ray analysis，EDX）是一种借助试样发出的元素特征 X 射线波长和强度实现对样品不同元素分布和含量的表征技术，通常与 SEM 搭配使用对样品进行微区域的成分分析。针对环保型气体与固体材料相容性研究，可以通过测试环保型气体特征元素（如氟元素）在试样表面的分布情况（位置、含量）来判断气固相容性。

2.6　环保绝缘气体分类

通过以上章节的分析可知，对于环保绝缘气体的研究从基本理化性质、绝缘性能、灭弧性能、分解特性及与材料相容性等方面开展，主要框架如图 2.13 所示。

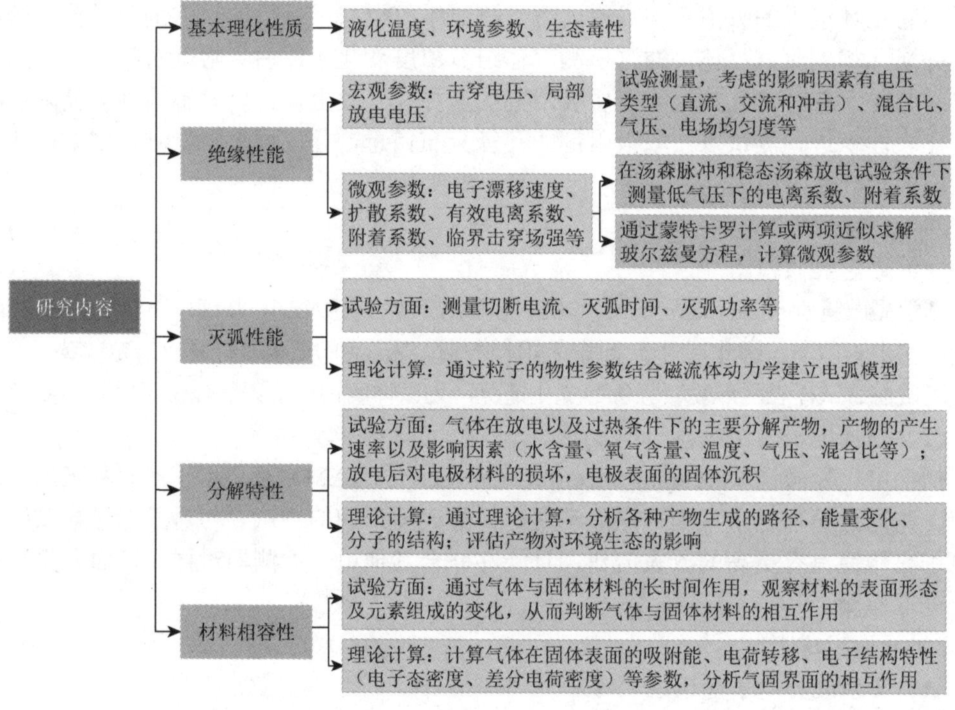

图 2.13　环保绝缘气体的研究内容和研究方法

环保绝缘气体根据研究对象主要分为三类：一是常规气体，包括 CO_2、N_2 及干燥空气等；二是 SF_6 混合气体，包括 SF_6/N_2、SF_6/CO_2、SF_6/CF_4 等；三是氟碳类强电子亲和性气体，包括 HFCs、PFCs、CF_3I、全氟化腈（perfluornitriles，PFNs）、全氟化酮（perfluorinated ketone，PFK）等。表 2.2 给出了目前关注度较高的环保绝缘气体基础理化参数。本书的第 3 章至第 9 章将对这几类气体的研究进行详细的阐述。

表 2.2　SF_6及其他常见环保绝缘气体的基础参数[28-30]

名称	化学结构式	GWP	大气寿命/年	液化温度/℃	相对 SF_6 绝缘强度	半数致死浓度 (LC_{50})/ppm
SF_6	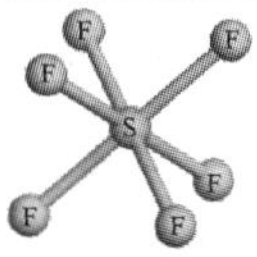	23500	3200	−62	1	n.a.
CO_2		1	n.a.	−78.5	0.35	n.a.
N_2		n.a.	n.a.	−195.8	0.38	n.a.
O_2		n.a.	n.a.	−183	0.33	n.a.
CF_4	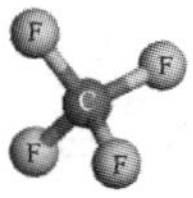	7380	50000	−128	0.41	n.a.
c-C_4F_8	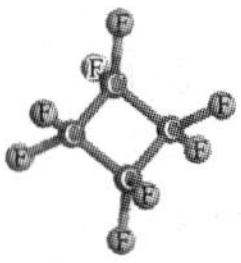	8700	3200	−6	1.27	n.a.
CF_3I	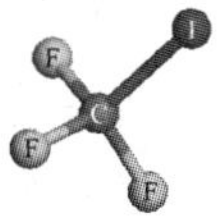	0.4	0.005	−21.8	1.2	160000
HFO-1234ze(*E*)	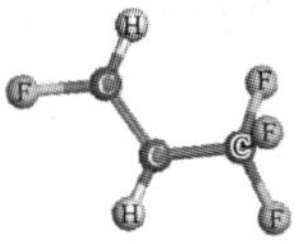	0.315	0.027	−19.2	0.85	＞207000
C_4F_7N	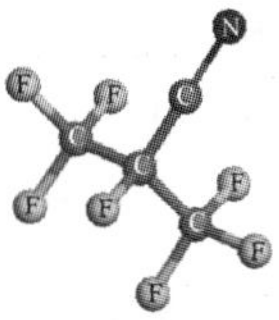	2090	22	−4.7	2.2	12500～15000
$C_5F_{10}O$	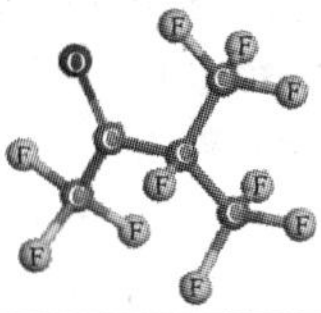	＜1	0.044	26.9	2	20000

注：n.a.表示数据不适用，下同。

参 考 文 献

[1] 国家市场监督管理总局，国家标准化管理委员会. 高压交流开关设备和控制设备标准的共用技术要求：GB/T 11022—2020. 北京：中国标准出版社，2020.

[2] 国家市场监督管理总局，国家标准化管理委员会. 3.6kV～40.5kV 交流金属封闭开关设备和控制设备：GB 3906—2020. 北京：中国标准出版社，2020.

[3] 国家市场监督管理总局，国家标准化管理委员会. 1100kV 高压交流隔离开关和接地开关：GB/T 24837—2018. 北京：中国标准出版社，2018.

[4] Rotmans J，Den Elzen M G J. A model-based approach to the calculation of global warming potentials (GWP). International Journal of Climatology，1992，12(8)： 865-874.

[5] Wang C K，Luo X Z，Zhang H. Shares differences of greenhouse gas emissions calculated with GTP and GWP for major countries. Advances in Climate Change Research，2013， 4(2)： 127-132.

[6] European Union. Registration，Evaluation，Authorization and Restriction of Chemicals：EC 1907/2006. 2006.

[7] 肖淞，张晓星，戴琦伟，等. CF_3I/N_2 混合气体在不同电场下的工频击穿特性试验研究. 中国电机工程学报，2016，36（22）：6276-6285.

[8] Zhang X X，Xiao S，Han Y F，et al. Experimental studies on power frequency breakdown voltage of CF_3I/N_2 mixed gas under different electric fields. Applied Physics Letters，2016，108（9）：092901.

[9] Gulski E，Kreuger F H. Computer-aided recognition of discharge sources. IEEE Transactions on Electrical Insulation，1992，27（1）：82-92.

[10] 杨津基. 气体放电. 北京：科学出版社，1983.

[11] 邓云坤. 环保型绝缘气体 CF_3I 在电气设备中的应用基础研究. 上海：上海交通大学. 2016.

[12] 刘雪丽. SF_6 替代气体的蒙特卡罗模拟与实验研究. 上海：上海交通大学，2008.

[13] Mayr O. Beiträge zur theorie des statischen und des dynamischen lichtbogens. Archiv für Elektrotechnik，1943，37（12）：588-608.

[14] Gleizes A，Gonzalez J J，Freton P. Thermal plasma modelling. Journal of Physics D：Applied Physics，2005，38（9）：R153-R183.

[15] 付钰伟. 高压开关设备中 SF_6 放电分解机理及特征分解产物演化规律研究. 西安：西安交通大学，2017.

[16] 高青青. SF_6 气体中针-板电极电晕放电微观物理化学过程及放电分解特性研究. 西安：西安交通大学，2019.

[17] 齐晓，韩建国，李曼莉. 近红外光谱分析仪器的发展概况. 光谱学与光谱分析，2007，(10)：2022-2026.

[18] 魏福祥. 现代分子光谱技术及应用. 北京：中国石化出版社，2015.

[19] Zhang Y，Zhang X X，Liu C，et al. Research on C_4F_7N gas mixture detection based on infrared spectroscopy. Sensors and Actuators A：Physical，2019，294：126-132.

[20] Zhang X X，Zhang Y，Huang Y，et al. Detection of decomposition products of C_4F_7N-CO_2 gas mixture based on infrared spectroscopy. Vibrational Spectroscopy，2020，110：103114.

[21] 张晓星，任江波，唐炬，等. SF_6 分解产物的红外光谱特性与放电趋势. 高电压技术，2009（12）：2970-2976.

[22] 张晓星，张引，傅明利，等. 基于紫外光谱的 C_4F_7N/CO_2 混合气体混合比检测. 高电压技术，2019，45（4）：1034-1039.

[23] 周家宏，颜雪明，冯玉英，等. 核磁共振实验图谱解析方法. 南京晓庄学院学报，2005（5）：113-115.

[24] 高明珠. 核磁共振技术及其应用进展. 信息记录材料，2011，12（3）：48-51.

[25] Teng Q. Structural Biology：Practical NMR Applications. New York：Springer Science & Business Media，2012.

[26] 李燕，李临生，兰云军. 氟苯类化合物 ^{19}F NMR 化学位移的计算. 波谱学杂志，2012，29（2）：258-277.

[27] 郑哲宇，李涵，周文俊，等. 环保绝缘气体 C_3F_7CN 与密封材料三元乙丙橡胶的相容性研究. 高电压技术，2020，46（1）：335-341.

[28] Deng Y K，Xiao D M. Analysis of the insulation characteristics of CF_3I gas mixtures with Ar，Xe，He，N_2 and CO_2 using Boltzmann equation method. Japanese Journal of Applied Physics，2014，53（9）：96201.1-96201.7.

[29] Mantilla J D，Gariboldi N，Grob S，et al. Investigation of the insulation performance of a new gas mixture with extremely low GWP//2014 IEEE Electrical Insulation Conference（EIC），June 8-11，2014，Philadelphia，PA，USA. IEEE，2014：469-473.

[30] Rabie M，Franck C M. Assessment of eco-friendly gases for electrical insulation to replace the most potent industrial greenhouse gas SF_6. Environmental Science & Technology，2018，52（2）：369-380.

第3章 常规气体

3.1 基本参数

常规气体具有理化性质稳定、成本低，液化温度远低于 SF_6 和低温室效应等优势，长期以来广泛应用于中高压气体绝缘输配电设备。目前国内外研究关注的常规气体主要包括干燥空气、氮气、二氧化碳以及惰性气体（He、Ne、Ar、Kr 和 Xe）。日本东芝公司对 8568 种常规气体进行筛选，综合考虑液化温度、Cl 和 Br 等元素含量、毒性与腐蚀性、稳定性、温室效应等因素，最终缩减为 9 种，即氮气、氧气、干燥空气、二氧化碳以及稀有气体（He、Ne、Ar、Kr 和 Xe）[1]。

氮气、干燥空气、二氧化碳同 SF_6 的基本特性对比如表 3.1 所示，它们的绝缘强度为 SF_6 的 30%～40%，灭弧性能无法达到 SF_6 的水平，但其 GWP 均远低于 SF_6。因此，学者们开展了常规气体电气性能方面的研究，以推动该类气体在电气设备中的应用。

表 3.1 氮气、干燥空气、二氧化碳同 SF_6 的理化特性对比[1-3]

性质	SF_6	氮气	干燥空气	二氧化碳
分子量	146.05	28.0	28.8	44.0
密度/(kg/m^3)	6.14	1.1	1.2	1.8
GWP	23500	n.a.	n.a.	1
液化温度/℃	−62	−195.8	−140.7	−78.5
饱和蒸气压/MPa	0.77	>4	>4	2
相对 SF_6 绝缘强度/%	100	38	33	35
相对 SF_6 灭弧能力/%	100	15	—	50
临界击穿场强/(kV/cm)	88.4	30.0	33.0	25.0
导热系数/[W/(m·K)]	0.0136	0.0238	0.0257	0.0160
定压比热容/[kJ/(kg·K)]	0.657	1.038	1.013	0.85

注：密度值对应的环境温度为 25℃，绝对压力为 0.1MPa，饱和蒸气压对应的温度为−20℃。

3.2 绝 缘 性 能

3.2.1 氮气

1. 击穿特性

氮气的化学式为 N_2，常温常压下是一种无色无味的气体，在空气中的体积占比为78.08%。氮原子自身的价电子层构型是 $2s^22p^3$，同时具备三个成单电子和一对孤对电子，因此氮原子之间通过两个 π 键和一个 σ 键形成氮分子，其分子结构式为 N≡N；其解离需要吸收 941.69kJ/mol 的能量，化学性质十分稳定[4]。

图 3.1 为 N_2 在球-球电极下的击穿电压随气压的变化曲线。试验所用球电极的直径为 10mm，球间隙为 10mm。可以看出，N_2 的交流击穿电压最低，交流击穿电压和直流击穿电压均随着气压增大呈线性增长趋势；在气压为 0.5～1.5bar（0.05～0.15MPa) 范围内，雷电冲击击穿电压高于直流击穿电压，但在气压 1.5～2.0bar（0.15～0.2MPa）下击穿电压出现降低[5]。

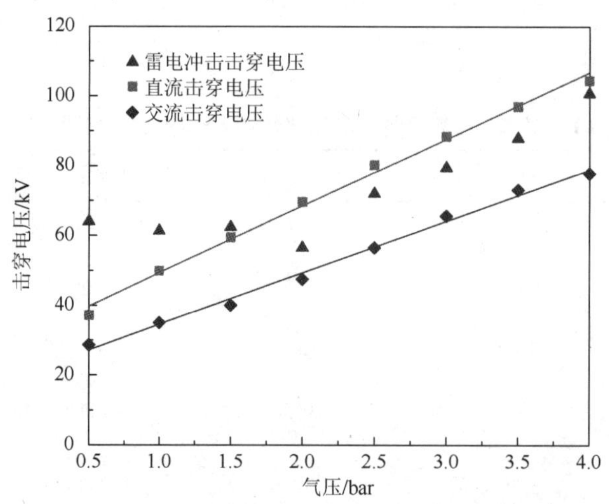

图 3.1 球-球电极下 N_2 在不同气压下的击穿特性

气体的绝缘强度取决于电极几何形状、电压波形、极性、气体压力等诸多因素。虽然气体绝缘设备（如 GIS）中一般不存在极不均匀电场，但电极表面粗糙或灰尘和电极之间的导电粒子可能造成局部场强过大，使气体发生电离，最终引起气隙击穿。考虑到气体在设备中应用的各种工况条件，还需要考察 N_2 在不同电场均匀度下的击穿特性。

以针-板电极、棒-板电极、球-球电极分别模拟极不均匀电场、稍不均匀电场和准均匀电场，得到 N_2 在不同电场下的工频击穿电压，如图 3.2 所示。其中电场均匀度按照式（2.3）计算获得，三种电极对应的电场均匀度分别为 0.21、0.53、0.95。根据图 3.2，N_2 的工频击穿电压随着电场均匀度的增加而增大。气压对击穿电压的影响也较明显，即使在极不均匀电场下，增加气压仍能明显提高气体的工频击穿电压值。

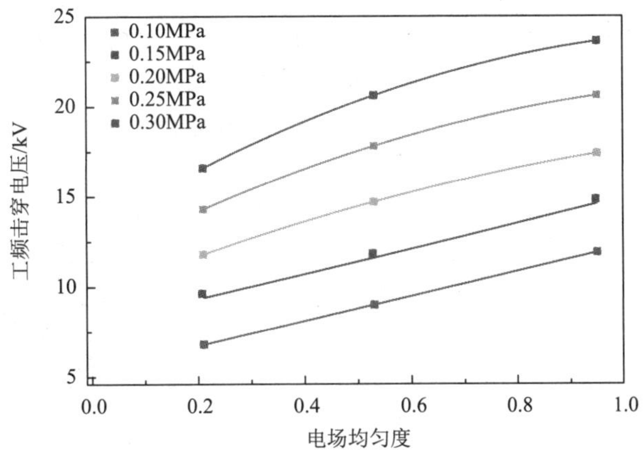

图 3.2　不同电场下 N_2 的工频击穿电压

2. 局部放电特性

图 3.3 给出了 N_2 在极不均匀电场下的局部放电电压，包括局部放电起始电压（PDIV）和局部放电熄灭电压（PDEV）。可以看到，N_2 的 PDIV 和 PDEV 随气压呈现增长趋势，且 PDIV＞PDEV。

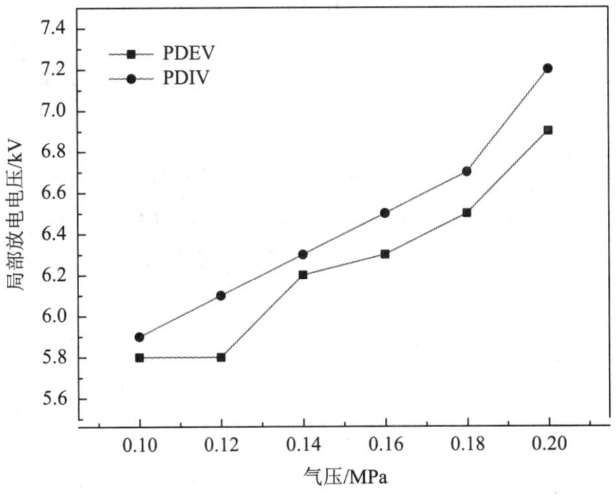

图 3.3　针-板电极下 N_2 的局部放电电压（50pC）

3.2.2　二氧化碳

1. 击穿特性

二氧化碳的化学式为 CO_2，是一种无机物，不可燃，低浓度时无毒性。一般认为 CO_2

分子的中心原子 C 原子采取 sp 杂化，两条 sp 杂化轨道分别与两个 O 原子的 2p 轨道（含有一个电子）重叠形成 2 条 σ 键，C 原子上互相垂直的 p 轨道再分别与 2 个 O 原子中平行的 p 轨道形成 2 条大 π 键[6, 7]。

图 3.4 给出了不同放电类型下 CO_2 在准均匀电场下的击穿电压，可以看到 CO_2 与 N_2 的击穿特性具有相似性。比较三种类型的 CO_2 击穿电压值，可以看到低气压时正极性雷电冲击击穿电压高于直流击穿电压，在 0.2～0.25MPa 则出现反转，而交流击穿电压值最低。

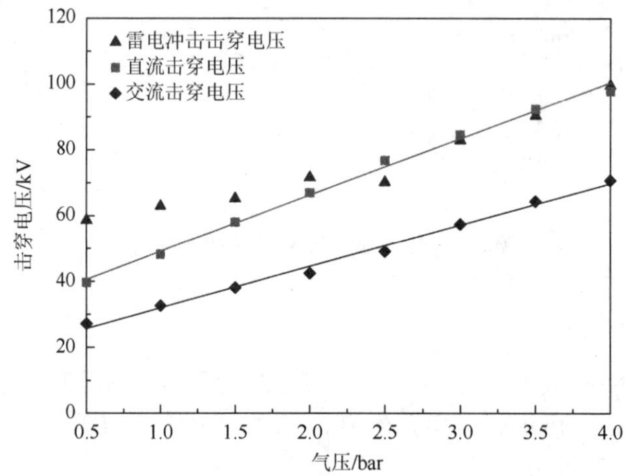

图 3.4　球-球电极下 CO_2 不同电压类型下的击穿电压[5]

图 3.5 对比了不同电压类型下 N_2、CO_2 气体与 SF_6 的绝缘性能，可以看到三者的击穿电压均随气压升高呈线性增长趋势，且 SF_6 的绝缘能力远强于 N_2、CO_2。0.4MPa 下 N_2 的交流、直流击穿电压分别为 80kV、100kV，与 0.15MPa 下 SF_6 的相当；0.4MPa 下 N_2 的正极性雷电冲击击穿电压（BDV_{50}）为 100kV，与 0.1MPa 下 SF_6 的相当；N_2 的交流击穿电压略优于 CO_2，两者的正极性雷电冲击击穿电压十分接近。

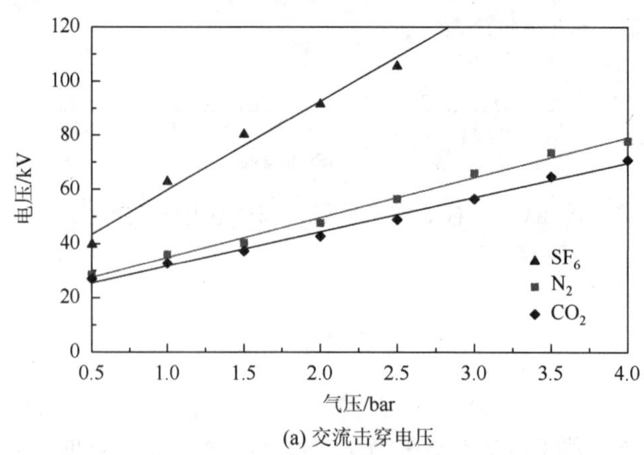

(a) 交流击穿电压

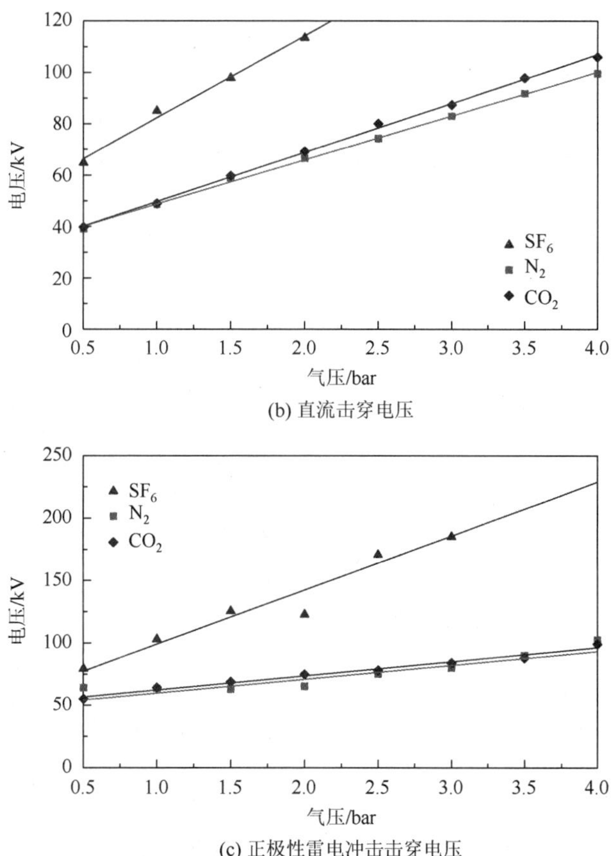

(b) 直流击穿电压

(c) 正极性雷电冲击击穿电压

图 3.5 N_2、CO_2气体与 SF_6不同电压类型下的击穿电压

图 3.6 给出了不同电场环境下（电场均匀度分别为 0.21、0.53、0.95）CO_2 的工频击穿电压。可以看到气压在 0.10～0.30MPa 范围内，CO_2 的工频击穿电压随着电场均匀度的增加呈增长趋势。升高气压能够显著提升 CO_2 的工频击穿特性。

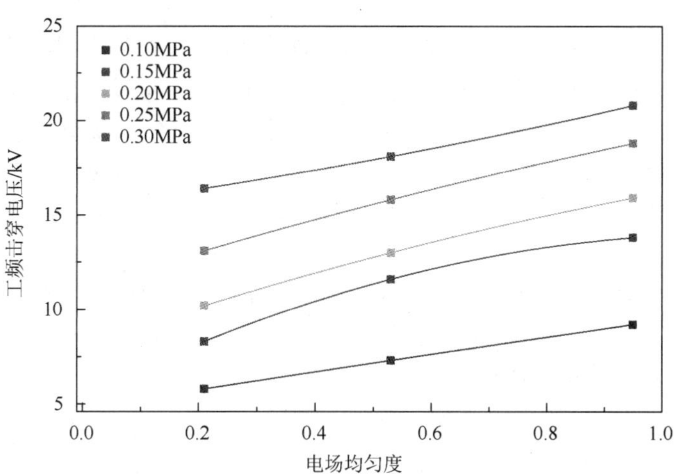

图 3.6 不同电场环境下 CO_2 的工频击穿电压

2. 局部放电特性

图 3.7 给出了 CO_2 在极不均匀电场下的局部放电电压。对比图 3.3，可以看到 CO_2 与 N_2 的 PDIV、PDEV 随气压具有相似的变化规律，PDIV＞PDEV 且两者均随气压增长而增大。

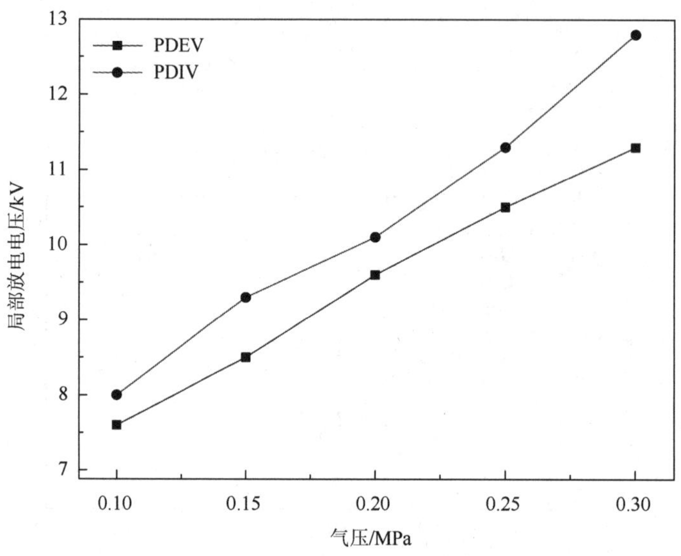

图 3.7　针-板电极下 CO_2 的局部放电电压（50pC）

3.2.3　干燥空气

1. 干燥空气的击穿特性

空气主要由 78%的氮气、21%的氧气、0.94%的稀有气体（氦、氖、氩、氪、氙、氡）、0.03%的 CO_2 及 0.03%的水蒸气和杂质等组成。从表 3.1 中可以看出，干燥空气的导热系数优于氮气，但定压比热容劣于氮气。干燥空气相比于氮气的优势在于：①清洁干燥空气的绝缘能力大约是 SF_6 的三分之一；②如果环境中氮气含量过高，会导致气体中氧含量的下降并引发缺氧。因此，在使用氮气绝缘时需要防止氮气泄漏对工作人员造成危害，而干燥空气应用较为安全。

图 3.8 给出了在准均匀电场下干燥空气与 SF_6 的工频击穿电压。可以看到在气压 0.1～0.5MPa 范围内，干燥空气的工频击穿电压为相同气压下 SF_6 的 35%～43%，该比例随着气压的增大呈现略微下降的趋势。

当通过增大气体气压的方式来提高绝缘强度时，干燥空气中残留的水可能在高气压的情况下发生液化，改变绝缘气体的绝缘强度。韩国学者通过施加正、负极性雷电冲击击穿电压和交流击穿电压探究了湿度对干燥空气击穿特性的影响[8]。

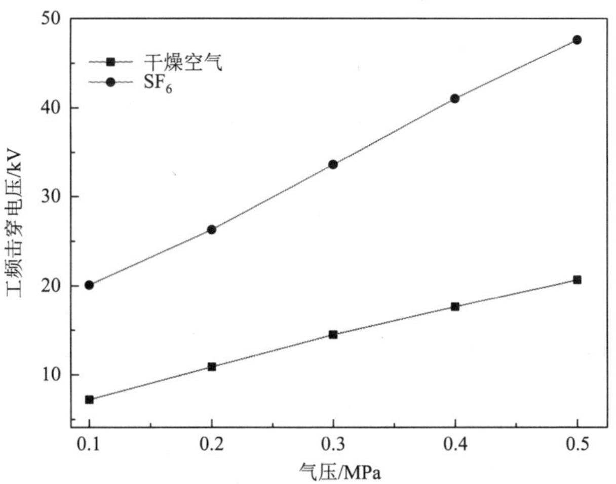

图 3.8　球-球电极下干燥空气和 SF_6 的工频击穿电压

图 3.9 给出了 0.3MPa 不同电极间隙距离下空气的击穿特性，可以看到相对击穿电压随间隙距离的增加呈增长趋势。当湿度范围在 450～1450ppm 时，空气的正极性雷电冲击、负极性雷电冲击以及交流击穿电压没有显著变化，可以认为在该湿度范围内，空气的绝缘性能不受湿度的影响[8]。因此，将空气作为气体绝缘介质时可将空气相对湿度控制在 450～1450ppm。

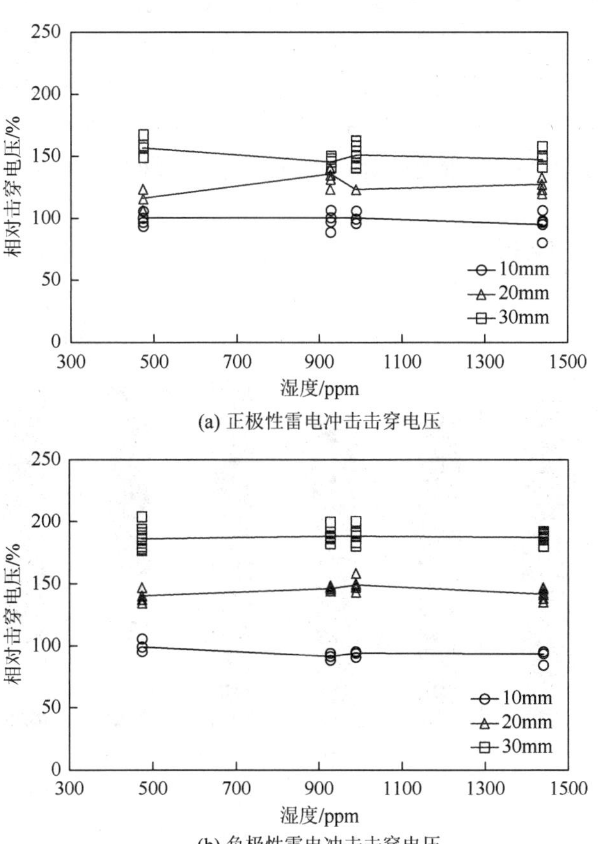

(a) 正极性雷电冲击击穿电压

(b) 负极性雷电冲击击穿电压

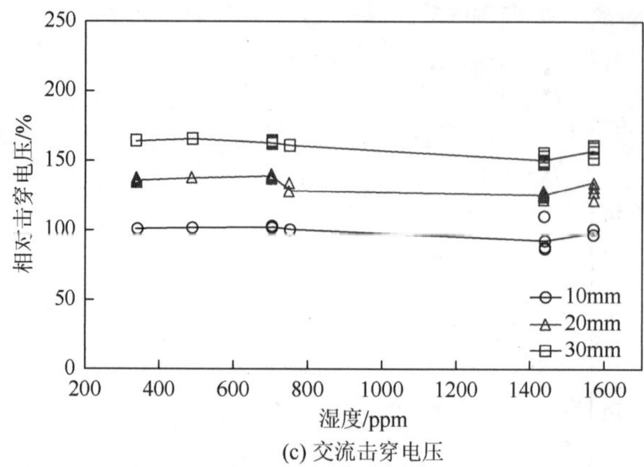

(c) 交流击穿电压

图 3.9　湿度对空气不同电压类型击穿值的影响（0.3MPa）

2. O_2及N_2含量对击穿特性的影响

由于O_2与N_2相比更容易吸附电子，具有更强的电子亲和性，因此空气的绝缘性能优于N_2。研究人员以此为切入点，探究了不同比例O_2、N_2混合气体的绝缘性能。

日本日立公司研究了干燥空气、CO_2、N_2、N_2/O_2混合气体在不同电极粗糙度、气压和绝缘涂层下的绝缘性能[3, 9]。图 3.10 给出了 0.5MPa 下几种常规气体与氮氧混合气体的相对绝缘强度的对比。以氮气的闪络电压为基准对其他气体的相对绝缘强度进行归一化，可以发现干燥空气的相对绝缘强度比氮气高约 7%，氮气和二氧化碳的相对绝缘强度相当。80% N_2/20% O_2的相对绝缘强度与干燥空气几乎相同。O_2浓度为 40%的氮氧混合气体的相对绝缘强度比干燥空气高 5%左右，且高于O_2浓度为 60%的相对绝缘强度。从绝缘角度考虑，0.5MPa 下O_2/N_2混合气体中O_2的最佳浓度约为 40%[9]。

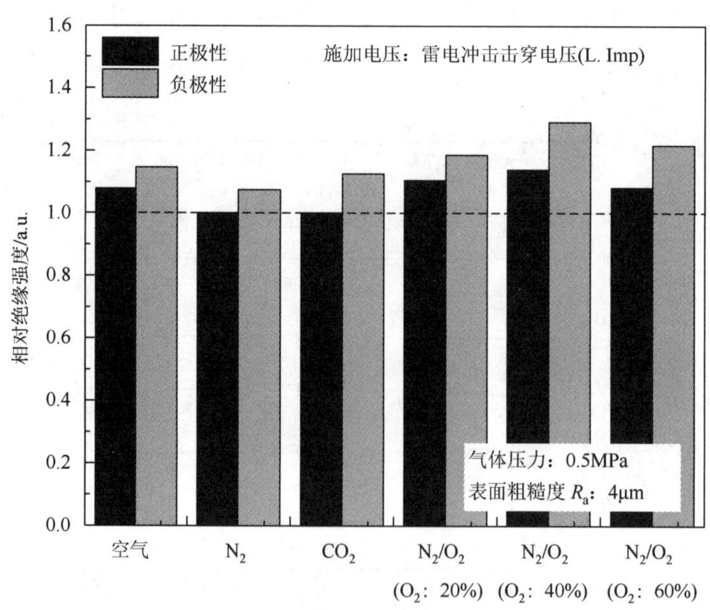

图 3.10　常规气体与氮氧混合气体相对绝缘强度的比较

3.2.4 其他

除了N_2、空气、CO_2等常见气体以外，研究者也将目光转向了其他常规气体，如N_2O以及稀有气体等。

N_2O的沸点为−88.46℃，分子构型是直线型，与CO_2分子类似，因此N_2O也具有一定的电子附着能力，其电子附着截面为0.5～4.0eV（CO_2、O_2分别为6～10eV、4.5～8eV），可以作为一种潜在性的环保绝缘气体。图3.11给出了准均匀电场0.1MPa下（球-板电极，球半径25mm，间距10mm）N_2O/CO_2混合气体的雷电冲击击穿电压和交流击穿电压，结果表明30% N_2O/CO_2的击穿电压高于纯N_2O和纯CO_2，表现出一定的正协同效应[10]。

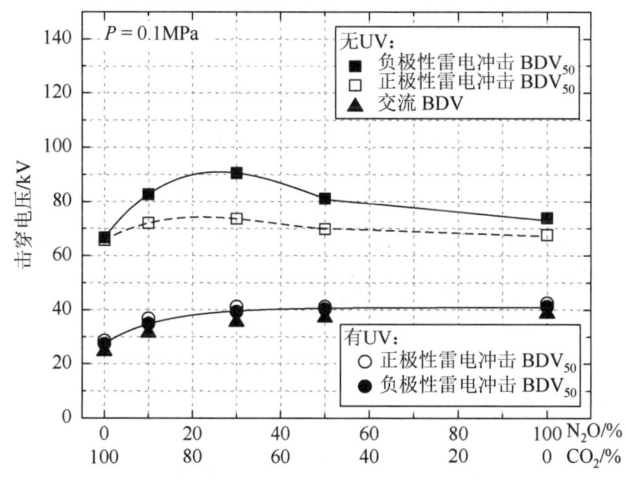

图3.11 N_2O/CO_2击穿电压与CO_2含量的关系

需要指出的是，N_2O是一种毒性气体，其LC_{50}为1068 mg/m^3（大鼠吸入，4h），人吸入90%以上的N_2O气体时，可引起深度麻醉。N_2O进入血液后会导致人体缺氧，长期接触此类气体还可引起贫血及中枢神经系统损害等。除此以外，N_2O同样是《京都议定书》规定的6种温室气体之一，N_2O的GWP为320，大气寿命为150年，且是导致臭氧层损耗的物质之一，因此学者们并未将其作为主要的环保绝缘气体进行研究。

稀有气体为单原子气体，性质稳定，很难发生化学反应，目前部分气体如氦气（He）、氩气（Ar）被选为缓冲气体配合主绝缘气体开展研究，仍未有关于稀有气体单独作为绝缘或灭弧介质的报道。

3.3 分解特性

由于常规气体结构简单、性质稳定，在设备正常运行时可以保持稳定的绝缘性能。

在常规气体中，干燥空气的组成成分相对复杂，在设备内发生局部放电时会引起气体分子的断键重组，进而生成新的气体组分。

空气发生分解主要有以下三个原因：电子碰撞、热效应和光辐射。在气体绝缘设备中的局部放电下，光效应较弱，可以忽略其对空气分解的影响；而在局部放电过程中，气体生成区域附近温度变化较小，也可以忽略其对空气分解的影响；因此，可以认为空气在局部放电过程中主要受电子碰撞游离的影响。空气放电的本质是带电粒子、气体分子以及电极表面相互碰撞的结果。空气中的带电粒子在电场的作用下加速获得能量碰撞氮气和氧气，导致N≡N键和O—O键的断裂并电离出O原子和N原子，解离产生的O、N原子也会与其他粒子进一步反应产生多种分子产物。

在局部高电场的作用下，空气中的N_2、O_2、O_3、H_2O以及CO_2分解成单个O原子、N原子、OH自由基以及CO，其分解过程主要为

$$O_2 + e^* \longrightarrow O + O + e \quad (3.1)$$

$$O_3 + e^* \longrightarrow O_2 + O + e \quad (3.2)$$

$$N_2 + e^* \longrightarrow N + N + e \quad (3.3)$$

$$H_2O + e^* \longrightarrow H + OH + e \quad (3.4)$$

$$CO_2 + e^* \longrightarrow CO + O + e \quad (3.5)$$

反应生成的N原子、O原子、OH自由基以及CO扩散后会进一步与空气中的其他气体成分发生复杂的化学反应，生成多种稳定的组分。其中，O原子活性较高，与O_2可进一步合成O_3。N原子不稳定，容易被氧化产生NO和NO_2，主要反应方程如下：

$$O + O_2 \longrightarrow O_3 \quad (3.6)$$

$$N_2 + O \longrightarrow NO + N \quad (3.7)$$

$$N + O_2 \longrightarrow NO + O \quad (3.8)$$

$$N + O_3 \longrightarrow NO + O_2 \quad (3.9)$$

$$NO + O_3 \longrightarrow NO_2 + O_2 \quad (3.10)$$

$$NO_2 + O_3 \longrightarrow NO_3 + O_2 \quad (3.11)$$

$$NO + NO_3 \longrightarrow 2NO_2 \quad (3.12)$$

$$NO_2 + NO_3 \longrightarrow N_2O_5 \quad (3.13)$$

$$N_2O_5 \longrightarrow NO_2 + NO_3 \quad (3.14)$$

当固体绝缘材料参与放电过程时，有机物中的C会被激发电离出来，与O原子反应生成CO：

$$C + O \longrightarrow CO \quad (3.15)$$

另外，由于空气中含有一定量的H_2O，NO_2与H_2O反应会生成酸性极强的HNO_3，腐蚀设备内绝缘材料，加速绝缘性能劣化：

$$2NO_2 + H_2O \longrightarrow HNO_3 + HNO_2 \quad (3.16)$$

整体上，空气放电的主要产物为O_3、CO、NO和NO_2，相关化学反应从碰撞电离产生的

N、O 原子开始，图 3.12 给出了空气放电主要分解产物的形成路径[11, 12]。通过对主要分解产物的浓度、生成速率检测，可以初步确定设备内部的绝缘劣化状态。

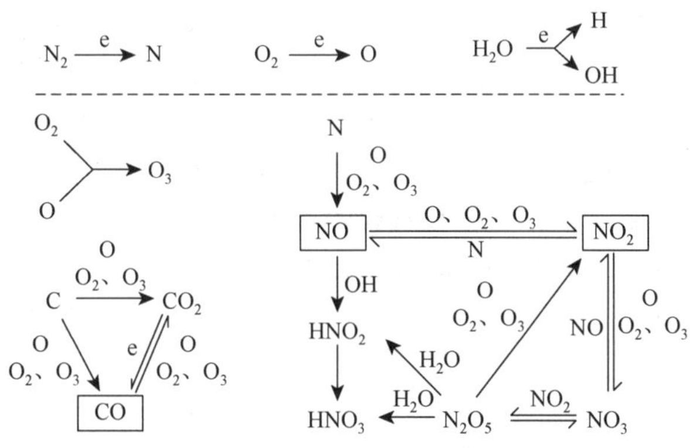

图 3.12 空气放电主要分解路径

3.4 工程应用

目前国内外投入工程应用的常规气体绝缘设备中的气体以 N_2、干燥空气（氮氧混合物）和 CO_2 为主。由于常规气体的绝缘强度远低于 SF_6，若将常规气体直接充入传统 SF_6 气体绝缘设备中，则可能由于设备绝缘能力大幅下降，内部易发生局部放电甚至绝缘气隙击穿。因此，对于采用常规气体的气体绝缘设备来说，需要提高气体填充压力、增加绝缘距离或改善内部绝缘结构等以保证设备整体的绝缘可靠性。

目前，常规气体已大量应用于 10～126kV 的气体绝缘设备中。日本日立公司采用气固混合绝缘机构，设计并制造了 72.5kV 电压等级的环保气体 GIS 设备，其中绝缘气体为 40% O_2/60% N_2，固体绝缘材料为环氧树脂。与传统 GIS 相比，虽然设备尺寸并未增大，但成本略有提高[9]。法国施耐德电气公司推出的 GM AirSeT 中压一次配电柜以干燥空气作为绝缘介质，其额定短路电流为 1.25kA，短路开断电流达 31.5kA。我国也研发了多种以常规气体为绝缘介质的输配电设备，如上海天灵开关厂有限公司通过优化导体结构、使用固体绝缘等方式，成功将纯 N_2 应用于 12kV 和 24kV 开关柜中[13-16]。上海交通大学在 40.5kV 电压等级 C-GIS 开关柜中填充低压力的 N_2 以替代 SF_6 气体，并研制了一种三相共箱式 40.5kV-1250A 的绝缘开关柜样机，相对于市场上相同电压等级的 SF_6 气体绝缘柜宽度增加了 33%[17]。2020 年，平高集团与西安交通大学联合自主设计研发了 126kV 无氟环保型 GIS，将 CO_2 作为 GIS 整体绝缘与隔离、接地开关的单一开断介质，断口采用真空断路器。

目前可以作为灭弧介质的主要常规气体为 CO_2 和空气。日本东芝公司研究了 CO_2 气体的热开断性能，并研制了 72kV、短路开断电流 31.5kA 的 CO_2 罐式断路器样机，但其充气压力为 0.7MPa，体积与质量为同等电压等级 SF_6 断路器的 1.5～2 倍[18]。2010 年 ABB 公司在瑞典的一个 45kV 变电站试点项目中安装了 LTA 型 CO_2 断路器，其额定电压为 72.5kV，额定短路电流为31.5kA。2016年阿尔斯通公司研制了36kV电压等级、以压缩空气为灭弧介质的发电机出口断路器，其短路开断电流可达到50kA。

常规气体的优势在于成本低，对环境无害，对生态及运维人员不会带来安全威胁。气体性质稳定，在部分中低压设备中作为绝缘介质可以完全替代SF_6，但是气体分子吸附电子的能力远小于SF_6，导致绝缘强度仅为SF_6的30%～40%。该类气体在开关设备中使用时需要对设备的结构进行合理优化，单纯地依靠增加气压和增大尺寸会使设备使用的安全性下降、设备的制作成本增加。与固体绝缘材料配合使用也是一种有效的手段，但是固体绝缘材料在大气中存在时间较长且较难降解，在设备中添加固体绝缘材料无疑又增加了环境的负担。总之，常规气体仍有较大的开发使用前景及探索价值。

参考文献

[1] 李兴文，赵虎. SF_6替代气体的研究进展综述. 高电压技术，2016，42（6）：1695-1701.

[2] 廖瑞金，杜永永，李剑，等. 新型环保绝缘气体的研究进展. 智能电网，2015，3（12）：1118-1124.

[3] Rokunohe T，Yagihashi Y，Endo F，et al. Fundamental insulation characteristics of air；N_2，CO_2，N_2/O_2，and SF_6/N_2 mixed gases. Electrical Engineering in Japan，2006，155（3）：9-17.

[4] 曹建. 氮气放电特性研究. 哈尔滨：哈尔滨理工大学，2019.

[5] Beroual A，Khaled U，Coulibaly M L. Experimental investigation of the breakdown voltage of CO_2，N_2，and SF_6 gases，and CO_2-SF_6 and N_2-SF_6 mixtures under different voltage waveforms. Energies，2018，11（4）：902.

[6] 田双双. 环保型绝缘气体$C_6F_{12}O/CO_2$绝缘性能和分解特性的研究及应用. 武汉：武汉大学，2019.

[7] 王丽敏，苏连江. 自然科学基础・无机化学卷. 哈尔滨：哈尔滨地图出版社，2004.

[8] Seong J K，Seo K B，Jeong D H，et al. AC and impulse breakdown characteristics of dry-air with regard to different moisture content//2013 2nd International Conference on Electric Power Equipment-Switching Technology (ICEPE-ST)，October 20-23，2013，Matsue，Japan . IEEE，2013：1-4.

[9] Rokunohe T，Yagihashi Y，Aoyagi K，et al. Development of SF_6-free 72.5 kV GIS. IEEE Transactions on Power Delivery，2007，22（3）：1869-1876.

[10] Hayakawa N，Kinoshita O，Kojima H，et al. Synergy effect in electrical insulation characteristics of N_2O gas mixtures. IEEE Transactions on Power and Energy，2006，126（11）：1164-1170.

[11] Zhang X X，Gui Y G，Zhang Y，et al. Influence of humidity and voltage on characteristic decomposition components under needle-plate discharge model. IEEE Transactions on Dielectrics and Electrical Insulation，2016，23（5）：2633-2640.

[12] Gui Y G，Zhang X X，Zhang Y，et al. Study on the characteristic decomposition components of air-insulated switchgear cabinet under partial discharge. Aip Advances，2016，6（7）：868-871.

[13] 陈慎言，钱立骁，韩晓鸣，等. N2X-24kV环保型充气柜的研发//江苏省电机工程学会，《电力设备》杂志社. 20kV电压等级配电技术研讨会论文集. 北京：中国电力出版社，2008：107-111.

[14] 陈慎言，钱立骁，韩晓鸣，等. 研制环保型充气柜实现的技术突破. 电力设备，2008，9（9）：103-104.

[15] 钱立骁，陈慎言. 12～24kV氮气绝缘环网柜的研制. 高电压技术，2014，40（12）：3717-3724.

[16] 刁凤鸣. 新型环保型开关设备——FBX系列气体绝缘环网柜. 电器工业，2009，（12）：69-69.

[17] 张强华，谭燕，邬建刚. 40.5kV无SF_6 C-GIS开关柜研究. 高压电器，2011，47（6）：29-33，38.

[18] Uchii T，Majina A，Koshizuka T，et al. Thermal interruption capabilities of CO_2 gas and CO_2-based gas mixtures//Gas Discharges and Their Applications, 2010 18th International Conference on IEEE，2010：78-81.

第 4 章　SF_6混合气体

4.1　基 本 参 数

SF_6混合气体的研究开始于 20 世纪 70 年代，主要有 SF_6/N_2、SF_6/CO_2、SF_6/CF_4 等[1, 2]。虽然通常情况下 SF_6 混合气体的绝缘强度都低于纯 SF_6 气体，但是由于 SF_6 与 CO_2、N_2 等存在协同效应，SF_6 含量为 30%的混合气体的绝缘强度能够达到纯 SF_6 的 70%～80%[3]。同时，使用混合气体将大幅减少 SF_6 的使用量，也能够解决极寒温度下 SF_6 液化的问题。目前应用较多的 SF_6 混合气体是 SF_6/N_2，主要应用于 GIS 母线、GIL 和断路器等电气设备中[4-7]。因此，本章主要以 SF_6/N_2 混合气体为例进行详细描述。

4.1.1　液化温度

目前，GIS 和 GIL 等气体绝缘设备正常运行的环境温度在−30～50℃，而 SF_6 气体在 0.7MPa 下当环境温度下降到−30℃时就会液化。SF_6 混合气体的液化温度取决于混合气体中 SF_6 的含量。当混合气体中 SF_6 分压达到或超过外界温度对应的 SF_6 饱和蒸气压时，混合气体便会液化。目前设备中使用的 SF_6 混合气体中 SF_6 的含量较低，一般为 5%～30%[8, 9]。因此，SF_6 混合气体的液化温度与纯 SF_6 气体相比会下降很多[10]。

SF_6 混合气体的液化温度可基于 SF_6 饱和蒸气压曲线计算获得。由于 N_2 常压下的液化温度为−195.8℃，远低于 SF_6 的液化温度（−62℃），实际工程应用中可以将 SF_6/N_2 混合气体当作理想气体考虑，混合气体的液化温度将仅取决于 SF_6 的含量。对于 SF_6/N_2 混合气体，根据道尔顿分压定律，SF_6 的对应分压 P_k 为混合气体的总压 P 与 SF_6 在混合气体中的体积分数 k 的乘积，即

$$P_k = kP \tag{4.1}$$

联立式（2.1）可得到不同环境温度下 SF_6/N_2 混合气体的最大压力与混合气体中 SF_6 体积分数 k 的关系，如图 4.1 所示。

根据图 4.1，同一气压下，随着 SF_6 含量（体积分数）的升高，混合气体的液化温度也在不断升高。当 SF_6 含量为 20%、最低运行温度为−60℃时，混合气体的最大压力不能超过 0.76MPa。

4.1.2　环境参数

对于 SF_6/N_2、SF_6/CO_2、SF_6/CF_4 等混合气体，其 GWP 均远低于 SF_6（23500）[11]，因此 SF_6 混合气体的环保特性显著优于纯 SF_6。混合气体的 GWP 等于所有组分的质量分数与该组分 GWP 乘积之和[12]，对于 SF_6/N_2 混合气体，其计算方法为

$$\mathrm{GWP}=\frac{k\times146.05\times23500+(1-k)\times28\times0}{k\times146.05+(1-k)\times28} \tag{4.2}$$

式中，k 为 SF_6 的体积分数；146.05 和 28 分别为 SF_6 和 N_2 的分子量；23500 为 SF_6 的 GWP；N_2 的 GWP 值取为 0。图 4.2 为 SF_6/N_2 混合气体的 GWP 与 SF_6 体积分数的关系。

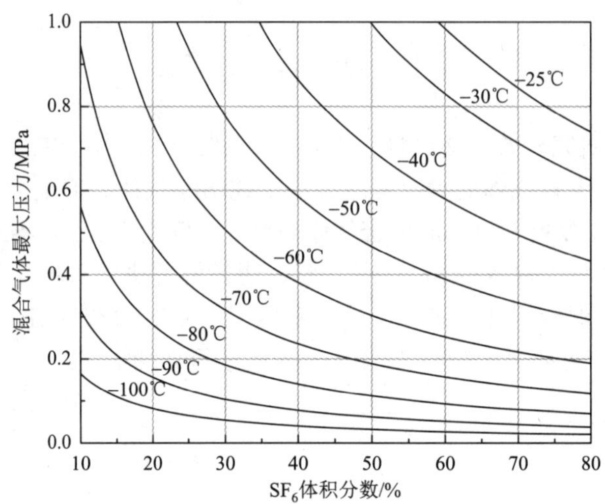

图 4.1　不同环境温度下混合气体的最大压力与混合气体中 SF_6 体积分数的关系

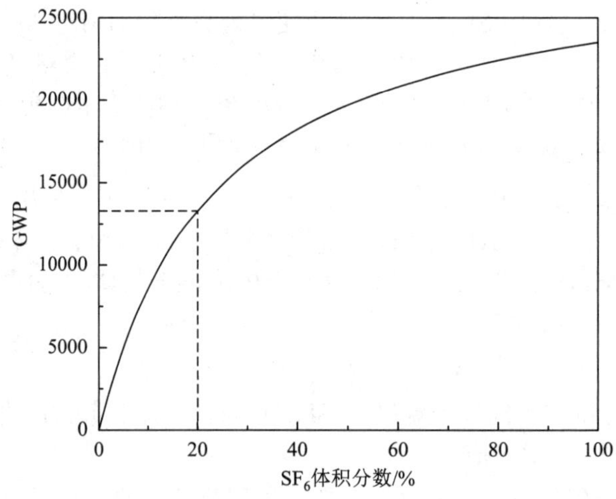

图 4.2　SF_6/N_2 混合气体的 GWP 与混合气体中 SF_6 体积分数的关系

可以看出，SF_6 体积分数为 20%的混合气体的 GWP 为 13298，相当于纯 SF_6 的 56.6%，因此使用 SF_6 混合气体能够有效降低温室效应。

4.1.3　安全性参数

SF_6 混合气体本身是无毒的，但在放电或者过热时分解并发生一系列复杂反应后，

会产生与纯 SF_6 分解时类似的有毒组分，包括 SOF_2、SO_2F_2、SOF_4、SO_2 等。因此，针对 SF_6 混合气体设备的运维，应当参照现阶段 SF_6 设备运维要求，根据规程做好相关安全防护并保持设备区域通风，避免直接接触高浓度的设备内气体。

4.2 绝 缘 性 能

考虑到混合气体的协同作用，当 SF_6 气体与 N_2、CO_2、CF_4 等气体混合后，SF_6 混合气体的绝缘强度并不是简单地等于两种组成气体按分压加权的绝缘强度之和[3]。研究结果表明，SF_6 与 He 不存在协同效应；SF_6/N_2、SF_6/CO_2 和 SF_6/CF_4 混合气体则呈负协同效应。因此在 SF_6/N_2、SF_6/CO_2 和 SF_6/CF_4 混合气体中，若能选择合适的混合比，混合气体的绝缘性能不会比纯 SF_6 气体低太多。

4.2.1 SF_6/N_2 混合气体

式（4.3）为实际工程中 SF_6/N_2 混合气体相对绝缘强度的经验公式[13]：

$$相对绝缘强度 = k^{0.18}, \quad k \geqslant 0.05 \tag{4.3}$$

上海交通大学肖登明教授课题组通过稳态汤森法（SST）测试了 SF_6/N_2 混合气体的临界击穿场强$(E/P)_{cr}$，得到 SF_6/N_2 混合气体在均匀电场中的相对绝缘强度（相对 SF_6）与混合气体中 SF_6 含量的拟合关系[13]，如式（4.4）所示。

$$相对绝缘强度 = 0.5827 + 0.621k - 0.208k^2 \tag{4.4}$$

图 4.3 给出了不同 SF_6 体积分数下 SF_6/N_2 混合气体的相对绝缘强度。可以看到随着 SF_6 含量的增加，SF_6/N_2 混合气体的相对绝缘强度呈饱和增长趋势。由拟合曲线可知，当 SF_6 含量分别为 20%、40%和 65%时，SF_6/N_2 混合气体的绝缘强度约为纯 SF_6 的 70%、80%和 90%。为减少 SF_6 的使用量，目前工程应用混合气体中 SF_6 的含量一般不超过 30%。

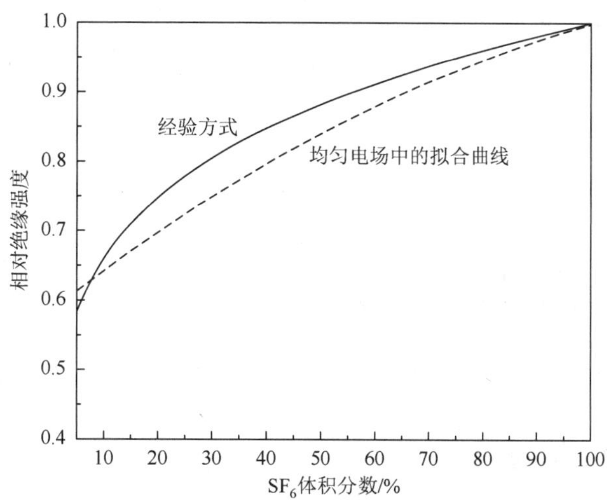

图 4.3　SF_6/N_2 的相对绝缘强度与混合气体中 SF_6 体积分数的关系

由于 SF_6 气体对电场不均匀程度非常敏感，电场分布越恶劣 SF_6 气体的绝缘性能下降程度越大，而 N_2 的加入能够降低 SF_6 气体击穿电压对电场不均匀的敏感性[14-16]。因此在稍不均匀电场及极不均匀电场中，SF_6/N_2 混合气体的相对绝缘强度比在均匀电场中略微增加。

4.2.2　SF_6/CO_2 混合气体

式(4.5)为通过 SST 方法测得 SF_6/CO_2 混合气体的临界击穿场强 $(E/P)_{cr}$ 后得到的 SF_6/CO_2 混合气体的相对绝缘强度与混合气体中 SF_6 含量的拟合关系[13]。

$$相对绝缘强度 = 0.4339 + 0.8286k - 0.2764k^2 \tag{4.5}$$

SF_6/CO_2 和 SF_6/N_2 混合气体的绝缘性能相似，即 SF_6/CO_2 混合气体的相对绝缘强度随 SF_6 含量增加呈饱和增长趋势，增长轨迹同样为图 4.4 中的协同效应型。

图 4.4 对比给出了 SF_6/N_2 和 SF_6/CO_2 混合气体在均匀电场中的相对绝缘强度。均匀电场中，SF_6/CO_2 混合气体的绝缘性能弱于 SF_6/N_2[17, 18]。当 SF_6 含量分别为 20%、40%和 65%时，SF_6/CO_2 混合气体的绝缘强度约为纯 SF_6 的 60%、70%和 85%。在稍不均匀电场以及极不均匀电场中，SF_6/CO_2 混合气体的相对绝缘强度比在均匀电场中略微增加[19]。但是，当有严重的局部电场集中的情况时，如电场不均度较大（电极表面粗糙度较高）时，SF_6/CO_2 混合气体的相对绝缘强度高于 SF_6/N_2 混合气体。整体上，SF_6/CO_2 的绝缘性能要劣于 SF_6/N_2 混合气体，而在严重的局部电场集中时则有可能优于 SF_6/N_2 混合气体[20]。

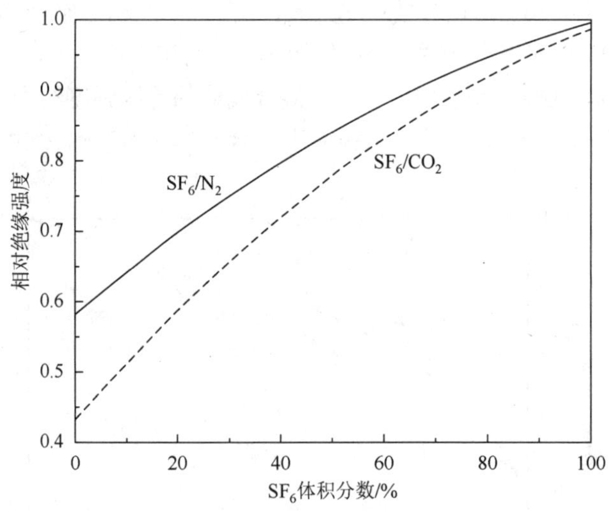

图 4.4　SF_6/N_2 和 SF_6/CO_2 的相对绝缘强度对比

4.2.3　SF_6/CF_4 混合气体

CF_4 的液化温度为−128℃，GWP（7380）低于 SF_6，同时具有较好的灭弧能力，与

SF_6 混合后呈协同效应，具备比较优异的绝缘性能[24]。通过脉冲汤森法（PT）测试了不同体积分数 SF_6 下 SF_6/CF_4 混合气体的临界击穿场强$(E/P)_{cr}$，得到 SF_6/CF_4 混合气体的相对绝缘强度与混合气体中 SF_6 体积分数的拟合关系[13]，如式（4.6）所示，图 4.5 为其对应的曲线图。

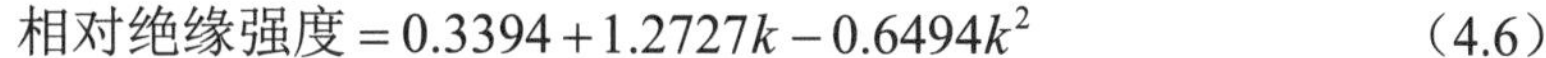

$$相对绝缘强度 = 0.3394 + 1.2727k - 0.6494k^2 \tag{4.6}$$

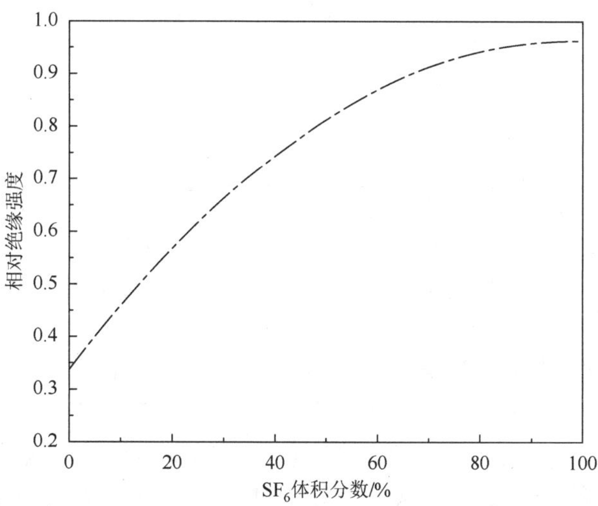

图 4.5 SF_6/CF_4 的相对绝缘强度与混合气体中 SF_6 体积分数的拟合曲线

随着 SF_6 体积分数的增加，SF_6/CF_4 混合气体的相对绝缘强度趋向于饱和，混合气体的协同效应明显减弱。同时，试验结果表明，在棒-板电极和针-板电极下，当 SF_6 体积分数为 20%时，SF_6/CF_4 混合气体的绝缘强度分别为纯 SF_6 的 64.8%和 74.8%，即电场不均匀的情况下混合气体的相对 SF_6 绝缘强度更为优异，SF_6 和 CF_4 的协同效应也更强。

4.2.4 SF_6/稀有气体

式（4.7）～式（4.11）为通过 SST 方法测得 SF_6/稀有气体的临界击穿场强$(E/P)_{cr}$ 后得到的 SF_6/稀有气体的相对绝缘强度与混合气体中 SF_6 体积分数的拟合关系[13]。

$$SF_6 / He: 相对绝缘强度 = 0.038 + 0.962k \tag{4.7}$$

$$SF_6 / Ne: 相对绝缘强度 = 0.072 + 0.928k \tag{4.8}$$

$$SF_6 / Ar: 相对绝缘强度 = 0.173 + 0.827k \tag{4.9}$$

$$SF_6 / Kr: 相对绝缘强度 = 0.23 + 0.77k \tag{4.10}$$

$$SF_6 / Xe: 相对绝缘强度 = 0.276 + 0.724k \tag{4.11}$$

SF_6/稀有气体的相对绝缘强度与混合气体中 SF_6 体积分数的关系近似呈线性关系（图 4.6），也就是 SF_6 与稀有气体之间并不存在协同效应。

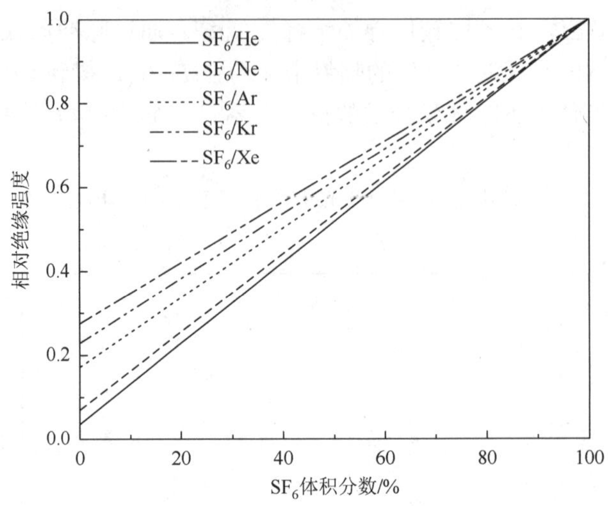

图 4.6　SF_6/稀有气体的相对绝缘强度与混合气体中 SF_6 体积分数关系

上述五种 SF_6/稀有气体的混合气体中，SF_6/Xe 的相对绝缘强度最高，SF_6/Kr、SF_6/Ar、SF_6/Ne 依次降低，SF_6/He 的相对绝缘强度最低[13]。由于在 SF_6/稀有气体放电过程中，SF_6 和稀有气体的放电发展相互独立，因此在相同气压以及相同 SF_6 体积分数下，混合气体的绝缘性能只与稀有气体有关。而从 He 到 Ne 再到 Ar、Kr 和 Xe，其分子量以及分子体积依次增大，分子体积越大，自由电子的平均自由程将越短，自由电子将越难积累足够的动能，从而减弱了碰撞电离的能力。同时，分子量越大，自由电子在碰撞后速度将减小得更快，导致混合气体中高能电子的数量减少，宏观表现就是混合气体的绝缘性能要高。因此，SF_6/稀有气体的相对绝缘强度排序为：SF_6/Xe＞SF_6/Kr＞SF_6/Ar＞SF_6/Ne ＞SF_6/He。

同时，由于不存在协同效应，SF_6/稀有气体的绝缘性能要比 SF_6/N_2、SF_6/CO_2 和 SF_6/CF_4 混合气体差。不过鉴于稀有气体的稳定性，SF_6/稀有气体作为灭弧介质（如 SF_6/He、SF_6/Ar）受到了一定关注。

4.3　分 解 特 性

SF_6 气体本身是一种无毒的惰性气体，但在绝缘设备内部出现放电故障时，产生的局部强电磁能及局部高温将诱发 SF_6 气体发生不同程度的分解，并生成一些低氟硫化物（SF_x），当没有其他杂质存在时，这些低氟硫化物会相互复合又还原成 SF_6 气体。然而，由于工艺的限制以及设备密闭性缺陷，在设备运输、检修、介质更换等过程中，设备内绝缘气体中难免会有微量 H_2O 和 O_2 混入，从而影响气体分解产物的形成，生成如 SO_2、SOF_2、SO_2F_2、SOF_4、HF、H_2S 等产物。当内部有固体绝缘材料时，还会产生 CO、CO_2 和 CF_4 等含碳组分。这些气体分解产物均具有一定程度的毒性和腐蚀性，不仅会危及设备的正常运行，同时也会给运维人员带来人身安全隐患。

对于SF_6混合气体，由于第二种气体组分的引入，当气体绝缘电气设备中出现放电故障时，SF_6混合气体中的微观物理化学反应也相对会更为复杂。对于SF_6/稀有气体，由于稀有气体极其稳定，不会参与分解过程中的反应，可以认为SF_6/稀有气体的分解产物与纯SF_6气体的分解产物种类一致。纯N_2一般来说非常稳定，放电过程中其分子结构不会被破坏，但是当有微量O_2存在时，也会解离和O_2反应生成一些氮氧化合物，如NO、NO_2和N_2O等。N_2的加入对SF_6分解有抑制作用，部分研究指出SF_6/N_2混合气体的分解产物含量较纯SF_6气体会有所降低，分解产物中除了SF_6特征分解组分以外，还会有诸如NF_3和N_2F_2之类的一些氟氮化合物生成。CO_2相对N_2化学性质更为活泼，且分子中既有碳元素又有氧元素，因此与SF_6/N_2混合气体相比，SF_6/CO_2混合气体分解产物的种类以及含量都相对更高，其分解特性相对较差，其中CO、CF_4等含碳化合物和SO_2、SO_2F_2等含氧硫化合物的生成量将随着CO_2含量的增加而增加。SF_6/CF_4混合气体的主要分解产物与纯SF_6基本相似，分解产物中CO、CO_2等含碳化合物的含量有所增加。

整体上，SF_6/N_2 的分解特性相对 SF_6/CO_2 和 SF_6/CF_4 更为优异，工程应用前景更好。本节将重点介绍 SF_6/N_2 混合气体在典型局部放电下的分解特性以及与设备内环氧树脂相互反应的产物生成特性[21-24]。

4.3.1　SF_6/N_2 混合气体在局部放电下的分解特性

基于针-板电极模拟设备中存在的金属突出物缺陷，对 SF_6/N_2 混合气体分解组分与局部放电（PD）强度之间的关联关系进行了分析，缺陷模型如图 4.7 所示。试验采用图 2.1 所述的平台开展 PD 信号的测量，并使用 GC-MS 测量放电分解产物的浓度。

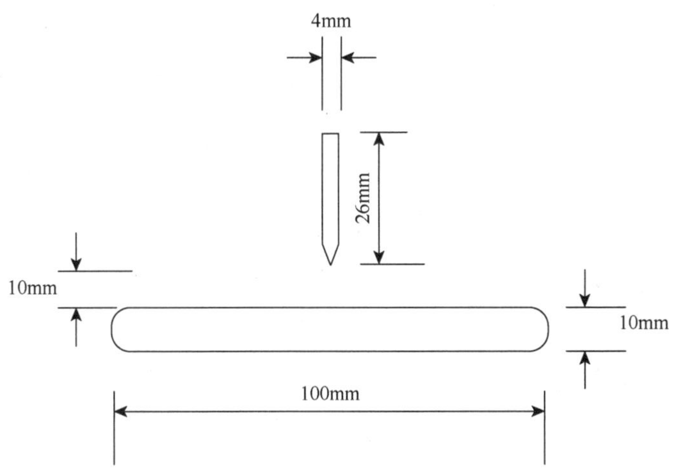

图 4.7　金属突出物绝缘缺陷模型

1. 产物总含量随时间的变化曲线

1）含硫产物总含量随时间的变化曲线

SO_2F_2、SOF_2、SOF_4 和 SO_2 是 SF_6 在 PD 作用下的主要含硫分解产物，其总生成量可以在一定程度上反映 SF_6 的分解情况，图 4.8 为这四种含硫产物总含量随时间的变化曲线。

可以看出，随着放电时间的增加，这四种含硫产物的总含量基本呈线性增加。而且当外施电压提高时，其变化曲线的斜率也有比较明显的变化，这说明 SO_2F_2、SOF_2、SOF_4 和 SO_2 这四种含硫产物的总含量受 PD 强度影响较大。

2）含碳产物含量随时间的变化曲线

CF_4 的含量随时间的变化曲线如图 4.9（a）所示。在不涉及固体绝缘的缺陷类型中，CF_4 中的 C 原子主要来自 PD 区域附近的电极材料。由于 C 原子的释放需要比较高的能量，当 PD 强度较低时 CF_4 的生成量很少，而且部分 C 原子会与 O 原子结合生成 CO_2，导致 CF_4 的含量一直比较低。

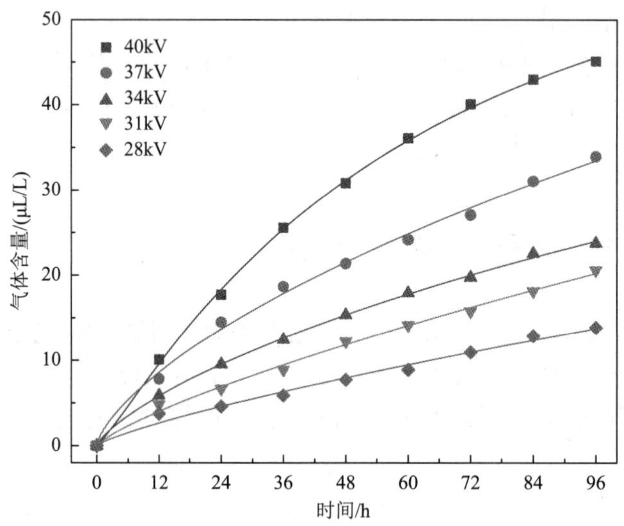

图 4.8　含硫产物总含量随时间的变化曲线

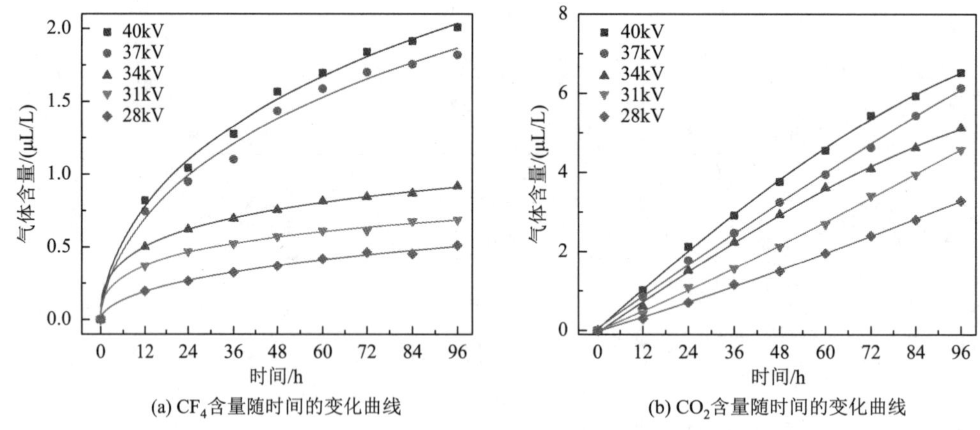

(a) CF_4 含量随时间的变化曲线　　(b) CO_2 含量随时间的变化曲线

图 4.9　含碳产物含量随时间的变化曲线

不同的外施电压下 CO_2 含量随时间的变化曲线如图 4.9（b）所示。随着放电时间的增加，CO_2 含量有了比较稳定的增加，但整体含量仍然较低。随着试验外施电压的提高，

CO_2 含量变化曲线的斜率并没有较大的增加。由于从电极表面激发出的 C 原子很少，C 原子的不足则限制了 CO_2 的生成。与 CF_4 相比，在相同的外施电压下 CO_2 的含量均高于 CF_4，而且增加速率也大于 CF_4。相对于 O 原子从 H_2O 或 O_2 中断键生成过程需要的能量，F 原子从 SF_6 分子结构中断键分离所需要的能量更多，因此 O 原子更容易生成并与 C 原子结合生成 CO_2。

3）含氮产物总含量随时间的变化曲线

N_2 在持续 PD 作用下会逐步发生分解并与气室内 SF_6 放电分解产生的游离态 F 和其他低氟硫化物等发生反应，生成如 NO_2、NF_3 等分解产物。

NO_2、NO 和 NF_3 三种含氮分解产物的总生成量可以在一定程度上反映出 N_2 的分解情况，这三种产物的总含量随时间的变化曲线如图 4.10 所示。由图可以看出，NO_2、NO 和 NF_3 三种含氮分解产物的总含量与放电时间呈现较好的线性关系，随着放电时间的增加，三种含氮分解产物的总含量稳定增加。当外施电压增加时，NO_2、NO 和 NF_3 的总生成速率均有一定的提升，总含量也随之增加。

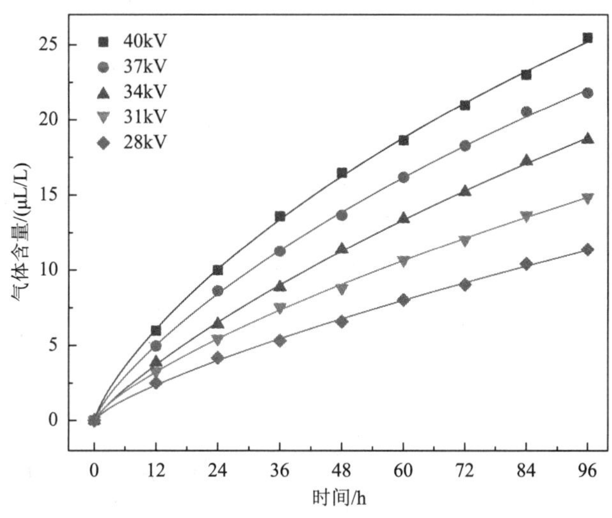

图 4.10　含氮产物总含量随时间的变化曲线

2. 产物的总含量与放电量的关联特性

1）含硫产物的总含量与放电量的关联特性

SO_2F_2、SOF_2、SOF_4 和 SO_2 总含量随每秒平均放电量（Q_{sec}）的变化曲线如图 4.11 所示。可以看出，随着 Q_{sec} 的增大，这四种含硫产物的总含量基本呈线性增加。

2）含碳产物的含量与放电量的关联特性

图 4.12 给出了 CF_4、CO_2 的含量随每秒平均放电量（Q_{sec}）的变化情况。随着 Q_{sec} 的增加，不同放电时间下的 CF_4 生成量均比较低，这与 CF_4 中的 C 原子主要由 PD 区域附近的电极材料释放，而激发出 C 原子需要比较高的能量有关。当放电时间较长而且 Q_{sec} 大于 10000pC 时，被激发 C 原子数量增加，从而促使 CF_4 的含量有了大幅度的增加。当 Q_{sec} 大于 20000pC 时，CF_4 含量的增加开始变慢，出现了饱和趋势。

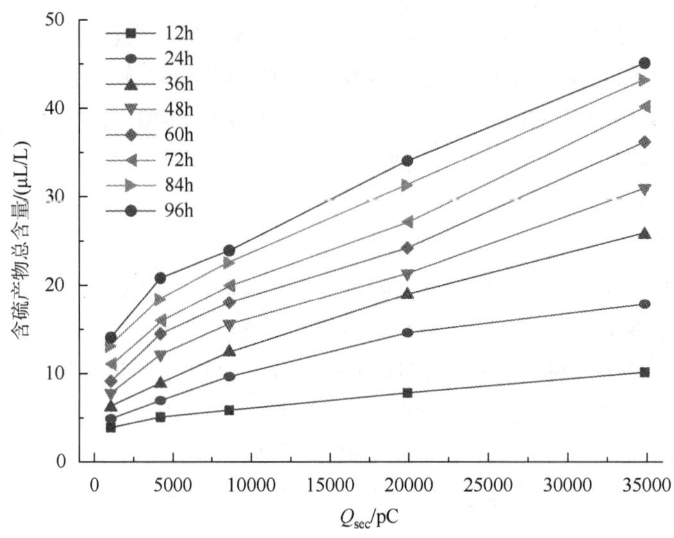

图 4.11　含硫产物总含量随放电量的变化曲线

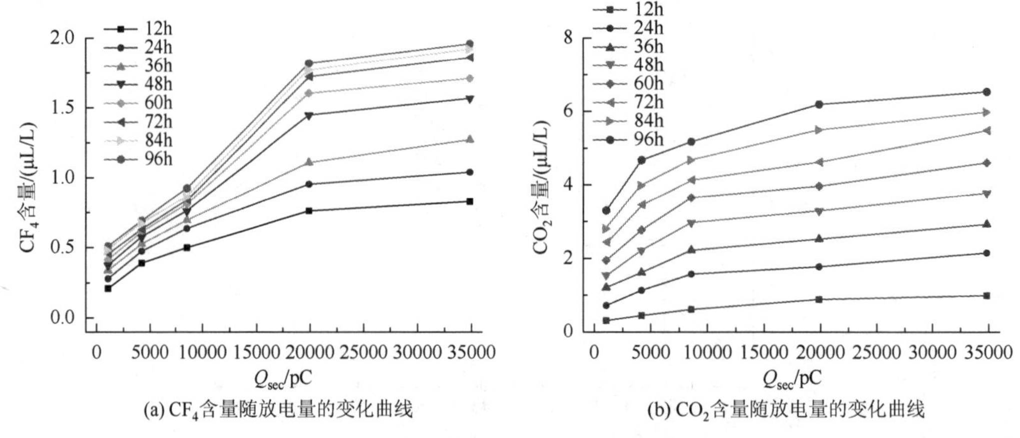

(a) CF_4含量随放电量的变化曲线　　(b) CO_2含量随放电量的变化曲线

图 4.12　含碳产物的含量与放电量的关联特性

在放电时间比较短时，CO_2 含量比较低，当 Q_{sec} 逐渐增大时，其含量增加不明显；当放电时间比较长时，CO_2 含量随 Q_{sec} 的增大呈“线性—饱和”增长关系。当 Q_{sec} 比较小时，CO_2 的含量增加速率呈现快速增长的线性关系；当 Q_{sec} 增大到 10000pC 以上时，CO_2 含量的增加速率开始变小，并逐渐趋向饱和。

3）含氮产物的含量与放电量的关联特性

NO_2 的含量随每秒平均放电量（Q_{sec}）的变化曲线如图 4.13（a）所示。当放电时间较短时，NO_2 的含量随 Q_{sec} 的增大而增加，但增加速率缓慢且增幅很小。在放电中后期，NO_2 含量的增加速率变快，但是总体含量仍然不高。当 Q_{sec} 增大到一定程度时，NO_2 含量的增加速率开始变小，这可能是因为 N_2 比较稳定。当 Q_{sec} 增大时，放电气室中生成的 N 原子也非常少，所以 NO_2 的生成量比较少。

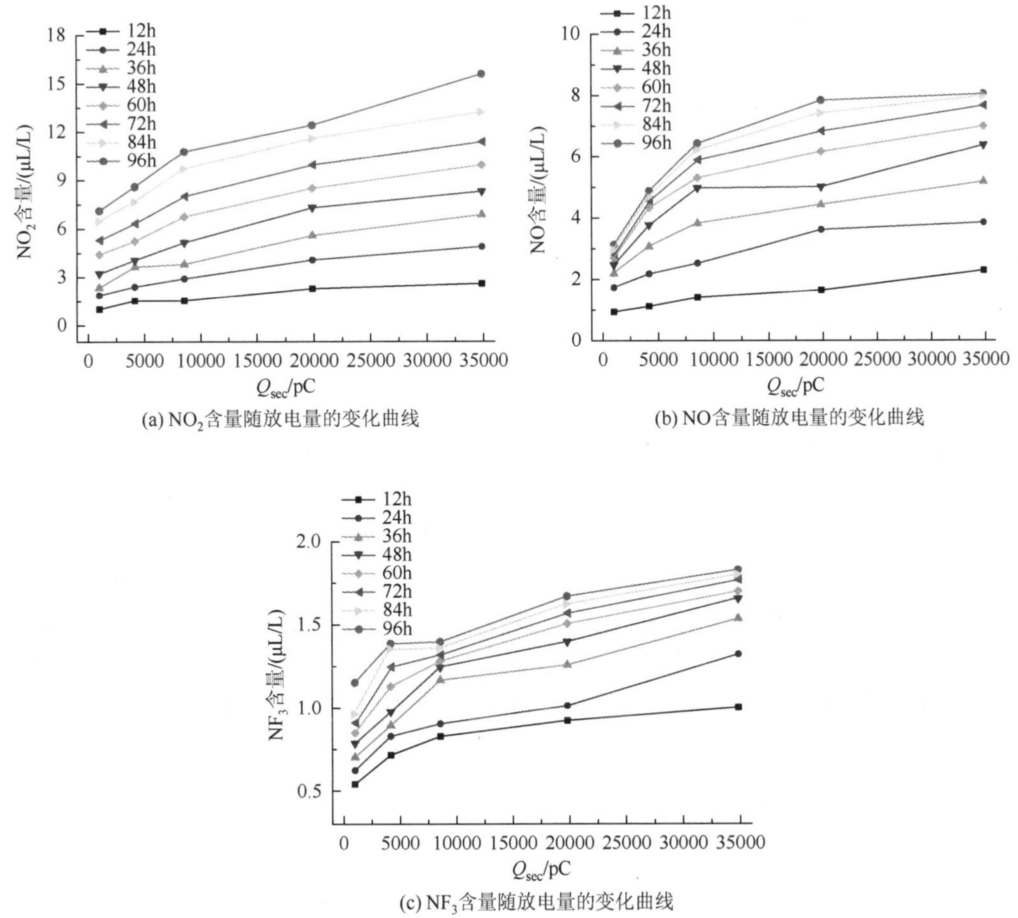

(a) NO_2含量随放电量的变化曲线

(b) NO含量随放电量的变化曲线

(c) NF_3含量随放电量的变化曲线

图 4.13　含氮产物的含量与放电量的关联特性

NO 的含量随每秒平均放电量（Q_{sec}）的变化曲线如图 4.13（b）所示。可以看出，当 Q_{sec} 比较小时，随着 Q_{sec} 的增大，NO 的含量基本呈线性增长。但是当 Q_{sec} 增大到一定程度时，NO 含量的增加变缓，逐渐趋向饱和。这是因为放电量比较小时，O_2 比较充足，NO 的含量增加比较快。随着 O_2 的消耗，生成 NO_2 和 NO 的速率都开始变慢，而化学性质比较活泼的 NO 又会和 O_2 反应生成 NO_2，所以放电后期 NO 的增加速率会变缓并逐渐趋向于饱和。而且由于放电气室中生成的 N 原子比较少，因此 NO 的含量总体也比较低。

NF_3 的含量随每秒平均放电量（Q_{sec}）的变化曲线如图 4.13（c）所示。可以看出，当 Q_{sec} 逐渐增大时，NF_3 的含量增加比较缓慢。特别是在放电时间比较短时，NF_3 含量的增加量较小。在放电初期，N 原子生成量较少，可同时与 O 和 F 原子分别产生 NO、NO_2 和 NF_3。由于 F 原子比 O 原子更难断键分离，因此，NF_3 的总体生成量比 NO、NO_2 低。当放电强度增加时，放电气室内生成的 N 原子也会相应增多，而 NO_2 和 NO 含量的增加也会消耗更多的 N 原子，因此 NF_3 的含量也有所增加，但是 NF_3 的含量整体处于较低水平。

3. 各特征分解组分的产气均方速率与放电量的关联特性

产气速率更能直接地反映出故障所消耗能量的大小、故障性质、严重程度及发展过程等，因此，将分解过程中各特征分解组分的产气速率与反映 PD 强度的 Q_{sec} 进行关联比对分析。选用产气均方速率（R_{rms}）来表征 PD 作用下 SF_6/N_2 混合气体特征分解组分的产气特性，其计算公式为

$$R_{rms} = \sqrt{\frac{\sum_{j=1}^{4}\left(\frac{c_{i2}-c_{i1}}{\Delta t}\right)_j^2}{4}} \tag{4.12}$$

式中，Δt 为两次采样分析的时间间隔，这里取 $\Delta t = 1$ 天（24h）；j 为天数；c_{i1} 为 24h 第一次测得 i 组分的含量；c_{i2} 为 c_{i1} 后 24h 测得的 i 组分的含量；$[(c_{i2}-c_{i1})/\Delta t]_j$ 为第 j 天 i 组分的绝对产气速率；R_{rms} 的单位为 μL/(L·d)。

1）含硫产物产气均方速率与放电量的关联特性

SO_2F_2、SOF_2、SOF_4 和 SO_2 是 SF_6 在 PD 作用下的主要含硫分解产物，这四种含硫产物的产气均方速率随每秒平均放电量（Q_{sec}）的变化情况如图 4.14 所示。随着 Q_{sec} 的增大，这四种含硫产物的产气均方速率基本呈线性增加。当 Q_{sec} 大于 10000pC 时，这四种含硫产物的产气均方速率随 Q_{sec} 的增大，增加速率有所减缓。

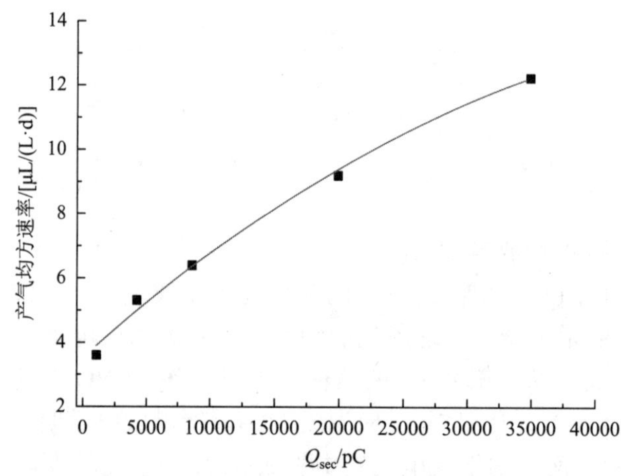

图 4.14　含硫产物的产气均方速率随放电量变化曲线

2）含碳产物的产气速率与放电量的关联特性

CF_4 的产气均方速率（R_{rms}）随每秒平均放电量（Q_{sec}）的变化曲线如图 4.15（a）所示。CF_4 的 R_{rms} 随放电量的增加而增加，但是增幅非常小。当 Q_{sec} 大于 10000pC 时，CF_4 的 R_{rms} 的增加速率有所减缓。CF_4 中的 C 原子主要是由 PD 区域附近的电极材料所释放的，激发出 C 原子需要比较高的能量，所以放电气室中 C 原子的含量很少，而且部分 C 原子会与 O 原子结合生成 CO_2，所以 CF_4 的 R_{rms} 处于较低水平。

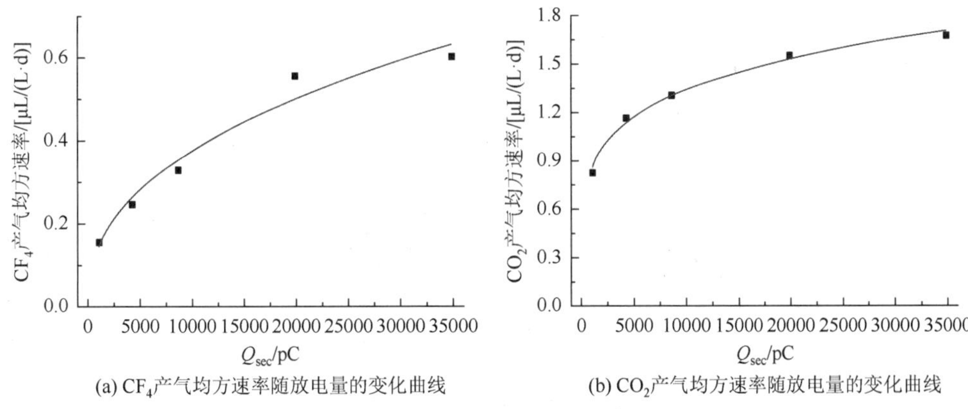

(a) CF_4产气均方速率随放电量的变化曲线　(b) CO_2产气均方速率随放电量的变化曲线

图 4.15　含碳产物的产气均方速率与放电量的关联特性

CO_2的产气均方速率（R_{rms}）随每秒平均放电量（Q_{sec}）的变化曲线如图 4.15（b）所示。可以看出，随着 Q_{sec} 的增大，CO_2 的 R_{rms} 呈“线性—饱和”增长。当 Q_{sec} 比较小的时候，CO_2 的 R_{rms} 增加得比较快；当放电量增大到一定程度时，C 原子的不足则限制了 CO_2 的生成，CO_2 的 R_{rms} 增加速率逐渐变小趋向饱和。

3）含氮产物的产气均方速率与放电量的关联特性

NO_2、NO 和 NF_3 是 SF_6/N_2 在 PD 作用下的主要含氮分解产物，其产气均方速率随每秒平均放电量（Q_{sec}）的变化曲线如图 4.16 所示。可以看出，随着 Q_{sec} 的增大，三种含氮产物的 R_{rms} 基本呈线性增加。当 Q_{sec} 大于 10000pC 时，三种含氮产物的 R_{rms} 的增加速率逐渐变小。

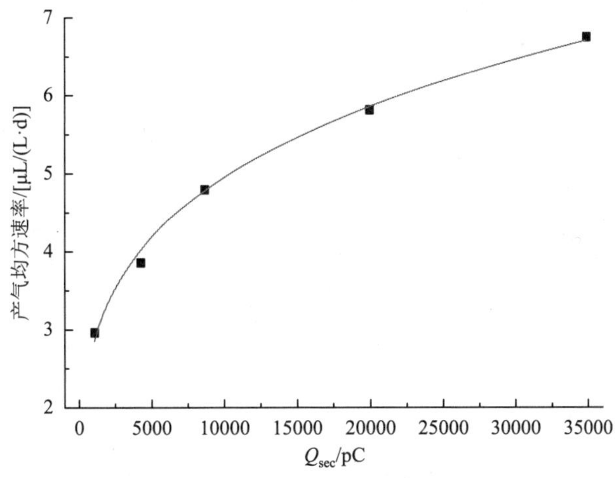

图 4.16　含氮产物的产气均方速率随放电量的变化曲线

4.3.2　环氧树脂沿面放电下 SF_6/N_2 的分解特性

气体绝缘设备中除 PD 外，还经常发生绝缘子沿面放电。本节主要探究设备内常用固体绝缘材料环氧树脂沿面放电下 SF_6/N_2 混合气体的分解特性，其中环氧树脂沿面放电试验装置如图 4.17 所示，加压平台如图 2.1 所示。

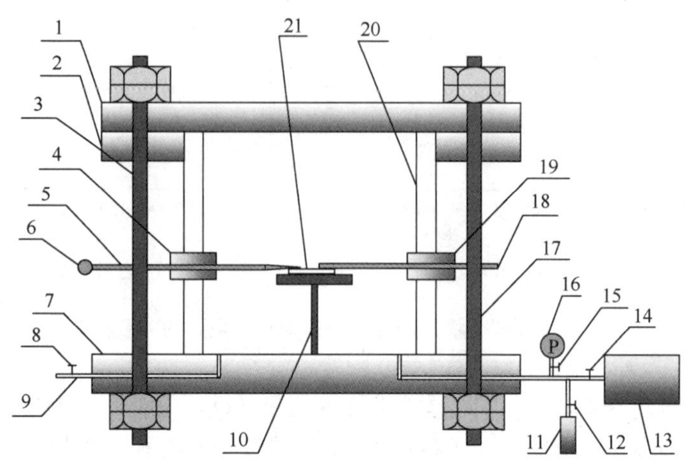

图 4.17　环氧树脂沿面放电试验装置

1. 上盖板；2. 上固定板；3, 17. 螺杆；4, 19. 绝缘套；5. 针电极；6. 均压帽；7. 下固定板；8. 采气针阀；9. 采气管；10. 样片放置台；11. 气瓶；12. 进气针阀；13. 真空泵；14. 蝶阀；15. 真空表针阀；16. 真空表；18. 板电极；20. 有机玻璃壁；21. 样片

装置内部设置绝缘平台放置环氧树脂样品，并能精细调节电极间距以及试验气体的气压，主要结构有缸体、导电杆、均压帽、真空表、真空泵、进出口和阀门等。该罐体罐壁采用有机玻璃，经过计算以及考虑适当的强度裕度后，成品能够耐受 3atm①的强度；采用 12 个螺钉提供压力以及密封胶圈的方法保证密闭程度的可靠性；真空表（–0.1～1MPa）最小精度为 0.01MPa，可以准确有效地反映罐体内压力的变化，从而保证试验的准确度。

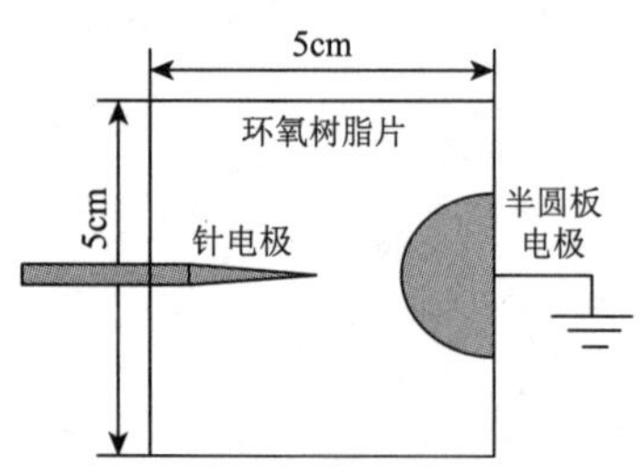

图 4.18　环氧树脂沿面放电模型（俯视图）

图 4.18 为环氧树脂沿面放电模型。电极采用黄铜材料，针直径为 1mm，针尖曲率半径为 0.5mm，板电极为直径 10mm 的半圆，针-板电极下放一片 5cm×5cm 的环氧树脂片，电极紧贴环氧树脂，没有气隙。电极间距根据试验设计方案进行调整，选用精度为 0.01mm 的螺旋测微器进行间距测量以保证精度。试验电压为工频交流电压，试验采用 GC-MS 测量放电分解产物的浓度，并分析电极间距和混合比对气体分解产物的影响规律。

图 4.19 和图 4.20 给出了不同电极间距下 SOF_2 和 SO_2 浓度变化情况。可以看到，不同混合比下 SOF_2 和 SO_2 的浓度都随电极间距和放电次数的增加而增加，且相同电极间距和相同放电次数条件下，SOF_2 的生成量一直高于 SO_2。

① 1atm = 101325Pa。

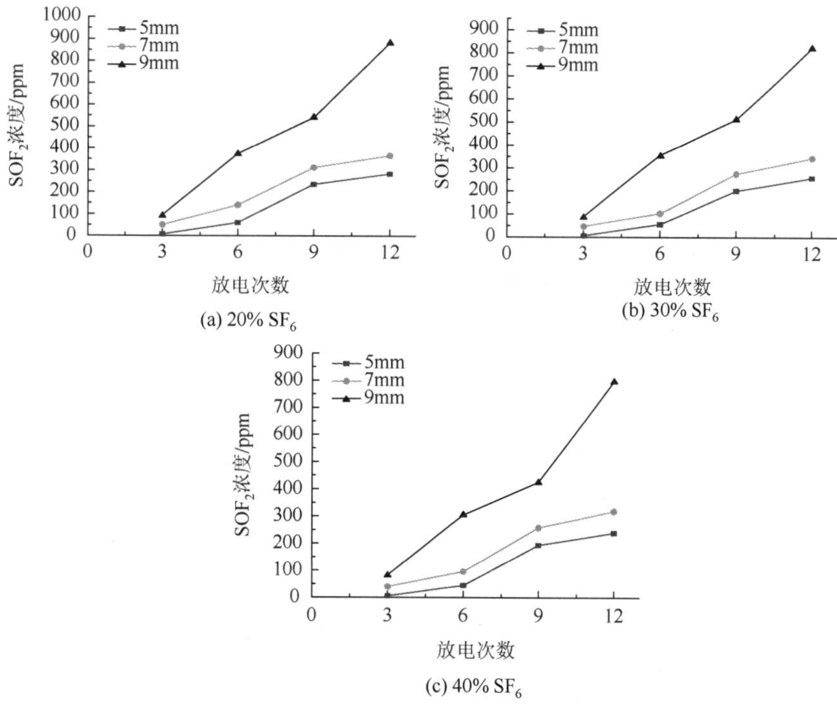

图 4.19　SF_6/N_2 条件下环氧树脂在不同电极间距下 SOF_2 浓度的变化

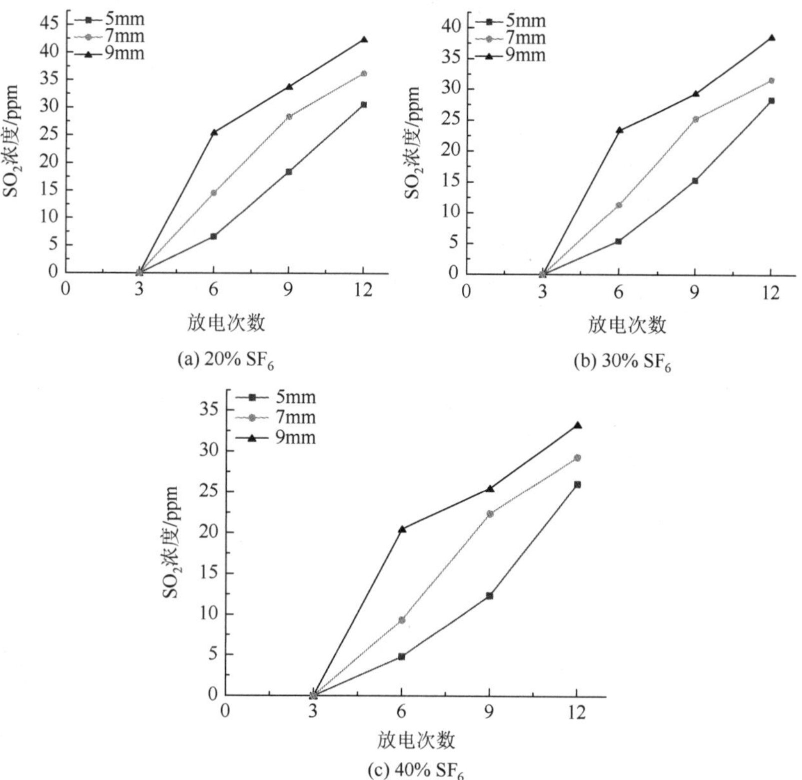

图 4.20　SF_6/N_2 条件下环氧树脂在不同电极间距下 SO_2 浓度变化

以 20% SF_6/N_2 混合气体为例，在不同电极间距下的 SOF_2 生成量均在第 9 次沿面放电后有明显增加，SO_2 生成量在第 6 次沿面放电后开始有明显增加；12 次沿面放电后，9mm 电极间距下生成的 SOF_2 含量为 883ppm，是 5mm 电极间距下的 3 倍左右。

图 4.21 和图 4.22 给出了不同条件下 CO_2、CF_4 两类含碳产物的生成情况。以 20% SF_6/N_2 混合气体为例，在不同电极间距条件下，CF_4 的生成量在 6 次沿面放电后成倍增加，不同电极间距时的生成量分别增加了 2～4 倍不等，而 CO_2 在该条件下各电极间距下的生成量只增加了 1 倍左右；接下来的 9 次沿面放电、12 次沿面放电后，各不同电极间距下的 CF_4 和 CO_2 生成量差异不大；以 9mm 间距为例，最终 12 次放电后，CF_4 浓度达到 CO_2 的 6 倍左右。

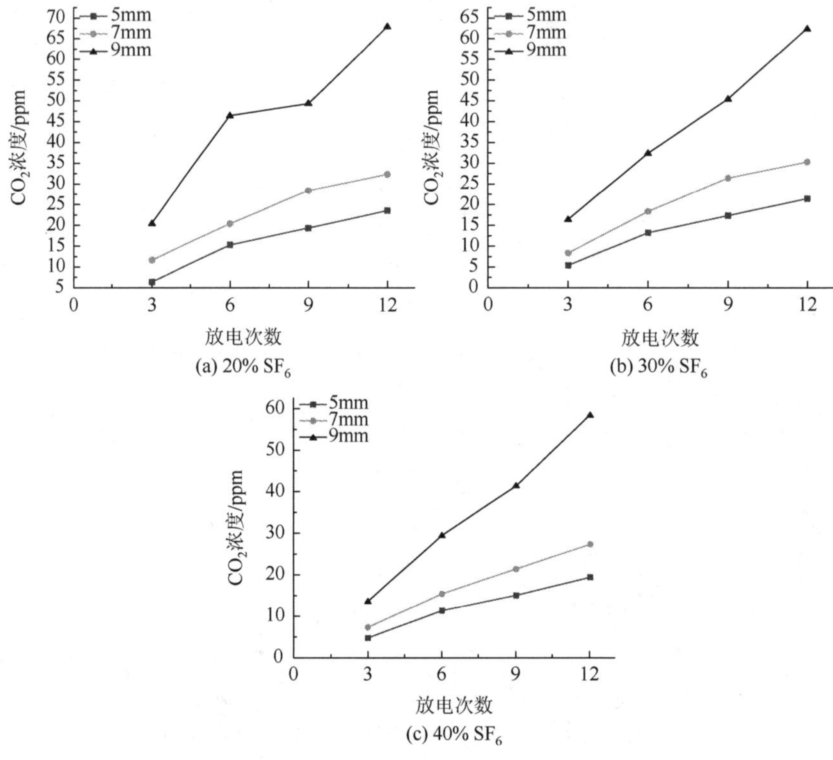

图 4.21　SF_6/N_2 条件下环氧树脂在不同电极间距下 CO_2 浓度的变化

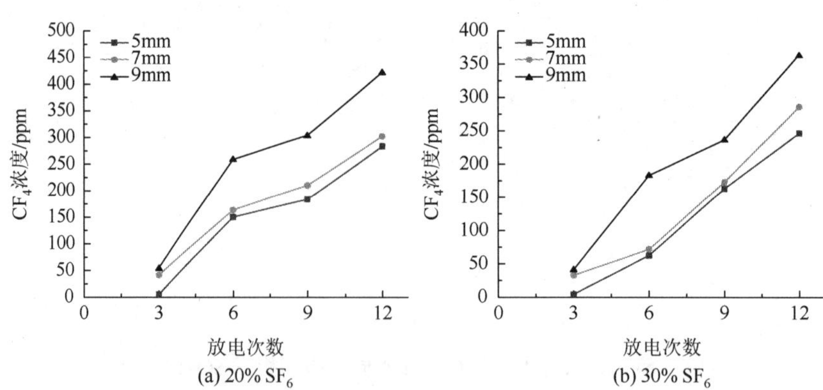

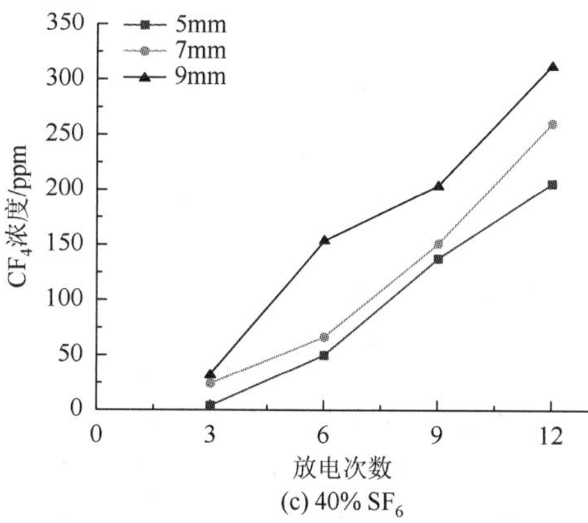

(c) 40% SF_6

图 4.22　SF_6/N_2条件下环氧树脂在不同电极间距下 CF_4 浓度变化

图 4.23 给出了混合气体在不同电极间距下的特征分解组分 H_2S 的浓度变化规律，可以看到 H_2S 的浓度随电极间距和放电次数的增加而增加，但其浓度均没有超过 1ppm。

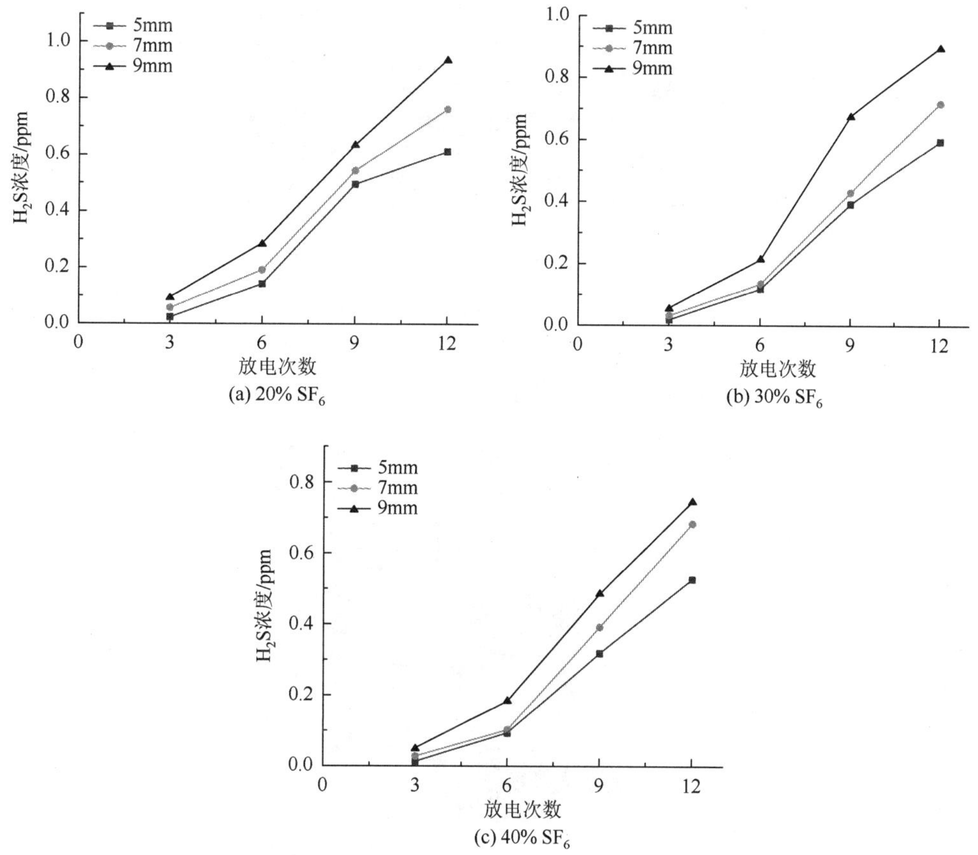

(a) 20% SF_6

(b) 30% SF_6

(c) 40% SF_6

图 4.23　SF_6/N_2条件下环氧树脂在不同电极间距下 H_2S 浓度的变化

4.3.3 SF_6/N_2氛围下环氧树脂及气体过热分解特性

由于环氧树脂的导热性能较差，设备内发生过热时，固体与气体在高温作用下发生一系列化学反应并生成相应的分解产物。本节探究 SF_6/N_2 混合气体与环氧树脂过热的分解特性，研究选用同步热重分析仪进行环氧树脂过热分解试验。

采用同步热重分析仪进行试验的目的是获取试验样品的热重分析（thermogravimetric analysis，TGA）曲线以及差示扫描量热（differential scanning calorimetry，DSC）曲线。TGA 曲线反映试验样品质量随温度的变化；DSC 曲线则通过测定比热容、反应热等热力学参数，定量分析样品的热流变化。图 4.24 是同步热重分析仪炉体内部构造的截面图，最左侧为反应气体出口，可用气袋收集反应气体进行同步逸出气体分析，如质谱分析、气相色谱分析、红外检测等，以此从气体角度获得试验样品随温度的分解变化特征。图 4.25 为反应气体出口实物图，整个试验过程在逐渐升温或恒温的流动气体氛围中完成。

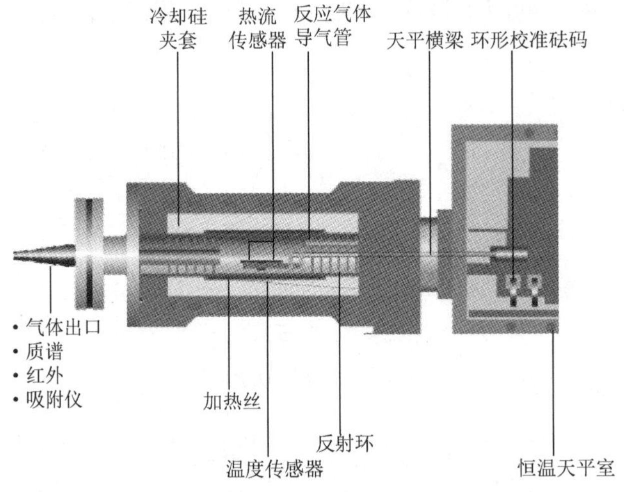

图 4.24　同步热重分析仪炉体内部构造的截面图

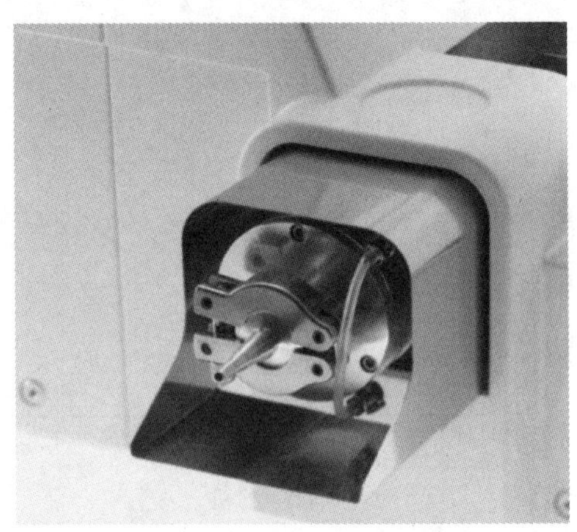

图 4.25　反应气体出口实物图

环氧树脂样品质量为 20mg，试验选定升温区间为 200～650℃，包含环氧树脂的主要失重区间 330～470℃且低于 SF_6 的起始分解温度（260℃）。采用同步热重分析仪测得环氧树脂的 TGA/DSC 曲线并进行分析，得出环氧树脂在 SF_6/N_2 条件下的失重以及放热规律，为尽可能准确检测特征组分生成温度，采取 2℃/min 慢速升温，以 15min（30℃）为一个区间进行连续采气，采气体积约为 0.3L，并通入气相色谱质谱联用仪进行分解组分浓度检测。

1. 环氧树脂的 TGA 和 DSC 曲线

图 4.26 是环氧树脂在不同试验气体条件下分解的 TGA 曲线。根据图 4.26 可以得出以下结论，并进行相关分析。

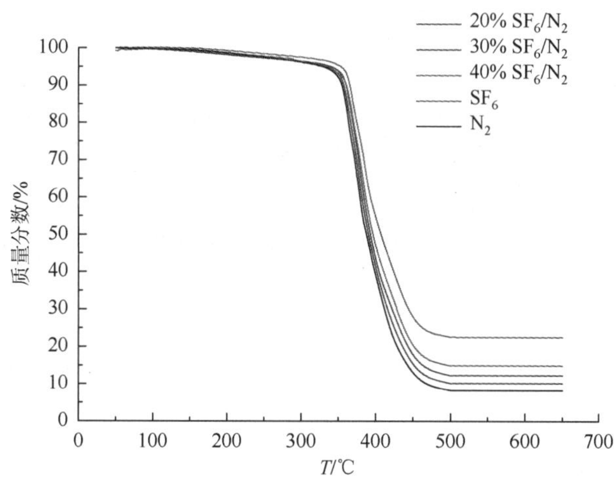

图 4.26　环氧树脂在不同试验气体条件下分解的 TGA 曲线

（1）环氧树脂的主要失重区间为 330～470℃。

从图 4.26 中可以得出环氧树脂的主要失重区间只有一个，因在失重区间内没有平台期，所以并不存在多段失重的情况。而且该主要失重区间的温度范围并不受气体氛围种类的影响，起始分解温度 T_i 和终止分解温度 T_f 都相同，分别为 330℃和 470℃。

失重区间内的平台期个数与样品本身的物理性质有关，样品为环氧树脂分子构成的热固性树脂，在固化后成为性质不可逆的非晶体结构，遇热后不能熔化恢复固化前原态，因此在整个匀速升温失重分解过程中环氧树脂的质量呈线性规律下降，不存在具有晶体特征的平台期。失重区间的提前或滞后现象与热量在单位时间内的总量大小有关，在本研究的气压以及试验温度范围内，N_2 作为气体氛围不会产生热分解，热分解情况如实反映环氧树脂样品的热重规律，而 SF_6 及 SF_6/N_2 反应气体氛围并未导致失重区间的提前或者滞后，表明这两种气体氛围的分解量较小，带来的单位时间内热量变化也较小，因此环氧树脂的主要失重区间温度范围并不受反应气体种类的影响。

（2）不同反应气体氛围下环氧树脂分解比例不同，分解比例以 SF_6、40% SF_6/N_2、30% SF_6/N_2、20% SF_6/N_2、N_2 的顺序逐渐增加。

表 4.1 给出了不同试验气体氛围下，环氧树脂的剩余质量。从表 4.1 中可以得出，不同的试验气体条件下，环氧树脂的分解比例不同，在 N_2 条件下，环氧树脂分解最为剧烈，剩余质量最少，约为 1.11mg。在纯 SF_6 条件下，剩余质量约为 4.03mg。混合气体条件下，环氧树脂的剩余质量以 40% SF_6/N_2、30% SF_6/N_2、20% SF_6/N_2 的顺序依次减小，而且与纯 SF_6 条件下的试验结果相差较大，与纯 N_2 条件下试验结果较为接近。三种混合气体的稳定程度以 40% SF_6/N_2、30% SF_6/N_2、20% SF_6/N_2 的顺序逐渐降低，因为混合气体中 N_2 的比例越高，体系能量越高，相对也就越不稳定，在升温区间内，混合气体中 20% SF_6/N_2 的分解程度最为剧烈，30% SF_6/N_2、40% SF_6/N_2 的分解程度依次降低。

表 4.1　环氧树脂热分解剩余质量

气体种类	20% SF_6/N_2	30% SF_6/N_2	40% SF_6/N_2	N_2	SF_6
剩余质量/mg	1.43	1.79	2.87	1.11	4.03

DSC 曲线的纵坐标是试样与参比物的功率差 dH/dt，也称热流率，单位为毫瓦（mW），横坐标为温度（T）。在 DSC 曲线中，凸起的峰表示热焓增加（吸热），凹下的峰表示热焓减少（放热），分别表示玻璃化转变、结晶、熔融、放热行为（固化、氧化、反应、交联）、分解气化等过程。图 4.27 是环氧树脂在不同气体条件下分解的 DSC 曲线。由图 4.27 可以得出如下结论。

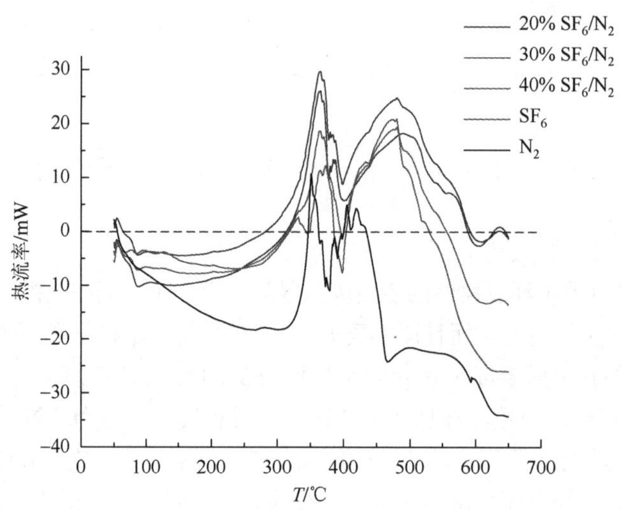

图 4.27　环氧树脂在不同试验气体条件下分解的 DSC 曲线

（1）环氧树脂开始分解失重前存在吸热和放热混合过程。针对 DSC 曲线的分析中，在主要失重阶段的熔融、放热行为、分解气化开始之前（330℃之前），样品往往有一些结构、状态上的变化，从而具有吸放热的能量变化，这些变化包括固-固一级转变、玻璃化转变的吸热过程，以及结晶的放热过程。

在 330℃前，不同氛围下的环氧树脂样品都表现为放热过程。随着温度增加环氧树脂样品因分子链之间的气隙受热膨胀，会出现体积增大的现象，试验结束后剩余样品膨胀至坩埚外，如图4.28所示。但在环氧树脂发生分解前，链段的膨胀会受到共价键的束缚，体系总是趋向能量最低，所以样品收缩放热，在DSC曲线上就表现为分解前持续的放热过程。

图4.28　受热分解后膨胀的环氧树脂样品

（2）环氧树脂分解过程比较复杂，主要失重温度区间内（330～470℃），具有明显的吸放热特征峰。该过程分为如下三个反应阶段：熔融、放热行为（固化、氧化、反应、交联）、分解气化。所有气体氛围下的环氧树脂热流变化都集中在主要失重区间的温度区间内，但纵坐标的热流率有明显的区别。吸热峰面积大小反映能量高低，对主要失重区间内的吸热峰面积进行积分，得到吸热峰能量如表4.2所示。

表4.2　330～470℃不同试验气体条件下环氧树脂的吸热峰能量

气体种类	SF_6	N_2	20% SF_6/N_2	30% SF_6/N_2	40% SF_6/N_2
吸热峰能量/mJ	9359.28	6718.17	11648.33	10520.45	9587.56

从表4.2中可以得出，N_2条件下环氧树脂主要失重区间内的吸热峰能量最小，并且与SF_6气体成分存在下的吸热峰能量有较大差距。N_2分子的热稳定性极强，并不会生成游离的N原子，因此N_2条件下环氧树脂主要失重区间内的吸热峰仅为环氧树脂C—O键、C—H键断裂的结果，因其键能较低，吸热峰面积最小，即吸热峰能量最低。混合气体体系稳定的最低能量值随着N_2比例的增加而逐渐加大，因此与环氧树脂样品反应的剧烈程度为SF_6＜40% SF_6/N_2＜30% SF_6/N_2＜20% SF_6/N_2，反应程度越剧烈意味着更多的C—O键、C—H键发生断裂，会产生更多的吸热，因此吸热峰能量同样以这个顺序逐次增加。

熔融阶段是非晶体结构破坏后的固液共存态，整个过程非晶体状态改变，为吸热过程。该阶段峰值处温度不受气体种类的影响，约为360℃。反应气体与样品发生反应会导致峰值温度的改变，N_2氛围下仅表现为环氧树脂的分解特性，因此峰值温度的恒定证明在该阶段环氧树脂仅发生形态的改变，成为固液共存态，环氧树脂分子在加聚反应和缩聚反应位点处发生断裂，固化过程的残余H_2O等小分子逸出，但并未出现游离的C、H、O原子等，因此未与S、F原子结合生成特征分解组分。不同反应气体氛围条件下的样品熔融阶段吸热峰面积不同，仅因为叠加的SF_6分解吸热峰大小不同，在该阶段环氧树脂样品在本研究所有反应气体氛围下都仅表现为从固态到熔融态的转变，不发生化学反应。

放热行为阶段峰值处温度受SF_6影响较大，在有SF_6存在的条件下，放热峰峰值处温度约400℃，仅N_2存在条件下，峰值温度约为370℃。在放热行为阶段，环氧树脂样品发生C—O键、C—H键以及一部分C—C键的断裂，一方面生成CO_2、H_2O等小分子化合物，另一方面游离的C、H、O原子与SF_6分解的S、F原子反应结合生成一系列特征组分。在N_2氛围下仅表现为前者，而SF_6存在条件下，生成物变多，反应变得更为剧烈，因此峰值处的温度发生了右移。

分解气化阶段是环氧树脂急剧失重阶段的后期，SF_6 存在条件下吸热峰增大，峰值处温度向右移，混合气体中随 SF_6 含量的减少，分解气化阶段的吸热峰增大，峰值处温度越向右偏移。该阶段 SF_6 存在带来的影响变得显著，一方面温度升高，SF_6 的分解加剧，反应气中存在更多游离的 S、F 原子，另一方面环氧树脂不再具有紧密交联的非晶体结构，键能进一步降低，碳化程度加剧，极易分解。因 S、F 游离原子的增加，推动反应动态平衡向生成物方向移动，该阶段将有大量的碳化物、硫化物和氟化物生成，导致该阶段吸热峰面积、峰值温度、反应的温度区间以 N_2、SF_6、40% SF_6/N_2、30% SF_6/N_2、20% SF_6/N_2 的顺序逐步增加，也同样印证了混合气体中随着 N_2 含量的增加，体系能量升高，热稳定性变差的结论。

2. 气体分解组分变化规律

图 4.29 给出了 CO_2、CF_4、SO_2、SOF_2 和 H_2S 随温度变化的生成规律。从图中可以得出三种不同比例混合气体条件下，随温度增加 CO_2 的生成量呈现先增加后降低趋势，而 CF_4 生成量在 400℃以上时快速增加，SO_2、SOF_2 生成量则呈指数规律增长，不过 SO_2 生成量的增加速率远远超过 SOF_2。相对于 SF_6 氛围下的环氧树脂分解情况，SO_2 和 SOF_2 的生成温度有所提前。SOF_2 与 H_2O 反应生成 SO_2，该过程是 SO_2 的主要来源，因此可见 SO_2 的生成受 H_2O 分子的影响较大。环氧树脂分解过程中会因为高温发生分子间的脱水缩合，以及分子内的消去反应而生成较多 H_2O，客观上加剧了 SOF_2 的水解和 SO_2 的生成。在 335～395℃区间内，H_2S 生成速率恒定，425℃后随温度升高 H_2S 生成速率降低。

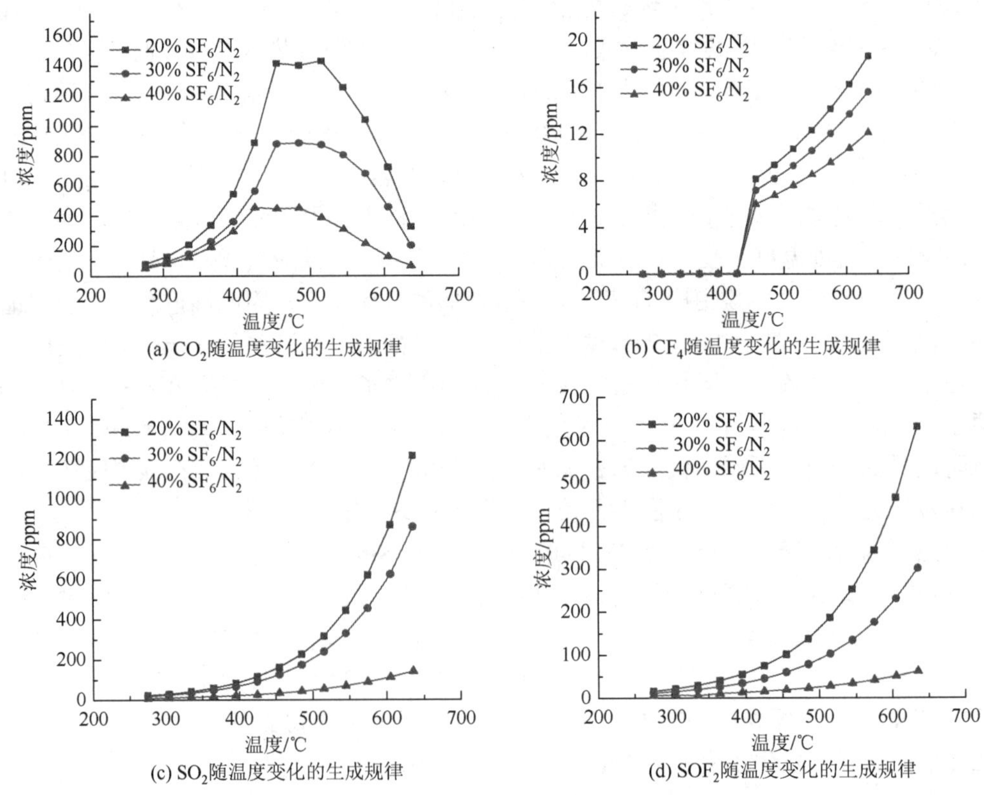

(a) CO_2随温度变化的生成规律

(b) CF_4随温度变化的生成规律

(c) SO_2随温度变化的生成规律

(d) SOF_2随温度变化的生成规律

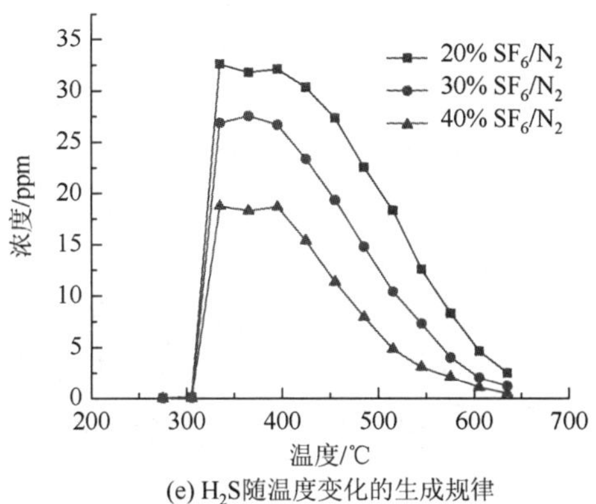

(e) H_2S随温度变化的生成规律

图 4.29　特征分解组分随温度的变化规律

3. 环氧树脂沿面放电分解与热分解组分对比

环氧树脂是一种主要由 C、H、O 元素组成的有机高分子化合物，在分解反应中，断裂的往往是键能较低的 C—O 键、C—H 键以及一部分 C—C 键。因此在其作为固体绝缘介质表面受到损伤后，会向其所处的空间逸散 C、H、O 原子。这些原子会与气体绝缘介质 SF_6 受热或击穿后分解出的 S、F 原子发生反应，生成一些分解组分，如 CO_2、SO_2、H_2S、SOF_2、SO_2F_2、CF_4、CS_2 等。

1）SO_2F_2

SO_2F_2 与 SOF_2 同时生成，其主要生成路径如下所示：

$$SF_2 + O \longrightarrow SOF_2 \tag{4.13}$$

$$SF_4 + H_2O \longrightarrow SOF_2 + HF \tag{4.14}$$

$$SOF_2 + O \longrightarrow SO_2F_2 \tag{4.15}$$

$$SF_x + O \longrightarrow SOF_4 \tag{4.16}$$

$$SOF_4 + H_2O \longrightarrow SO_2F_2 + HF \tag{4.17}$$

式（4.13）一般在电弧下才发生，式（4.14）需要的能量比较低，较容易发生。在本研究的热分解试验中 SOF_2 的来源主要为式（4.14），无论是环氧树脂熔融态时，固化过程中的残余水分子析出，还是其分解时生成 H、O 原子结合生成的水分子，都为该反应的发生提供了有利条件；在沿面放电试验中存在电弧，因此认为式（4.13）、式（4.14）两种途径都为 SOF_2 的来源。

SO_2F_2 的生成很大程度上依赖于 SOF_2，如式（4.15）所示。但是生成过程中需要消耗的 O 原子受到式（4.13）SOF_2 生成过程的抑制；而式（4.16）生成的中间产物稳定性较差，需要与 H_2O 结合生成 SO_2F_2 才会达到比较稳定的状态，但式（4.17）过程需要的反应物 H_2O 受到式（4.14）的抑制，更因式（4.14）的生成所需要的能量较低，因此式（4.17）的发生变得更为困难，SO_2F_2 难以生成。在反应发生的优先级以及竞争条件下，SO_2F_2 的生成量十分微小。

2）CS_2

CS_2需要游离的 C 原子和 S 原子结合生成，其各自的主要来源为环氧树脂发生键的断裂生成的 C 原子，以及 SF_6 发生的 S—F 键断裂生成的 S 原子。

根据试验结果，C 原子易于优先与 O 原子、F 原子结合生成 CO_2、CF_4；而 S 原子更易与 O 原子、F 原子结合生成 SO_2、SOF_2 等。C 原子与 S 原子结合优先级较低，因此产量极少，而随着温度的升高以及放电能量的增加，环氧树脂将生成更多游离的 C、H、O 原子，即相应地增加了 CO_2 和 H_2O 的生成，而 H_2O 的生成会促进 SO_2 的生成，进一步减少了 CS_2 中 S 的来源。在整个反应过程中 CS_2 的生成都受到抑制，因此生成量十分微小。

3）CO_2 与 CF_4

环氧树脂的存在对这两种特征分解组分的生成具有十分明显的影响，无论是热分解试验条件还是沿面放电试验条件，CO_2 与 CF_4 相比于没有存在环氧树脂的情况，其含量都有明显的增加。但两种试验条件下，CO_2 与 CF_4 的生成特点具有明显的不同。

在热分解试验条件下，CO_2 与 CF_4 的生成速率具有明显的不同，CF_4 的生成速率在 450℃之后有明显的上升，相应地在该温度后 CO_2 的生成速率有明显的下降，即在高温条件下，一方面 SF_6 会分解出更多的 F 原子，另一方面 C 原子在高温条件下更倾向于与 F 原子结合。

沿面放电情况下，在发生 6 次沿面放电后，CF_4 的生成量一直高于 CO_2，该现象的原因一方面应为多次放电情况下 SF_6 的分解量较大，另一方面环氧树脂本身在高温高压情况下断裂了更多的 C—C 键，并不像热分解条件下以 C—O 键的断裂为主，加之高温情况下 F 原子更易与 C 原子结合，因此生成量 $CF_4 > CO_2$。

4）SO_2 与 SOF_2

SO_2 多由 SOF_2 水解生成：

$$SOF_2 + H_2O \longrightarrow SO_2 + HF \tag{4.18}$$

在热分解试验条件下，SO_2 和 SOF_2 的起始生成浓度相差不多，但随着温度的升高，SO_2 的生成速率远远超过 SOF_2，该结果的原因可认为，在热分解条件下，随着温度的增加，固化残余水分析出，环氧树脂的 C—O 键、C—H 键断裂的量逐渐增加，最后只剩下以 C—C 键为主要结构的黑色膨胀球体，因此在整个试验过程中 H_2O 分子的含量一直较多。因 SO_2 由 SOF_2 水解生成，作为终产物更加稳定，所以在水分子充足的条件下 SO_2 的生成量较高。

在沿面放电试验条件下，放电效应具有大电流、高能量的特点，但持续时间较短。因此，除了 C—O 键、C—H 键外也断裂了相当多数量的 C—C 键，但固化残余的 H_2O 分子以及 C—O 键、C—H 键断裂生成的 H_2O 分子总量远小于热分解条件下的，因此 H_2O 分子一直作用于生成 SOF_2 的一次反应，对 SO_2 的生成表现为抑制，因此在沿面放电试验条件下 SOF_2 的生成量多于 SO_2。

5）H_2S

H_2S 的生成量在两种不同的试验条件下具有非常明显的区别。

在热分解试验条件下，H_2S 在主要失重区间的 330～390℃范围内具有明显的生成量，但随着温度的升高则逐渐下降至 0。该结果表明在 330～390℃范围内，环氧树脂的熔融态以及放热反应阶段提供了较多的游离 H 原子，能够促进其生成，但随着温度的升高，游离 H 原子减少，H_2S 的生成量也逐渐减小为 0。

沿面放电试验条件下，H_2S 的生成量较低，这是由于生成 H_2S 的 H 原子大多选择结合生成 H_2O 分子，因放电效应的短时性，断裂的 C—H 键不足以提供充裕的游离 H 原子，因此 H_2S 的生成量在整个放电过程中都较少。

总之，两种试验条件下，环氧树脂中 H_2O 分子以及易断裂的 C—O 键、C—H 键生成的游离 H、O 原子对特征分解产物的生成都具有明显的影响。CF_4特征分解组分的浓度变化是判断环氧树脂绝缘性能的重要标志。

4.4 工 程 应 用

使用 SF_6混合气体不仅减少了 SF_6气体的使用量和排放量，同时液化温度与纯 SF_6相比也大大降低，价格也相对便宜，此外，使用 SF_6混合气体还降低了 SF_6气体在电场不均匀时或者电极粗糙、出现金属颗粒时的敏感性，因此具有很好的工程应用前景。目前，研究较多且已获工业应用的是 SF_6/N_2 混合气体，以 SF_6/N_2 混合气体为绝缘介质的 GIL 已成功应用在各电压等级线路中。

2001 年，西门子公司研发的以 20% SF_6/80% N_2 混合气体为绝缘介质的 220kV 的 GIL 在瑞士日内瓦国际机场投入运行，工作压力为 0.7MPa，此时液化温度约为−130℃[25]；法国 EDF 公司与 ABB 公司合作开发的 400kV 的 GIL 试验线路，采用 SF_6 含量为 10%的 SF_6/N_2 混合气体，气压为 0.8MPa[26]；2005 年，以 60% SF_6/40% N_2 混合气体为绝缘介质的 550kV 的 GIL 于泰国曼谷投运[27]；中国研制出 SF_6/N_2 混合气体的 1100kV 的 GIL 试验段，SF_6 含量为 25%～40%，在武汉特高压交流试验基地顺利通过了近 1 年的带电考核[28]。

SF_6/N_2 混合气体在 GIS 母线中也有极大的应用前景。2014 年，新东北电气集团高压开关有限公司研制的以 20% SF_6/80% N_2 混合气体为绝缘介质的 550kV 母线在机械工业高压电器产品质量检测中心（沈阳）顺利通过了绝缘型式试验；2016 年，国家电网有限公司开始在 GIS 母线、GIL 等非灭弧气室试点推广 SF_6/N_2 混合绝缘气体；2017 年 12 月，安徽芜湖普庆变电站 220kV 的 30% SF_6/70% N_2 混合气体试点母线成功通过投运后一周监测。

在低温高寒地区，为了减少 SF_6 用量同时降低液化温度，一些地区开始采用 SF_6/N_2 和 SF_6/CF_4 气体断路器。20 世纪 80 年代，西门子公司研制出 SF_6/N_2 混合气体断路器，该断路器内部结构进行了优化，能在−60℃环境中可靠运行；SF_6/CF_4 断路器性能优于 SF_6/N_2 断路器，加拿大马尼托巴水电局混合气体断路器起初是采用 60% SF_6/40% N_2 混合气体，后采用 50% SF_6/50% CF_4 混合气体；加拿大等严寒地区已投运 1100 多台 ABB 公司研发的 SF_6/N_2 和 SF_6/CF_4 气体断路器。

我国内蒙古地区也将部分 126kV SF_6 断路器中的 SF_6 更换为 63% SF_6/37% CF_4 混合气体，充气压力 0.6MPa，能在−48℃环境中可靠运行，该断路器内部结构未优化完善，导致短路开断电流有一定程度的下降。

随着“双碳”目标的提出，国家电网有限公司已决定自2021年起开展SF_6混合气体GIL、隔离及接地开关试点应用，并从2023年起全面推进混合气体的使用，新建站全部采用混合气体GIS设备，并逐步开展旧站改造，力争2030年SF_6使用达峰。然而，SF_6混合气体方案对SF_6的使用量仍在30%左右，并不能从根本上解决输配电设备对SF_6的依赖及SF_6使用所带来的温室效应问题。

参考文献

[1] 周辉，邱毓昌，仝永刚，等. N_2-SF_6混合气体的绝缘特性. 高压电器，2003，39（5）：13-15.

[2] Yamada T，Ishida T，Hayakawa N，et al. Partial discharge and breakdown mechanisms in ultra-dilute SF_6/N_2 gas mixtures . IEEE Transactions on Dielectrics and Electrical Insulation，2001，8（1）：137-142.

[3] 肖淞. 工频电压下SF_6替代物CF_3I/CO_2绝缘性能及微水对CF_3I影响研究. 重庆：重庆大学，2016.

[4] Chu F Y. SF_6 decomposition in gas-insulated equipment. IEEE Transactions on Electrical Insulation，1986，EI-21（5）：693-725.

[5] Christophorou L G，Olthoff J K，Brunt R J V. Sulfur hexafluoride and the electric power industry. IEEE Electrical Insulation Magazine，1997，13（5）：20-24.

[6] 肖明亮. 我国六氟化硫行业发展分析. 化学推进剂与高分子材料，2010，（4）：65-67.

[7] 邱毓昌，肖登明. SF_6-CO_2混合气体的绝缘强度. 高压电器，1994，（3）：7-11.

[8] Koch H，Hillers T. Second generation gas-insulated line . Power Engineering Journal，2002，16（3）：111-116.

[9] 汪沨，邱毓昌，张乔根. 六氟化硫混合气体绝缘的发展动向. 绝缘材料，2002，5：31-34.

[10] 肖登明，邱毓昌. SF_6/N_2和SF_6/CO_2的绝缘特性及其比较. 高电压技术，1995，（1）：16-18.

[11] 戴琦伟. 自由金属微粒对SF_6及SF_6/CO_2工频击穿特性的影响. 重庆：重庆大学，2016.

[12] Kieffel Y. Characteristics of g^3：an alternative to SF_6//2016 IEEE International Conference on Dielectrics (ICD)， July 03-07，2016，Montpellier，France . IEEE, 2016：880-884.

[13] Xiao D M. Gas Discharge and Gas Insulation. Shanghai：Shanghai Jiao Tong University Press，2015.

[14] 王健，李庆民，李伯涛，等. 考虑非弹性随机碰撞与SF_6/N_2混合气体影响的直流GIL球形金属微粒运动行为研究. 中国电机工程学报，2015，（15）：3971-3978.

[15] 杨冬. SF_6，N_2及其混合气体绝缘特性实验研究. 哈尔滨：哈尔滨理工大学，2006.

[16] 周辉，邱毓昌，仝永刚，等. N_2/SF_6混合气体的绝缘特性. 高压电器，2003，39（5）：13-15.

[17] Safar Y A，Malik N H，Qureshi A H. Impulse breakdown behavior of negative rod-plane gaps in SF_6-N_2，SF_6-air and SF_6-CO_2 mixtures. IEEE Transactions on Electrical Insulation，1982，17（5）：441-450.

[18] 李旭东，周伟，屠幼萍，等. 0.1～0.25MPa气压下二元混合气体SF_6-N_2和SF_6-CO_2的击穿特性. 电网技术，2013，36（4）：260-264.

[19] Devins J C. Replacement gases for SF_6 . IEEE Transactions on Electrical Insulation，1980，EI-15：81-86.

[20] 屠幼萍，袁之康，罗兵，等. 0.4～0.8MPa气压下二元混合气体SF_6/N_2和SF_6/CO_2露点温度计算. 高电压技术，2015，（5）：1446-1450.

[21] 赵志强. SF_6/N_2混合气体的局部放电分解与特征组分吸附特性研究. 武汉：武汉大学，2020.

[22] 杨紫来. SF_6/N_2混合气体条件下环氧树脂的分解特性研究. 武汉：武汉大学，2017.

[23] Wen H，Zhang X X，Xia R，et al. Thermal decomposition properties of epoxy resin in SF_6/N_2 mixture. Materials，2018，12（1）：75-88.

[24] 张晓星，杨紫来，文豪，等. 环氧树脂在SF_6/N_2混合气体下的热分解. 高电压技术，2020，46，（7）：2453-2459.

[25] 王湘汉. SF_6/N_2混合气体流注放电机制的计算机仿真. 长沙：湖南大学，2008.

[26] Diessner A，Finkel M，Grund A，et al. Dielectric properties of N_2/SF_6 mixtures for use in GIS or GIL. Proceedings of the 11th International Symposium on High-Voltage Engineering (ISH)，1999：67-70.

[27] Piputvat V. 泰国高容量550kV气体绝缘输电线路. 华东电力，2006，34（2）：80.

[28] 颜湘莲，高克利，郑宇，等. SF_6混合气体及替代气体研究进展. 电网技术，2018，42（6）：1837-1844.

第5章　全氟化碳混合气体

5.1　基本参数

5.1.1　基本性质

除常规气体如 N_2、CO_2、干燥空气和 SF_6 混合气体外，一些物理化学性质稳定、绝缘强度高且温室效应较低的氟碳类气体在环保绝缘气体研究中被广泛关注[1]。全氟化碳（PFCs）具有优良的绝缘特性、较强的电子亲和性和相对较低的温室效应，主要包括八氟环丁烷（c-C_4F_8）、八氟丙烷（C_3F_8）、六氟乙烷（C_2F_6）和四氟化碳（CF_4）等[2, 3]。

八氟环丁烷，又名全氟环丁烷，分子式为 c-C_4F_8，分子量为 200.03，英文名称为 perfluorocyclobutane，CAS 编号为 115-25-3。表 5.1 给出了 c-C_4F_8 的基础物化参数[4-6]。c-C_4F_8 性质稳定，无毒、无害、不燃。作为一种强电子亲和性氟碳化合物，c-C_4F_8 的绝缘强度约为 SF_6 的 1.3 倍。c-C_4F_8 目前主要应用于高压绝缘、超大规模集成电路蚀刻剂、代替氯氟烃的混合制冷剂、气溶胶、清洗剂（电子工业用）、喷雾剂、热泵工作流体等[5]。

表 5.1　c-C_4F_8 的基础物化参数

基本特性	数值
分子量	200.03
液化温度/℃	–6
熔点/℃	–41.4
闪点/℃	—（不燃）
饱和蒸气压/(kPa, 20℃)	182
气体密度/(kg/m^3, 21.2℃)	1.51
相对 SF_6 绝缘强度	1.27
GWP	8700
大气寿命/年	3200

八氟丙烷，又名全氟丙烷，分子式为 C_3F_8，分子量为 188.0，英文名称为 perfluoropropane，CAS 编号为 76-19-7，表 5.2 给出了 C_3F_8 的基础物化参数[7, 8]。C_3F_8 是一种稳定性好的全氟化合物，标准状态下为无色气体，在水和有机物中溶解度都很小，由于其绝缘强度与 SF_6 相当，且环保特性优于 SF_6，所以也是潜在的 SF_6 替代气体之一。另外，在半导体工业中，C_3F_8 与氧气的混合气用作等离子蚀刻气体，会选择性地与硅片的金属基质作用。

表 5.2　C_3F_8 的基础物化参数

基本特性	数值
分子量	188.0
液化温度/℃	−36.7
熔点/℃	−183.0
闪点/℃	—（不燃）
饱和蒸气压/(kPa, 20℃)	182
气体密度/(kg/m^3, 21.2℃)	1.51
相对 SF_6 绝缘强度	1.01
GWP	8830
大气寿命/年	2600

六氟乙烷，又名全氟乙烷，分子式为 C_2F_6，分子量为 138.0，英文名称为 hexafluoroethane，CAS 编号为 76-16-4。C_2F_6 标准状态下为无色、无臭、无味、不可燃的惰性气体，溶于水，可溶于苯、四氯化碳、乙醇，不溶于甘油、酚。表 5.3 给出了 C_2F_6 的基础物化参数[7, 8]。六氟乙烷在半导体与微电子工业中用作等离子蚀刻气体、器件表面清洗剂，还可用于光纤生产与低温制冷。C_2F_6 的绝缘强度可以达到 SF_6 的 0.76 倍，且环保特性优于 SF_6，具备替代 SF_6 应用于电力工业的潜力。

表 5.3　C_2F_6 的基础物化参数

基本特性	数值
分子量	138.01
液化温度/℃	−78.2
熔点/℃	−100.6
闪点/℃	—（不燃）
饱和蒸气压/(kPa, 20℃)	182
气体密度/(kg/m^3)	5.7
相对 SF_6 绝缘强度	0.76
GWP	12200
大气寿命/年	10000

四氟化碳，又名四氟甲烷，分子式为 CF_4，分子量为 88.0，英文名称为 tetrafluoromethane，CAS 编号为 75-73-0。表 5.4 给出了 CF_4 的基础物化参数[7-9]。在常温下，CF_4 是无色、无臭、不燃，不溶于水的可压缩性气体，其高纯气及其配高纯氧气的混合气是目前微电子工业中用量最大的等离子蚀刻气体，CF_4 也可作为低温制冷剂、低温绝缘介质。

表 5.4　CF_4的基础物化参数

基本特性	数值
分子量	88.0
液化温度/℃	–128
熔点/℃	–183.6
闪点/℃	—（不燃）
饱和蒸气压（kPa，150.7℃）	13.33
相对 SF_6绝缘强度	0.41
GWP	7380
大气寿命/年	50000

5.1.2　环境参数

在现有研究的全氟类 SF_6 替代气体中，八氟环丁烷（c-C_4F_8）因其优良的绝缘特性、稳定的化学性质和较低的 GWP 引起了国内外学者的广泛关注。c-C_4F_8混合气体早已于 1997 年被美国国家标准协会（ANSI）列为未来应该长期研究的有潜力的绝缘气体。c-C_4F_8的 GWP 为 8700；c-C_4F_8的臭氧消耗潜能值（ozone depletion potential，ODP）为 0，其使用和排放不会对臭氧层产生破坏。另外，c-C_4F_8的液化温度较高（–6℃），不适合应用于高寒地区，需要与液化温度较低的缓冲气体 CO_2、N_2 等混合使用，混合气体的 GWP 更低[4]。

C_3F_8 和 C_2F_6 的 GWP 分别为 8830 和 12200，均低于 SF_6，大气寿命分别为 2600 年和 10000 年。CF_4 的 GWP 为 7380，但大气寿命长达 50000 年。综合来看，全氟类气体及其混合气体作为绝缘介质将有效解决 SF_6 的温室效应问题[3]。

5.1.3　安全性参数

小鼠急性吸入 c-C_4F_8气体的 LC_{50}（2h）为 78%；大鼠急性吸入 80% c-C_4F_8气体（20%为 O_2）4h 未见异常，c-C_4F_8的毒性分级为低毒，但是高温条件下会分解产生高毒的氟化氢[5]。

大鼠急性吸入 C_3F_8 的 LC_{50}（4h）为 9%，C_3F_8 的毒性分级为低毒，但吸入高浓度气体有麻醉作用，与可燃气体一同燃烧时，分解产生有毒氟化物。发现中毒时，应立即将受害者转移到无污染区，必要时施以人工呼吸，及时就医[7]。

大鼠急性吸入 C_2F_6 的 LC_{50}（2h）为 2%，C_2F_6 的毒性分级为低毒，但是与可燃气体一同燃烧时会分解产生高毒的氟化氢。另外，C_2F_6 可引起快速窒息。接触后引起头痛、恶心和眩晕[7]。CF_4 的毒性分级为低毒，但是高浓度时有麻醉作用[2]。

整体上，全氟化碳生物安全性优异，但也应防止气体泄漏到工作场所环境中。

5.2　绝 缘 性 能

5.2.1　c-C_4F_8 混合气体

图 5.1 给出了 SF_6、c-C_4F_8 及 N_2 的工频击穿电压随气体间隙距离变化的曲线[10, 11]，测试采

用球-板电极模拟稍不均匀电场，试验气压条件均为0.1MPa。可以看到三种气体的工频击穿电压随间隙距离的增加都近似于线性增加。其中 c-C_4F_8 的增加速率最快，SF_6 次之，N_2 最慢；相同间隙距离条件下，c-C_4F_8 绝缘性能最好，其工频击穿电压约为 SF_6 的 1.45 倍、N_2 的 4 倍。

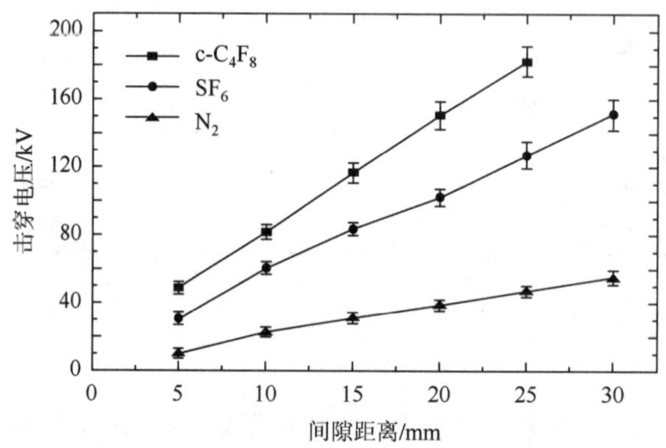

图 5.1　稍不均匀电场下 SF_6、c-C_4F_8 及 N_2 工频击穿电压与间隙距离关系曲线

图5.2为不同混合比下c-C_4F_8/N_2混合气体的工频击穿电压随间隙距离的变化情况[10]。其中 c-C_4F_8 所占比例依次为 5%、10%、20%以及 30%，试验气压范围为 0.1～0.3MPa。与纯气类似，混合气体的工频击穿电压随间隙距离的增加近似线性增加。同时，在试验气压范围内，工频击穿电压随着气压的升高而逐渐升高。

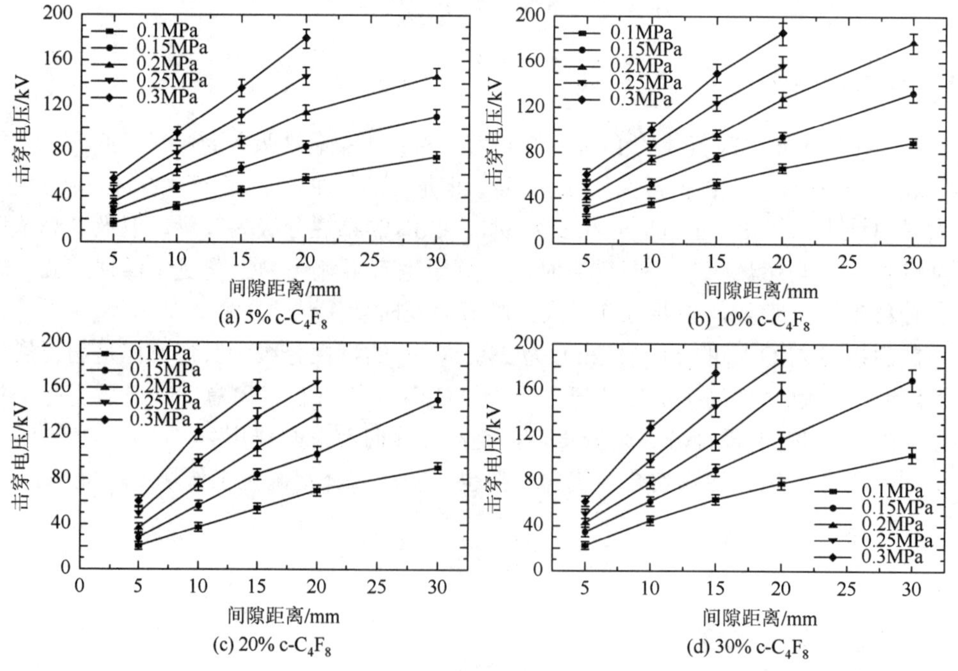

图 5.2　c-C_4F_8/N_2 工频击穿电压与间隙距离关系曲线

图 5.3 给出了不同气压下 c-C_4F_8/N_2 混合气体工频击穿电压与混合比的关系曲线（气体间隙距离为 10mm）[10]。随着混合气体中 c-C_4F_8 占比的上升，工频击穿电压也逐渐上升，这与 c-C_4F_8 的强电子亲和性有关。此外，这种增长的趋势在 c-C_4F_8 占比在 0%～5%之间尤为明显。

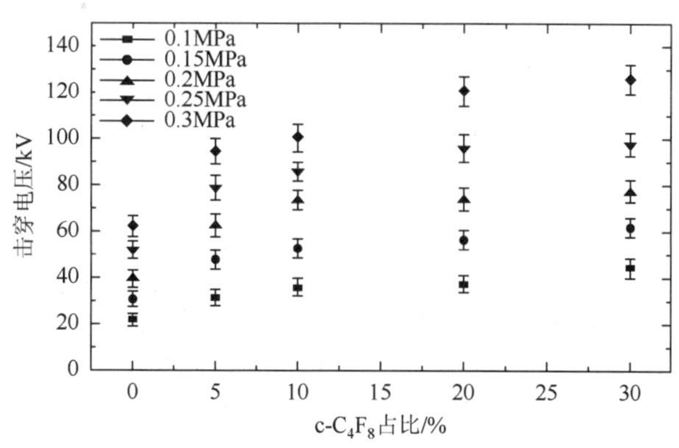

图 5.3　c-C_4F_8/N_2 工频击穿电压与混合比关系曲线

5.2.2　C_3F_8 混合气体

表 5.5 给出了 C_3F_8、C_2F_6 等气体的工频击穿特性[7, 12]，测试采用棒-板电极，棒半球端直径为 22.5mm，平板电极直径为 120mm，间隙为 10mm，气压为 0.5MPa（20℃下的绝对气压）。该电极结构的电场利用系数 η（平均电场强度/最大电场强度）为 0.60，符合气体绝缘电气设备中电场利用系数的典型范围。可以看出纯 C_3F_8 气体的绝缘强度和 SF_6 气体相当。

表 5.5　C_3F_8 等气体的工频击穿特性

气体	工频击穿电压/kV	标准差/kV	相对 SF_6 绝缘强度
C_2F_6	131	3.7	0.76
C_3F_8	174	4.5	1.01
N_2	76.3	4.7	0.44
CO_2	64.2	3.1	0.37
SF_6	172	4.3	1.00

表 5.6 和图 5.4 给出了 C_3F_8/N_2 混合气体的工频击穿特性[7]。其中分压加权击穿电压是根据 C_3F_8/N_2 混合气体混合比得到的加权平均值与试验结果的比值。可以看到 C_3F_8 含量（体积分数）为 20%的 C_3F_8/N_2 混合气体协同作用最为明显，分压加权击穿电压达到了 1.13，但协同效应仍小于 SF_6/N_2 混合气体。

表 5.6　C_3F_8/N_2 混合气体工频击穿特性

C_3F_8 体积分数	击穿电压/kV（0.5MPa）	分压加权击穿电压	相对击穿电压（0.5MPa）		相对 GWP		气压*/MPa
			100% SF_6	20% SF_6/80% N_2	100% SF_6（0.5MPa）	20% SF_6/80% N_2（0.63MPa）	
0%	76.3	1.00	0.45	0.56	0.00	0.00	1.12
20%	109	1.13	0.63	0.80	0.12	0.47	0.79
60%	142	1.06	0.83	1.04	0.28	1.12	0.60
100%	174	1.00	1.01	1.27	0.38	1.88	0.49
100% SF_6	172	1.00	1.00	1.26	1.00	1.26	0.50

*获得 100% SF_6（0.5MPa）等效绝缘强度所需的气压。

对于混合气体，为了在降低 GWP 的同时使其绝缘强度的降低最小，需要将混合比设置为具有高度协同作用的水平。例如，20% C_3F_8/80% N_2 混合气体在 0.63MPa 下绝缘强度与 20% SF_6/80% N_2（0.5MPa）混合气体相当，其 GWP（2208）是后者的 0.47 倍；50% C_3F_8/50% N_2 混合气体在 0.5MPa 气压下的绝缘强度与 20% SF_6/80% N_2（0.5MPa）混合气体大致相当，其 GWP（4423）是后者的 0.94 倍；尽管 100% C_3F_8（0.5MPa）的绝缘强度与 20% SF_6/80% N_2 混合气体（0.63MPa）相当，但是其 GWP（8830）为后者的 1.88 倍。可以看到 C_3F_8 混合气体在保持所需绝缘强度的同时需要选择合适的混合比和气压，以有效地降低 GWP。

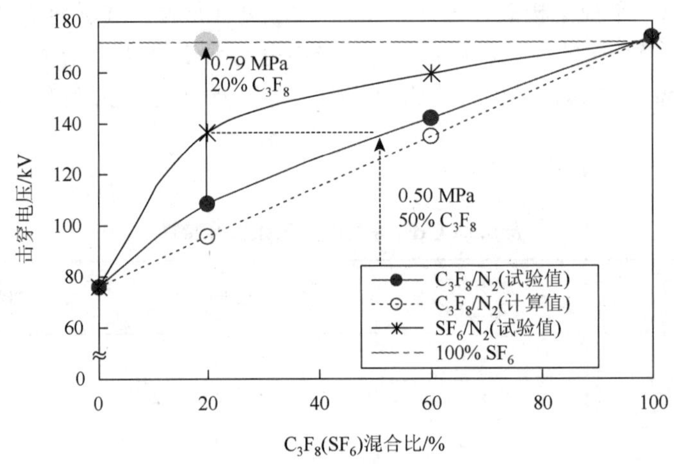

图 5.4　不同混合比下 C_3F_8/N_2 和 SF_6/N_2 混合气体的工频击穿电压

表 5.7 和图 5.5 给出了 C_3F_8/CO_2 混合气体的工频击穿特性[7]。可以看到 C_3F_8 含量为 20%的 C_3F_8/CO_2 混合气体协同作用最大，其分压加权击穿电压为 1.17，且协同作用程度超过同等条件下的 C_3F_8/N_2 混合气体。另外，要获得 0.5MPa（绝对气压）下与 100% SF_6 相当的绝缘强度，C_3F_8/CO_2 混合气体的气压必须为 0.49～0.85MPa，该条件下混合气体的 GWP 降至 100% SF_6 气体的 13%～38%。

表 5.7　C_3F_8/CO_2 混合气体的工频击穿特性

C_3F_8 体积分数	击穿电压/kV（0.5MPa）	分压加权击穿电压	相对击穿电压（0.5MPa）		相对 GWP		气压*/MPa
			100% SF_6	20% SF_6/80% N_2	100% SF_6（0.5MPa）	20% SF_6/80% N_2（0.63MPa）	
0%	64.2	1.00	0.37	0.47	0.00	0.00	1.34
20%	101	1.17	0.59	0.74	0.13	0.53	0.85
60%	137	1.06	0.80	1.01	0.29	1.13	0.63
100%	174	1.00	1.01	1.27	0.38	1.52	0.49
100% SF_6	172	1.00	1.00	1.26	1.00	1.26	0.50

*获得 100% SF_6（0.5MPa）等效绝缘强度所需的气压。

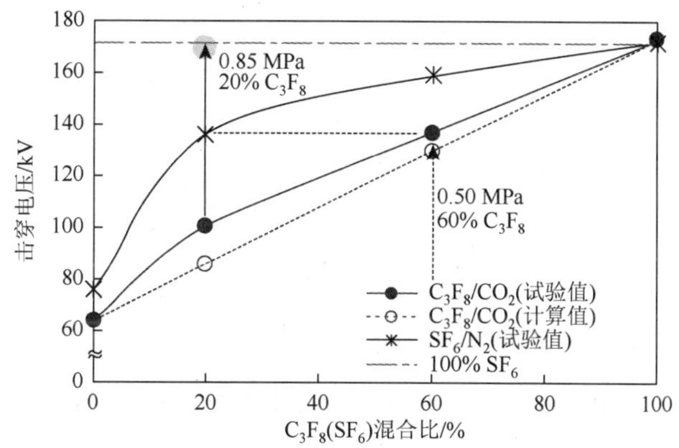

图 5.5　不同混合比下 C_3F_8/CO_2 和 SF_6/N_2 混合气体的工频击穿电压

以 SF_6/N_2 混合气体协同度高的 20% SF_6/80% N_2 的绝缘强度（击穿电压为 137kV）作为目标值，比较其相对于 C_3F_8 混合气体的绝缘强度。20% C_3F_8/80% CO_2 混合气体在气压为 0.63MPa（1.36 倍）条件下与 20% SF_6/80% N_2 混合气体（0.5MPa）的绝缘强度相当，其 GWP（2395）是后者的 0.53 倍。在气压不变（0.5MPa）的情况下获得与 20% SF_6/80% N_2 混合气体几乎相等的绝缘强度，必须将混合比设置为 60% C_3F_8/40% CO_2，但是，在这种情况下，其 GWP（5298）是 20% SF_6/80% N_2 混合气体的 1.13 倍。因此，一定混合比的 C_3F_8/N_2 和 C_3F_8/CO_2 混合气体在降低 GWP 的同时可以保证其绝缘强度达到纯 SF_6 的 60%～90%。

5.2.3　C_2F_6 混合气体

如表 5.5 所示，C_2F_6 的击穿电压约为同等条件下纯 SF_6 的 76%。表 5.8 和图 5.6 给出了 C_2F_6/N_2 混合气体的工频击穿特性[7]。可以看到，含 20% C_2F_6 的 C_2F_6/N_2 混合气体协同作用最大，分压加权击穿电压为 1.15。为了获得与 0.5MPa（绝对气压）下 100% SF_6 相当的绝缘强度，C_2F_6/N_2 混合气体的气压必须为 0.66～0.85MPa，在此条件下，C_2F_6/N_2 混合气体的 GWP 降至 100% SF_6 气体的 18%～70%。

表 5.8　C_2F_6/N_2 混合气体的工频击穿特性

C_2F_6 体积分数	击穿电压/kV（0.5MPa）	分压加权击穿电压	相对击穿电压（0.5MPa）		相对 GWP		气压*/MPa
			100% SF_6	20% SF_6/80% N_2	100% SF_6（0.5MPa）	20% SF_6/80% N_2（0.63MPa）	
0%	76.3	1.00	0.45	0.56	0.00	0.00	1.12
20%	101	1.15	0.59	0.74	0.18	0.73	0.85
60%	117	1.08	0.68	0.86	0.47	1.87	0.73
100%	131	1.00	0.76	0.96	0.70	2.79	0.66
100% SF_6	172	1.00	1.00	1.26	1.00	0.25	0.50

*获得 100% SF_6（0.5MPa）等效绝缘强度所需的气压。

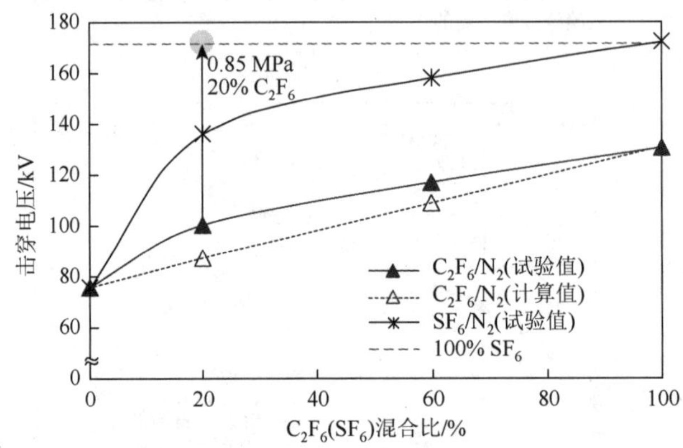

图 5.6　不同混合比下 C_2F_6/N_2 和 SF_6/N_2 混合气体的工频击穿电压

含 20% C_2F_6 的 C_2F_6/N_2 混合气体在 0.63MPa（1.26 倍）的压力下可以达到 20% SF_6/80% N_2 混合气体（0.5MPa）的绝缘强度，此时其 GWP（3307）为后者的 0.73 倍。可以看出，即使增加混合气体中 C_2F_6 的含量，也无法获得实际上相当于 20% SF_6/80% N_2 混合气体的绝缘强度。

表 5.9 和图 5.7 给出了 C_2F_6/CO_2 混合气体的工频击穿特性[7]。可以看到，含 20% C_2F_6 的 C_2F_6/CO_2 混合气体协同作用最大，分压加权击穿电压为 1.18。在相同的混合比下，C_2F_6/CO_2 混合气体协同作用大于 C_2F_6/N_2。为了获得相当于 100% SF_6 的绝缘强度，在 0.5MPa（绝对气压）下，C_2F_6/CO_2 混合气体压力必须为 0.66～0.94MPa。在这种情况下，C_2F_6/CO_2 混合气体的 GWP 降为 100% SF_6 的 20%～70%。含 C_2F_6 20%的 C_2F_6/CO_2 混合气体在 0.75MPa（1.5 倍）的压力下可以达到 20% SF_6/80% N_2 混合气体（0.5MPa）几乎相等的绝缘强度，此时 GWP（3649）是后者的 0.78 倍。

表 5.9　C_2F_6/CO_2 混合气体的工频击穿特性

C_2F_6 体积分数	击穿电压/kV（0.5MPa）	分压加权击穿电压	相对击穿电压（0.5MPa）		相对 GWP		气压*/MPa
			100% SF_6	20% SF_6/80% N_2	100% SF_6（0.5MPa）	20% SF_6/80% N_2（0.63MPa）	
0%	64.2	1.00	0.37	0.47	0.00	0.00	1.34
20%	91.3	1.18	0.53	0.67	0.20	0.80	0.94
60%	122	1.17	0.71	0.99	0.45	1.80	0.71
100%	131	1.00	0.76	0.96	0.70	2.79	0.66
100% SF_6	172	1.00	1.00	1.26	1.00	0.25	0.50

*获得 100% SF_6（0.5MPa）等效绝缘强度所需的气压。

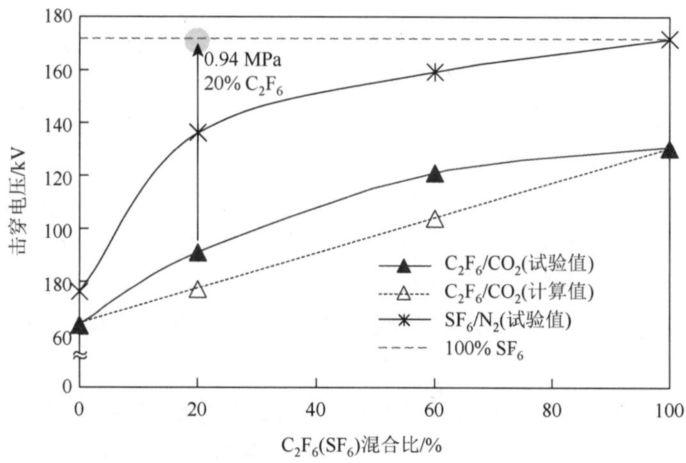

图 5.7　不同混合比下 C_2F_6/CO_2 和 SF_6/N_2 混合气体的工频击穿电压

综合来看，即使增加混合气体中 C_2F_6 的含量，也无法获得实际上相当于 20% SF_6/80% N_2 的绝缘强度。因此，尽管 C_2F_6/CO_2 混合气体降低温室效应的效果优于 C_2F_6/N_2 混合气体，但由于 C_2F_6 的绝缘强度低，为达到同等的绝缘强度，混合气体中 C_2F_6 含量增加，导致 C_2F_6 混合气体降低温室效应的效果弱于 C_3F_8 混合气体。

5.2.4　CF_4 混合气体

图 5.8 给出了均匀电场（板电极）环境下 CF_4 及其混合气体工频击穿电压随气压的变化情况[13]。可以看到 CF_4/N_2 混合气体在小于 0.35MPa 时击穿电压随气压升高呈线性变化。当气压超过 0.35MPa 时，CF_4 的击穿电压出现明显饱和，CF_4/N_2 混合气体随 CF_4 体积分数不同也出现不同程度的饱和。当混合比 $k = 20\%$时，混合气体的绝缘强度达到纯 CF_4 绝

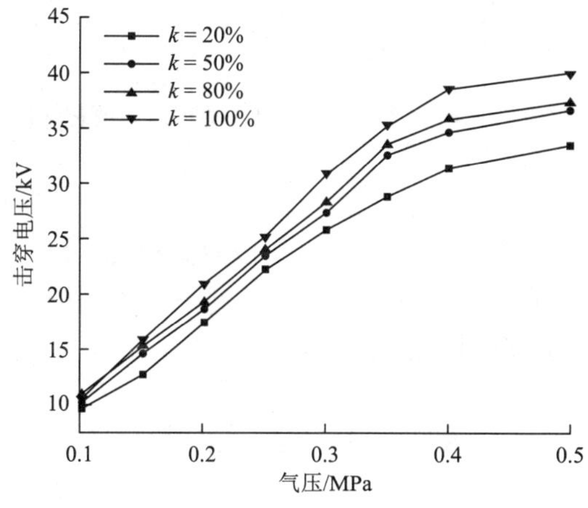

图 5.8　均匀电场下 CF_4/N_2 混合气体在工频条件下的击穿电压（$d = 3$mm）

缘强度的 80%以上，在低气压条件下甚至达到了纯 CF_4 绝缘强度的 90%，而纯 CF_4 的绝缘强度为相同条件下纯 SF_6 绝缘强度的 55%左右。因此，仅考虑均匀电场击穿情况时，20% CF_4/N_2 混合气体绝缘强度为纯 SF_6 的 50%左右。此时 CF_4/N_2 混合气体的 GWP 非常小，液化温度小于−120℃，能够满足极寒地区使用需求。

图 5.9 给出了 CF_4 及 CF_4/N_2 混合气体在极不均匀电场下的击穿电压随气压的变化情况[13]。试验中采用针-板电极模拟极不均匀电场，针电极直径为 11mm，针尖部分长 5mm，曲率半径为 0.5mm。试验时，电极距离分别取 5mm、10mm、15mm、20mm，电场不均匀系数分别为 5.4、9.1、12.5、15.7。试验结果表明，N_2 在小于 0.5MPa 气压下随气压增加饱和效应不明显，而 CF_4/N_2 混合气体绝缘强度明显提升。纯 CF_4 气体在大于 0.3MPa 时出现饱和效应。混合气体击穿电压的上升率与气压的饱和程度和 CF_4 含量相关，CF_4 含量越高，则饱和气压值越低，但是饱和现象都基本出现在 0.3MPa 之后。

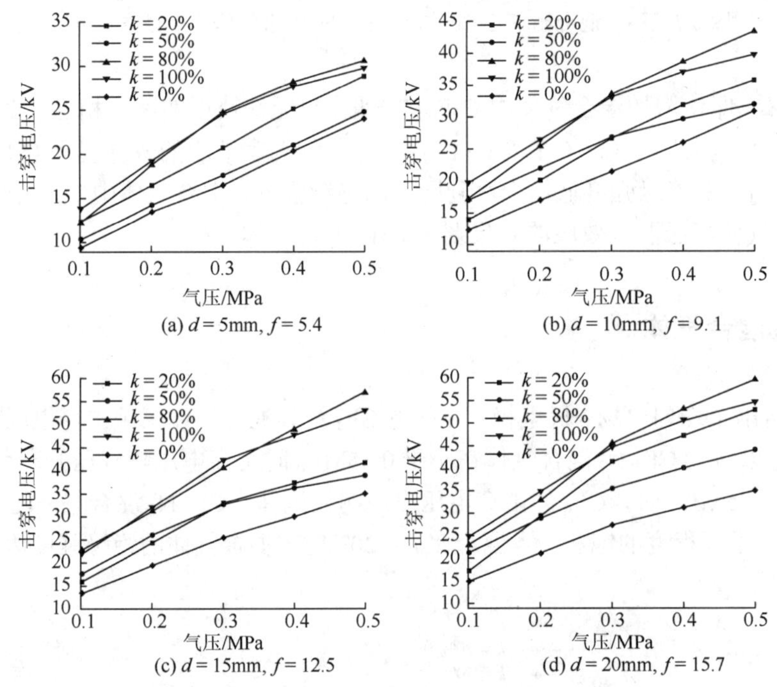

图 5.9　CF_4 及 CF_4/N_2 击穿电压随气压的变化情况

在极不均匀电场作用下，N_2 首先电离，CF_4 可以吸附电子阻碍电子崩的发展，导致混合气体的击穿电压高于同条件下的 N_2。当电极距离和混合比一定时，气室内分子数目随着气压升高而增大，电子自由程减小，相同条件下电子获得能量降低，混合气体的击穿电压升高。CF_4 含量达到 20%时，混合气体的击穿电压能够达到纯 CF_4 绝缘强度的 80%。

5.3　分 解 特 性

在现有研究的全氟类气体绝缘介质中，八氟环丁烷（c-C_4F_8）因其优良的绝缘特性、稳定的化学性质、较低的 GWP 成为最具潜力的氟碳类环保绝缘气体。本节主要针对 c-C_4F_8 的分解特性加以介绍。

5.3.1　c-C_4F_8 混合气体分解过程

为探究 c-C_4F_8 及 c-C_4F_8/N_2 混合气体的分解机理，分别构建了两个周期性立方体系统模型，如图 5.10 所示[14, 15]。其中 c-C_4F_8 系统边长为 155Å，含 100 个 c-C_4F_8 分子，密度为 0.008918g/cm^3；c-C_4F_8/N_2 系统边长为 265Å，含 100 个 c-C_4F_8 分子和 400 个 N_2 分子，密度为 0.00274g/cm^3。两种气体模型密度选择分别对应 1atm 条件下气体的实际密度值。

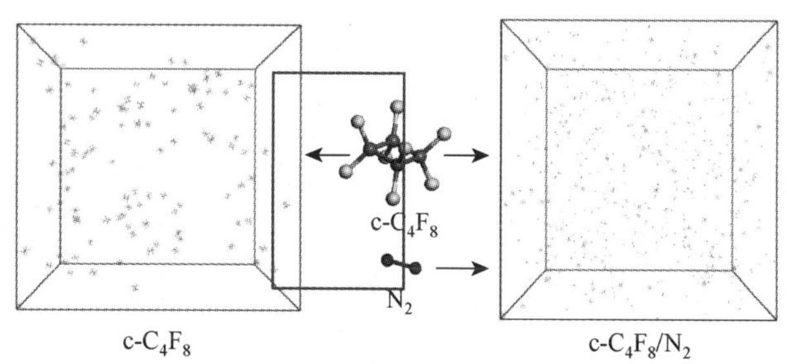

图 5.10　c-C_4F_8 和 c-C_4F_8/N_2 体系的构成

F 原子为浅蓝色，C 原子为灰色，N 原子为蓝色

本节对所构建的 c-C_4F_8 及 c-C_4F_8/N_2 体系进行了 2600～3400K 多个温度条件下的分子动力学模拟。图 5.11 给出了不同温度下纯 c-C_4F_8 体系中 c-C_4F_8 分解量的模拟结果。可以看到，随着温度的升高，c-C_4F_8 的分解量及分解速率呈现升高趋势。对于纯 c-C_4F_8 体系，3000K 以上温度条件下，c-C_4F_8 的分解速率显著加快，对于 3200K 以上的温度条件，c-C_4F_8 在 600ps 左右基本上完全分解。图 5.12 给出了不同温度下 c-C_4F_8/N_2 体系中 c-C_4F_8 分解量的模拟结果。随着温度升高，体系中 c-C_4F_8 分子数量也呈减少趋势，c-C_4F_8 的分解速率随着温度增加而加快。c-C_4F_8/N_2 在 3000K 以上温度条件下的分解速率显著加快。然而在相同温度和时间条件下，c-C_4F_8/N_2 体系的分解量小于纯 c-C_4F_8 体系。

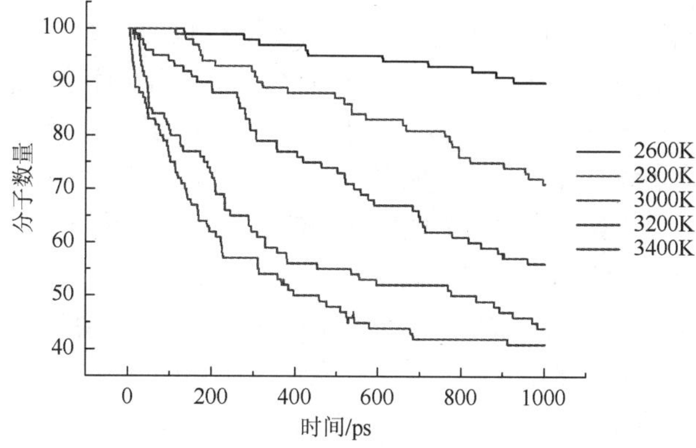

图 5.11　纯 c-C_4F_8 体系中 c-C_4F_8 在 2600～3400K 下分解的时间演变（0～1000ps）

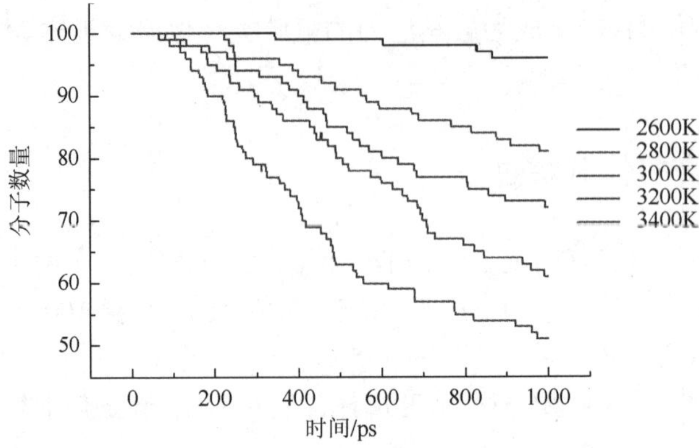

图 5.12　$c\text{-}C_4F_8/N_2$ 体系中 $c\text{-}C_4F_8$ 在 2600～3400K 下分解的时间演变（0～1000ps）

图 5.13 给出了不同温度下 $c\text{-}C_4F_8$ 及 $c\text{-}C_4F_8/N_2$ 体系中 $c\text{-}C_4F_8$ 最终分解量，可以发现相同温度条件下 $c\text{-}C_4F_8/N_2$ 体系中 $c\text{-}C_4F_8$ 的最终分解量低于 $c\text{-}C_4F_8$ 体系，表明 $c\text{-}C_4F_8/N_2$ 混合气体的稳定性优于纯 $c\text{-}C_4F_8$。实际上，N_2 的加入使得相同条件下 $c\text{-}C_4F_8/N_2$ 混合气体的密度小于纯的 $c\text{-}C_4F_8$ 气体，因此混合气体的分解速率相对较低。

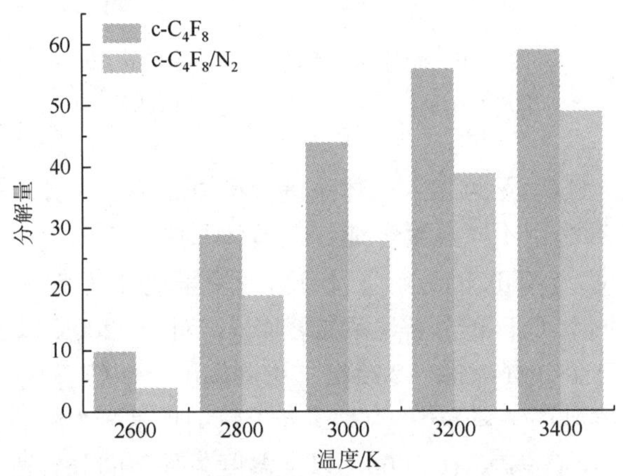

图 5.13　2600～3400K 下 $c\text{-}C_4F_8$ 的最终分解量

从能量的角度分析，图 5.14 给出了不同温度下 $c\text{-}C_4F_8$ 及 $c\text{-}C_4F_8/N_2$ 体系势能随模拟时间的变化曲线。不同温度下整个模拟区间内 $c\text{-}C_4F_8$ 及 $c\text{-}C_4F_8/N_2$ 体系的总势能均呈现增加趋势，表明整个反应动力学模拟过程中体系需要从外界环境不断地吸收能量，即 $c\text{-}C_4F_8$ 及 $c\text{-}C_4F_8/N_2$ 混合气体的分解过程整体上是吸热的，这一结果与实际情况相吻合。随着温度的升高，体系势能的总量与增长速率均呈现增加趋势。2600K 温度下，$c\text{-}C_4F_8$ 及 $c\text{-}C_4F_8/N_2$ 体系的势能随时间基本无明显变化，这与低温下体系中各类反应的发生较少有关。高温下，$c\text{-}C_4F_8$ 体系的势能随时间变化呈现两个阶段。对比 400ps 前的势能增加而言，400ps 后体系总势能呈现饱和增长趋势。势能增长的速率的变化情况说明高温下 $c\text{-}C_4F_8$ 分解集中在 0～400ps。整体来看，$c\text{-}C_4F_8/N_2$ 混合气体的稳定性优于纯 $c\text{-}C_4F_8$。N_2 的加入不仅能在一定程度上解决 $c\text{-}C_4F_8$ 液化温度过高的缺陷，也在一定程度上提升了 $c\text{-}C_4F_8$ 的分解特性。

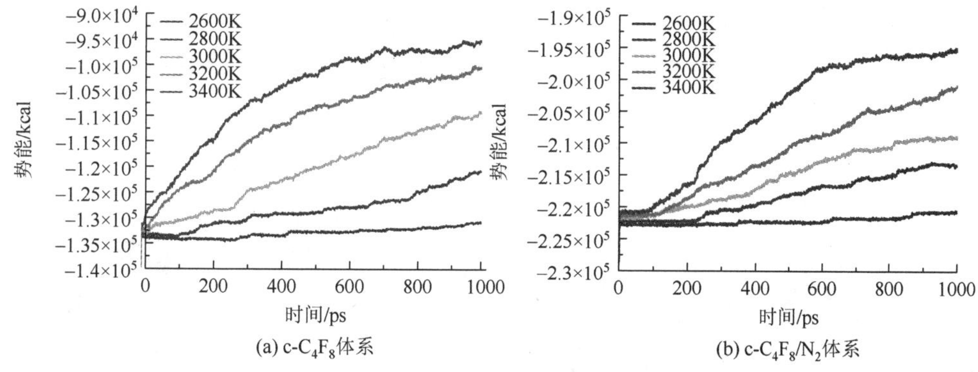

(a) c-C_4F_8体系　　(b) c-C_4F_8/N_2体系

图 5.14　c-C_4F_8和 c-C_4F_8/N_2在 2400～3400K 下势能变化情况（0～1000ps）

5.3.2　c-C_4F_8混合气体分解产物分布

图 5.15 给出了 c-C_4F_8体系主要分解产物的产量（即粒子数量）随时间的变化情况，可以看到 c-C_4F_8分解主要产生 CF_2、CF_3、CF、F、C、C_2F_4及 CF_4等。CF_2自由基在 2600K 温度条件下表现出线性增长趋势，400ps 时产量为 8，1000ps 时产量为 19；在 3000K 以下温度条件下很快呈现饱和增长趋势，当温度为 2800K 时，在 0～400ps 内 CF_2产量由 0 增长到 33，400～1000ps 内产量由 33 到 44；当温度高于 3200K 时，CF_2产量呈现先迅速增长再减少的趋势。当温度为 3200K 时，CF_2在 0～400ps 区间内产量增加了 81，400～1000ps 区间内下降到了 36。

自由基 CF_3在 2600K 温度条件下与 CF_2类似，产量基本随时间呈线性增长趋势，温度为2800K 和 3000K 时产量增长出现饱和现象，对于 2800K 时的 CF_3自由基，在 0～800ps 时产量增长了 8，而 800～1000ps 时产量仅增长了 2。温度条件为 3000K 以上时，与 CF_2自由基类似，产量出现先增加后减少的趋势。如 3200K 温度条件下，在 0～800ps 时，CF_3产量由 0 增长至 25，800ps 以后，CF_3产量下降至 20。在 3400K 温度条件下，CF_3产量在 600～1000ps 区间内有所下降。

图 5.15（c）给出了 CF_4产量的变化情况。温度为 3000K 时，CF_4产量基本没有增长；3200K 以上温度条件下，CF_4这一产物的产量显著增加。温度为 3200K 时，在 0～700ps 内，基本没有 CF_4产生，在 700ps 后 CF_4急剧增加，1000ps 时 CF_4产量为 15。温度为 3400K 时，在 0～500ps 内，CF_4产量基本没有变化，500ps 后 CF_4合成速率增加，当时间到达 1000ps 时，CF_4产量已达到 18。可以注意到，在温度条件为 3200K 以上时，700ps 以后，CF_3自由基含量减少，与 CF_4含量上升的时间段吻合，因此 CF_3产量的下降与 CF_4的生成有关，CF_4的产生需要 CF_3的参与。

图 5.15（d）给出了 C_2F_4在 2600～3400K 温度条件的变化情况。C_2F_4的产量随反应时间的变化规律不明显，3200K 及 3400K 条件下，反应初期 C_2F_4的产量达到峰值，随后开始下降，这与 C_2F_4在产生后又随即发生分解有关。

图 5.15（e）～（g）给出了 CF、F、C 三种自由基在 2600～3400K 温度条件的变化情况。对于 c-C_4F_8体系，随着温度的升高，CF、F、C 三种自由基的产量随模拟

时间增加的增长趋势相类似，基本呈现线性增长。温度越高，各种自由基的产量越多。在实际设备中，C 原子的产生容易构成 C 单质，形成固体微粒使得设备绝缘性能显著下降。

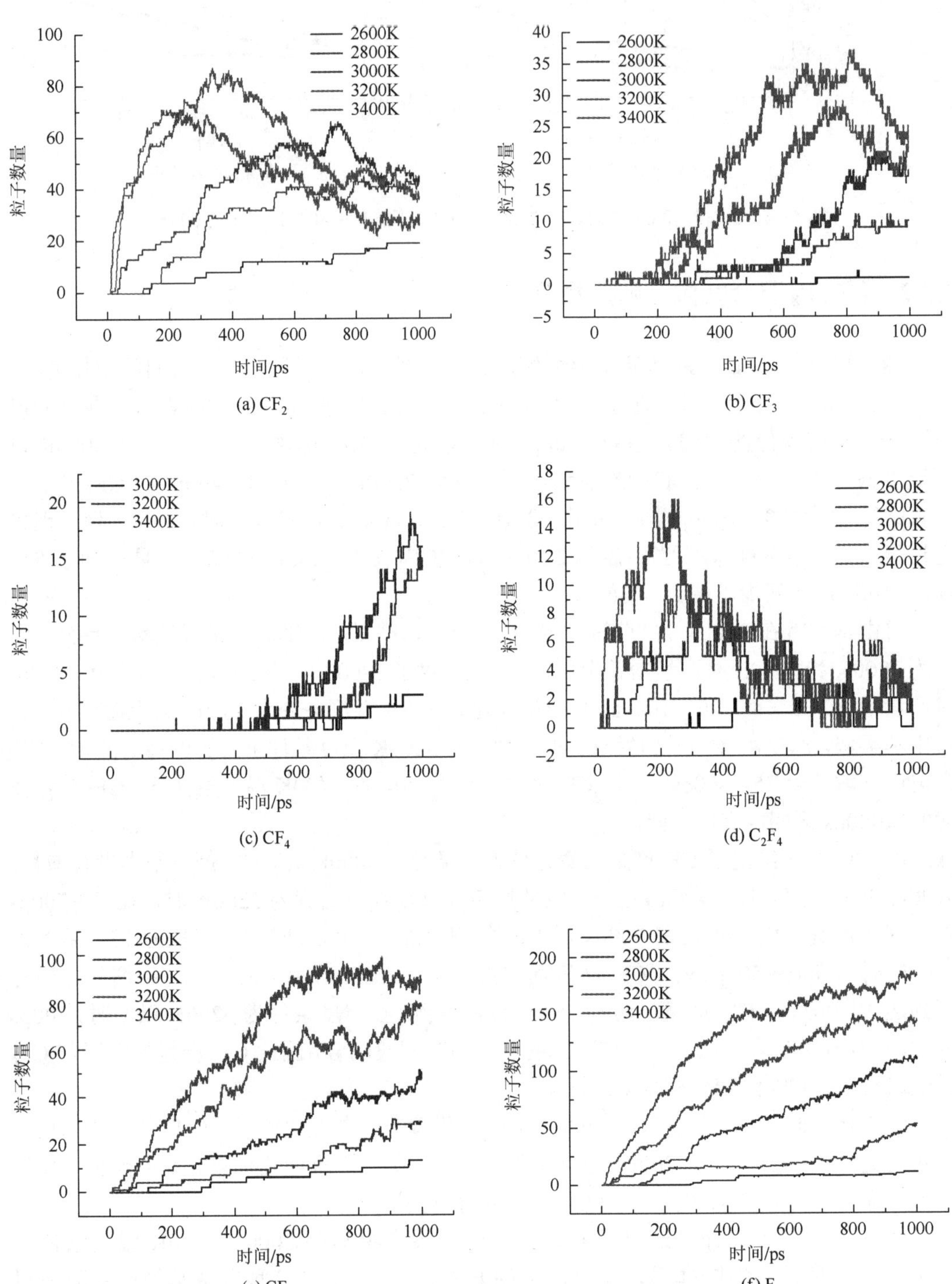

(a) CF_2　(b) CF_3　(c) CF_4　(d) C_2F_4　(e) CF　(f) F

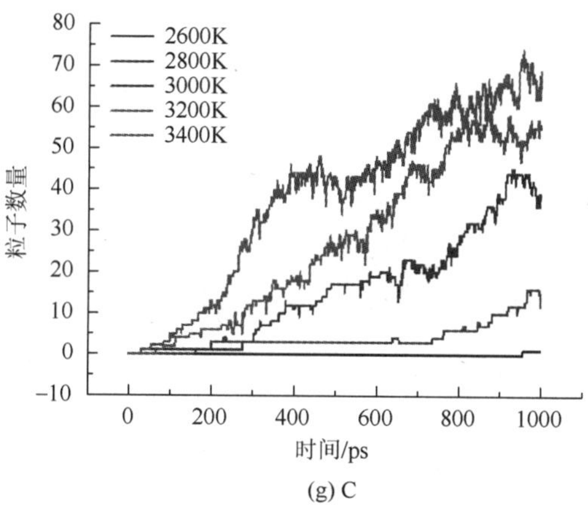

(g) C

图 5.15　2600～3400K 下 c-C_4F_8 体系分解产物的时间演变（0～1000ps）

图 5.15（e）～（g）给出了 CF、F、C 三种自由基在 2600～3400K 温度条件的变化情况。对于 c-C_4F_8 体系，随着温度的升高，CF、F、C 三种自由基的产量随模拟时间的增长趋势相类似，基本呈现线性增长。且温度越高，各种自由基的产量越多。在实际设备中，C 原子的产生容易构成 C 单质，形成固体微粒使得设备绝缘性能显著下降。

图 5.16 给出了 c-C_4F_8/N_2 体系主要分解产物的产量随时间的变化情况。c-C_4F_8/N_2 体系分解产物与 c-C_4F_8 相同，主要产生 CF_2、CF_3、CF、F 等。对于 c-C_4F_8/N_2 体系，各主要产物粒子的产量在相同温度条件下均低于 c-C_4F_8 体系。CF_2 产量在 2800K 时有明显变化，呈线性增长趋势，在 1000ps 时产量为 36；在 3000K 以上温度条件时增长呈现饱和趋势，当温度为 3200K 时，直到 700ps 的反应时间 CF_2 不断增长到 70，在 700ps 之后产量基本保持不变。图 5.16（b）为 CF_3 在 3000～3400K 温度条件下的产量变化情况。总体来看，对比 c-C_4F_8 体系，c-C_4F_8/N_2 体系中 CF_3 含量显著减少。CF_3 在 3200K 时出现增长趋势，且含量较低，只有 3 左右；在 3400K 时增长明显，呈线性增长趋势，在 1000ps 的反应时间时总含量达到 12，产量为 3200K 温度条件的 4 倍。CF_3 自由基产量较少，受此影响，CF_4 自由基产量远低于相同温度下 c-C_4F_8 体系的产量。

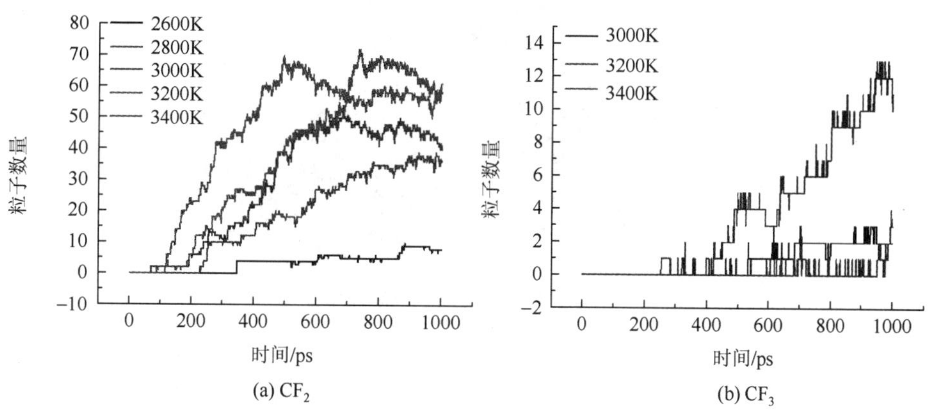

(a) CF_2　(b) CF_3

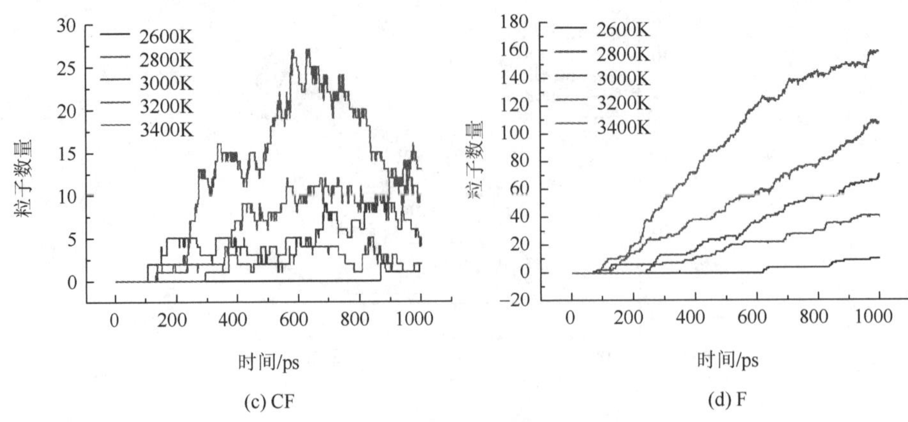

(c) CF　　(d) F

图 5.16　2600～3400K 下 c-C_4F_8/N_2 体系分解产物的时间演变（0～1000ps）

图 5.16（c）和（d）分别给出了 CF、F 在 2600～3400K 温度条件下的产量变化情况。总体上，F 的产量随反应时间的变化趋势与 c-C_4F_8 体系相类似，而混合气体中 CF 则在反应后期有所降低。另外，C_2F_4 和 C 的产量均远低于相同温度下 c-C_4F_8 体系的产量。对比 c-C_4F_8 体系，C 自由基的减少也会影响 C 单质的产生，从而可以避免产生较多固体微粒对设备绝缘造成较大的影响。

图 5.17 和图 5.18 分别给出了不同温度下 c-C_4F_8 体系和 c-C_4F_8/N_2 体系中各分解产物产量的最大值。如图 5.17 所示，对于 c-C_4F_8 体系，不同温度条件下 F 的产量是所有分解产物中最高的，产量最高达 188，最低为 11；CF 产量次之，最高为 99，最低为 13；CF_2 和 C 的产量紧接其后，CF_2 最高为 87，C 最高为 81。如图 5.18 所示，对于 c-C_4F_8/N_2 体系，不同温度条件下 F 的产量是所有分解产物中最高的，产量最高为 159，CF_2 产量次之，最高为 70。CF_3、C_2F_4、C 等产物的产量较低，较低温度条件下产量最大值基本接近 0。

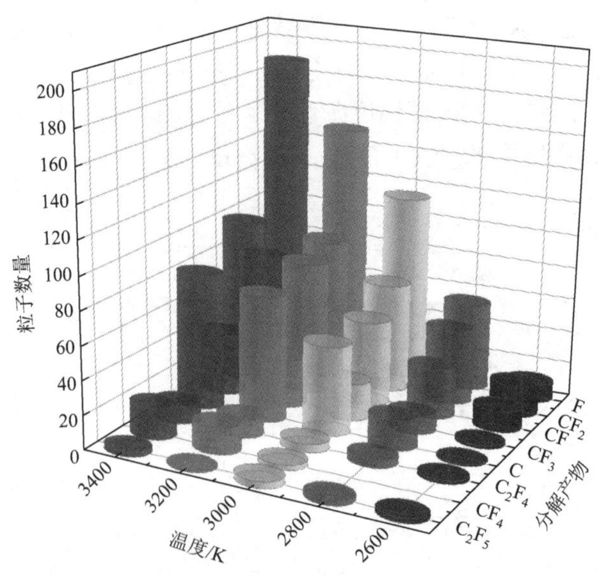

图 5.17　c-C_4F_8 在 2600～3400K 下产生的最大分解产物数量（c-C_4F_8 体系）

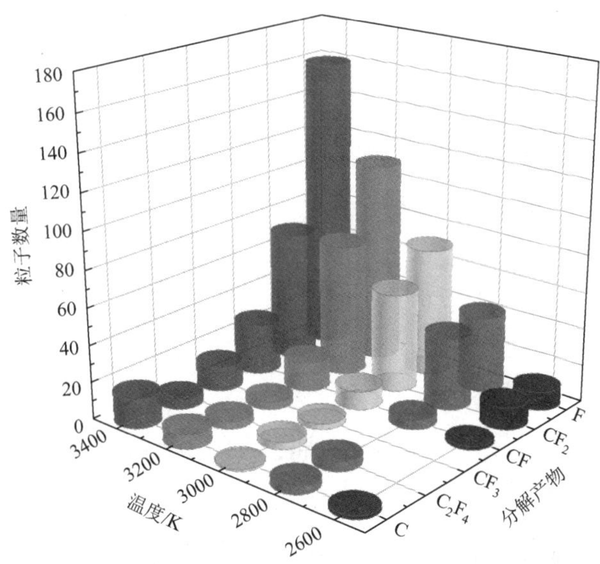

图 5.18　c-C_4F_8 在 2600～3400K 下产生的最大分解产物数量（c-C_4F_8/N_2 体系）

5.3.3　c-C_4F_8 分解路径

图 5.19 给出了 c-C_4F_8 分子的结构，其中键长单位为 Å，键角单位为°。c-C_4F_8 分子具有高度对称性，其中 C—C 键键长为 1.583Å，C—F 键键长为 1.350Å。F—C—F 键角为 110.150°，F—C—C 键角为 113.587°。图 5.20 给出了计算得到的 c-C_4F_8 和 SF_6 分子各化学键的键级。根据计算结果，c-C_4F_8 分子中 C—C 键的键级值均为 0.924，C—F 键的键级值均为 0.896。

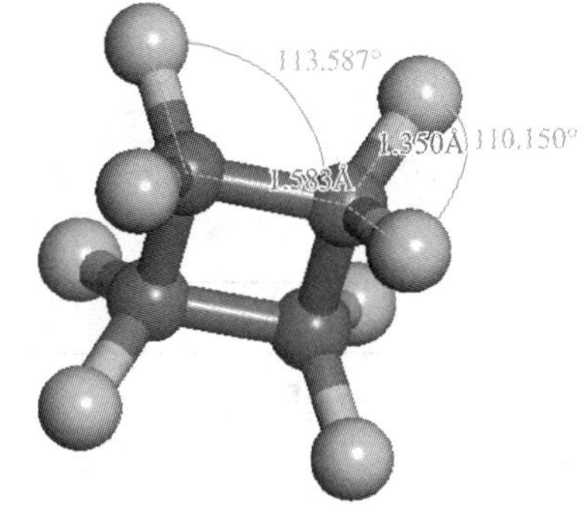

图 5.19　c-C_4F_8 的分子结构

c-C_4F_8 分子中 C—F 键的强度弱于 C—C 键的强度。因此，C—F 键解离的可能性大于 C—C 键。SF_6 分子中四个共平面的 F 原子与 S 原子形成的 S—F 键键级为 0.827，另外两个 F 原子与 S 原子形成的 S—F 键键级为 0.829。整体来看，SF_6 分子中各化学键的键级均小于 c-C_4F_8 分子中各化学键的键级，说明 SF_6 分子结构的稳定性劣于 c-C_4F_8，这在一定程度上解释了 c-C_4F_8 气体的绝缘强度优于 SF_6 气体的原因。

图 5.21 给出了 c-C_4F_8 的最高占据分子轨道（highest occupied molecular orbit，HOMO）和最低未占分子轨道（lowest unoccupied molecular orbit，LUMO）分布，两者对应的能量分别为−0.298645hartree[①]和−0.086768hartree。LUMO 和 HOMO 的能量差值表征了气体参与化学反应的稳定性，该差值越大，分子中电子跃迁需要的能量越大，分子越稳定，越不容易发生化学反应或者解离电离的过程。结合 c-C_4F_8 的分子结构，表 5.10 给出了其主要的放电分解途径。

① 1 hartree = 110.5×10^{-21} J 。

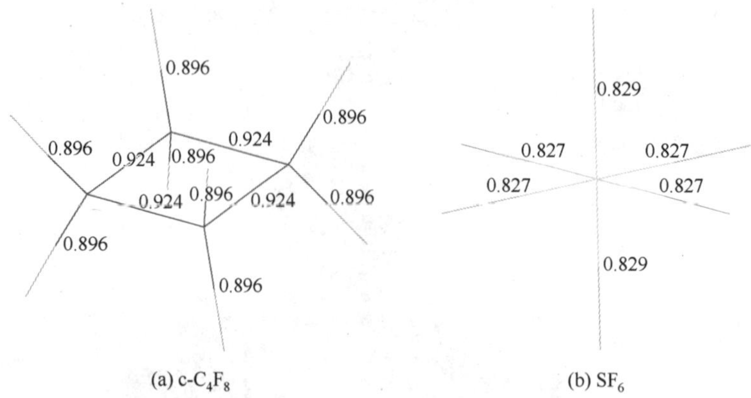

图 5.20　c-C_4F_8 和 SF_6 键级分布图

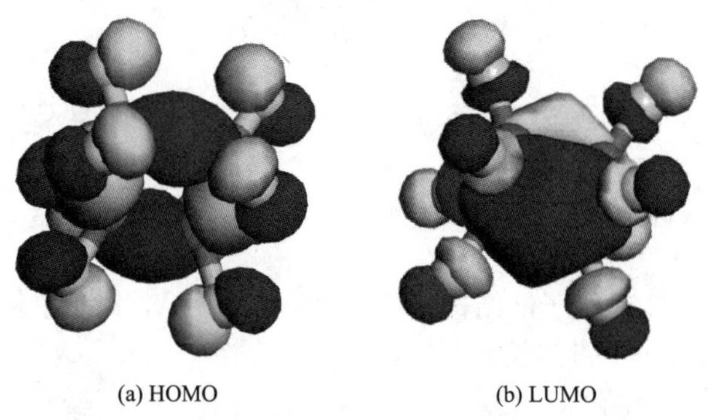

图 5.21　c-C_4F_8 分子轨道分布

表 5.10　c-C_4F_8 的放电分解路径

路径	化学方程式	反应能量/(kJ/mol)
A1	c-$C_4F_8 \rightarrow C_2F_4 + C_2F_4$	173.85
A2	c-$C_4F_8 \rightarrow C_3F_6 + CF_2$	342.38
A3	c-$C_4F_8 \rightarrow C_4F_7 + F$	434.84

分解途径 A1 和 A2 分别对应 c-C_4F_8 分子相对的两个 C—C 键断开和相邻两个 C—C 键断开形成自由基的过程，其中途径 1 所需吸收能量为 173.85kJ/mol，低于途径 A2 所需的 342.38kJ/mol；途径 A3 对应的是 c-C_4F_8 在带电粒子碰撞作用下断裂 C—F 键产生 C_4F_7 和 F 自由基的过程，需吸收 434.84kJ/mol 的能量，高于途径 A1 和途径 A2，反应较难发生。

图 5.22 给出了三种分解路径焓值随温度的变化趋势。可以看到，随着温度升高，各反应焓值逐渐降低，表明温度的升高有利于反应的进行。c-C_4F_8 分子电离或解离产生的各类自由基具有较强的反应活性，能够发生次级反应产生一系列新物质，主要有 CF_4、C_2F_6、C_3F_8、C_2F_4、C_3F_6。

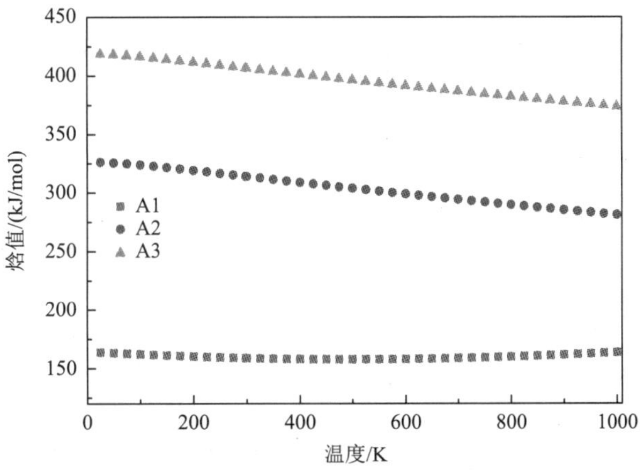

图 5.22　c-C_4F_8 分子分解路径焓值与温度的关系曲线

表 5.11 给出了上述分解产物的产生过程、能量变化和活化能。其中自由基生成 CF_4、C_3F_8、C_2F_4、C_3F_6、C_2F_6 的过程均为放热反应，依次释放能量为 190.26kJ/mol、83.73kJ/mol、332.31kJ/mol、81.21kJ/mol、373.81kJ/mol。从热力学角度来看，CF_4、C_2F_6、C_2F_4 较容易形成，C_3F_8 的生成较难。从动力学角度来看，路径 B1～B5 反应无能量势垒，均为自由基复合成为分子的过程，无需活化能自发进行，且 C_2F_6 形成过程中释放能量较多，反应更加易于发生，路径 B2 需要释放 83.73kJ/mol 热量，在几个反应中释放能量最少，最难发生。

表 5.11　c-C_4F_8 的分解产物产生过程及能量变化

序号	化学方程式	能量变化/(kJ/mol)	活化能/(kJ/mol)
B1	$CF_2 + F \rightarrow CF_3$	−307.37	—
B2	$C_3F_6 + 2F \rightarrow C_3F_8$	−83.73	—
B3	$CF_3 + F \rightarrow CF_4$	−190.26	—
B4	$2CF_2 \rightarrow C_2F_4$	−332.31	—
B5	$2CF_3 \rightarrow C_2F_6$	−373.81	—
B6	$C_3F_6 \rightarrow C_3F_6$	−81.21	80.97

图 5.23 给出了 B1～B6 反应焓值随温度的变化过程。对于反应 B1、B4、B5，随着温度的升高，反应焓值的绝对值均呈现不同程度的下降，表明温度的升高有利于反应的进行，高温条件下 C_2F_6、C_2F_4 的复合更容易发生；对于反应 B2、B3、B6，随着温度的增加，反应焓值的绝对值基本没有发生变化，即温度对上述反应基本无影响。反应 B6 的发生需要先形成过渡态，反应物从外界吸收 80.97kJ/mol 能量，再由过渡态释放能量形成最终产物。小分子产物形成过程释放能量较多，从能量释放的大小可以认为 c-C_4F_8 分子分解产生的 F、CF_2、CF_3 等自由基倾向于复合成为小分子，从而导致小分子生成物含量较多，这与前文试验结果有很好的一致性。

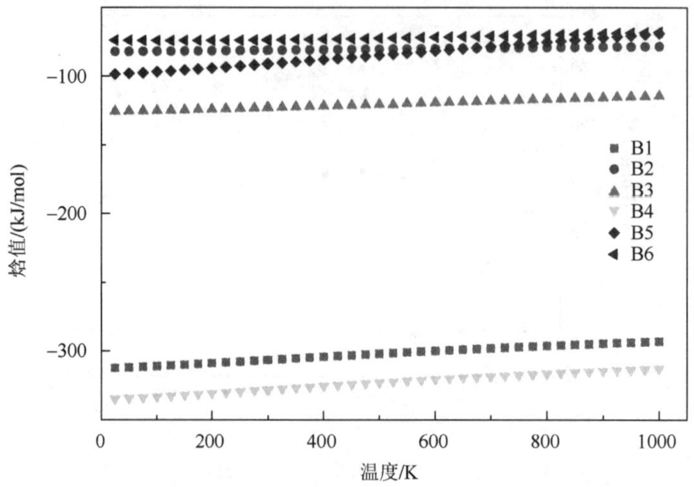

图 5.23　主要产物生成路径焓值与温度的关系

图 5.24 给出了 c-C_4F_8 分解的反应路径。从热力学角度来看，c-C_4F_8 分解产生的各类自由基间存在动态平衡过程，这在一定程度上保障了体系绝缘性能保持较高水平。

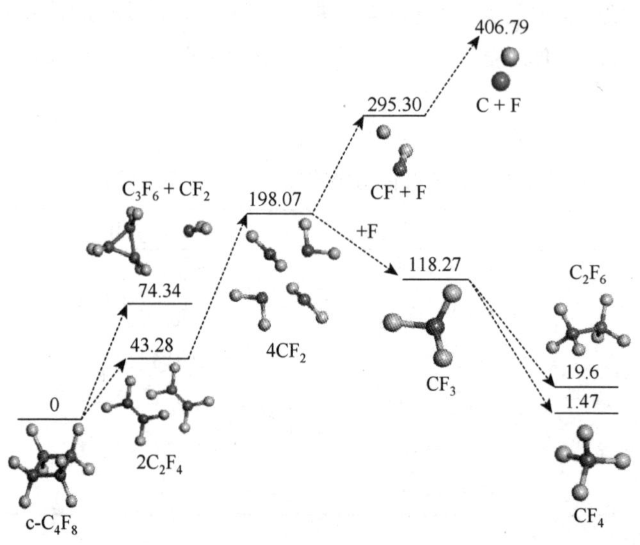

图 5.24　c-C_4F_8 分解的反应路径

图中数据单位为 kcal/mol(1kcal=4.184kJ)

图 5.25 给出了 c-C_4F_8 分解产生的主要产物分子结构特性，其中 CF_4、C_2F_6 和 C_3F_8 的 HOMO 能级均在−12eV 以下，不易失去电子；LUMO 能级在−2eV 左右，HOMO-LUMO 能隙值相对较大；C_2F_4、C_3F_6 的 HOMO 能级在−6eV 附近，其 LUMO 能级接近−1eV；COF_2 的 HOMO 能级为−9eV，LUMO 能级为−5eV。另外，含有双键的 C_2F_4、C_3F_6 和 COF_2 三种气体参与化学反应的稳定性相对较差。

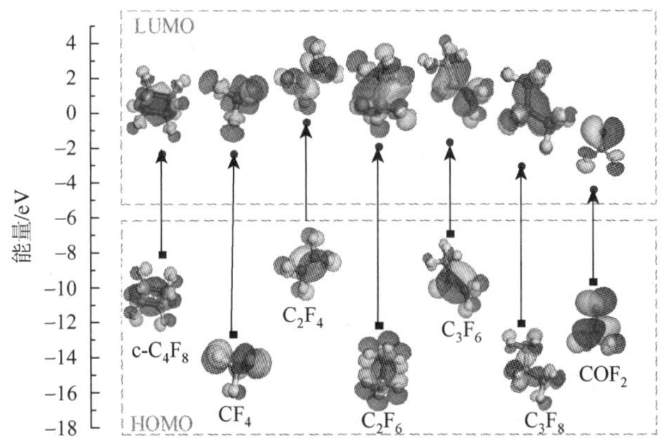

图 5.25　主要分解产物分子轨道间隙值

表 5.12 进一步给出了主要分解产物的相对绝缘强度、环境数值和安全性参数[16]。对比 SF_6，c-C_4F_8 的 GWP 有明显下降，c-C_4F_8 分解产生最多的为 C_2F_4、CF_4 和 C_2F_6，致死浓度分别为 40000ppm（LC_{50}，4h）、1432000ppm（LCLo，4h）和＞400000ppm（LC_{50}，4h），SF_6 的 LC_{50}（4h）为＞500000ppm，CF_4 和 C_2F_6 两种产物的毒性小于或接近 SF_6，而具有慢性毒性的 C_2F_4 的大气寿命非常短，只有 1.9 天。如前文所提，在 c-C_4F_8 分解的过程中还将产生部分低毒气体 C_3F_6 和 C_3F_8，两种物质的 LC_{50}（4h）均为 750ppm。如果混合气体放电过程中有氧气参与，会生成 LC_{50}（4h）为 100ppm 的急性毒性气体 COF_2。

表 5.12　c-C_4F_8 主要分解产物参数

气体	相对 SF_6 绝缘强度	液化温度/℃	GWP	大气寿命/年	致死浓度/(ppm，4h)
SF_6	1	−62	23500	3200	＞500000（LC_{50}）
c-C_4F_8	1.27	−6	8700	3200	1560000（LCLo）
CF_4	0.41	−128	7380	50000	1432000（LCLo）
C_2F_6	0.78～0.79	−78	9200	10000	＞400000（LC_{50}）
C_3F_8	1.01	−36.7	8830	2600	750（LC_{50}）
C_3F_6	—	−28	—	＜10	750（LC_{50}）
C_2F_4	—	−76.3	0	1.9 天	40000（LC_{50}）
COF_2	—	−84	0	—	100（LC_{50}）

注：LCLo 表示最低致死浓度。

CF_4 气体的绝缘强度约为 SF_6 的 41%，C_2F_6 的绝缘强度为 SF_6 的 78%～79%，C_3F_8 的绝缘性能与 SF_6 接近，而 c-C_4F_8 具有较好的绝缘性能甚至超过 SF_6。产生的分解产物基本保持了原有混合气体的绝缘性能，在击穿 30 次试验过程中，由于分解产物较少，击穿电压没有明显下降的趋势。而有少量氧气参与的情况下，生成了 COF_2 气体并促进了混合气体分解，故电压下降较为明显。产物的 GWP 均低于 SF_6，且生成产物浓度较低，因此可以认为产物对环境没有破坏。但放电过程中有氧气参与时会生成 COF_2。它有较强的急性毒性和明显的腐蚀性，将会对绝缘设备和操作人员产生危害。因此如果采用 c-C_4F_8 作为绝缘介质，设备中应该严格控制氧气的含量，且 c-C_4F_8 不宜与空气混合使用。

5.4 工程应用

c-C_4F_8 是一种无色、无味、不可燃的气体，对环境的影响远小于 SF_6，在均匀电场下的绝缘强度是 SF_6 气体的 1.25 倍，具备了作为 SF_6 替代气体的基本理化和电气性能。但 c-C_4F_8 的液化温度较高（–6℃），需要与 N_2 等缓冲气体混合使用才能满足极寒地区的工程应用需求。通过对稍不均匀场下的 c-C_4F_8/N_2 混合气体的绝缘特性进行研究，发现 c-C_4F_8/N_2 混合气体的工频击穿电压随气隙距离增加呈近似线性增加趋势，随 c-C_4F_8 占比上升呈饱和增长趋势。c-C_4F_8 含量为 20%的 c-C_4F_8/N_2 混合气体在气压稍大于纯 SF_6 时可以获得与 SF_6 相当的绝缘性能，并具有较好的环保特性，可以作为一种气体绝缘介质来替代 SF_6。

C_3F_8 和 C_2F_6 混合气体的击穿电压随着混合比的增加几乎呈线性增加，但其绝对值和增加程度均低于 SF_6/N_2 混合气体。总体来看，使用 C_3F_8 和 C_2F_6 混合气体无法达到 SF_6 的绝缘水平。为满足–20℃不液化的工作条件，目前 SF_6 气体工程应用中的最高气压不超过 0.8MPa，20% C_3F_8/80% N_2 混合气体的绝缘强度接近于该条件下的纯 SF_6 气体，同时具有较低的液化温度和 GWP，可在极寒条件下使用。

CF_4/N_2 混合气体在工频均匀电场条件下的击穿电压随气压（小于 0.3MPa）升高呈线性增长，在 0.35MPa 左右出现饱和现象。CF_4/N_2 混合气体在工频极不均匀电场条件的击穿电压随电极距离和气压增加都存在饱和现象。CF_4/N_2 混合气体中 CF_4 含量为 80%时出现正协同效应。综合来看，CF_4/N_2 混合气体中 CF_4 最佳占比为 20%，此时绝缘强度为纯 CF_4 击穿电压的 80%以上，为纯 SF_6 的 50%左右，同时具有较低的液化温度和 GWP，可在极寒条件下使用。

参考文献

[1] 张晓星，田双双，肖淞，等. SF_6 替代气体研究现状综述. 电工技术学报，2018，33（12）：2883-2893.

[2] Hunter S，Carter J，Christophorou L. Electron attachment and ionization processes in CF_4，C_2F_6，C_3F_8，and n-C_4F_{10}. Journal of Chemical Physics，1987，86（2）：693-703.

[3] Hikita M，Ohtsuka S，Okabe S，et al. Insulation characteristics of gas mixtures including perfluorocarbon gas. IEEE Transactions on Dielectrics and Electrical Insulation，2008，15（4）：1015-1022.

[4] 张刘春，肖登明，张栋，等. c-C_4F_8/CF_4 替代 SF_6 可行性的 SST 实验分析. 电工技术学报，2008，（6）：14-18.

[5] Deng Y K，Xiao D M. Analysis of the insulation characteristics of c-C_4F_8 and N_2 gas mixtures by Boltzmann equation method. European Physical Journal Applied Physics，2012，57（2）：20801.

[6] 张晓星，邓载韬，傅明利，等. 少量 O_2 对 c-C_4F_8/N_2 混合气体击穿与分解特性的影响. 高电压技术，2019，45（3）：708-715.

[7] Okabe S，Wada J，Ueta G. Dielectric properties of gas mixtures with C_3F_8/C_2F_6 and N_2/CO_2. IEEE Transactions on Dielectrics and Electrical Insulation，2015，22（4）：2108-2116.

[8]　张海峰. 危险化学品安全技术全书. 北京：化学工业出版社，2007.

[9]　Tsai W T，Chen H P，Hsien W Y. A review of uses，environmental hazards and recovery/recycle technologies of perfluorocarbons（PFCs）emissions from the semiconductor manufacturing processes. Journal of Loss Prevention in the Process Industries，2002，15（2）：65-75.

[10]　邓先钦，薛鹏，赵谡，等. c-C_4F_8/N_2 混合气体稍不均匀电场下绝缘性能及放电分解产物的试验研究. 电工电能新技术，2017，36（07）：73-77.

[11]　满林坤，邓云坤，肖登明. c-C_4F_8/N_2 与 c-C_4F_8/CO_2 混合气体的绝缘性能. 高电压技术，2017，43（3）：788-794.

[12]　Koch M，Franck C. Partial discharges and breakdown in C_3F_8. Journal of Physics D：Applied Physics，2014，47（40）：405203.

[13]　侯孟希，李卫国，袁创业，等. CF_4 及其 N_2 混合物的工频击穿特性研究. 广西大学学报（自然科学版），2016，41（6）：1863-1868.

[14]　Xiao S，Tian S S，Zhang X X，et al. The influence of O_2 on decomposition characteristics of c-C_4F_8/N_2 environmental friendly insulating gas. Processes，2018，6（10）：174.

[15]　Zhang Y，Li Y，Zhang X X，et al. Insights on decomposition process of c-C_4F_8 and c-C_4F_8/N_2 mixture as substitutes for SF_6. Royal Society Open Science，2018，5（10）：181104.

[16]　Ono R，Oda T. Measurement of gas temperature and OH density in the afterglow of pulsed positive corona discharge. Journal of Physics D：Applied Physics，2008，41（3）：035204.

第 6 章　三氟碘甲烷混合气体

6.1　基 本 性 质

6.1.1　基本参数

近些年，三氟碘甲烷（CF_3I）作为一种性能稳定的典型电子亲和性气体受到绝缘介质研究领域的关注，CF_3I 及其与缓冲气体的混合气体在理化性能、热力学性质以及电气性能方面都表现突出。

CF_3I 是一种合成气体，其分子由三个氟原子和一个碘原子连接在一个中心碳原子上组成，如图 6.1 所示。其中氟原子是自然界中电负性最高的原子，碘原子和碳原子因具有相对较高的电子亲和能（295kJ/mol 和 122kJ/mol）[1]，拥有较强的吸附电子能力。该分子属于强电负性粒子，这降低了 CF_3I 气体中自由电子的数量，抑制了气体放电的产生和发展。

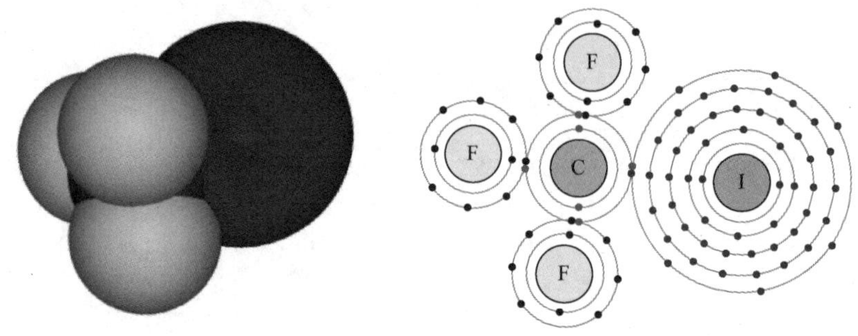

图 6.1　CF_3I 分子结构图[1]

CF_3I 是经 NFPA 标准认证的哈龙 1301 优选替代灭火剂，在半导体蚀刻、发泡剂等领域已经得到了应用[2, 3]，其 GWP 为 0.4，且大气寿命仅为 0.005 年，对大气层温室效应影响甚微。另外，CF_3I 的 ODP 为 0.006～0.008[4, 5]，且由于 CF_3I 的极性键 C—I 键相对容易断裂，在光照等环境下即可能发生分解，因此气体排放后大多都在对流层中分解消耗。CF_3I 气体与 SF_6 气体基本性质的对比如表 6.1 所示。

表 6.1　CF_3I 气体与 SF_6 气体的基本性质[6-8]

基本性质	CF_3I	SF_6
水溶性	微溶	微溶
可燃性	不燃	不燃
分子量	195.91	146.05
GWP	0.4	23500

续表

基本性质	CF_3I	SF_6
ODP	0.006～0.008	0
大气寿命/年	0.005	3200
液化温度（0.1MPa）/℃	–21.8	–62
键裂解能/(kcal/mol)	54（I—CF_3）	92（F—SF_5）
电子亲和能/(kJ/mol)	150±20	138
辐射效率/[W/(m^2·ppb)]	0.23	0.52

6.1.2　液化温度

常压下 CF_3I 的液化温度为–21.8℃，低于 c-C_4F_8 的–6℃，但高于 SF_6 的–62℃，当气压升高到 0.2MPa 时，CF_3I 的液化温度就接近 0℃。这是 CF_3I 作为绝缘气体的劣势，较高的液化温度使得纯 CF_3I 气体在中国的绝大部分地区难以直接获得应用，必须与液化温度较低的缓冲气体混合使用。混合气体中 CF_3I 气体对应的分压与混合气体液化温度之间的关系如式（6.1）所示[9]：

$$\ln(P_m / P_c) = (A_1\tau + A_2\tau^{1.25} + A_3\tau^3 + A_4\tau^7)T_c / T \tag{6.1}$$

式中，P_m 为 CF_3I 气体在混合气体中对应的分压，MPa；P_c 为临界压力，MPa；T 为混合气体液化温度，K；T_c 为临界温度。$\tau = 1 - T/T_c$，$P_c = 3.86\text{MPa}$，$T_c = 390.05\text{K}$，$A_1 = -7.19045$，$A_2 = 1.34829$，$A_3 = -1.58035$，$A_4 = -5.46680$。图 6.2 所示为 CF_3I 和 SF_6 两种气体的饱和蒸气压与液化温度之间的关系曲线。

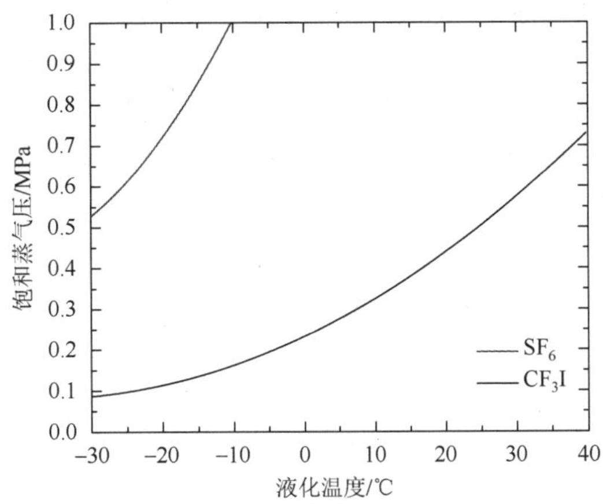

图 6.2　SF_6 和 CF_3I 的饱和蒸气压和液化温度之间的关系曲线

根据式（6.1）可以计算出 CF_3I 混合气体在不同气压、不同混合比 k 时的液化温度，如图 6.3 所示。

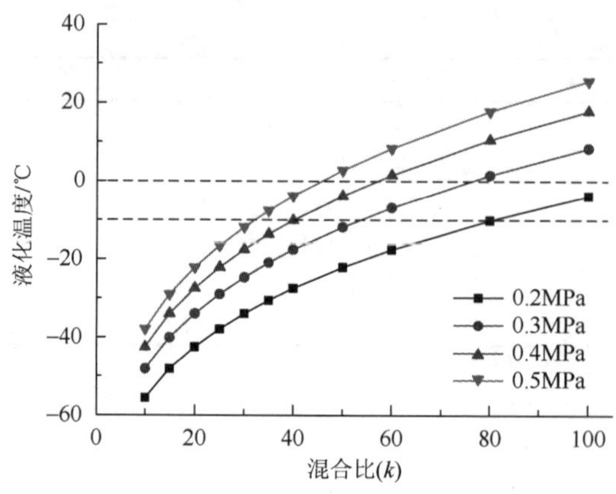

图 6.3　CF_3I 混合气体的液化温度与混合比之间的关系

混合气体的液化温度随 k 值增大，增长逐渐变缓，若要求 CF_3I 混合气体在 −10℃左右不液化（中国南方大部分地区），0.5MPa 的 CF_3I 混合气体混合比 k 不能超过 32%，0.4MPa 时混合比 k 不能超过 40%，0.3MPa 时混合比 k 不能超过 53%；若要求 CF_3I 混合气体在 0℃左右不液化（中国南方部分地区），0.5MPa 的 CF_3I 混合气体混合比 k 不能超过 45%，0.4MPa 时混合比 k 不能超过 56%，0.3MPa 时混合比 k 不能超过 76%。总体来说，从液化温度的角度，混合比不超过 50%的 CF_3I 混合气体都具有一定的应用价值。

6.1.3　安全性参数

对动物进行的吸入试验显示，CF_3I 具有较低的急性吸入毒性[10]。其中，浓度为 0.2%的 CF_3I 对心脏敏感性被评定为无明显损害作用水平，其最小有害作用剂量是 0.4%，并没有发现 CF_3I 会对人的免疫系统和生殖系统产生危害[11]。CF_3I 对 SD 大鼠的半数致死量（LC_{50}）约为 27.4%/15min[12]。另外，CF_3I 被分类为第 3 类致癌、诱变和生殖毒性（carcinogenic，mutagenic，and reprotoxic，CMR）物质[13]，限制了其在工业界的大规模应用。

6.2　绝 缘 性 能

6.2.1　CF_3I 纯气

图 6.4 所示为准均匀电场下纯 N_2、SF_6 和 CF_3I 气体的工频击穿电压随气压的变化情况。其中，纯 N_2 的工频击穿电压随气压增加呈线性增长；与 N_2 相似，纯 CF_3I 气体的工频击穿电压随气压的增长也呈线性增长，但增长率明显高于 N_2。球-球电极下纯 SF_6 气体的工频击穿电压随气压增加呈非线性增长，有饱和趋势。纯 CF_3I 的工频击穿强度总体强于 SF_6 气体，在高气压下更加明显。

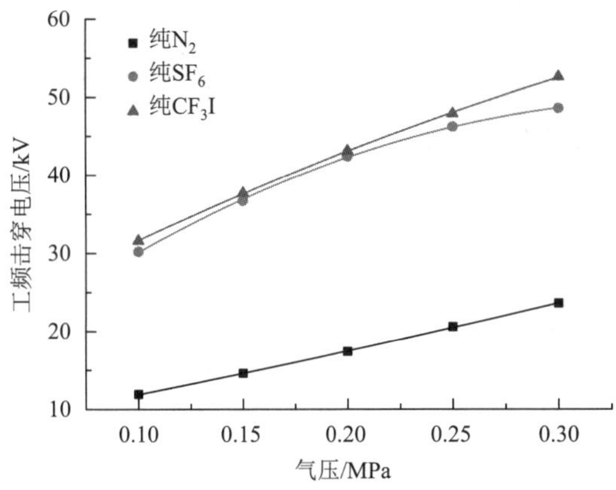

图 6.4　球-球电极下纯气的工频击穿电压与气压的关系

图 6.5 所示为稍不均匀电场下纯 N_2、SF_6 和 CF_3I 气体的工频击穿电压随气压的变化情况。稍不均匀电场下 CF_3I 及 N_2 随气压的增长趋势与极不均匀电场的情况相似，二者的工频击穿电压随气压增加都呈线性增长，但 CF_3I 的增长率要略高于 N_2。SF_6 气体依然呈现出不同的变化规律，纯 SF_6 气体的工频击穿电压随气压增加呈非线性增长，但非线性度明显低于极不均匀电场的情况，并没有出现先增后减的“单驼峰”。稍不均匀电场下，纯 SF_6 的工频击穿电压受气压的影响程度同样高于纯 CF_3I 和 N_2。稍不均匀电场下纯 CF_3I 的工频击穿强度已经接近 SF_6 气体，而且 CF_3I 随气压的增长特性明显优于纯 SF_6，在高气压下有超越 SF_6 的趋势[14]。

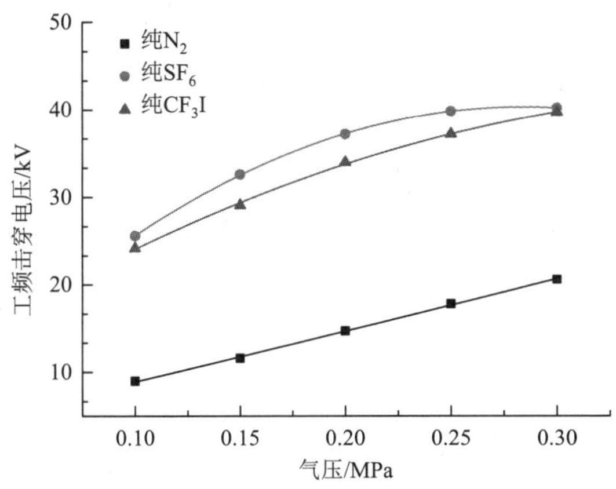

图 6.5　半球头棒-板电极下纯气的工频击穿电压与气压的关系

图 6.6 所示为极不均匀电场下纯 N_2、SF_6 和 CF_3I 气体的工频击穿电压随气压的变化情况，纯 N_2 的工频击穿电压随气压增加呈线性增长，与 N_2 相似，纯 CF_3I 气体的工频击穿电压随气压的增长也呈线性增长，但增长率要略低于 N_2，而 SF_6 气体呈现出不同的变化规律，纯 SF_6 气体的工频击穿电压随气压增加先增后减，曲线非线性明显，出现一个很明显的“单驼峰”，最大值出现在 0.2～0.25MPa 之间。极不均匀电场下，不同气压的

纯 SF_6 的工频击穿电压受气压的影响较明显，纯 CF_3I 和 N_2 受气压的影响程度较小。相比于 SF_6，极不均匀电场下纯 CF_3I 的工频击穿强度虽然低于 SF_6，但 CF_3I 随着气压的增长特性明显优于纯 SF_6，这是 CF_3I 的优点。

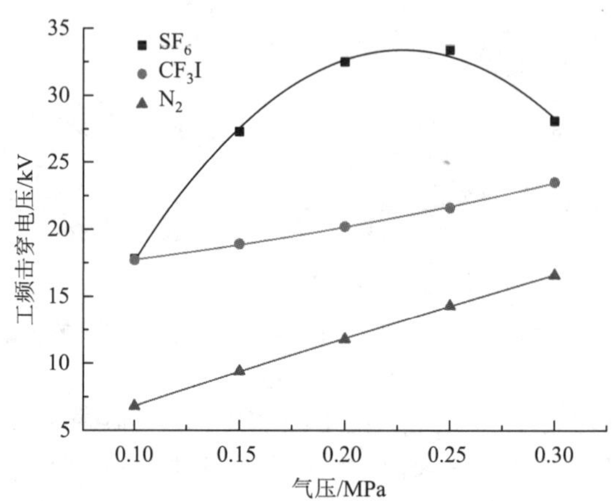

图 6.6　针-板电极下纯气的工频击穿电压与气压的关系

6.2.2　CF_3I/N_2 混合气体

1. CF_3I/N_2 和 SF_6/N_2 的工频击穿特性

图 6.7 所示为三种不同电场均匀度、不同混合比的 CF_3I/N_2 和 SF_6/N_2 混合气体的工频击穿电压随气压的变化情况。随着混合比的降低，同一电场均匀度的 SF_6/N_2 混合气体的工频击穿电压随气压的增长趋势由非线性增长逐渐变为线性增长，混合比越低，气压对 SF_6/N_2 混合气体工频击穿电压的影响越小，而 CF_3I/N_2 混合气体随气压增长总体呈线性增长趋势，气压对 CF_3I/N_2 混合气体工频击穿电压的影响较小。

同一混合比下，随着电场均匀度的增加，SF_6/N_2 混合气体的工频击穿电压随气压增长的非线性度逐渐降低，在纯 SF_6 中这种规律尤为明显，当混合比低于 50%时，SF_6/N_2

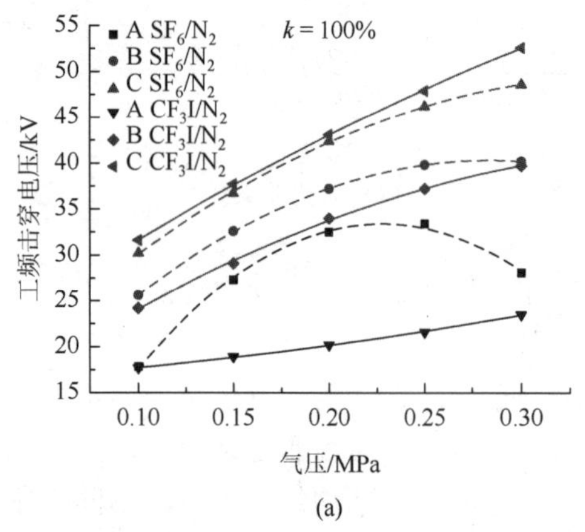

(a)

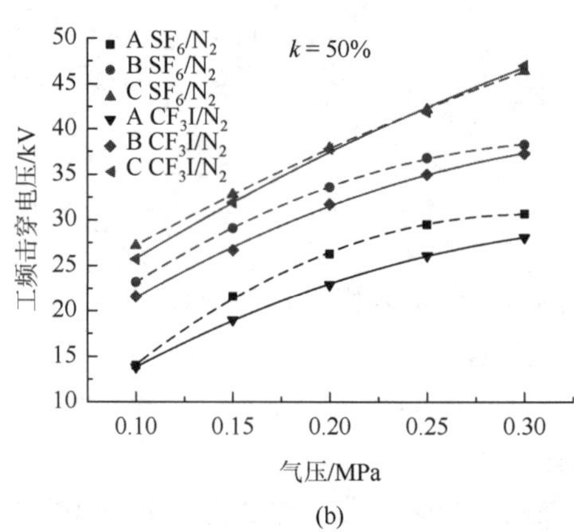

(b)

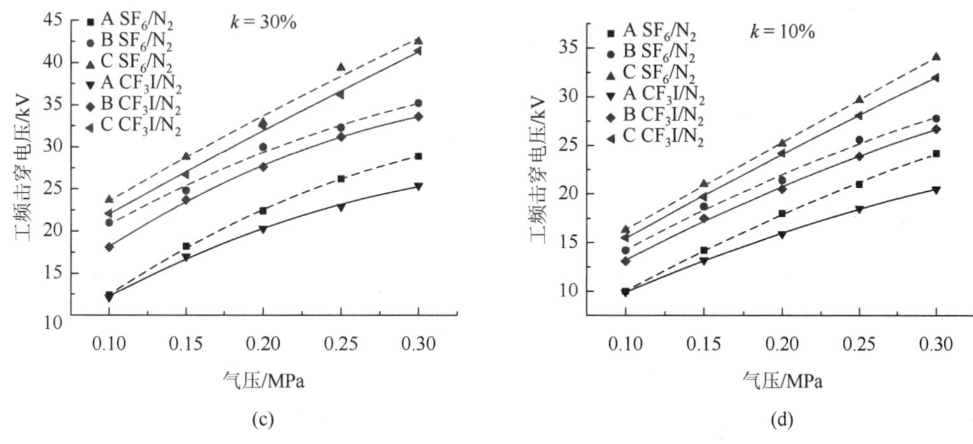

图 6.7　不同电场均匀度下 CF_3I/N_2 和 SF_6/N_2 的工频击穿电压随气压的变化

A. 极不均匀电场；B. 稍不均匀电场；C. 准均匀电场

混合气体工频击穿电压随气压增加总体趋于线性增长。而 CF_3I/N_2 混合气体在不同电场下工频击穿电压随气压的增长规律并没有表现出明显差别，均呈现线性增长趋势。随着电场均匀度的提高，各混合比的 CF_3I/N_2 和 SF_6/N_2 混合气体的工频击穿电压都明显增加，对于 CF_3I/N_2 混合气体，随着电场均匀度的增加，其工频击穿电压随气压增长的线性增长率逐渐提高，纯 CF_3I 中的规律尤为明显，这也说明了电场越均匀，气压越高，CF_3I/N_2 混合气体的工频击穿特性越优异[15, 16]。

极不均匀电场（针-板电极）、稍不均匀电场（半球头棒-板电极）和准均匀电场（球-球电极），CF_3I/N_2 与 SF_6/N_2 两种混合气体相同条件下工频击穿电压的比值分别如表 6.2～表 6.4 所示，对于极不均匀电场，除了纯气，各混合比的 CF_3I/N_2 的工频击穿电压总体达到了 SF_6/N_2 的 0.90 倍以上，包含纯气时各混合比的均值为 0.88；对于稍不均匀电场，各混合比的工频击穿电压比值相差不大，CF_3I/N_2 的工频击穿电压总体达到了 SF_6/N_2 的 0.93 倍左右，较针-板电极的情况，二者的比值提高，特别是纯气的比值提高明显；对于准均匀电场，各混合比的工频击穿电压比值相差不明显，随着混合比 k 的增加，比值略有提高，CF_3I/N_2 的工频击穿电压总体达到了 SF_6/N_2 的 0.95 倍以上，各混合比的均值为 0.97，较半球头棒-板电极的情况，二者的比值稍有提高，纯气的比值提高明显。随着电场均匀度的增加，CF_3I/N_2 相对 SF_6/N_2 混合气体的工频击穿电压逐渐提高，准均匀电场下当混合比超过 50%时，CF_3I/N_2 的工频击穿电压接近并超过 SF_6/N_2 混合气体。

表 6.2　针-板电极下 CF_3I/N_2 与 SF_6/N_2 两种混合气体工频击穿电压的比值

间距/mm	k/%	工频击穿电压的比值					平均值
		0.10MPa	0.15MPa	0.20MPa	0.25MPa	0.30MPa	
5	10	0.99	0.93	0.88	0.88	0.85	0.91
	20	0.97	0.93	0.88	0.87	0.86	0.90
	30	0.98	0.93	0.91	0.87	0.88	0.91
	50	0.98	0.88	0.87	0.88	0.92	0.91
	100	0.99	0.69	0.63	0.65	0.84	0.76

表 6.3　半球头棒-板电极下 CF_3I/N_2 与 SF_6/N_2 两种混合气体工频击穿电压的比值

间距/mm	k/%	工频击穿电压的比值					平均值
		0.10MPa	0.15MPa	0.20MPa	0.25MPa	0.30MPa	
5	10	0.92	0.94	0.96	0.93	0.96	0.94
	20	0.89	0.89	0.95	0.91	0.98	0.92
	30	0.86	0.96	0.92	0.97	0.95	0.93
	50	0.93	0.92	0.94	0.95	0.97	0.94
	100	0.95	0.89	0.91	0.93	0.99	0.93

表 6.4　球-球电极下 CF_3I/N_2 与 SF_6/N_2 两种混合气体工频击穿电压的比值

间距/mm	k/%	工频击穿电压的比值					平均值
		0.10MPa	0.15MPa	0.20MPa	0.25MPa	0.30MPa	
5	10	0.95	0.94	0.96	0.95	0.94	0.95
	20	0.93	1.00	0.94	0.92	0.97	0.95
	30	0.93	0.93	0.99	0.92	0.98	0.95
	50	0.95	0.97	1.00	0.99	1.01	0.98
	100	1.05	1.03	1.02	1.04	1.08	1.04

图 6.8 所示为不同气压的 CF_3I/N_2 和 SF_6/N_2 混合气体的工频击穿电压随电场利用系数的变化情况。CF_3I/N_2 和 SF_6/N_2 的工频击穿电压随电场利用系数的增加逐渐增加，随着混合比的减

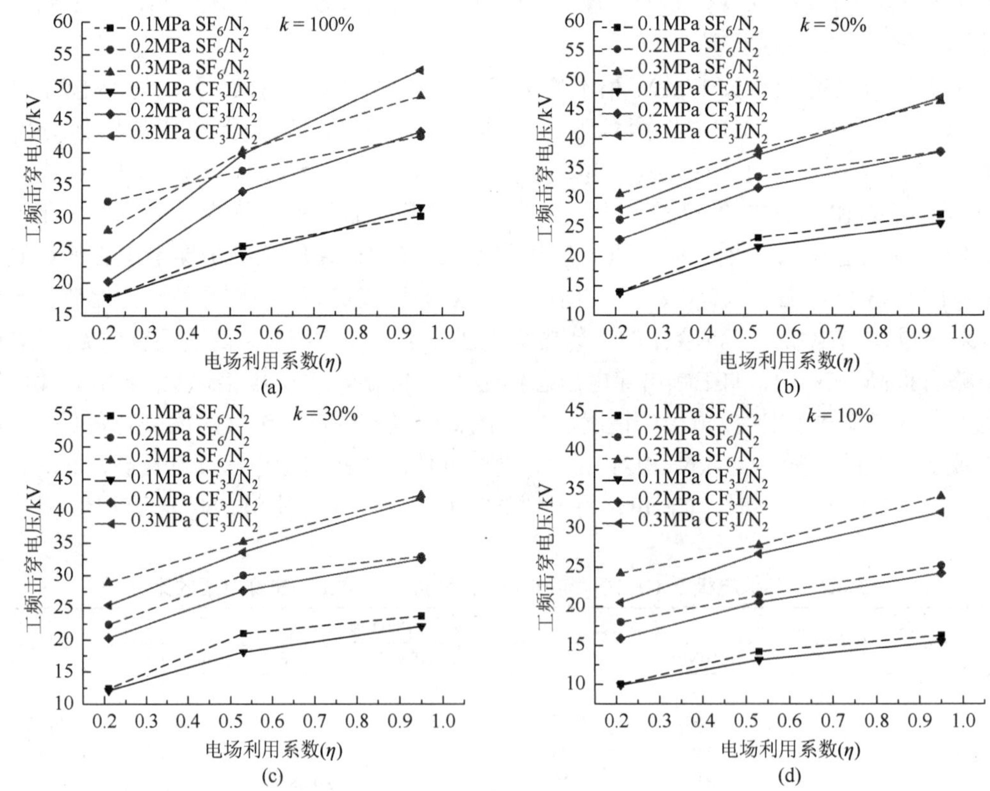

图 6.8　不同气压的 CF_3I/N_2 和 SF_6/N_2 的工频击穿电压随电场利用系数的变化

小，CF_3I/N_2 混合气体的工频击穿电压随电场利用系数的增长率有下降的趋势。在 0.1MPa 时，CF_3I/N_2 和 SF_6/N_2 混合气体的工频击穿电压总体相差不大，而且随电场利用系数的增长趋势相近，但随着气压的升高，两种混合气体随电场利用系数的增长趋势表现出明显的差异，各混合比的 CF_3I/N_2 气体的工频击穿电压在电场利用系数较低时明显低于相同条件的 SF_6/N_2 气体，随着电场利用系数的增加，CF_3I/N_2 气体的工频击穿电压逐渐缩小了与 SF_6/N_2 气体的差距，即 CF_3I/N_2 气体工频击穿电压随电场利用系数的增长率高于 SF_6/N_2 气体。气体在不均匀电场中的绝缘性能相比均匀电场中下降的程度定义为气体对电场的敏感度。相比准均匀电场，高气压下 CF_3I/N_2 气体在极不均匀电场中工频击穿电压下降的程度要高于相同条件下的 SF_6/N_2 气体，CF_3I/N_2 气体对电场不均匀度的敏感程度高于 SF_6/N_2 气体。纯 CF_3I 对电场的敏感度尤其高，均匀电场下纯 CF_3I 的冲击闪络电压是 SF_6 的 1.2 倍，极不均匀电场下下降为 0.7 倍[13]。0.3MPa 时，纯 CF_3I 在准均匀电场下的工频击穿电压为纯 SF_6 气体的 1.08 倍，但在极不均匀电场下工频击穿电压是纯 SF_6 气体的 0.84 倍。N_2 的加入，改善了 CF_3I 和 SF_6 对电场不均匀度的敏感程度，相比于纯气，CF_3I/N_2 混合气体对电场不均匀度的敏感程度虽然有所降低，但仍然略高于同条件下的 SF_6/N_2 混合气体。

2. CF_3I/N_2 混合气体的协同效应

1）极不均匀电场下 CF_3I/N_2 协同效应

针-板电极下不同气压的 SF_6/N_2、CF_3I/N_2 两种混合气体工频击穿电压随混合比的变化规律分别如图 6.9（a）和（b）所示。两种混合气体的工频击穿电压均未随着混合比的增加而线性增长，而是呈非线性增长，并且随着气压的增加，非线性度有逐渐增强的趋势。CF_3I/N_2 混合气体工频击穿电压随混合比增加的非线性要强于 SF_6/N_2 混合气体，虽然纯 CF_3I 气体的工频击穿性能不如纯 SF_6 气体，但 CF_3I/N_2 混合气体工频击穿电压随混合比增加的非线性长特性拉近了其与 SF_6/N_2 混合气体绝缘性能的差距。SF_6/N_2 混合气体仅在气压较高的 0.3MPa 时，工频击穿电压随混合比的变化出现明显“单驼峰”，单驼峰峰值对应的混合比 k 为 50%。而 CF_3I/N_2 混合气体的工频击穿电压在气压不低于 0.15MPa 时都出现明显的“单驼峰”，0.15MPa 单驼峰峰值对应的混合比在 70%附近，随着气压的升高，峰值逐渐向混合比减小的方向移动。根据第 2 章中的公式可计算气体的协同效应指数（C）。

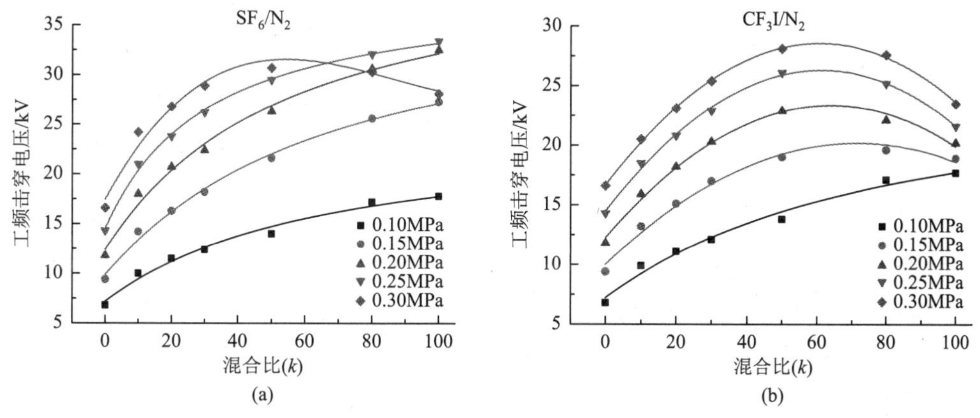

图 6.9　针-板电极下 SF_6/N_2 和 CF_3I/N_2 混合气体工频击穿电压与 k 的关系

由表 6.5 和表 6.6 可以看出，随着气压的升高，相同混合比的 SF_6/N_2 和 CF_3I/N_2 混合气体的 C 值总体都呈下降趋势。SF_6/N_2 混合气体 C 值总体符合上述分析，呈现协同效应，C 值仅在气压达到 0.25MPa 以上时出现负值，随着电压升高，SF_6/N_2 由协同效应型逐渐转变为正协同效应型，气压越高，C 值越小，协同效应越明显。CF_3I/N_2 混合气体 C 值在 0.15MPa 及以上气压出现大量负值，符合上述分析，CF_3I/N_2 混合气体属于明显的正协同效应型，气压越高，C 值越小，正协同效应越明显。各气压下 SF_6/N_2 混合气体的协同效应 C 均值为 0.27，CF_3I/N_2 混合气体的协同效应 C 均值为 0.07，协同效应明显程度整体优于 SF_6/N_2 混合气体，这弥补了纯 CF_3I 在极不均匀电场下绝缘性能较差的劣势，使得 CF_3I/N_2 混合气体比纯 CF_3I 更具有应用价值。

表 6.5　针-板电极下 SF_6/N_2 混合气体的 C 值

间距/mm	气压/MPa	C 值				平均值
		$k=10\%$	$k=20\%$	$k=30\%$	$k=50\%$	
5	0.10	0.27	0.34	0.41	0.53	0.39
	0.15	0.30	0.40	0.44	0.46	0.40
	0.20	0.26	0.33	0.41	0.43	0.36
	0.25	0.21	0.25	0.26	0.26	0.25
	0.30	0.06	0.03	–0.03	–0.18	–0.03

表 6.6　针-板电极下 CF_3I/N_2 混合气体的 C 值

间距/mm	气压/MPa	C 值				平均值
		$k=10\%$	$k=20\%$	$k=30\%$	$k=50\%$	
5	0.10	0.28	0.38	0.45	0.56	0.42
	0.15	0.17	0.17	0.11	–0.01	0.11
	0.20	0.12	0.08	–0.01	–0.24	–0.01
	0.25	0.08	0.03	–0.07	–0.38	–0.09
	0.30	0.08	0.02	–0.09	–0.40	–0.10

2）稍不均匀电场下 CF_3I/N_2 协同效应

半球头棒-板电极下不同气压的 SF_6/N_2、CF_3I/N_2 两种混合气体工频击穿电压随混合比的变化规律分别如图 6.10（a）和（b）所示。SF_6/N_2、CF_3I/N_2 两种混合气体的工频击穿电压都随着混合比的增加呈非线性增长趋势，且增长趋势逐渐变缓。混合比 k 小于 30%时，两种混合气体的工频击穿电压随气压的增加快速增长，混合比大于 50%后，工频击穿电压随气压的增加增速变缓，并逐渐趋于饱和。不同于针-板电极的情况，半球头棒-板电极下 SF_6/N_2、CF_3I/N_2 两种混合气体没有出现“单驼峰”，也就是混合气体的工频击穿电压并没有出现大于相同条件下纯 SF_6 或纯 CF_3I 的情况。相同混合比的 SF_6/N_2、CF_3I/N_2 两种混合气体的工频击穿电压随气压的增加逐渐增加，但低气压下工频击穿电压的增长幅度要高于高气压下的增长幅度，在混合比较高的情况下这种规律尤为明显，当混合比超过 60%时，0.25MPa 与 0.30MPa 的 SF_6/N_2 混合气体的工频击穿电压相接近。

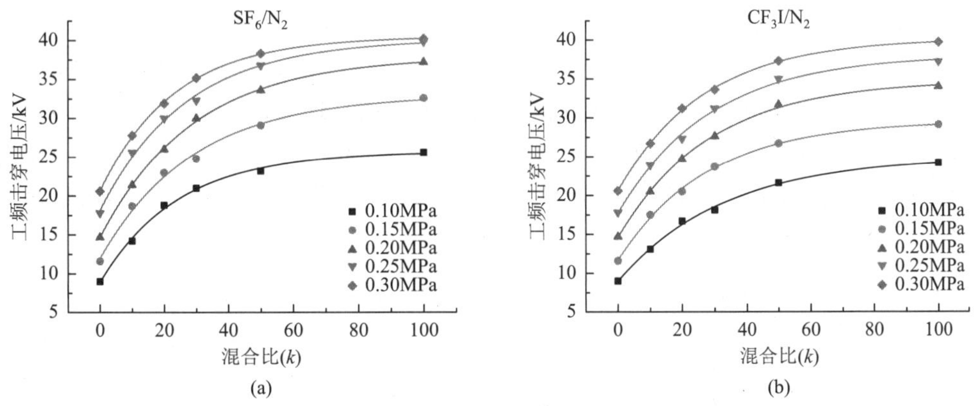

图 6.10　半球头棒-板电极下 SF_6/N_2 和 CF_3I/N_2 混合气体工频击穿电压与 k 的关系

根据第 2 章中协同效应指数（C）的计算公式，得到如表 6.7 所示的半球头棒-板电极下混合气体的 C 值。半球头棒-板电极下 SF_6/N_2 混合气体的 C 值随气压的增长先增加后减小，协同效应在 0.30MPa 时最为明显，SF_6/N_2 混合气体呈明显的协同效应。CF_3I/N_2 混合气体的 C 值随气压的增长没有表现出明显的变化规律，C 值同样符合上述分析，呈明显的协同效应。各气压下 SF_6/N_2 混合气体的协同效应指数 C 均值为 0.2，CF_3I/N_2 混合气体的协同效应指数 C 均值为 0.22，SF_6/N_2 混合气体的协同效应略优于 CF_3I/N_2 混合气体，但相差不大。

表 6.7　半球头棒-板电极下混合气体的 C 值

气体	间距/mm	气压/MPa	C 值				平均值
			$k=10\%$	$k=20\%$	$k=30\%$	$k=50\%$	
SF_6/N_2	5	0.10	0.24	0.17	0.16	0.17	0.19
		0.15	0.22	0.21	0.26	0.20	0.22
		0.20	0.26	0.25	0.20	0.19	0.23
		0.25	0.20	0.20	0.22	0.16	0.20
		0.30	0.19	0.18	0.15	0.10	0.16
CF_3I/N_2	5	0.10	0.30	0.24	0.29	0.21	0.26
		0.15	0.22	0.24	0.19	0.16	0.20
		0.20	0.26	0.23	0.21	0.14	0.21
		0.25	0.24	0.26	0.19	0.13	0.21
		0.30	0.24	0.20	0.20	0.14	0.20

3）准均匀电场下 CF_3I/N_2 协同效应

球-球电极准均匀电场下不同气压的 SF_6/N_2、CF_3I/N_2 两种混合气体工频击穿电压随混合比的变化规律分别如图 6.11（a）和（b）所示。与稍不均匀电场相同，SF_6/N_2、CF_3I/N_2 两种混合气体的工频击穿电压都随着混合比的增加呈现非线性增长趋势，增长趋势逐渐变缓。混合比小于 30%时，两种混合气体的工频击穿电压随气压的增加快速增长；混合比大于 50%后，SF_6/N_2 混合气体工频击穿电压的增长逐渐趋于饱和，而 CF_3I/N_2 混合气体工频击穿电压随气压的增速虽然变缓，仍然有明显增加。相同混合比的 SF_6/N_2、CF_3I/N_2 两种混合气体的工频击穿电压随气压的增加逐渐增加，不同于稍不均匀电场的情况，SF_6/N_2 混合气体在相同混合比下仅在 0.25MPa 到 0.30MPa 的工频击穿电压提高幅度稍有下降，而 CF_3I/N_2 混合气体在相同混合比下各气压的工频击穿电压增长幅度较为均匀，没有明显差别。

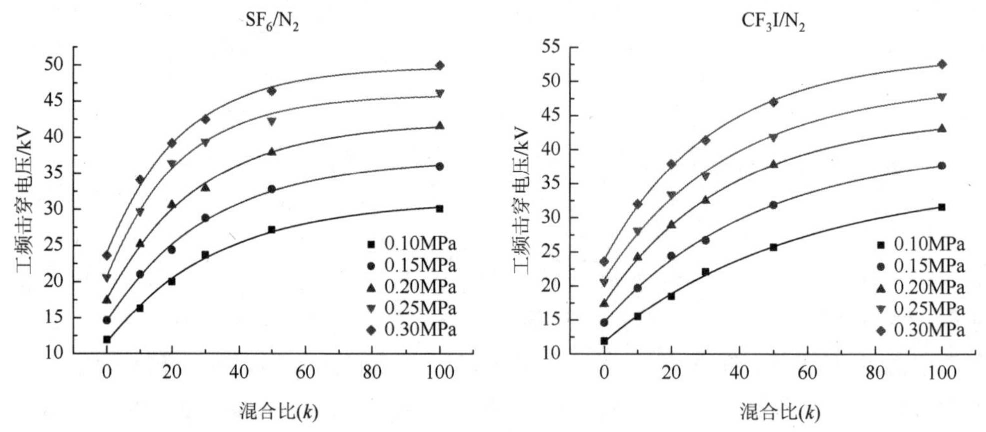

图 6.11 球-球电极下 SF_6/N_2 和 CF_3I/N_2 混合气体工频击穿电压与 k 的关系

表 6.8 所示为球-球电极准均匀电场下混合气体的 C 值。球-球电极下 SF_6/N_2、CF_3I/N_2 两种混合气体的 C 值都随气压的增长逐渐减小，协同效应在 0.30MPa 时最为明显。SF_6/N_2、CF_3I/N_2 两种混合气体均呈明显的协同效应。球-球电极准均匀电场各气压下 SF_6/N_2 混合气体的 C 均值为 0.22，各气压下 CF_3I/N_2 混合气体的 C 均值为 0.34，准均匀电场下 SF_6/N_2 混合气体的协同效应优于 CF_3I/N_2 混合气体。相比极不均匀电场的 0.27 及稍不均匀电场的 0.2，球-球电极下 SF_6/N_2 混合气体的协同效应并没有明显的变化。对于 CF_3I/N_2 混合气体，协同效应最明显的是针-板电极不均匀电场，其次为半球头棒-板稍不均匀电场，最后为球-球电极准均匀电场。

表 6.8 球-球电极下混合气体的 C 值

气体	间距/mm	气压/MPa	C 值				平均值
			$k=10\%$	$k=20\%$	$k=30\%$	$k=50\%$	
SF_6/N_2	5	0.10	0.35	0.31	0.24	0.20	0.28
		0.15	0.27	0.31	0.24	0.21	0.26
		0.20	0.25	0.22	0.26	0.22	0.24
		0.25	0.2	0.16	0.16	0.19	0.18
		0.30	0.15	0.15	0.14	0.10	0.14

续表

气体	间距/mm	气压/MPa	C 值				平均值
			$k=10\%$	$k=20\%$	$k=30\%$	$k=50\%$	
		0.10	0.50	0.50	0.40	0.43	0.46
		0.15	0.39	0.34	0.39	0.34	0.37
CF_3I/N_2	5	0.20	0.31	0.31	0.30	0.26	0.30
		0.25	0.29	0.28	0.32	0.28	0.29
		0.30	0.27	0.26	0.27	0.24	0.26

6.2.3　CF_3I/CO_2 混合气体

1. CF_3I/CO_2 和 SF_6/CO_2 的工频击穿特性

图 6.12 所示为不同混合比的 CF_3I/CO_2 和 SF_6/CO_2 混合气体在不同均匀度电场下的工频击穿电压随气压的变化规律。整体看，两种混合气体击穿特性随气压的变化趋势基本类似，击穿电压差别较小。随着电场均匀度和混合比的增加，SF_6/CO_2 混合气体的工频击穿电压随气压增长的线性度逐渐减弱，其中在准均匀电场下，线性度基本不受混合比影响，但随着均匀度的降低，影响逐渐增强，其中在极不均匀电场下甚至出现了纯 SF_6 气

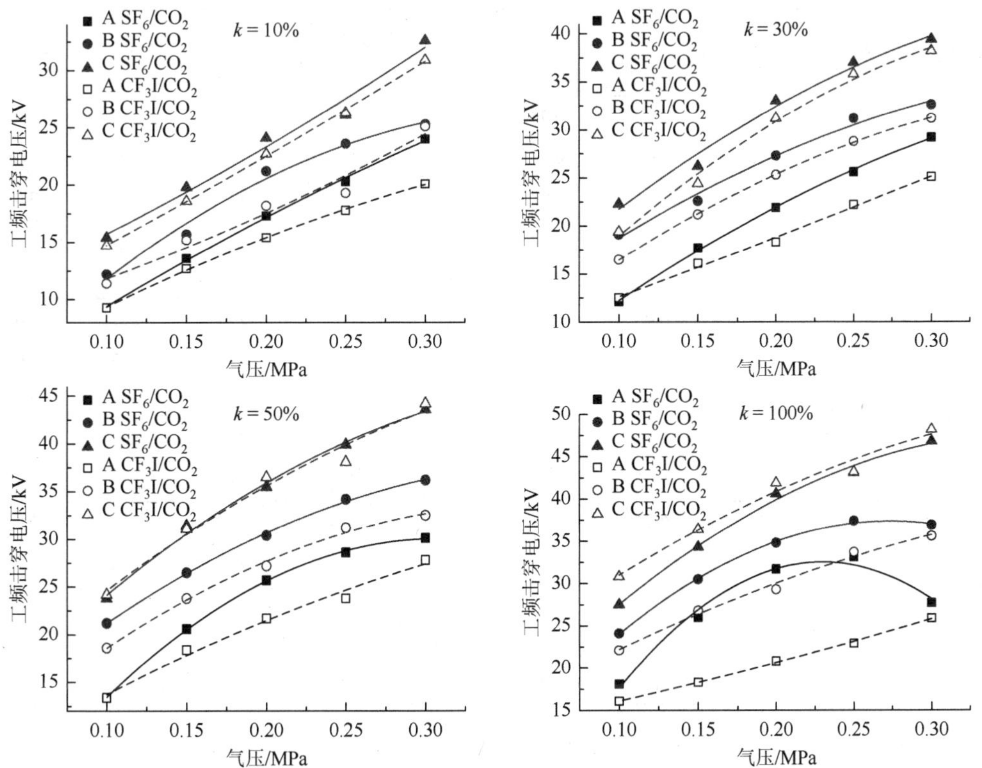

图 6.12　CF_3I/CO_2 和 SF_6/CO_2 的工频击穿电压随气压的变化

A. 极不均匀电场；B. 稍不均匀电场；C. 准均匀电场

体击穿电压随气压增加先上升后下降的现象，证明了 SF_6 气体在电场不均匀条件下绝缘能力表现不稳定。SF_6/CO_2 混合气体只有在混合比低于 30%的情况下，其工频击穿电压可以随气压增加趋于线性增长，浓度越高增长越不稳定。

与之相比，CF_3I/CO_2 在不同电场、不同混合比下整体变化趋势区别不大，均呈线性增长，不会受到电场变化带来的影响[17]。当电气设备中突然出现金属突出物类不规则缺陷时，电场畸化严重，导致局部电场增强，相同绝缘条件下容易诱发放电，同时 SF_6 或 SF_6/CO_2 混合气体绝缘性能可能因为不均匀度的下降而减弱，进一步增加了发生绝缘故障的风险，相对 SF_6 和 SF_6/CO_2，CF_3I 和 CF_3I/CO_2 在电场突变时稳定性更高。

CF_3I/CO_2 混合气体的工频击穿电压略低于相同条件下的 SF_6/CO_2，但差异较小，在准均匀电场条件下，CF_3I/CO_2 混合气体绝缘性能与 SF_6/CO_2 非常接近，在混合比为 50%时可以接近相等，纯 CF_3I 击穿电压可以超越 SF_6。即均匀电场下，CF_3I/CO_2 混合气体击穿特性接近甚至超过相同条件下的 SF_6/CO_2；在非均匀电场下，CF_3I/CO_2 的稳定性又优于 SF_6/CO_2，其在不同电场条件下均表现出一定优势。为了直观比较 CF_3I/CO_2 和 SF_6/CO_2 混合气体在不同条件下的击穿特性，将相同条件下两种混合气体工频击穿电压的比值列在表 6.9 中。

表 6.9　CF_3I/CO_2 与 SF_6/CO_2 混合气体工频击穿电压的比值

电场类型	电极类型	k/%	工频击穿电压的比值					平均值	标准差
			0.10MPa	0.15MPa	0.20MPa	0.25MPa	0.30MPa		
极不均匀电场	针-板	10	1	0.93	0.89	0.88	0.84	0.91	0.05
		20	1.04	0.87	0.91	0.88	0.9	0.92	0.06
		30	1.03	0.91	0.84	0.87	0.86	0.9	0.07
		50	1	0.89	0.84	0.83	0.92	0.9	0.06
		100	0.89	0.7	0.66	0.69	0.94	0.78	0.12
稍不均匀电场	半球头棒-板	10	0.93	0.97	0.86	0.82	0.99	0.91	0.06
		20	0.94	0.91	0.87	0.98	0.97	0.93	0.04
		30	0.86	0.94	0.93	0.92	0.96	0.92	0.03
		50	0.88	0.9	0.89	0.91	0.9	0.9	0.01
		100	0.92	0.88	0.84	0.90	0.96	0.9	0.04
准均匀电场	球-球	10	0.95	0.94	0.94	1.01	0.95	0.96	0.03
		20	0.92	0.97	0.92	0.88	0.92	0.92	0.03
		30	0.87	0.93	0.95	0.97	0.97	0.94	0.04
		50	1.02	0.99	1.03	0.95	1.01	1	0.03
		100	1.12	1.06	1.03	1	1.03	1.05	0.04

从表 6.9 所示数据可知，对于极不均匀电场，纯 CF_3I 气体的击穿电压只能达到纯 SF_6 气体的 0.78 倍，但混合 CO_2 后不同混合比 CF_3I/CO_2 的工频击穿电压平均可达到 SF_6/CO_2 的 0.9 倍以上；对于稍不均匀电场，各混合比的工频击穿电压比值相差不大，CF_3I/CO_2 的工频

击穿电压平均达到了 SF_6/CO_2 的 0.9～0.93 倍，相比针-板电极，二者的比值提高，特别是纯气的比值提高明显；对于准均匀电场，随着混合比的增加，比值略有提高，各混合比的 CF_3I/CO_2 的工频击穿电压总体达到了 SF_6/CO_2 的 0.92～1.05 倍，较半球头棒-板电极，二者的比值稍有提高，纯气的比值提高明显，当混合比超过 50%时，CF_3I/CO_2 的工频击穿电压超过 SF_6/CO_2 混合气体。电场越均匀，CF_3I/CO_2 相对 SF_6/CO_2 混合气体的工频击穿特性越优异。不同条件下的试验结果标准差相差不大，证明两类气体总体表现稳定。

在电气设备中，生产工艺不足和装配失误等原因，容易导致不均匀电场的产生，从而造成局部放电的发生，甚至发展成击穿事故。在高压设备中，由于设备内部环境难以达到绝对可靠，电场轻微畸变普遍存在，而较高的电压等级导致即使是稍不均匀电场也存在事故隐患，在电场畸变不严重的缺陷下，CF_3I 及其混合气体 CF_3I/CO_2 的击穿特性甚至可以超越 SF_6/CO_2。

不同电场类型下，CF_3I/CO_2 和 SF_6/CO_2 的击穿电压存在差别，其中以极不均匀电场下的纯 CF_3I 和纯 SF_6 差别最大，这是由于 SF_6 对不均匀电场的强敏感性，即使 CO_2 的掺杂可以改善其敏感性，但是 CF_3I/CO_2 和 SF_6/CO_2 在电场敏感性方面仍表现出差别。图 6.13 所示为 CF_3I/CO_2 和 SF_6/CO_2 混合气体的工频击穿电压随电场利用系数的变化规律。CF_3I/CO_2 和 SF_6/CO_2 的工频击穿电压都随电场利用系数的增加逐渐增长，即电场越趋向均匀，则放电发生的难度越大。在 0.1MPa 时，CF_3I/CO_2 和 SF_6/CO_2 混合气

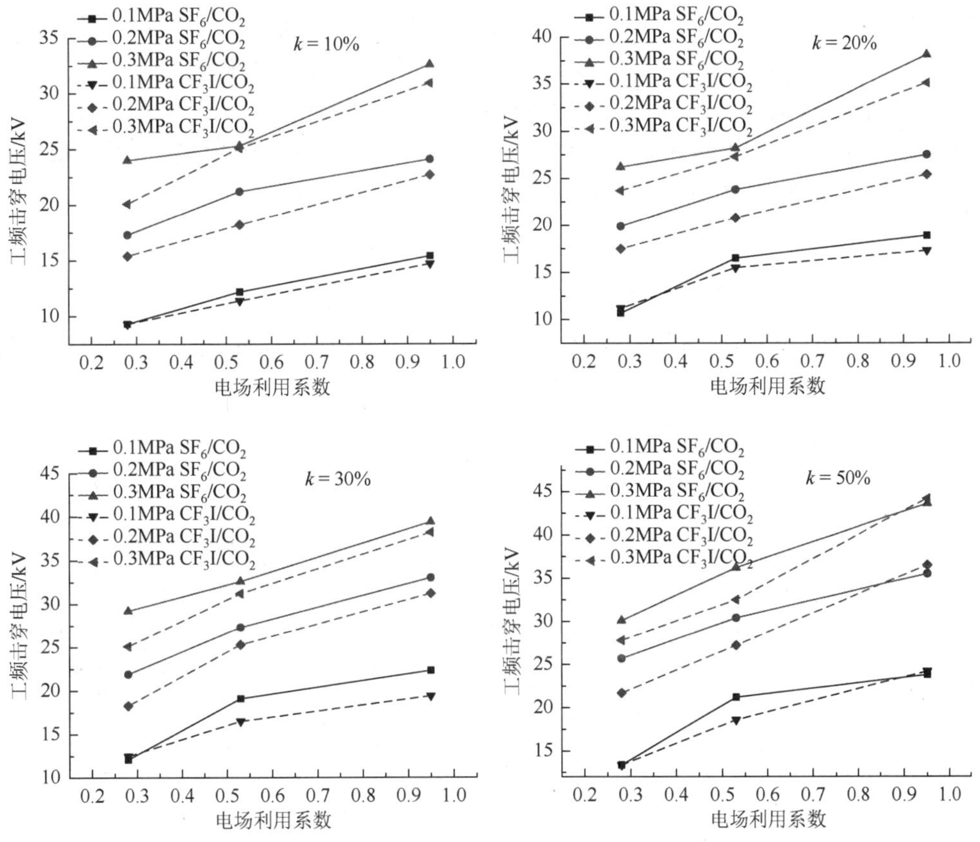

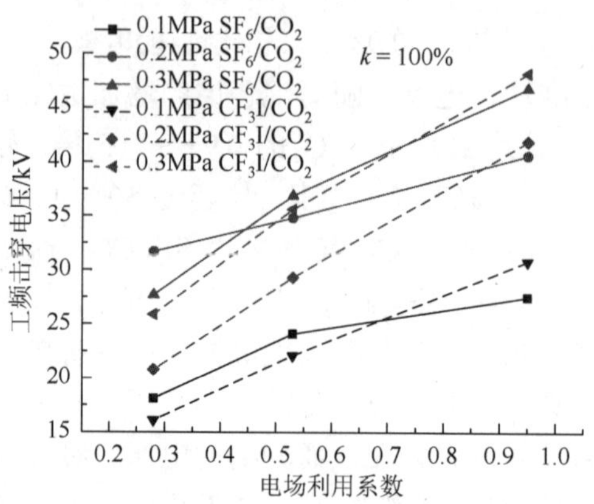

图 6.13　CF_3I/CO_2 和 SF_6/CO_2 的工频击穿电压随电场利用系数的变化

体的工频击穿电压总体相差不大，而且随电场利用系数的增长趋势相近。但随着气压和混合比的升高，两种混合气体随电场利用系数的增长趋势表现出差异，CF_3I/CO_2 混合气体的工频击穿电压随电场利用系数的增长率高于 SF_6/CO_2 气体，各混合比的 CF_3I/CO_2 气体的工频击穿电压在电场利用系数较低时明显低于相同条件的 SF_6/CO_2 气体，随着电场利用系数和混合比的增加，CF_3I/CO_2 气体的工频击穿电压逐渐接近甚至超过 SF_6/CO_2 混合气体。气体在不均匀电场中的绝缘性能相比均匀电场下降的程度定义为气体对电场的敏感度。相比准均匀电场，$k \geqslant 50\%$的 CF_3I/CO_2 混合气体在极不均匀电场中工频击穿电压下降的程度要高于相同条件下的 SF_6/CO_2 混合气体，CF_3I/CO_2 混合气体对电场不均匀度的敏感程度略高于 SF_6/CO_2 混合气体。电场对纯气绝缘性能的影响最大出现在 0.2MPa 时，纯 CF_3I 在准均匀电场下的工频击穿电压为纯 SF_6 气体的 1.03 倍，但在极不均匀电场下工频击穿电压是纯 SF_6 气体的 0.66 倍。CO_2 的加入，改善了 CF_3I 和 SF_6 对电场的敏感度，相比于纯气，CF_3I/CO_2 混合气体对电场不均匀度的敏感程度与同条件下的 SF_6/CO_2 混合气体基本保持一致。

2. CF_3I/CO_2 混合气体的协同效应

SF_6/CO_2、CF_3I/CO_2 两种混合气体工频击穿电压随混合比的变化规律如图 6.14 所示。不同电场下，两种混合气体的工频击穿电压均不随混合比的增加线性增长，而呈明显非线性，且增长趋势随着混合比的增加逐渐趋于平缓。

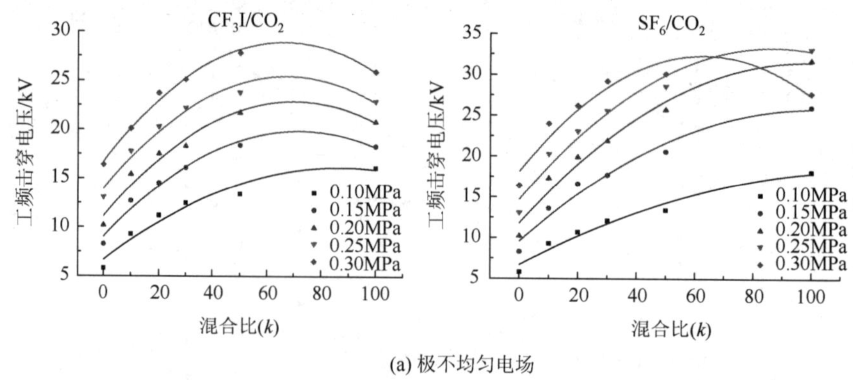

(a) 极不均匀电场

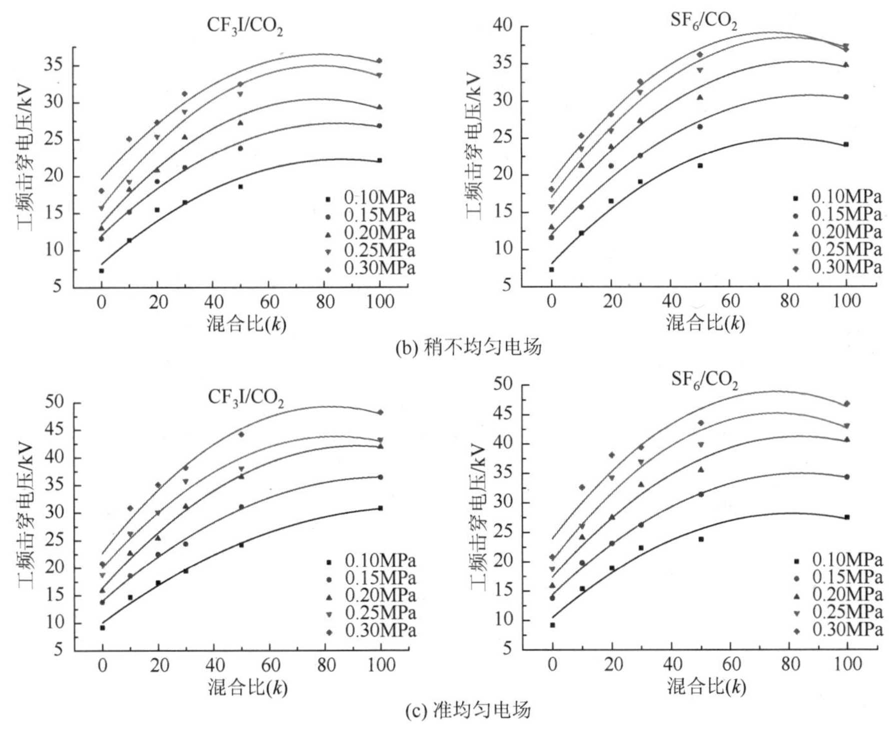

图 6.14 SF_6/CO_2 和 CF_3I/CO_2 混合气体工频击穿电压与混合比 k 的关系

极不均匀电场下，虽然随着气压的升高，低于 0.3MPa 的 SF_6/CO_2 混合气体击穿电压随混合比的增长率逐渐降低，但最大值均出现在纯 SF_6 气体条件下，而 CF_3I/CO_2 混合气体的工频击穿电压在气压不低于 0.15MPa 时都出现极大值，且随着气压的增加，极大值趋于混合比降低的方向。稍不均匀电场下，SF_6/CO_2 和 CF_3I/CO_2 两种混合气体的工频击穿电压都随着混合比的增加呈“增长—饱和”的变化规律。混合比 k 小于 30%时，两种混合气体的工频击穿电压随气压的增加快速增长，混合比大于 50%后，击穿电压随气压的增加速度逐渐变缓，并最终趋于饱和。准均匀电场下与稍不均匀电场类似，两种混合气体的工频击穿电压随着混合比的增加呈“增长—饱和”的变化规律，即强电子亲和性气体的击穿特性并未表现出明显优于低混合比混合气体。

气体的击穿是流注发展到自持放电阶段的必然结果，局部放电区域中自由电子与分子发生碰撞，不断激发新的电子产生并诱发电子崩的发展，从而在针-板电极间产生高能流注，即击穿现象。SF_6 和 CF_3I 都是强电子亲和性气体，其分子体积和质量相对较大，可以吸附自由电子成为负离子，降低自由电子的浓度，负离子体积和质量较大，其达到相同速度所需的动量远高于电子，导致其无法高速自由运动并与其他粒子发生剧烈的相互作用，稳定的流注难以形成，所以绝缘性能较高。随着 SF_6 和 CF_3I 混合比的增加，大分子的供给大于实际吸附电子需求，其被吸附的电子数量不会明显增加，此时继续提高强电子亲和性气体的含量，也不会明显改善绝缘性能，耐压水平随强电子亲和性气体含量的变化曲线逐渐趋于饱和。

由表 6.10～表 6.12 可以看出，极不均匀电场下，SF_6/CO_2 混合气体除高气压下（0.3MPa）表现出正协同效应外，C 值总体呈现协同效应，C 值随气压升高逐渐降低，协同效应逐渐增强。CF_3I/CO_2 混合气体 C 值在高混合比下（$k=50\%$），0.15MPa 及以上气压的 C 均出现负值，在该气压和混合比条件下 CF_3I/CO_2 混合气体呈正协同效应，从 C 值随气压变化情况看，该混合气体在极不均匀电场下随气压升高，协同效应逐渐增强，在极不均匀电场下，提升气压对两类混合气体的协同效应均有促进作用，其中在 CF_3I 含量不超过 50%的条件下，提升混合比也可以提升 CF_3I/CO_2 协同性。从数据对比可知，CF_3I/CO_2 协同效应明显整体优于 SF_6/CO_2 混合气体，这弥补了纯 CF_3I 在极不均匀电场下绝缘性能相对较差的劣势，使得 CF_3I/CO_2 混合气体比纯 CF_3I 更具有应用价值。

表 6.10　极不均匀电场下 CF_3I/CO_2 和 SF_6/CO_2 混合气体的 C 值

气体	气压/MPa	C 值				平均值
		$k=10\%$	$k=20\%$	$k=30\%$	$k=50\%$	
SF_6/CO_2	0.10	0.30	0.38	0.41	0.62	0.43
	0.15	0.26	0.28	0.39	0.44	0.34
	0.20	0.23	0.30	0.36	0.39	0.32
	0.25	0.20	0.25	0.26	0.29	0.25
	0.30	0.05	0.04	−0.05	−0.18	−0.04
CF_3I/CO_2	0.10	0.22	0.23	0.23	0.36	0.26
	0.15	0.14	0.15	0.12	−0.01	0.10
	0.20	0.12	0.11	0.13	−0.08	0.07
	0.25	0.12	0.09	0.03	−0.08	0.04
	0.30	0.17	0.08	0.04	−0.17	0.03

表 6.11　稍不均匀电场下 CF_3I/CO_2 和 SF_6/CO_2 混合气体的 C 值

气体	气压/MPa	C 值				平均值
		$k=10\%$	$k=20\%$	$k=30\%$	$k=50\%$	
SF_6/CO_2	0.10	0.27	0.21	0.18	0.21	0.22
	0.15	0.40	0.24	0.31	0.27	0.31
	0.20	0.19	0.25	0.22	0.25	0.23
	0.25	0.20	0.28	0.17	0.17	0.21
	0.30	0.18	0.22	0.13	0.04	0.14
CF_3I/CO_2	0.10	0.29	0.20	0.26	0.31	0.27
	0.15	0.36	0.24	0.25	0.25	0.28
	0.20	0.24	0.27	0.14	0.15	0.20
	0.25	0.46	0.22	0.16	0.16	0.25
	0.30	0.17	0.23	0.14	0.22	0.19

表 6.12　准均匀电场下 CF_3I/CO_2 和 SF_6/CO_2 混合气体的 C 值

气体	气压/MPa	C 值				平均值
		$k=10\%$	$k=20\%$	$k=30\%$	$k=50\%$	
SF_6/CO_2	0.10	0.22	0.22	0.17	0.25	0.22
	0.15	0.27	0.30	0.28	0.16	0.25
	0.20	0.22	0.28	0.19	0.26	0.24
	0.25	0.26	0.14	0.14	0.15	0.17
	0.30	0.13	0.16	0.17	0.14	0.15
CF_3I/CO_2	0.10	0.33	0.42	0.48	0.44	0.42
	0.15	0.41	0.40	0.49	0.31	0.40
	0.20	0.31	0.43	0.30	0.26	0.33
	0.25	0.25	0.29	0.19	0.26	0.25
	0.30	0.19	0.23	0.25	0.17	0.21

稍不均匀电场和准均匀电场下，SF_6/CO_2 和 CF_3I/CO_2 两种混合气体 C 值都呈现协同效应。稍不均匀电场下，两类混合气体 C 值主要分布在 0.2～0.3，证明在该电场条件下两类混合气体的成分在击穿特性方面协同性相近。准均匀电场下，SF_6/CO_2 混合气体的 C 值处在 0.15～0.25 之间，而 CF_3I/CO_2 混合气体的 C 值处在 0.21～0.42 之间，SF_6/CO_2 混合气体的协同效应优于 CF_3I/CO_2 混合气体。对于 CF_3I/CO_2 混合气体，随电场的改变，协同效应变化相对较大，而不同电场下 SF_6/CO_2 混合气体的协同效应没有明显差别。三种电场下，随着气压的升高，SF_6/CO_2 和 CF_3I/CO_2 混合气体的 C 值总体都呈下降趋势，气压越高，C 值越小，协同性越强。

3. 金属微粒缺陷对 CF_3I/CO_2 击穿特性的影响

自由金属微粒的存在可能降低绝缘气体的耐压水平，诱发局部放电乃至击穿等现象。金属微粒一般来源于设备内部金属构造，部件使用的金属材质不同，导致金属微粒的元素也不尽相同，对不同金属材质微粒对 CF_3I 气体绝缘能力的影响开展针对性研究，可为后续设计绝缘电气设备内部关键部位金属结构材质的选择提供理论依据。

为了研究不同金属微粒对 CF_3I 及 CF_3I/CO_2 混合气体绝缘性能的影响，需要设计自由金属微粒缺陷模型。为了最大限度地提高气体绝缘强度，减小气体用量和设备占地面积，气体绝缘设备内的导电体与金属外壳之间一般为准均匀电场。残留在设备内部的金属微粒在电场的作用下可能会发生跳动。选用如图 6.15 所示的球电极与碗电极模型来模拟准均匀电场，并在两电极间放置金属微粒来模拟气体绝缘设备内的自由金属微粒缺陷[18]。

其中，碗电极是一个外半径为 35mm，内半径为 30mm 的半球，材料选为不锈钢。球电极连接导杆长 30mm，为了排除不同准均匀电场对试验规律的影响，分别设置了两种球电极模型，球半径分别为 20mm 与 25mm，以使球-碗间距分别为 10mm 与 5mm，球电极材料也为不锈钢。球电极与碗电极的球心相重合，以使球-碗之间各方向等距，从而使加压后电极间电场接近均匀电场，避免电场畸变对试验结果的影响。

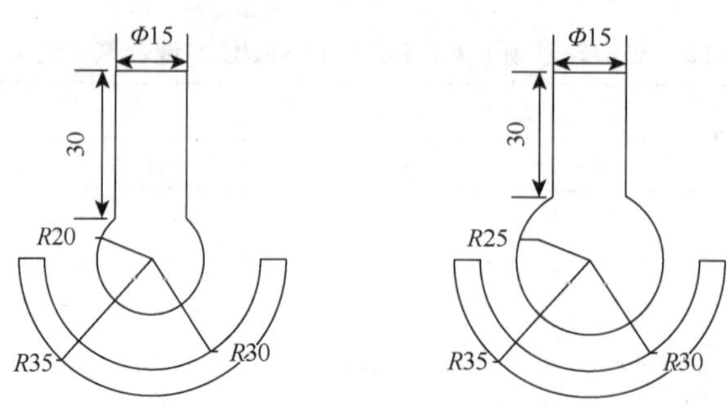

图 6.15　球-碗电极模型

图中数据单位均为 mm

由于在真实电气绝缘设备中实际出现的金属微粒材质主要有铜、铝、铁等，形状上有片状、针状，以及不规则颗粒等[19]，试验对象选择最为常见的铜（Cu）、铝（Al）、铁（Fe）微粒；在微粒尺寸的选择上，考虑到尺寸太小则无法把控不同金属微粒尺寸完全一致，不能统一变量，可能给试验结果的准确性带来影响，同时，微粒尺寸太小也可能导致其在强电场下发生跳跃，飞出球-碗电极区域，使试验条件发生变化进而影响击穿电压数据的真实性；真实 GIS 设备中微粒的最大长度为 3mm 左右[20]，综合考虑小尺寸微粒的不可控因素和实际情况，本试验选取 2mm×2mm 的方形薄片作为试验对象，如图 6.16 所示。为了尽量保证三种金属微粒质量接近，本试验选用的金属微粒原材料的厚度有差别，铜、铝和铁材料的厚度分别为 0.24mm、0.73mm 和 0.25mm，则剪裁得到的三种金属微粒体积分别为 0.96mm^3、2.92mm^3 和 1.0mm^3，三种金属的理论密度分别为：$\rho_{Cu}=8.6g/cm^3$、$\rho_{Al}=2.7g/cm^3$ 和 $\rho_{Fe}=7.8g/cm^3$，经计算可以得到三种金属微粒的理论质量分别为：$M_{Cu}=8.256\times10^{-3}g$、$M_{Al}=7.884\times10^{-3}g$ 和 $M_{Fe}=7.8\times10^{-3}g$，实际测量值为：$m_{Cu}=8.37\times10^{-3}g$、$m_{Al}=7.73\times10^{-3}g$ 和 $m_{Fe}=7.87\times10^{-3}g$，纯度等因素造成理论计算值与实际值存在差异，但差别不大。由于裁剪误差，可能同种金属微粒的质量也存在细微差别，但每片微粒的质量需经过测试控制在（8±0.5）×10^{-3}g 才可用于试验。经试验验证，该质量微粒可以有效阻止微粒跳出电极。

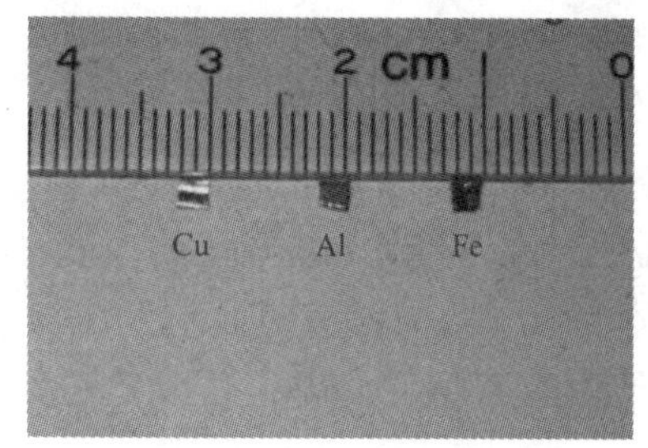

图 6.16　三种金属微粒尺寸

将安装了含指定数量和类别金属微粒的球-碗电极的气体绝缘性能试验装置连接在试验电路中即可开始试验，试验对象是纯 CF_3I、纯 SF_6、CF_3I/CO_2 及 SF_6/CO_2 混合气体。其中，CF_3I/CO_2 及 SF_6/CO_2 混合气体在微粒缺陷下的击穿特性测试，气压取值为 0.10MPa、0.15MPa、0.20MPa、0.25MPa、0.30MPa（绝对压力），混合比 k 取值为 0%、10%、30%、50%、70%、100%，金属微粒类型为铜，金属微粒数量为 3，球-碗电极距离为 5mm。

混合气体试验中不同金属元素可能导致击穿电压存在区别，有必要进一步讨论不同微粒种类和数量对纯 CF_3I 和纯 SF_6 击穿特性的影响。试验气压取值为 0.10MPa（绝对压力），金属微粒数量取值 0、1、3、5、7、9，金属微粒类型为铜、铝和铁，球-碗电极距离为 5mm 和 10mm。

图 6.17 给出了在电极距离为 5mm 和 10mm，气压为 0.10MPa 时，铜、铝分别在 CF_3I 和 SF_6 下的击穿电压随微粒个数的变化曲线。从图中可以看出，在气压、电极距离以及微粒类型一定时，CF_3I 与 SF_6 气体的击穿电压均随微粒个数的增加而有明显降低，且其下降趋势相似；CF_3I 的击穿电压与相同条件下的 SF_6 相近，部分条件下甚至超过 SF_6。

为描述气体绝缘性能在金属微粒存在时的下降情况，定义金属微粒影响因数（metal particle impact factor，MPIF）：自由金属微粒缺陷下的击穿电压与相同条件下无微粒时击穿电压的比值。基于 MPIF 来比较 CF_3I 与 SF_6 在同种金属微粒下在电极距离为 5mm 和 10mm 时的击穿特性，如表 6.13～表 6.15 所示。

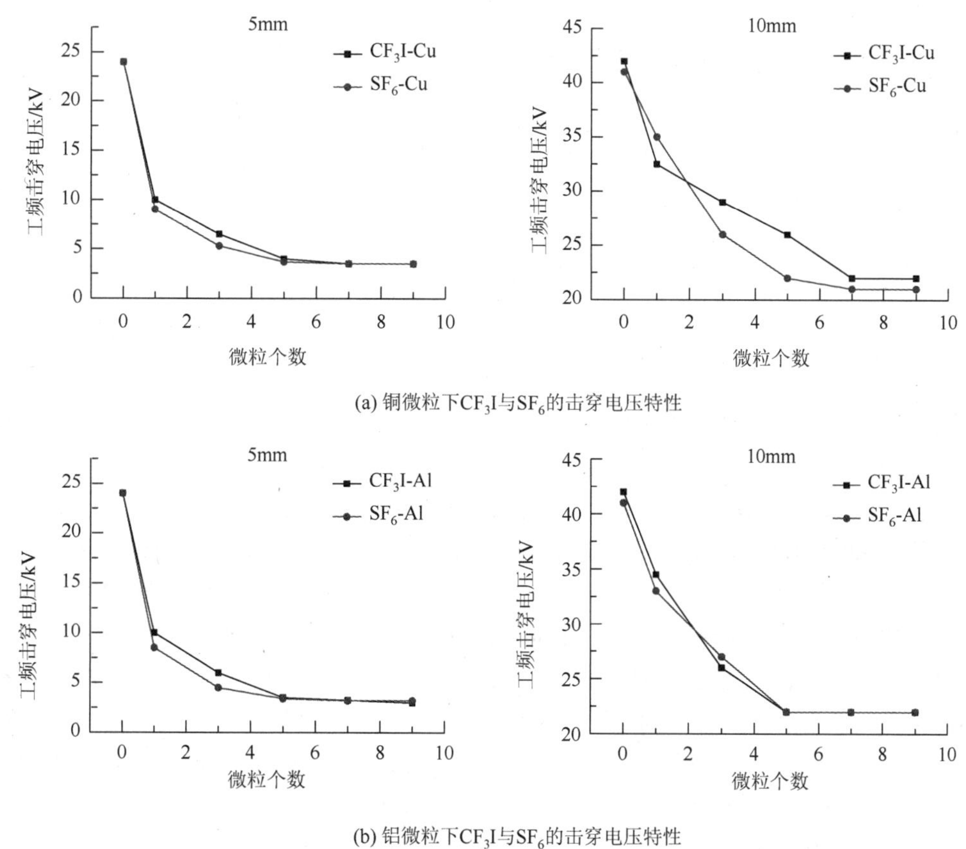

图 6.17　不同金属微粒下 CF_3I 与 SF_6 的击穿电压特性

表 6.13　铜微粒下 CF_3I 与 SF_6 的 MPIF 比较

气体	电极距离/mm	不同铜微粒数量时的 MPIF					
		0	1	3	5	7	9
CF_3I	5	1	0.42	0.27	0.17	0.15	0.15
	10	1	0.77	0.69	0.62	0.52	0.52
SF_6	5	1	0.38	0.22	0.15	0.15	0.15
	10	1	0.83	0.63	0.52	0.51	0.51

表 6.14　铝微粒下 CF_3I 与 SF_6 的 MPIF 比较

气体	电极距离/mm	不同铝微粒数量时的 MPIF					
		0	1	3	5	7	9
CF_3I	5	1	0.42	0.25	0.15	0.14	0.13
	10	1	0.82	0.62	0.52	0.52	0.52
SF_6	5	1	0.35	0.19	0.14	0.13	0.13
	10	1	0.80	0.66	0.54	0.54	0.54

表 6.15　铁微粒下 CF_3I 与 SF_6 的 MPIF 比较

气体	电极距离/mm	不同铁微粒数量时的 MPIF					
		0	1	3	5	7	9
CF_3I	5	1	0.50	0.38	0.33	0.29	0.29
	10	1	0.93	0.76	0.71	0.69	0.69
SF_6	5	1	0.50	0.33	0.25	0.25	0.25
	10	1	0.93	0.76	0.66	0.63	0.63

从表中可见，三种自由金属微粒均会导致 CF_3I 和 SF_6 的击穿电压出现明显的下降；随着微粒数的增多，击穿电压的下降开始变得平缓；当微粒数大于 7 时，击穿电压逐渐趋于稳定。金属微粒会明显地降低气隙的起始电晕电压，并使其有利于正负流注的发展[21]。与此同时，自由金属微粒的存在使得球-碗电极间不再是一个均匀场，而是一个畸变的电场，从而使电场的不均匀度增加，降低了击穿电压，且金属微粒数越多，电场的畸变程度也就越大。微粒在高低压电极间无规则的跳动会导致气体剧烈放电，使得气体绝缘强度有明显的降低[22]。此外，自由金属微粒在电压升高到一定程度时在电极间不断跳动导致与电极频繁碰撞，缩短了气体有效绝缘距离，极易形成电极间的短路，也有利于气体击穿的发生。这也解释了在相同微粒数时，5mm 电极距离下的 MPIF 要明显低于同条件下 10mm 电极距离下的 MPIF。5mm 球-碗间隙下，随着微粒数量的增加，击穿电压下降得更快。因此在电气设备中，更应该重视狭小空间内存在的金属微粒，它们更容易引起放电从而破坏设备内部绝缘。在相同条件下 SF_6 的击穿电压值、MPIF 值均与 CF_3I 相近。可见当气压为 0.10MPa 时，自由金属微粒缺陷下的 CF_3I 可以达到甚至超越相同条件下 SF_6 的绝缘强度。

通过对不同金属材料微粒在均匀电场下进行击穿试验发现，相同气压和微粒数量下，不同微粒种类导致 CF_3I 的工频击穿电压存在差别。图 6.18 分别为 5mm 和 10mm 电极间距下不同金属微粒时 CF_3I 的击穿电压特性。通过对比发现，Cu 和 Al 粒子对 CF_3I 气体放电的影响程度相似，相对于 Fe，它们对击穿电压降低的作用更明显。

金属微粒在电极间的跳动会严重影响原本电场的均匀分布，使电场发生畸变。自由金属微粒发生跳跃将极大地影响球-碗电极间电场，且可能碰撞高压端引发火花放电。故

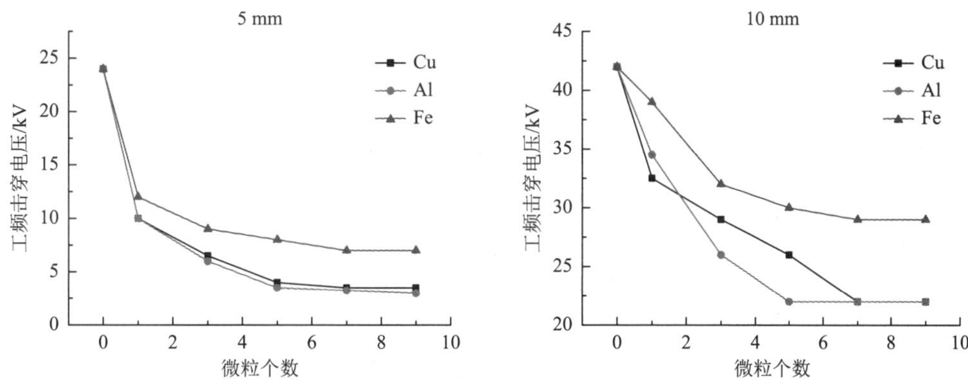

图 6.18　不同金属微粒下 CF_3I 的击穿电压特性

分析试验中出现的不同种微粒起跳电压差异对研究击穿电压差异具有重要意义。在每个微粒质量相同的条件下，Cu 和 Al 微粒的起跳电压相近且低于 Fe 微粒，这表明 Fe 微粒受到的电场力小于 Cu 和 Al。在相同的电场强度下，由电场力计算公式 $F = EQ$ 可知，不同金属微粒在电场中的电荷 Q 不同，即 Fe 微粒的感应电荷 Q 小于 Cu、Al 微粒。对此，从能带理论和电子分布的角度对不同种类微粒感应出不同量电荷的原因展开研究。

（1）在无电场时，根据热平衡状态下的费米-狄拉克分布，即

$$g(E) = \frac{1}{e^{(E-E_f)/kT} + 1} \tag{6.2}$$

式中，T 为温度；k 为玻尔兹曼常量（1.38066×10^{-23}J/K）；E_f 为化学势。可以得出，满带电子会完全填充 k 空间中第一布里渊区（A',A）内的各态，如图 6.19 所示。而有外电场时，所有电子将沿电场反方向同步移动，有的电子态从 A 点移出，相当于又从 A' 移入第一布里渊区内，因此电子分布不发生改变，晶体总电流为零。

图 6.20（a）所示为不满带电子在没有外电场时填充的情况，电子从最低能级开始填充，而且 k 态和$-k$ 态总是成对地被电子填充，所以总电流为零。存在外电场时，整个电子分布将向着电场反方向移动，如图 6.20（b）所示，此时由于电子分布不再是中心对称，正 k 或负 k 空间电子所荷载电流将仅有一部分被抵消，使能带总电流不为零。能带理论通过考察晶体电子填充能带的状况，可以判断晶体的导电性能。

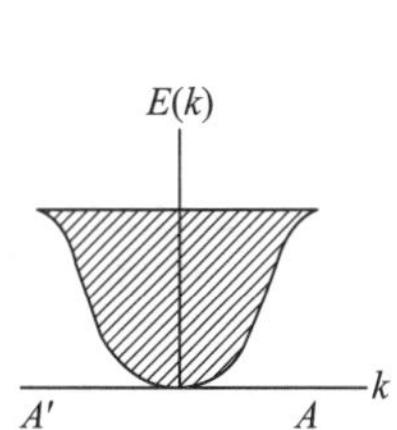

图 6.19　满带电子在 k 空间的分布

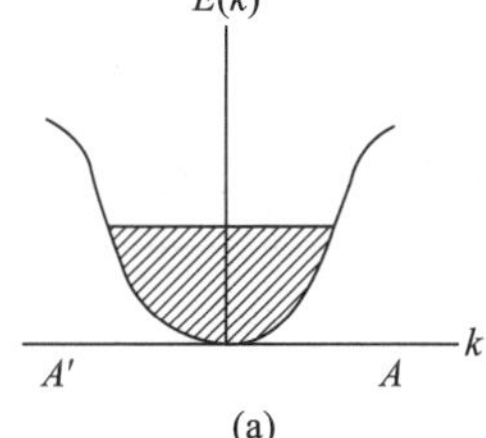

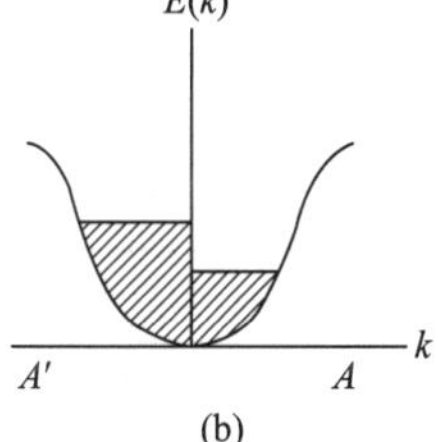

图 6.20　不满带电子在 k 空间的分布

（2）电子填充符合泡利不相容原理与能量最低原理。Cu 原子核外电子排布为

$1s^22s^22p^63s^23p^63d^{10}4s^1$，Al 原子核外电子排布为 $1s^22s^22p^63s^23p^1$，Fe 原子核外电子排布为 $1s^22s^22p^63s^23p^63d^64s^2$。该电子排布可以反映金属原子价电子的个数及状态。

将原理（1）和（2）应用于分析 Cu、Al 和 Fe 三种金属。由于 Cu 原子最外层只有一个价电子，其价带（4s 带）仅为半充满状态，因此其最外层电子十分活泼，类似于碱金属有着很强的导电性；Al 原子的 $3s^2$ 为满带，$3p^1$ 为不满带，两能带会发生交叠，且交叠程度较大，致使电子可以从前一个能带很容易地转移到后一个能带，因此 Al 表现出了一定的金属性，但其导电性略逊于 Cu；Fe 原子的价带为满带（$4s^2$），但由于其 3d 带仅有 6 个电子（$3d^6$），为不满带（尽管 3d 与 4s 带也有一定重叠），抑制了外层电子的跃迁，使其导电性最弱。故在同一电场下，三种金属产生自由电子的难易程度，由易到难分别为 Cu、Al 和 Fe，且 Cu 和 Al 相差不大。同一电场下，自由电子越多，则感应电荷 Q 越大。试验已证明，Cu、Al 和 Fe 的电阻率分别为 $1.7\times10^{-8}\Omega\cdot m$、$2.8\times10^{-8}\Omega\cdot m$ 和 $1\times10^{-7}\Omega\cdot m$，这也说明了 Cu 的导电性最佳，Al 次之，但 Al 与 Cu 相差不大，Fe 的导电性较差。

综上所述，在相同的电场强度下，Fe 微粒所感应到的电荷 Q 小于 Cu、Al 微粒，而 Cu、Al 微粒的感应电荷是较为接近的，因此 Cu 和 Al 微粒所受电场力 F 较为接近，并大于 Fe 微粒。最终导致相同数量微粒下，含有 Cu 和 Al 微粒的 CF_3I 比含 Fe 的易击穿。

设备实际运行中出现真实缺陷时，其绝缘能力有待考察，因此有必要在典型缺陷类型下对其绝缘性能进行测试研究，本节中通过微粒缺陷下的击穿试验对比 CF_3I/CO_2 与 SF_6 或 SF_6/CO_2 混合气体的性能。金属微粒选择电气设备内部最常见的铜微粒，数量选择为 3，防止数量太少导致偶然性（单个微粒的运动不确定性可能造成试验数据出现波动）和数量过多导致的与现实情况差别较大，真实条件下大量微粒同时出现的概率较低，且由于球-碗间区域较小，微粒数量过大可能造成微粒间相互作用和较高概率串接连通高低压电极影响结果稳定性。

6.3 分解特性

6.3.1 CF_3I 放电分解特性

首先，考虑纯 CF_3I 气体的放电分解过程。表 6.16 和表 6.17 分别给出了 CF_3I 分解过程中各生成物的键角和键长参数[23]。

表 6.16 CF_3I 分子和自由基的键角参数

分子和自由基	键角	数值/（°）
CF_3I	F—C—F	108.5
	F—C—I	110.5
CF_3	F—C—F	109.5
CF_3^+	F—C—F	109.3

表 6.17　CF_3I 分子和自由基的键长参数

分子和自由基	化学键	键长/ Å
CF_3I	C—F	1.33
	C—I	2.18
CF_3	C—F	1.49
CF_3^+	C—F	1.49

CF_3I 的 C—I 键是 CF_3I 分子中最容易断裂的化学键，其键能仅为 53.3kcal/mol，所以在放电过程中 CF_3I 分子的 C—I 键更容易断裂，形成自由基 CF_3，而 CF_3 的产生是后面一系列反应的基础。当存在电场时，带电粒子受电场力作用，在电场方向得到加速，从而与 CF_3I 分子发生碰撞，并导致后者电离或解离。由于电子与分子、离子相比直径小，它在相邻两次碰撞之间的平均自由程就比分子、离子的平均自由程大得多，所以在电场中，电子会影响碰撞电离和解离，同时电子的能量会关系到反应能否进行。

CF_3I 的分解途径主要有以下几种[19]：

$$CF_3I + e^* \longrightarrow CF_3I^* + e \tag{6.3}$$

$$CF_3I^* \longrightarrow CF_3 + I^* \tag{6.4}$$

$$CF_3I + e \longrightarrow CF_3 + I^- \tag{6.5}$$

$$CF_3I \longrightarrow CF_3 + I^+ + e \tag{6.6}$$

$$CF_3I \longrightarrow CF_3^+ + I + e \tag{6.7}$$

式中，e^*为高能电子。式（6.3）～式（6.7）的反应热分别为 26.73kcal/mol、53.38kcal/mol、53.38kcal/mol、260.17kcal/mol、255.23kcal/mol，均为吸热反应。

分解途径①由式（6.3）和式（6.4）共同组成，式（6.3）表示 CF_3I 分子吸附了一个高能电子后处于激发态，式（6.4）则是处于激发态的 CF_3I 分子断开 C—I 键。途径①所对应的式（6.4）与途径②所对应的式（6.5）均为断开 C—I 键，两个过程都需要吸收 53.38kcal/mol 的能量，但是途径①需要两步完成，因此分解途径②所吸收的能量比途径①所吸收的能量小，反应更容易进行。途径①、②的反应热表明，在放电过程中，大量的 CF_3I 分子是与普通电子碰撞后直接分解而不是先吸附占比较少的高能电子形成激发态再分解。由于在低温等离子体中，大部分电子的能量范围为 99.12～154.44kcal/mol[18]，所以反应（6.6）和反应（6.7）发生概率较低，需要高能光电子的参与。

CF_3I 分解组分中的 C_2F_4 具有 CF_2 结构，CF_2 一般由 CF_3 中的 C—F 键的断裂产生，反应热为 84.92kcal/mol。

$$CF_3 \longrightarrow CF_2 + F \tag{6.8}$$

考虑 CF 生成的可能性，计算发现断开每摩尔 CF_2 的 C—F 键需要 267.36kcal 的能量，而这在常温常压下的 CF_3I 放电过程中发生概率较小。综合式（6.3）～式（6.8）可知，具有高绝缘强度的纯 CF_3I 气体在放电环境下自身的主要动态平衡过程如式（6.9）所示。

$$CF_3I \rightleftharpoons CF_3 + I \rightleftharpoons CF_2 + F + I \tag{6.9}$$

6.3.2 微量 H_2O 对 CF_3I 分解的影响

考虑微水对 CF_3I 放电分解组分的影响，首先对 H_2O 分解生成自由基的过程进行分析。表 6.18 和表 6.19 分别给出了 H_2O 分子的键角和键长[14]。

表 6.18 H_2O 分子和自由基的键角参数

分子和自由基	键角	数值/（°）
H_2O	H—O—H	104.8
H_2O^+	H—O—H	108.7
H_2O^-	H—O—H	99.2

表 6.19 H_2O 分子和自由基的键长参数

分子和自由基	化学键	键长/ Å
H_2O	H—O	0.98
H_2O^+	H—O	1.03
H_2O^-	H—O	1.04

H_2O 分子在高能电子作用下生成 H 和 OH 的反应途径，如表 6.20 所示。

表 6.20 H_2O 分解的反应路径

编号	反应方程式	反应热/(kcal/mol)
1	$H_2O + e^* \longrightarrow H_2^- + O + e$	197.70
2	$H_2O + e^* \longrightarrow H + OH^- + e$	89.90
3	$H_2O + e^* \longrightarrow H^- + OH + e$	120.96
4	$H_2O + e^* \longrightarrow H_2O^-$	47.64
5	$H_2O + e^* \longrightarrow H + OH + e$	120.93
6	$H_2O + e^* \longrightarrow H_2O^+ + 2e$	297.98
7	$H_2O + e^* \longrightarrow H + OH^+ + 2e$	419.88
8	$H_2O + e^* \longrightarrow H^+ + OH + 2e$	436.73
9	$H_2O + e^* \longrightarrow H_2 + O^+ + 2e$	447.53
10	$H_2O + e^* \longrightarrow H_2^+ + O + 2e$	474.81

根据表 6.20，反应路径 1～10 均为吸热反应。其中反应 1 和反应 6～10 的反应热均超过了 154.44kcal/mol，即大部分电子的能量范围，因此相对而言，反应 2～5 发生的可能性更高，其中反应 4 所需能量最低，即附着反应是最容易发生的。在反应 4 之后，H_2O^- 还会与高能电子碰撞，并发生分解反应，如式（6.10）所示：

$$H_2O^- + e^* \longrightarrow H + OH + e \tag{6.10}$$

该反应的反应热为 68.62kcal/mol（吸热）。在 298.15K 时，OH^-生成 OH 需要吸收 31.05kcal/mol，而 H^-生成 H 可以释放 4.19kcal/mol[24]。因此，最易于生成 H 的途径是反应 2，反应焓值为 89.90kcal/mol，最有利于生成 OH 的反应是经反应 4 吸附电子后再经反应（6.10）分解，总焓值为 116.26kcal/mol。

通过分析 CF_3I 和 H_2O 所包含的化学元素及其可能的稳定的组合，微水下 CF_3I 可能的分解组分主要有 C_2F_6、I_2、C_2F_4、C_2F_5I、HF、H_2、COF_2、CF_3H 和 CF_3OH，主要反应过程见表 6.21。

表 6.21　含有 H_2O 的 CF_3I 分解过程方程式

编号	反应方程式	反应热/(kcal/mol)
1	$2CF_3I \longrightarrow C_2F_6 + I_2$	24.57
2	$2CF_3I + 2H \longrightarrow C_2F_5I + HF + HI$	−125.51
3	$2CF_3I + 2H \longrightarrow C_2F_4 + I_2 + 2HF$	−90.77
4	$CF_3I + 2H \longrightarrow CF_3H + HI$	−117.50
5	$2HI \longrightarrow H_2 + I_2$	2.94
6	$2CF_3I + 2OH \longrightarrow 2COF_2 + 2HF + I_2$	−94.15
7	$2CF_3I + 2OH \longrightarrow 2CF_3OH + I_2$	−132.96
8	$CF_3OH \longrightarrow COF_2 + HF$	19.41

反应 1 表明纯 CF_3I 在放电过程中有 C_2F_6 和 I_2 生成，相关试验结果也表明 C_2F_6 和 I_2 是放电主产物。图 6.21 给出了 CF_3I 分解为中间态后再重组为 C_2F_6 和 I_2 的过程中能量的变化情况。当 2mol CF_3I 分解时，C—I 键断裂形成 CF_3 和 I，共吸收 106.76kcal/mol 能量，

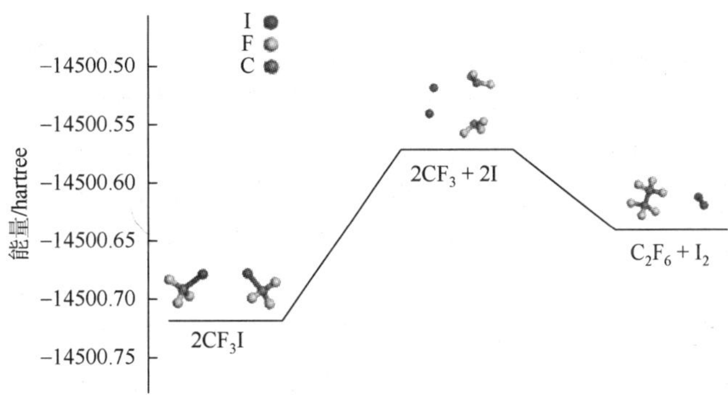

图 6.21　CF_3I 分解过程能量变化图

而后生成 1mol C_2F_6 和 1mol I_2 释放 82.19kcal/mol 能量，整个过程需吸收 24.57kcal/mol 能量。CF_3I 中 C—I 键的断裂需要吸收能量，断键导致含有更高能量的中间态产物 CF_3 和 I 的生成。由于能量较高，粒子活性较高，这两种粒子相对不稳定，该中间态有可能自恢复重新生成 CF_3I，同时也有可能产生新物质：C_2F_6 和 I_2。

当气体中混有 H_2O 时，H_2O 分解产生的 H 与 CF_3I 的反应有三种反应路径，其反应势能面如图 6.22～图 6.24 所示。

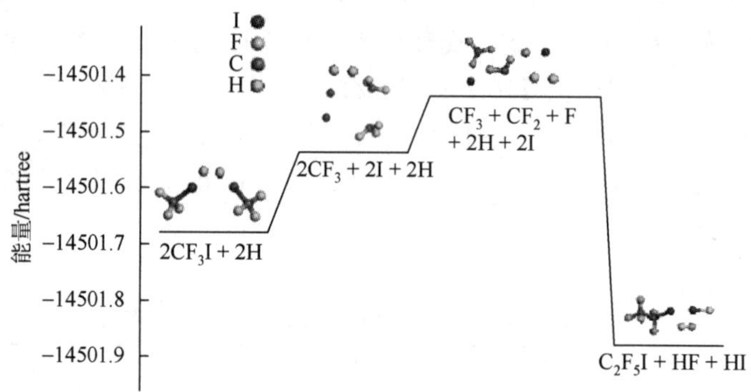

图 6.22　CF_3I 与 H 反应生成 C_2F_5I、HF 和 HI 的能量变化图

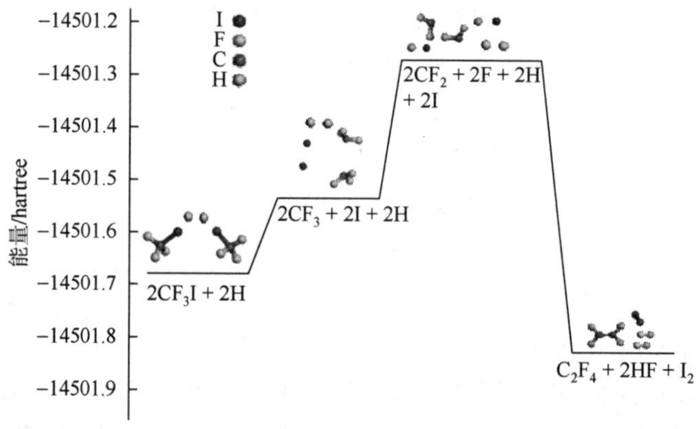

图 6.23　CF_3I 与 H 反应生成 C_2F_4、HF 和 I_2 的能量变化图

可以看到三种反应路径所产生的最终产物的能量都要低于反应物，这与无 H_2O 情况下的分解结果不同。因此，微水的加入保证了新产物更稳定地存在，从而间接遏制了自恢复反应的进行。由于 CF_3I 是主要的有效绝缘成分，而 C_2F_5I、C_2F_4、CF_3H、HF 和 HI 等分解产物的绝缘性能均无法达到 CF_3I 的水平，因此微量水分的存在会给 CF_3I 绝缘可靠性带来负面影响。此外，HI 的化学性质不稳定，其分解为 I_2 和 H_2 的过程只需吸收 2.94kcal/mol 的能量。

考虑 OH 与 CF_3I 的反应，其主要路径有两条，一条路径生成 COF_2、HF 和 I_2，另一条路径生成 CF_3OH 和 I_2，其中 CF_3OH 易分解为 COF_2 和 HF。与 H 的作用类似，OH 促进了更稳定分子的产生（图 6.25）。

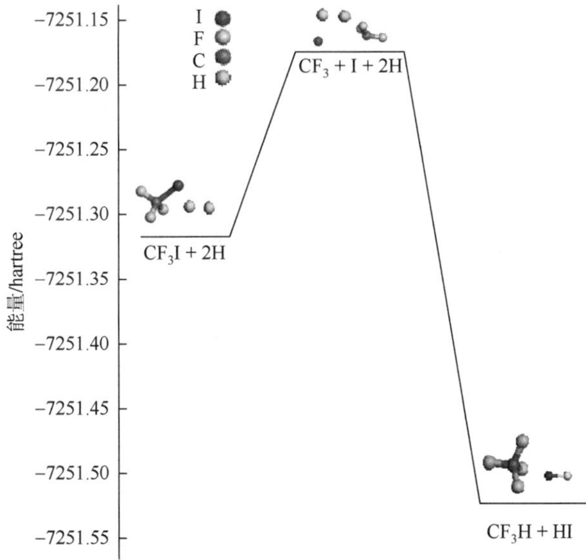

图 6.24　CF_3I 与 H 反应生成 CF_3H、HI 的能量变化图

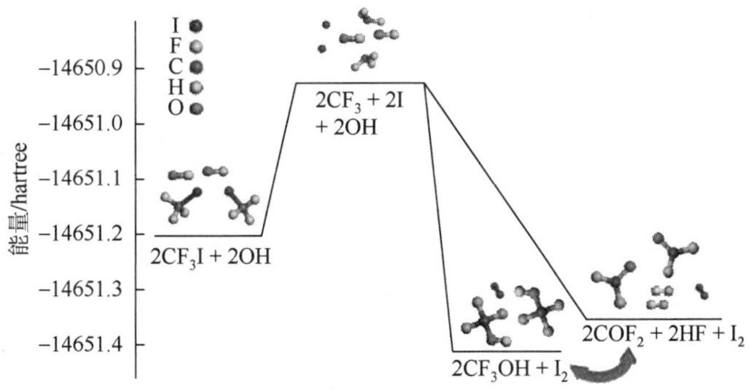

图 6.25　CF_3I 与 OH 的反应路径能量变化图

综上，微量水分解离产生的 H 和 OH 会使 CF_3I 的分解组分多样化和复杂化，产生的诸多产物如 COF_2、CF_3OH、HF 具有一定毒性或腐蚀性。因此，CF_3I 及其混合物型气体绝缘设备中应尽量避免微水的混入，在设备制造、维护过程中应制定相关的微水含量限定标准。

6.3.3　O_2 对 CF_3I 分解的影响

考虑 O_2 对 CF_3I 放电分解过程的影响情况，图 6.26 给出了不同 O_2 含量下 CF_3I/O_2 的工频击穿电压（0.12MPa，球-球电极间距 5mm）。未添加 O_2 时，CF_3I 的平均工频击穿电压为 36.74kV；O_2 含量为 3%、5%、7%时，CF_3I/O_2 的击穿电压分别为 36.66kV、36.57kV、36.39kV；当 O_2 含量进一步增大到 7%以上时，CF_3I/O_2 的击穿电压快速下降，91% CF_3I/9% O_2 混合气

体的击穿电压下降至 35.92kV，而 80% CF_3I/20% O_2 混合气体的击穿电压仅为 33.40kV。综合来看，O_2 的加入导致混合气体的绝缘性能显著降低，对 CF_3I 的绝缘是不利的[25]。

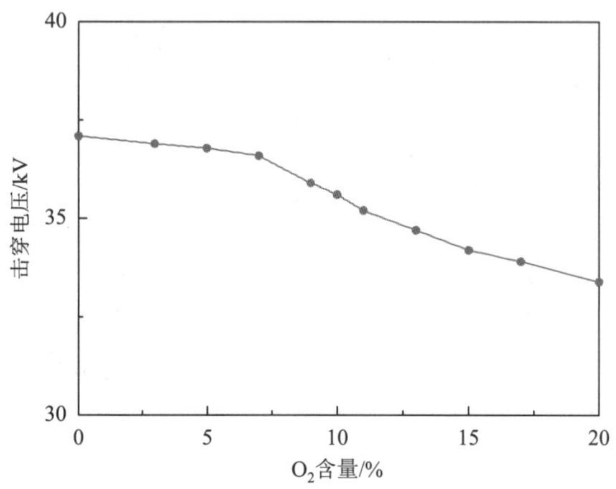

图 6.26　不同 O_2 含量下 CF_3I/O_2 的工频击穿电压

另外，O_2 的加入对 CF_3I 的分解特性产生了巨大影响。图 6.27 给出了不同 O_2 含量下 CF_3I/O_2 击穿的瞬间图像。当 O_2 含量低于 5%时，CF_3I 击穿瞬间正极附近有少量紫色烟雾产生，即混合气体中的 CF_3I 在击穿瞬间分解产生了 I_2 蒸气。随着 O_2 含量的进一步增加，7% O_2 时击穿瞬间正极附近出现明显红光（燃烧痕迹），且有大量紫色碘蒸气产生；O_2 含量达到 10%时，CF_3I/O_2 混合气体击穿瞬间产生大量类似蘑菇云状烧蚀红光；当 O_2 含量进一步增加到 20%时，击穿瞬间整个气室腔体出现类似燃烧现象，同时气室顶部有大量紫色物质生成，放电结束瞬间气室腔体被紫色碘蒸气笼罩。

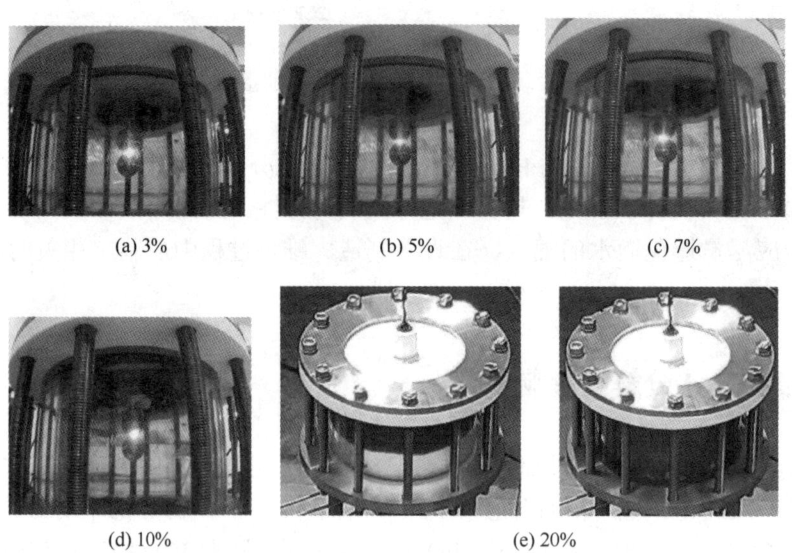

(a) 3%　(b) 5%　(c) 7%

(d) 10%　(e) 20%

图 6.27　不同 O_2 含量下 CF_3I/O_2 击穿的瞬间图像

图 6.28 给出了不同 O_2 含量下 CF_3I/O_2 气体击穿后电极和试验气室表面固体物质的析出情况。可以看到，10% O_2/90% CF_3I 混合气体工频击穿后电极表面及气室有明显黑色物质析出，其中正极析出量高于负极；当 O_2 含量达到 20%时，测试后电极及气室内壁产生大量黑色固体，电极表面出现碘晶体状结构。

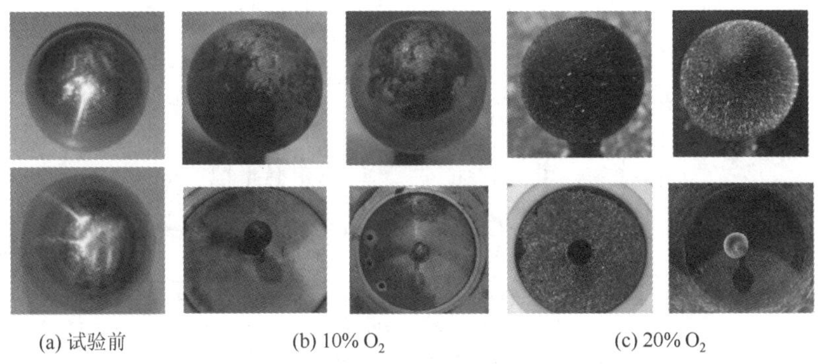

图 6.28　不同 O_2 含量下 CF_3I/O_2 击穿后电极及气室固体物析出情况

因此，氧气的加入对 CF_3I 的放电分解具有促进作用，电极表面固体析出物的含量随氧气含量增加而增加，且放电瞬间气体发生严重类似烧蚀的化学反应，因此 CF_3I 不宜与干燥空气混合使用，且 CF_3I/CO_2、CF_3I/N_2 混合气体应严格控制 O_2 杂质含量。

图 6.29 分别给出了击穿试验前后 CF_3I 及 97% CF_3I/3% O_2 混合气体的红外光谱。可以看到 CF_3I 气体共有四个吸收峰，分别位于 1187cm^{-1}、1075cm^{-1}、1028cm^{-1} 和 743cm^{-1}。CF_3I 气体击穿 20 次后的红外谱图中有诸多新的吸收峰出现，分析发现产生了 CF_4、C_2F_6、C_3F_8、C_3F_6 及 CF_3H，其中 CF_3H 的产生与 CF_3I 气体及气室中含有的微量水有关。CF_3I 与 O_2 的混合气体击穿 20 次后产生的主要产物除 CF_4、C_2F_6、C_3F_8、C_3F_6 及 CF_3H 外，在 1910～1980cm^{-1}

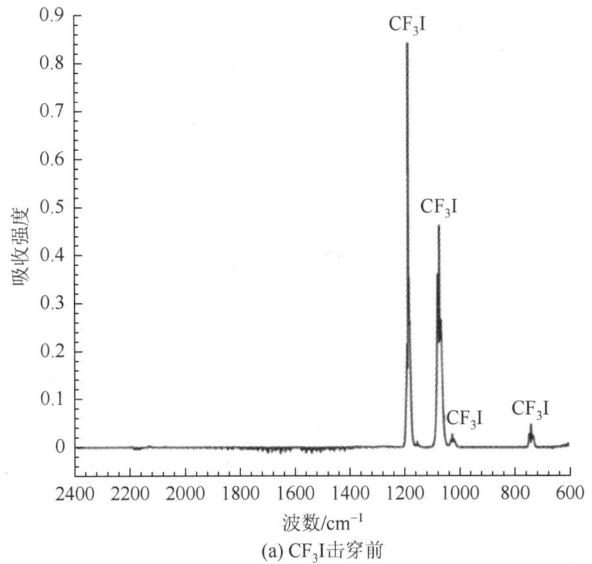

(a) CF_3I击穿前

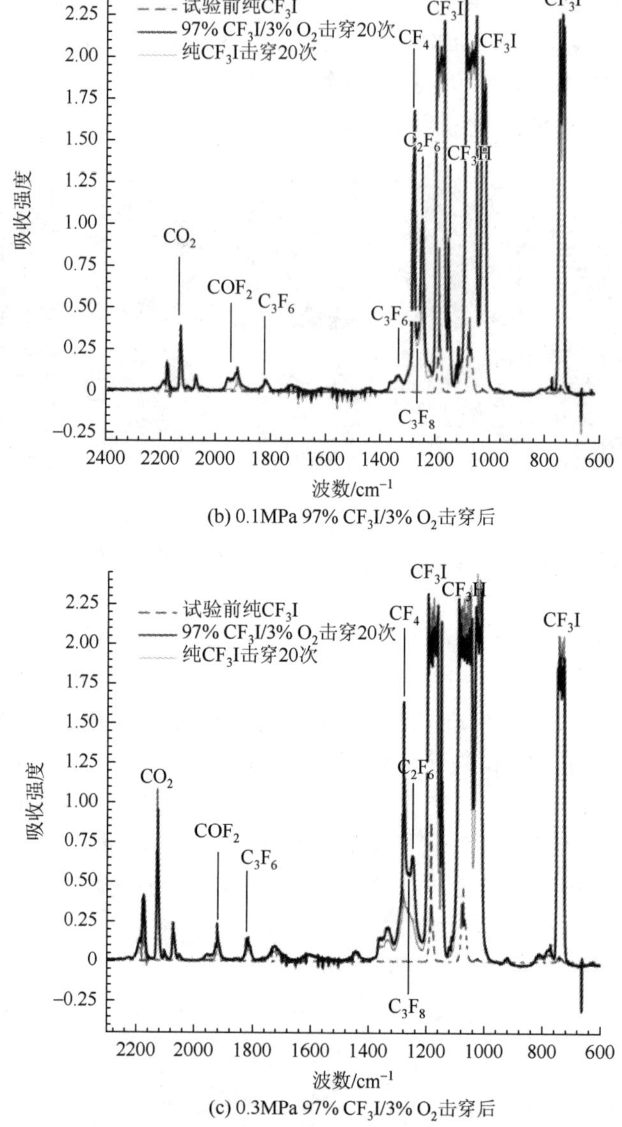

(b) 0.1MPa 97% CF_3I/3% O_2击穿后

(c) 0.3MPa 97% CF_3I/3% O_2击穿后

图 6.29　CF_3I/O_2击穿前后试验气室内气体的红外光谱

处有新的吸收峰出现，该物质为COF_2。另外，根据合并光谱结果可以看到在CF_3I浓度基本相同的情况下，混合气体击穿后产生的CF_4、C_2F_6、C_3F_8三种分解组分的光谱吸收强度明显高于纯CF_3I气体，而C_3F_6及CF_3H的吸收强度与纯CF_3I气体基本相同。因此，O_2的存在不仅使体系产生了COF_2这一新物质，而且加速了CF_3I气体的分解，导致混合气体的绝缘强度下降。

高气压条件下，纯CF_3I气体击穿20次后也有CF_4、C_2F_6、C_3F_8、C_3F_6等分解产物产生，但生成量小于低气压条件，如CF_4和C_2F_6的峰高低于低气压条件；对于CF_3I/O_2的混合气体，CF_4、C_2F_6、C_3F_8的峰强度高于纯CF_3I气体，同时有少量的COF_2产生。可见，高气

压环境下纯 CF_3I 及 CF_3I/O_2 混合气体的放电分解速率降低，高气压下 CF_3I 及其分解产生的自由基数量较大，可为自恢复提供更多参与粒子。

综合来看，CF_3I 放电分解产生的 CF_3 和 CF_2 反应生成的主要产物有 C_2F_6、C_2F_4、C_2F_5I、C_3F_6 和 C_3F_8。当有 O_2 存在时，CF_3I 放电分解产生的自由基与 O 和 O_2 反应将生成 COF_2，COF_2 对设备有腐蚀作用，并对人体构成危害；试验发现 O_2 也会加速 CF_3I 气体的分解，破坏其绝缘自恢复过程，使绝缘强度严重劣化并导致大量固体产物析出。

6.4　工 程 应 用

目前针对 CF_3I 气体绝缘、分解特性的研究发现当气室存在放电时，有固体产物析出、绝缘自恢复特性较差等问题，加之 CF_3I 存在一定的生物毒性，制约了其工程应用。针对 CF_3I 混合气体在中压、高压设备中的应用研究也以实验室为主。

6.4.1　中压设备应用

电力系统中应用的中压开关设备主要包括 12/24kV 环网柜（V 型环网柜）、12kV 负荷开关环网柜（C 型环网柜）和 40.5kV C-GIS。其中 C 型环网柜和 C-GIS 要求气体绝缘介质有一定的灭弧能力，主要用于开断负荷电流，辅助灭弧方式主要有磁吹、气吹两类；V 型环网柜大多采用真空灭弧室作为电流控制单元。

上海交通大学肖登明团队利用现有的 SF_6 产品模型，测试了 CF_3I/N_2 混合气体在 12/24kV 环网柜、12kV 负荷开关、40.5kV C-GIS 中的应用可行性[26]。其中，12/24kV 环网柜采用 20% CF_3I/80% N_2 混合气体，充气压力为 0.12MPa。为满足绝缘要求，对现有产品开展了针对性优化，包括增加断口间隙至 100mm，增加套管伞裙长度等，结构优化后的产品能够通过 12kV 电压等级标准下的绝缘型式试验。针对 12kV 负荷开关，采用 20% CF_3I/80% N_2 和 20% CF_3I/80% CO_2 混合气体两类方案均能够通过绝缘耐压特性试验；针对 40.5kV C-GIS 采用 40% CF_3I/60% N_2 混合气体作为绝缘介质并对现有设备进行了优化，使用了半径为 15mm 的管状圆环与箱体金属板件焊接成型以增加接地位置倒角，改进后的产品结构能够通过工频耐压和雷电冲击耐受试验。

灭弧方面，对 12kV 负荷开关的额定电流开断相关试验发现 CF_3I 与 N_2、CO_2 混合气体在 CF_3I 含量高于 40%时均能够开断 200A 的负荷电流，但需要对磁吹线圈和气吹密封结构进行优化改进。对气吹灭弧系统研究发现，有气吹下电弧沿气吹方向燃烧；而无气吹条件下，电弧会随动触头的运动沿其到静触头距离最短点距离的变化而移动，运动规律为电场最大位置连线。另外，开关动作的同期性小于 2ms 时最有利于灭弧。

6.4.2　高压设备应用

CF_3I 混合气体在高压设备中的应用潜力相对较弱。上海交通大学肖登明团队针对 126kV GIL 产品的相关研究表明，需要对现有产品关键位置的电场分布进行结构优化以满足绝缘要求[26]。通过接地屏蔽等优化处理措施，0.5MPa 下混合气体能够通过绝缘测试。

针对 252kV GIL 的试验发现，采用 20% CF_3I/80% N_2 混合气体方案在气压不低于 0.55MPa 时设备能够耐受额定雷电冲击电压；另外，动热稳定性试验前后的回路电阻及试验温升也处于标准范围。整体上，CF_3I 混合气体方案样机相对于 SF_6 气体 GIL 在绝缘方面裕度较小，需要进一步开展优化以提升安全裕度和运行可靠性。

参 考 文 献

[1] Silberberg M S，Amateis P. Chemistry：The Molecular Nature of Matter and Change. Saint Louis：Mosby，1996.

[2] Nakayama N，Ferrenz E E，Ostling D R，et al. Surface chemistry and radiation chemistry of trifluoroiodomethane（CF_3I）on Mo（110）. Journal of Physical Chemistry B，2004，108（13）：4080-4085.

[3] Toyota H，Matsuoka S，Hidaka K. Measurement of sparkover voltage and time lag characteristics in CF_3I-N_2 and CF_3I-air gas mixtures by using steep-front square voltage. IEEJ Transactions on Fundamentals and Materials，2005，125：409-414.

[4] Kasuya H，Katagiri H，Kawamura Y，et al. Measurement of decomposed gas density of CF_3I-CO_2 mixture// South African Institute of Electrical Engineers. Proceedings of the 16th International Symposium on High Voltage Engineering (ISH 2009)，Cape Town，South Africa，2009：24-28.

[5] Nguyen N M，Denat A，Bonifaci N，et al. Impulse partial discharges and breakdown of CF_3I in highly non-uniform field// Proceedings of International Conference on Gas Discharge and Their Applications，2010：330-333.

[6] Taki M，Maekawa D，Odaka H，et al. Interruption capability of CF_3I gas as a substitution candidate for SF_6 gas. IEEE Transactions on Dielectrics and Electrical Insulation，2007，14（2）：341-346.

[7] Lide D R. CRC Handbook of Chemistry and Physics. Boca Raton：CRC Press，2004.

[8] McCain W C，Macko J. Toxicity review for iodotrifluoromethane（CF_3I）//Proceedings of the Halon Options Technical Working Conference，Albuquerque，NM，USA，1999：17-29.

[9] Jamil M K M，Ohtsuka S，Hikita M，et al. Gas by-products of CF_3I under AC partial discharge. Journal of Electrostatics，2011，69（6）：611-617.

[10] Duan Y Y，Zhu M S，Han L Z. Experimental vapor pressure data and a vapor pressure equation for trifluoroiodomethane（CF_3I）. Fluid Phase Equilibria，1996，121（1-2）：227-234.

[11] Kasuya H，Katagiri H，Kawamura Y，et al. Measurement of decomposed gas density of CF_3I-CO_2 mixture//Proceedings of the 16th International Symposium on High Voltage Engineering（ISH 2009），South African Institution of Electrical Engineers，Cape Town，South Africa，2009：24-28.

[12] Preve C，Lahaye G，Richaud M，et al. Hazard study of medium-voltage switchgear with SF_6 alternative gas in electrical room. CIRED-Open Access Proceedings Journal，2017，（1）：198-201.

[13] 肖淞. 工频电压下 SF_6 替代物 CF_3I/CO_2 绝缘性能及微水对 CF_3I 影响研究. 重庆：重庆大学，2016.

[14] 肖淞，张晓星，戴琦伟，等. CF_3I/N_2 混合气体在不同电场下的工频击穿特性试验研究. 中国电机工程学报，2016，36（22）：6276-6285.

[15] Zhang X X，Song X，Han Y F，et al. Experimental studies on power frequency breakdown voltage of CF_3I/N_2 mixed gas under different electric fields. Applied Physics Letters，2016，108（9）：495202-3855.

[16] Zhang X X，Xiao S，Zhou J J，et al. Experimental analysis of the feasibility of CF_3I/CO_2 substituting SF_6 as insulation medium using needle-plate electrodes. IEEE Transactions on Dielectrics & Electrical Insulation，2014，21（4）：1895-1900.

[17] Song X，Cressault Y，Zhang X X，et al. The influence of Cu，Al，or Fe on the insulating capacity of CF_3I. Physics of Plasmas，2016，23（12）：123505.

[18] Takeda T，Matsuoka S，Kumada A，et al. Insulation performance of CF_3I and its by-products by sparkover discharge//The International Conference on Electrical Engineering，2008：1-6.

[19] 蒋英圣，姜燕君，林浩，等. 同轴场中 SF_6 及 SF_6/N_2 混合气体交流击穿特性及导电微粒的影响. 高电压技术，1988，(1)：24-30.

[20] Purnomoadi A P，Al-Suhaily M A G，Meijer S，et al. The influence of free moving particles on the breakdown voltage of GIS under different electrical stresses//2012 IEEE International Conference on Condition Monitoring and Diagnosis，September 23-27，2012，Bali, Indonesia. IEEE，2012：383-386.

[21] Hara M，Negara Y，Setoguchi M，et al. Particle-triggered pre-breakdown phenomena in atmospheric air gap under AC voltage. IEEE Transactions on Dielectrics and Electrical Insulation，2005，12 (5)：1071-1081.

[22] Sarathi R，Umamaheswari R. Understanding the partial discharge activity generated due to particle movement in a composite insulation under AC voltages. International Journal of Electrical Power & Energy Systems，2013，48 (1)：1-9.

[23] Christophorou L. G. Electron-Molecule Interactions and Their Applications. New York：Academic Press，2013.

[24] Claydon C R，Segal G A，Taylor H S. Theoretical interpretation of the optical and electron scattering spectra of H_2O. Journal of Chemical Physics，1971，54 (9)：3799-3816.

[25] 肖淞，李祎，张晓星，等. CF_3I 及微氧条件下放电分解组分形成机理. 高电压技术，2017，43 (3)：727-735.

[26] 谭东现. 环保型 CF_3I 混合气体绝缘特性与应用研究. 上海：上海交通大学，2019.

第 7 章　全氟异丁腈混合气体

7.1　基 本 性 质

7.1.1　基本参数

C_4F_7N（perfluoroisobutyronitrile，全氟异丁腈）于 2016 年由明尼苏达矿业制造（Minnesota Mining and Manufacturing，3M）公司和通用电气（General Electric，GE）联合推出[1]。C_4F_7N 的分子结构如图 7.1 所示。

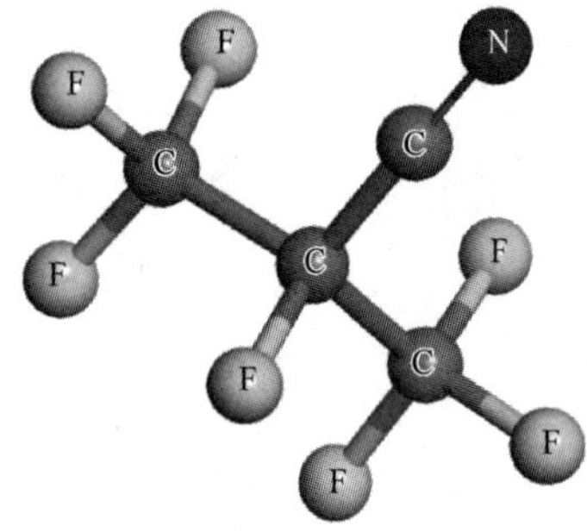

图 7.1　C_4F_7N 的分子结构

表 7.1 给出了 C_4F_7N 的基础物化参数，其分子量为 195.04，气体密度为 8.11kg/m^3，是一种不燃物质。C_4F_7N 的绝缘性能优异，绝缘强度达到了 SF_6 的 2.2 倍。考虑到 C_4F_7N 常温常压下的液化温度为–4.7℃，因此无法直接应用于各类气体绝缘输配电设备，需要与 CO_2、N_2 等缓冲气体混合使用。

表 7.1　C_4F_7N 的基础物化参数[1, 2]

基本特性（25℃温度条件）	数值
分子量	195.04
液化温度/℃	–4.7
凝固点/℃	–118
闪点/℃	—（不燃）
饱和蒸气压/kPa	252
气体密度/(kg/m^3)	8.11
相对 SF_6 绝缘强度	2.2
大气寿命/年	22
GWP	2090
辐射驱动力[W/(m^2·ppb)]	0.217
ODP	0

根据图 7.2 给出的基于 Wagner 方程拟合得到的 C_4F_7N 饱和蒸气压曲线，结合理想气体状态方程，可以计算得到不同 C_4F_7N 含量（混合比）、不同气压条件下 C_4F_7N 混合

气体的液化温度（图 7.3）。若要满足−25℃的最低运行温度，当气压为 0.6MPa 时，混合气体中 C_4F_7N 含量应小于 6%，当气压为 0.3MPa 时，C_4F_7N 含量应小于 12%；若要满足−10℃的最低运行温度（中国南方部分地区），当气压为 0.7MPa 时，C_4F_7N 含量应小于 12%，当气压为 0.5MPa 时，C_4F_7N 含量应小于 16%，当气压为 0.4MPa 时，C_4F_7N 含量应小于 20%[3]。

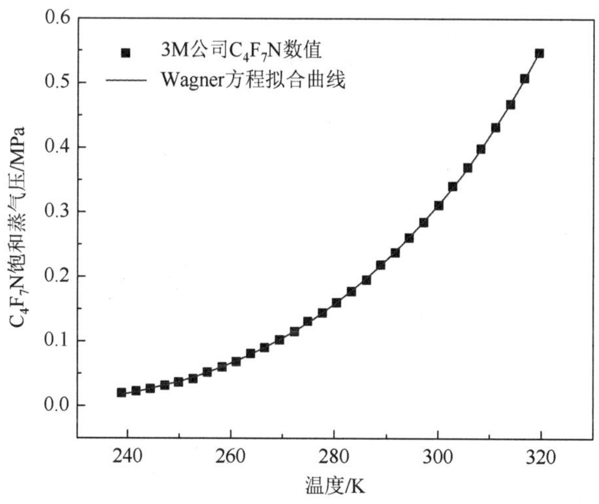

图 7.2　C_4F_7N 的饱和蒸气压特性

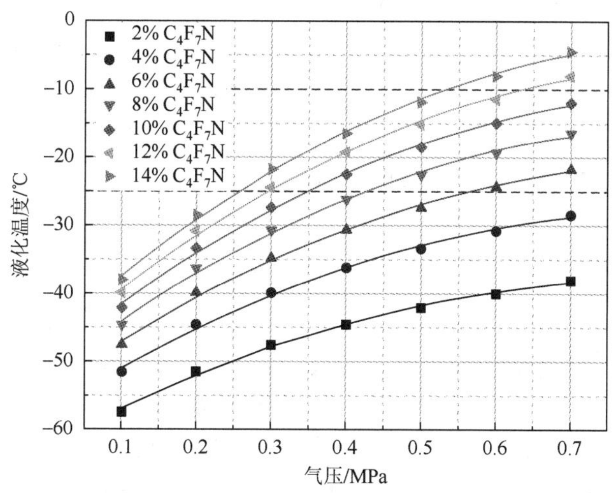

图 7.3　C_4F_7N 混合气体不同气压及混合比下的液化温度

7.1.2　环境参数

C_4F_7N 的 GWP 为 2090，是 SF_6 气体的 8.89%；大气寿命为 22 年（小于 SF_6 的 3200 年），

辐射驱动力（radiative forcing，RF）为 0.217W/(m²·ppb)[6.31×10⁻¹²W/ (m²·kg)[4]。图 7.4 给出了 C_4F_7N 含量为 0%～20%混合气体的 GWP，可以看到 C_4F_7N 含量为 10%和 20%混合气体的 GWP 分别为 916 和 1334，相对 SF_6 降低了 96.10%及 94.32%。因此，使用 C_4F_7N 混合气体作为气体绝缘介质将有效解决 SF_6 的温室效应问题。考虑对臭氧层破坏情况，由于除氯、溴外含卤素的有机化合物已被证明对平流层臭氧层没有影响。因此，C_4F_7N 的 ODP 为 0。

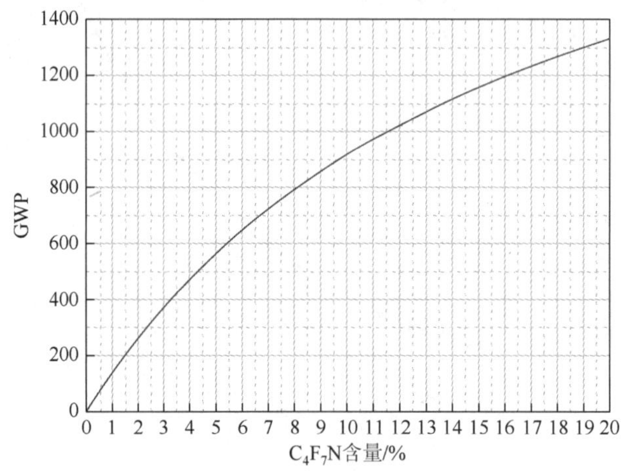

图 7.4　C_4F_7N 混合气体的 GWP

假设 C_4F_7N 排放量与当前估算的 SF_6 全球排放量相似（2010 年水平为 5700～7400t）且用 C_4F_7N 替代 SF_6 排放量的 100%（以一对一的质量基准），将减少 1 亿～2 亿 t 的 CO_2[4]。用 C_4F_7N 替代 SF_6 对气候辐射效应带来的影响与用新型制冷剂 HFO-1234yf（$CF_3CF{=}CH_2$）完全替代 HFC-134a（$CF_3{-}CH_2F$）带来的减排效果相当。

7.1.3　安全性参数

C_4F_7N 的化学品安全技术说明书（material safety data sheet，MSDS）指出其大鼠 4h 半数致死浓度（LC_{50}）大于 1%但小于 1.5%，其中氟化物杂质的大鼠 4h LC_{50} 为 0.6%[5]。考虑工程应用实际情况，C_4F_7N 含量为 4%、10%的 C_4F_7N/CO_2 混合气体的 4h LC_{50} 分别为 16%～21.2%和 9.55%～10%[2]。C_4F_7N 气体对小鼠的 LC_{50} 为 1175ppm（雄性，4h）和 1380ppm（雌性，4h），雌性小鼠对 C_4F_7N 气体的耐受性要大于雄性小鼠，而 C_4F_7N 对大鼠的毒性作用持续时间要长于小鼠[6]。

另外，基于符合优良实验室规范（good laboratory practice，GLP）的经济合作与发展组织 412 亚急性吸入毒性 28 天研究，C_4F_7N 的职业接触限值（occupational exposure limit，OEL）为 65ppm，低于 SF_6 的 1000ppm[5]。根据急性毒性评估（acute toxicity testing，ATE）值和急性毒性危险类别标准（表 7-2）[7]，C_4F_7N 被归为第 4 级。

表 7.2　急性毒性评估（ATE）值和急性毒性危险类别标准[7]

分级	气体 LC_{50} 值(4h)/%	粉尘和雾质量浓度(4h)/(mg/L)
第 1 级	≤0.01%	≤0.05
第 2 级	(0.01, 0.05]	(0.05, 0.5]
第 3 级	(0.05, 0.25]	(0.5, 1.0]
第 4 级	(0.25, 2]	(1.0, 5]

针对 C_4F_7N 的靶器官毒性，3M 公司指出 C_4F_7N 对呼吸系统有刺激作用，特异性靶器官一次接触（大鼠，28 天）结果存在一些阳性数据，但不足以依据这些数据进行分类，不出现副反应的剂量水平为 516ppm；针对造血系统、特异性靶器官反复接触（大鼠，28 天），结果也存在一些阳性数据，但不足以进行分类；大鼠接触 C_4F_7N 后不出现副反应的剂量水平为 1512ppm；针对心脏、内分泌系统、骨骼、牙齿、指甲或头发、肝脏、肌肉、神经系统、眼睛、肾或膀胱、血管系统的吸入暴露，所有数据均为阴性[5]。

对吸入 4h 1.5% C_4F_7N 大鼠的器官进行切片分析，发现 C_4F_7N 会对大鼠的肺部和肾脏组织造成严重损害；对肠部、脑部的损害较轻，对眼、皮肤、心脏及肝部组织几乎不构成损害[7, 8]。具体地，大鼠在 1.5% C_4F_7N 中暴露 4h 后，肺部组织可见肺泡壁重度增厚（图 7.5 黑色箭头所示），并伴有少量炎性细胞浸润（图 7.5 红色箭头所示），少量肺泡壁可见断裂，即肺部组织发生了明显病变。

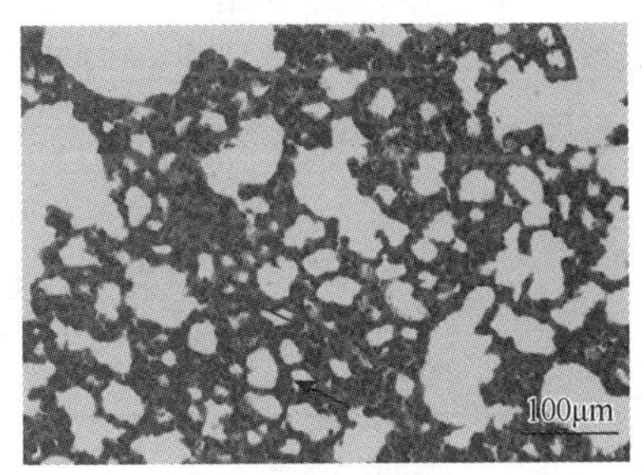

图 7.5　大鼠在 1.5% C_4F_7N/空气混合气体暴露 4h 后肺部切片[7]

大鼠在 1.5% C_4F_7N 环境中暴露 4h 后，肾脏切片结果显示组织中肾小管上皮细胞广泛水肿变性，细胞质疏松淡染（图 7.6 中黑色箭头所示）；肾小管管腔内可以看到嗜酸性蛋白样物质，形成肾小管管型，且有少量肾小管间质淤血出现（图 7.6 中黄色箭头）；肠组织中也出现肠绒毛上皮脱落（图 7.7 中黑色箭头）、肠腔内细胞团块坏死（图 7.7 中红色箭头）、肠绒毛上皮脱落且固有层细胞减少等病变。

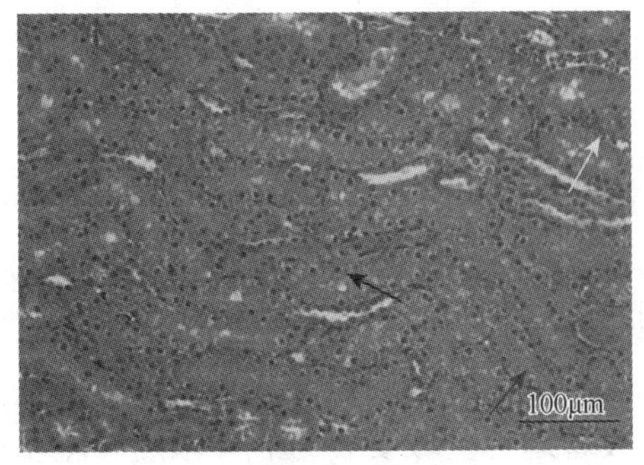

图 7.6　大鼠在 1.5% C_4F_7N/空气混合气体暴露 4h 后肾部切片[7]

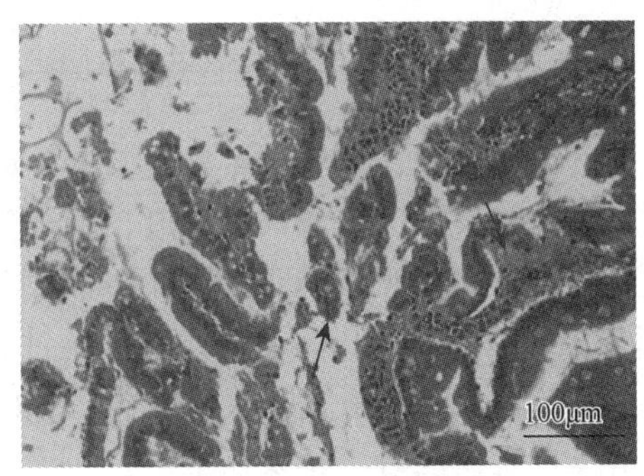

图 7.7　大鼠在 1.5% C_4F_7N/空气混合气体暴露 4h 后肠部切片[7]

综合来看，大鼠暴露于 1.5% C_4F_7N（LC_{50}上限值）4h 后，会对呼吸系统、泌尿系统、消化系统和神经系统主器官带来一定损害。

为满足−25℃的最低运行温度，中、高压气体绝缘设备中 C_4F_7N 的含量一般为 4%～18%，且目前中压设备主要采用真空灭弧室。C_4F_7N 作为灭弧介质更多地用于高压断路器，其中 C_4F_7N 的含量一般为 4%～6%。表 7.3 给出了纯 C_4F_7N、C_4F_7N 含量为 4%～6% C_4F_7N/CO_2 混合气体及 SF_6 的吸入毒性数据。根据化学品分类与标记全球协调制度（globally harmonized system of classification and labeling of chemicals，GHS）中关于化学品急性毒性的分级标准，6% C_4F_7N/94% CO_2 混合气体的 LC_{50} 高于 95500ppm，属于无毒物质。考虑实际工程应用中设备内混合气体中 C_4F_7N 的含量较少，主要以 CO_2 和其他缓冲气体（如 O_2）为主，因此只要设备不发生气体泄漏事故，基本不会对相关人员的健康造成威胁，C_4F_7N 混合气体的应用仍具有安全性。然而，纯的 C_4F_7N 气体急性毒性分级为第 4 级，尽管毒性较低，但是仍建议对 C_4F_7N 纯气进行罐装、分离，并对进行设备充气的工作人员采取一定防护措施，避免吸入高剂量 C_4F_7N 对其身体健康带来安全隐患与潜在威胁。具体地，建议在可能暴露于 C_4F_7N 的环境中工作时使用间接通气护目镜对眼睛和面部进行防护；使用丁腈手套对手部进行防护；使用供气式半面罩或全面罩呼吸器进行呼吸防护，以避免吸入或接触 C_4F_7N 气体对自身安全带来隐患和危害[6]。

表 7.3 C_4F_7N 及其混合气体与 SF_6 的毒性对比

项目	SF_6	C_4F_7N/CO_2	C_4F_7N 纯气
GWP	23500	4% C_4F_7N：327 6% C_4F_7N：462	2090
LC_{50}/(ppm，4h, 大鼠)	＞100000	4% C_4F_7N： ＞160000 6% C_4F_7N：＞95500	12500～15000
TWA/ppm	—	Novec 4710：65 CO_2：5000	65
急性毒性等级	无毒	无毒	急性毒性第 4 级
风险	—	—	吸入有害

需要指出的是，考虑设备发生泄漏的极端情况，其所在环境中的 C_4F_7N 含量与设备的体积、充气气压、泄漏严重程度、混合气体中 C_4F_7N 含量等因素息息相关，且真实设备发生泄漏的概率极低，即使泄漏也会因扩散等因素导致空气环境中的 C_4F_7N 含量降低，因此 C_4F_7N 混合气体仍具备应用的安全性。但是对于处理 C_4F_7N 纯气的人员（如纯气分装、混合气体生产、尾气回收等），需要做好必要的防护措施以避免接触高浓度的气体而引发潜在危险；同时，建议在 C_4F_7N 混合气体设备运行区域安装 C_4F_7N 浓度监测及报警系统，实时监测环境中的 C_4F_7N 含量并做出相应预警，避免潜在的泄漏风险对运维人员带来危害。

7.2　绝 缘 性 能

7.2.1　C_4F_7N/N_2 混合气体

1. C_4F_7N/N_2 混合气体的工频击穿特性

N_2 作为一种最为常见的气体绝缘介质，具有化学性质稳定、成本低等优势，可以作为缓冲气体与 C_4F_7N 混合使用，以满足工程应用对液化温度的需求。

1）准均匀电场

图 7.8 给出了不同气压下 C_4F_7N/N_2 混合气体的工频击穿电压[9]，测试基于板-板电极模拟准均匀电场，电极间距固定为 2.5mm。C_4F_7N/N_2 混合气体的工频击穿电压在 0.1～0.7MPa 内随气压增加而增大，其中低气压范围内（0.1～0.4MPa）工频击穿电压随气压呈线性增长趋势，随着气压的进一步增加呈现饱和增长趋势（0.5～0.7MPa）。C_4F_7N 含量为 20%的 C_4F_7N/N_2 混合气体的绝缘性能在 0.1～0.2MPa 条件下与 SF_6 的绝缘性能相当；随着气压的增加，混合气体的绝缘性能与相同条件下 SF_6 的绝缘性能差距逐渐增大。0.7MPa 下 20% C_4F_7N/80% N_2 混合气体的工频击穿电压是相同条件下 SF_6 的 81.9%。

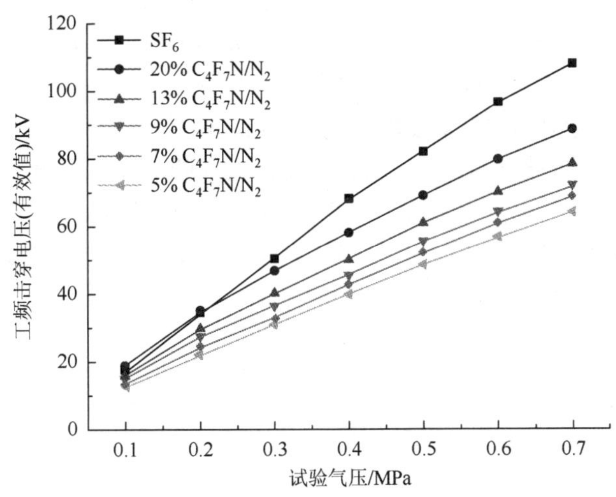

图 7.8　不同气压下 C_4F_7N/N_2 混合气体的工频击穿电压（准均匀电场）[9]

图 7.9 给出了不同气压下 C_4F_7N/N_2 混合气体相对 SF_6 的工频绝缘性能。随着气压的增加，0.1～0.4MPa 气压范围内 C_4F_7N/N_2 混合气体相对 SF_6 的绝缘强度呈现下降趋势，0.4～0.7MPa 气压范围内趋于稳定。因此，中低气压环境下 C_4F_7N/N_2 混合气体相对 SF_6 的绝缘性能优于高气压条件，提升气压对 C_4F_7N/N_2 混合气体绝缘性能的提升效果不大。C_4F_7N/N_2 混合气体的工频击穿电压随 C_4F_7N 含量的增加而增加。C_4F_7N 含量为 5%、7%、9%、13%、20%的混合气体，其绝缘强度在 0.3～0.7MPa 范围内能够分别达到纯 SF_6 的 60%、63%、66%、72%和 82%。

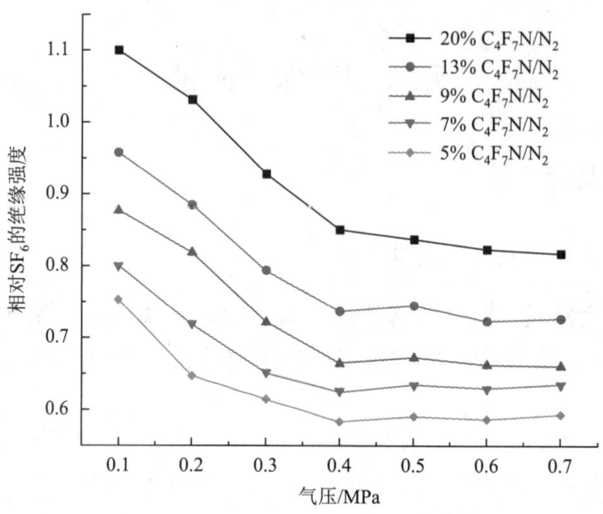

图 7.9　不同气压下 C_4F_7N/N_2 混合气体相对 SF_6 的工频绝缘性能（准均匀电场）[9]

2）极不均匀电场

图 7.10 给出了气压对 C_4F_7N/N_2 混合气体工频击穿电压的影响情况，测试采用针-板电极模拟极不均匀电场（电极间距为 5mm）。可以看到混合气体在极不均匀电场下的工频击穿电压随气压增加而增加，但均低于相同条件下的纯 SF_6 气体。通过增加气压能够提升混合气体的工频击穿电压，如 0.4MPa 下含 12% C_4F_7N 混合气体的工频击穿电压能够达到 0.2MPa 下纯 SF_6 的水平，但 0.6MPa 下混合气体的工频击穿电压未能达到 0.3MPa 的纯 SF_6。另外，C_4F_7N/N_2 混合气体的相对绝缘强度在 0.3MPa 或 0.2MPa 下达到最大值，随着气压的进一步增加有所降低，即高气压下混合气体的相对绝缘强度低于中低气压（图 7.11）。高气压（0.5MPa、0.6MPa）下混合气体相对 SF_6 的工频击穿电压低于中低气压环境。例如，0.6MPa 下 10% C_4F_7N/90% N_2 混合气体的工频击穿电压达到了 SF_6 的 51.75%，低于 0.2MPa 下的 59.4%（图 7.11）。

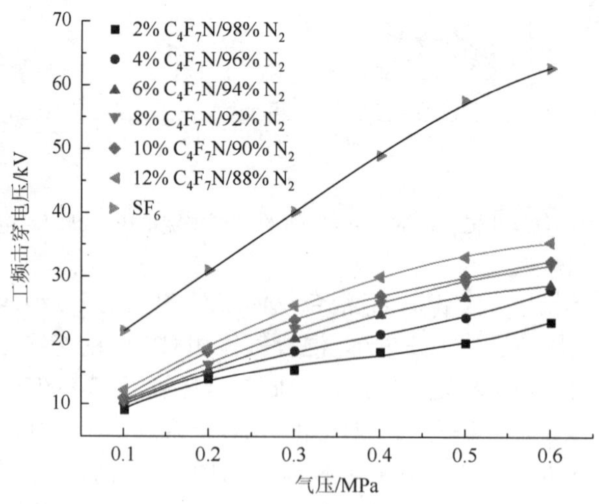

图 7.10　不同气压下 C_4F_7N/N_2 混合气体的工频击穿电压（极不均匀电场）

C_4F_7N 含量对 C_4F_7N/N_2 混合气体极不均匀电场下击穿特性的影响情况如图 7.12 所示。整体来看，C_4F_7N/N_2 气体的工频击穿电压随 C_4F_7N 含量的增加呈现增长趋势。

2. C_4F_7N/N_2 混合气体的局部放电特性

1）PDIV−

负半周局部放电起始电压（PDIV−）是工频交流局部放电的早期表现形式，是故障产生的重要预警标志[10]。

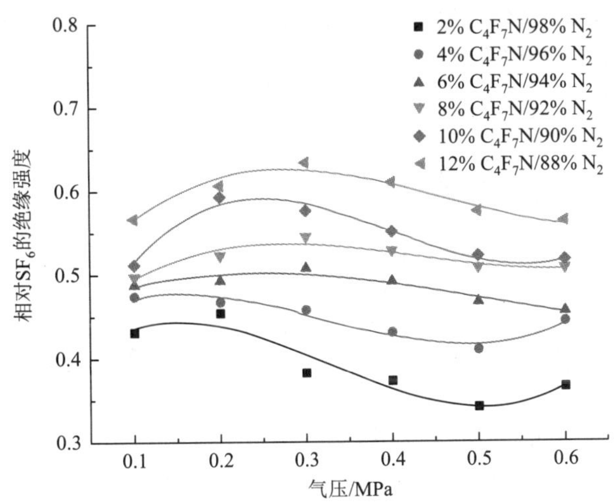

图 7.11　不同气压下 C_4F_7N/N_2 混合气体相对 SF_6 的工频绝缘性能（极不均匀电场）

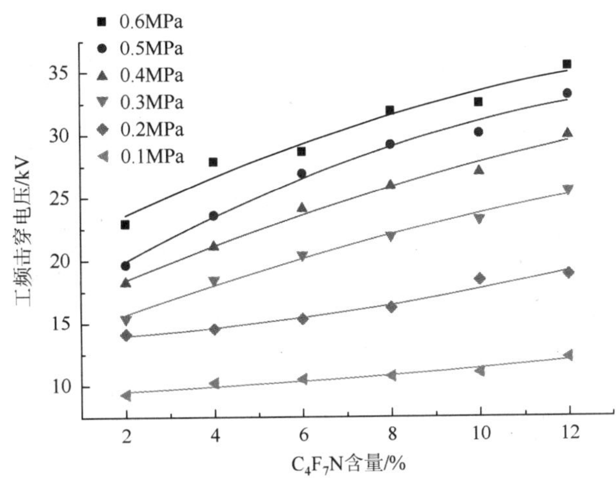

图 7.12　不同 C_4F_7N 含量下 C_4F_7N/N_2 混合气体的工频击穿电压（极不均匀电场）

图 7.13 给出了 C_4F_7N/N_2 混合气体及 SF_6 在 0.1～0.6MPa 下的 PDIV−随气压的变化情况。可以看到 C_4F_7N 含量为 2%～12%的 C_4F_7N/N_2 混合气体的 PDIV−均低于相同气压下

的 SF_6。0.3MPa 下 12% C_4F_7N/88% N_2 混合气体的 PDIV–可以达到 0.2MPa 下纯 SF_6 的水平；0.6MPa 下 10% C_4F_7N/90% N_2 混合气体的 PDIV–可以达到 0.3MPa 下纯 SF_6 的水平。随着气压的升高，混合气体的 PDIV–呈饱和增长趋势。当气压低于 0.3MPa 时，混合气体的 PDIV–随气压增长的速率高于 0.4～0.6MPa，表明低气压下升高气压对混合气体绝缘性能的提升效果较为理想。

根据图 7.14 的结果，混合气体的相对 PDIV–随气压的变化呈现三个阶段。当气压低于 0.2MPa 时，提升气压能够有效提升混合气体的相对 PDIV–，如 C_4F_7N 含量为 4%、6%、8%、10%、12%的混合气体在 0.2MPa 下的相对 PDIV–均高于其他气压条件。随着气压的进一步升高，混合气体的相对 PDIV–明显降低，并在 0.4～0.5MPa 时达到最小值；0.5～0.6MPa 区间内，混合气体的相对 PDIV–趋于稳定。

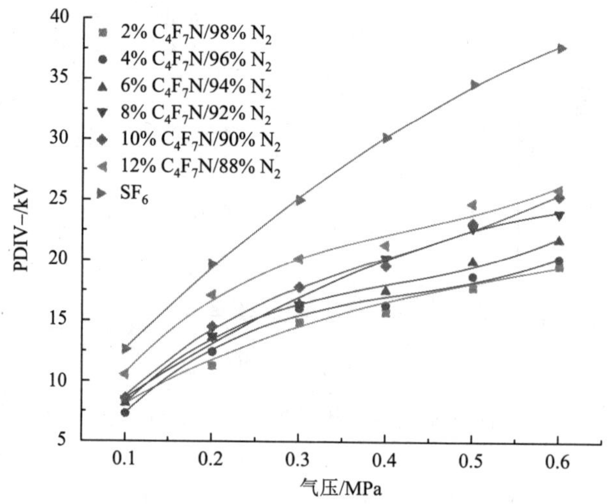

图 7.13　不同气压下 C_4F_7N/N_2 混合气体的 PDIV–

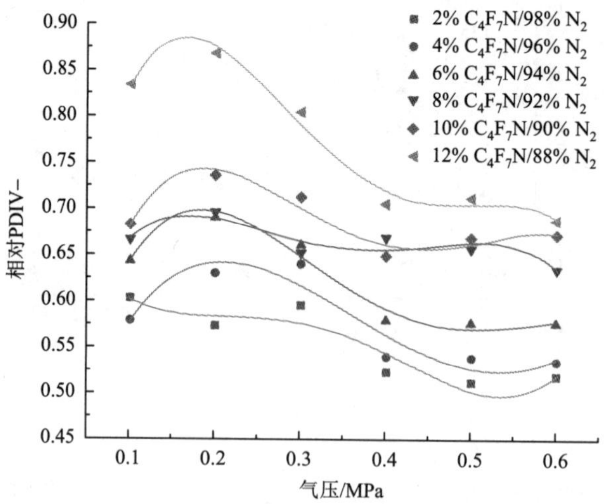

图 7.14　不同气压下 C_4F_7N/N_2 混合气体相对 SF_6 的 PDIV–

C_4F_7N/N_2 混合气体的 PDIV−随 C_4F_7N 含量的变化情况如图 7.15 所示。可以看到各气压下混合气体的 PDIV−随 C_4F_7N 含量的增加而增大。其中，低气压条件下（0.1～0.3MPa）C_4F_7N 含量在 6%～10%的混合气体的 PDIV−值基本一致，当 C_4F_7N 的含量增加至 12%时，混合气体的 PDIV−显著增加。例如，0.3MPa、0.2MPa 下 12% C_4F_7N/88% N_2 混合气体的 PDIV−可以达到纯 SF_6 的 80%和 86%（图 7.16）。因此，对于低气压设备，建议应用 C_4F_7N 含量为 10%以上的混合气体，该方案能够兼顾工程应用液化温度限制和优良的绝缘性能需求。

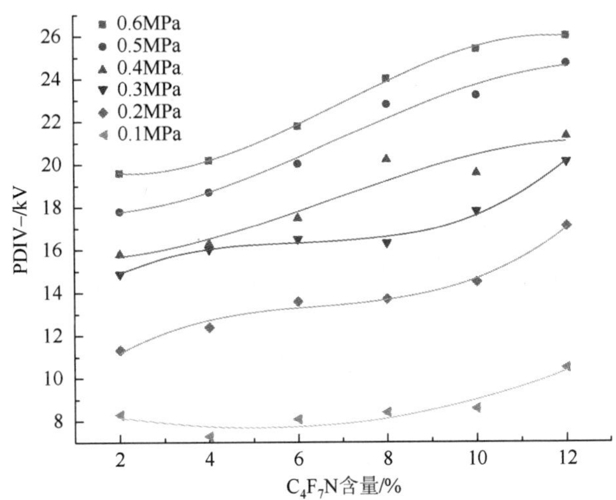

图 7.15　不同 C_4F_7N 含量下 C_4F_7N/N_2 混合气体的 PDIV−

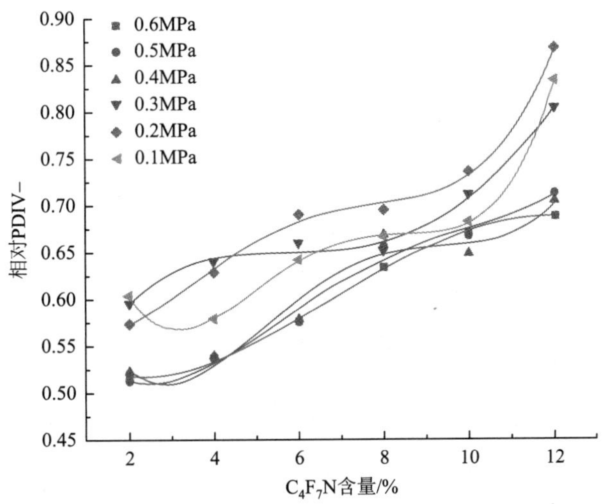

图 7.16　不同 C_4F_7N 含量下 C_4F_7N/N_2 混合气体相对 SF_6 的 PDIV−

由图 7.15 可知，高气压条件下（0.4～0.6MPa）混合气体的 PDIV−随 C_4F_7N 含量增加呈现饱和增长趋势。C_4F_7N 含量为 4%～8%的混合气体的 PDIV−随 C_4F_7N 含量的增加而增大；当 C_4F_7N 的含量达到 10%以上时，PDIV−趋于饱和。由图 7.16 可知，0.5MPa、0.6MPa 下 10% C_4F_7N/90% N_2 混合气体的 PDIV−可以达到相同条件下纯 SF_6 的 66.9%和 67.2%。由于 C_4F_7N 含量越高，混合气体在满足液化温度限制条件下的最高应用气压越低，因此高气压应用环境下建议使用 C_4F_7N 含量在 8%～10%的混合气体，以兼顾绝缘性能和液化温度。

2）PDIV +

正半周局部放电起始电压（PDIV+ ）介于负半周局部放电起始电压（PDIV−）与击穿电压之间，是流注产生过程中的重要物理量，标志着气体绝缘劣化程度转为严重的关键阶段。

图 7.17 给出了 C_4F_7N/N_2 混合气体的 PDIV+ 随气压的变化情况。与 PDIV−类似，混合气体的 PDIV+ 随气压增加而增大。随着气压的升高，混合气体 PDIV+ 的增长率有所减缓，即呈现饱和增长趋势。相同条件下混合气体的 PDIV+ 均低于 PDIV−。例如，0.2MPa 下含 12% C_4F_7N 混合气体的 PDIV−达到了 SF_6 的 86%，而 PDIV+ 仅为 SF_6 的 66.9%；0.5MPa 下含 10% C_4F_7N 混合气体的 PDIV−达到了 SF_6 的 66.9%，而 PDIV+ 仅为 SF_6 的 57%。

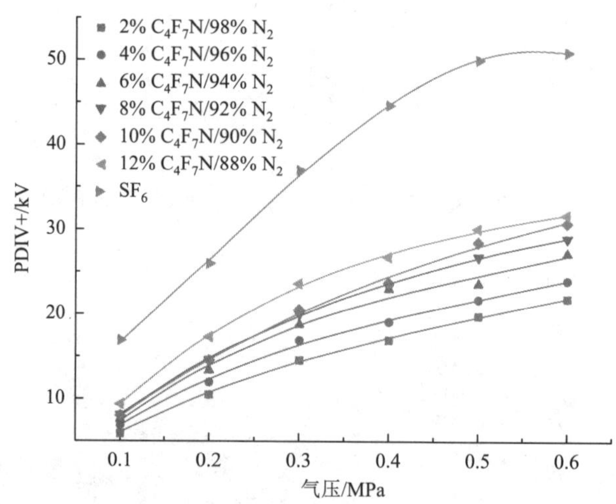

图 7.17　不同气压下 C_4F_7N/N_2 混合气体的 PDIV+

随着气压的增加，C_4F_7N/N_2 混合气体的相对 PDIV+ 呈现先增加后降低，随后再增加的变化趋势。不同 C_4F_7N 含量的 C_4F_7N/N_2 气体在 0.2MPa 条件下的相对 PDIV+ 均达到了最高值，随后随气压增加呈现下降趋势；当气压达到 0.6MPa 时，C_4F_7N/N_2 混合气体的相对 PDIV + 有所上升。实际上，混合气体的 PDIV+ 随气压变化的饱和增长临界点为 0.3MPa，而 SF_6 气体的 PDIV+ 随气压变化的饱和增长临界点为 0.5MPa，因此相对 PDIV+ 随气压呈现图 7.18 的变化规律。

图 7.19 和图 7.20 给出了混合气体的 PDIV+ 随 C_4F_7N 含量的变化情况。与 PDIV−不同，0.1～0.3MPa 下 C_4F_7N/N_2 混合气体的 PDIV+ 随 C_4F_7N 含量的增加呈现线性增长趋势；

0.5～0.6MPa 下混合气体的 PDIV+ 随 C_4F_7N 含量增加呈饱和增长趋势。因此，中低气压应用场合可以通过提升混合气体中 C_4F_7N 含量的方法达到更为优异的绝缘性能。

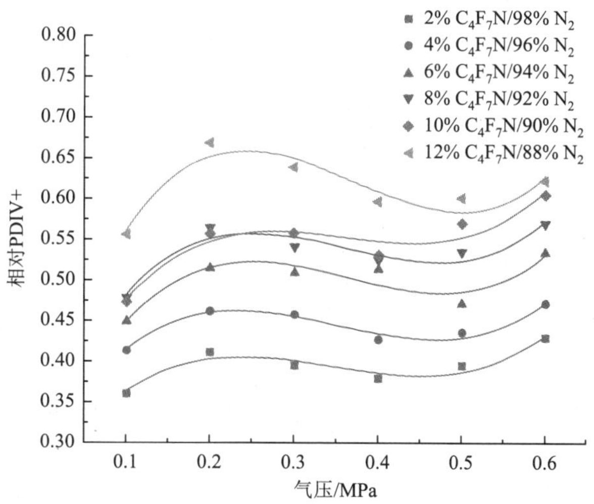

图 7.18　不同气压下 C_4F_7N/N_2 混合气体相对 SF_6 的 PDIV+

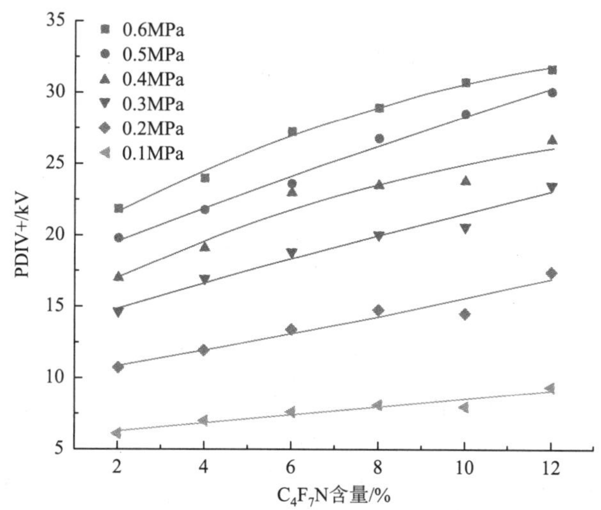

图 7.19　不同 C_4F_7N 含量下 C_4F_7N/N_2 混合气体的 PDIV+

7.2.2　C_4F_7N/CO_2 混合气体

1. C_4F_7N/CO_2 混合气体的工频击穿特性

1）准均匀电场

图 7.21 给出了准均匀电场下 C_4F_7N/CO_2 混合气体工频击穿电压随气压的变化情况（测试采用球-球电极模拟准均匀电场，球半径为 25mm，电极间距为 2mm）。

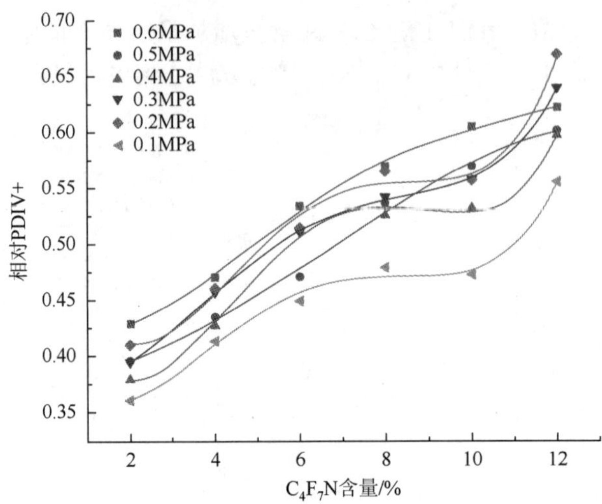

图 7.20　不同 C_4F_7N 含量下 C_4F_7N/N_2 混合气体相对 SF_6 的 PDIV+

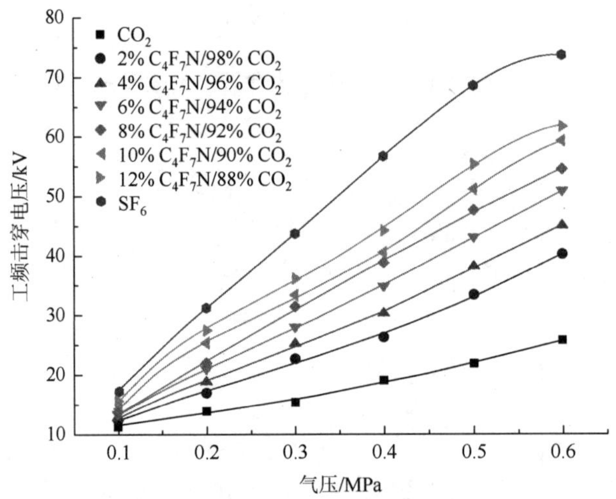

图 7.21　不同气压下 C_4F_7N/CO_2 混合气体的工频击穿电压（准均匀电场）

气压为 0.1～0.6MPa 范围内，C_4F_7N/CO_2 混合气体及纯 SF_6 气体的工频击穿电压均随气压的升高而增长，且相同气压下 C_4F_7N/CO_2 混合气体的工频击穿电压值均低于纯 SF_6 气体。在准均匀电场环境中，气压为 0.3MPa 的 8% C_4F_7N/92% CO_2 混合气体的工频击穿电压能够达到 0.2MPa 纯 SF_6 水平；气压为 0.6MPa 的 8% C_4F_7N/92% CO_2 混合气体的工频击穿电压接近 0.4MPa 纯 SF_6 水平；0.6MPa 下 12% C_4F_7N/88% CO_2 混合气体的工频击穿电压能够达到 0.45MPa 下纯 SF_6 的水平。

另外，C_4F_7N/CO_2 混合气体工频击穿电压随气压增长的速率低于纯 SF_6 气体，例如，气压从 0.3MPa 上升到 0.4MPa，12% C_4F_7N/88% CO_2 混合气体的工频击穿电压升高了 8kV，纯 SF_6 气体升高了 13kV。准均匀电场中，气压在 0.1～0.6MPa 范围内，提升气压对 C_4F_7N/CO_2 混合气体击穿特性的提升效果低于 SF_6 气体，即 SF_6 的工频击穿电压能随气压增加显著增加，而 C_4F_7N/CO_2 混合气体的工频击穿电压随气压增加的增加速率较低。

图 7.22 给出了不同气压下 C_4F_7N/CO_2 混合气体的工频击穿电压随 C_4F_7N 含量的变化曲线，可以看到 C_4F_7N/CO_2 混合气体的工频击穿电压随 C_4F_7N 含量的增加而增大。对比纯 CO_2 气体与含 2% C_4F_7N 的混合气体，在 0.6MPa 下，C_4F_7N 含量从 0%上升到 2%时，混合气体的工频击穿电压从 25.9kV 升高到 40.4kV，增加了 14.5kV；当混合气体中 C_4F_7N 的含量超过 2%之后，工频击穿电压随 C_4F_7N 含量升高继续增加，但增加速率减慢。结果表明，CO_2 气体中 C_4F_7N 气体的加入能够有效提升其绝缘强度，C_4F_7N/CO_2 混合气体中 C_4F_7N 含量的增加能够提高其击穿强度。

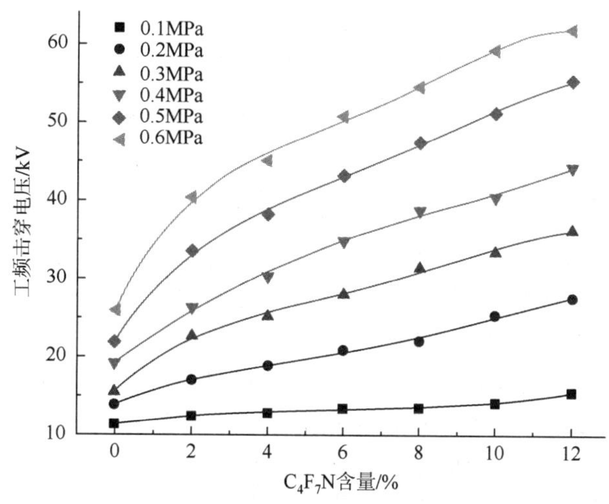

图 7.22　不同 C_4F_7N 含量下 C_4F_7N/CO_2 混合气体的工频击穿电压（准均匀电场）

图 7.23 给出了不同 C_4F_7N 含量下 C_4F_7N/CO_2 混合气体相对 SF_6 的击穿电压变化情况。随着 C_4F_7N 含量的增加，混合气体相对纯 SF_6 的击穿电压有显著升高。相同 C_4F_7N 含量条件下，混合气体相对 SF_6 的击穿电压值随气压增加略有降低，即较 SF_6 而言，气压的提升对 C_4F_7N/CO_2 混合气体绝缘能力的提升效果较小。综合来看，C_4F_7N 含量为 12%的 C_4F_7N/CO_2 混合气体的绝缘强度能够达到相同条件下纯 SF_6 的 70%～90%。

2）极不均匀电场

图 7.24 给出了极不均匀电场条件不同气压下 C_4F_7N/CO_2 混合气体的工频击穿电压（针-板电极，电极间距为 5mm）。极不均匀电场环境中，C_4F_7N/CO_2 混合气体的工频击穿电压值低于同气压下的纯 SF_6 气体；当 C_4F_7N 含量一定时，C_4F_7N/CO_2 混合气体及纯 SF_6 气体的工频击穿电压值均随气压增加呈现增长趋势。气压为 0.3MPa 的 2% C_4F_7N/98% CO_2 混合气体的工频击穿电压可以达到气压为 0.1MPa 的纯 SF_6 气体的水平；气压为 0.6MPa 的 6% C_4F_7N/94% CO_2 混合气体的工频击穿电压可以达到气压为 0.2MPa 的纯 SF_6 气体的水平；0.6MPa 下 12% C_4F_7N/88% CO_2 混合气体的工频击穿电压能够达到纯 SF_6 气体 0.2～0.3MPa 气压范围内的水平。

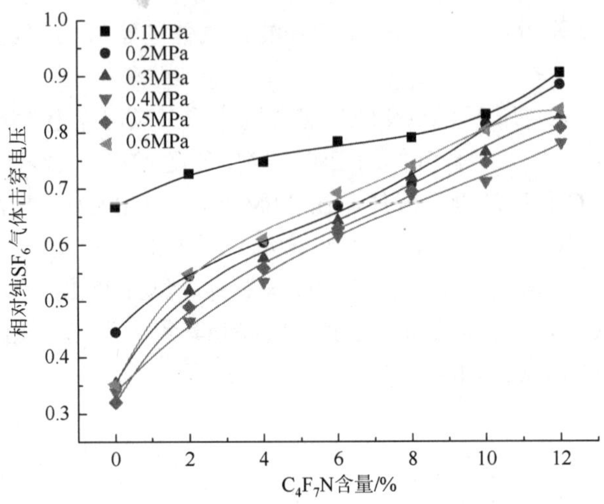

图 7.23　不同 C_4F_7N 含量下 C_4F_7N/CO_2 混合气体相对 SF_6 的击穿电压（准均匀电场）

极不均匀电场环境中，不同 C_4F_7N 含量下 C_4F_7N/CO_2 混合气体的工频击穿电压随气压变化曲线比较类似。例如，气压从 0.2MPa 上升到 0.3MPa，2% C_4F_7N/98% CO_2 混合气体工频击穿电压增加了 3.8kV，12% C_4F_7N/88% CO_2 混合气体工频击穿电压增加了 3.6kV，而纯 SF_6 气体工频击穿电压提升了 9.2kV；气压从 0.5MPa 上升到 0.6MPa，2% C_4F_7N/98% CO_2 混合气体工频击穿电压增加了 3.5kV，12% C_4F_7N/88% CO_2 混合气体工频击穿电压增加了 3.1kV，而纯 SF_6 气体的工频击穿电压增加了 4.5kV。因此，C_4F_7N/CO_2 混合气体工频击穿电压随气压增长的速率均低于纯 SF_6 气体，表明提升气压对 C_4F_7N/CO_2 混合气体在极不均匀电场环境下绝缘性能的提升效果弱于纯 SF_6 气体。

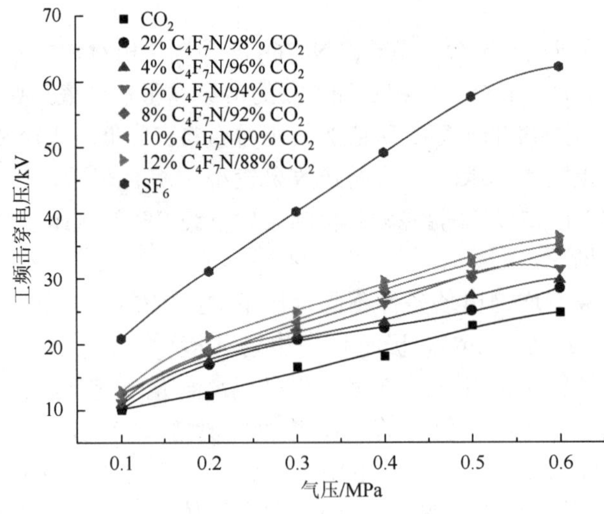

图 7.24　不同气压下 C_4F_7N/CO_2 混合气体的工频击穿电压（极不均匀电场）

图 7.25 给出了不同 C_4F_7N 含量下 C_4F_7N/CO_2 混合气体的工频击穿电压。气压为 0.1MPa 时，C_4F_7N/CO_2 混合气体的工频击穿电压随 C_4F_7N 含量的增加效果不明显，例如，C_4F_7N 含量从 0%增加到 12%时，工频击穿电压值仅增加了 2.6kV。因此，常压下极不均匀电场环境中 C_4F_7N 含量对 C_4F_7N/CO_2 混合气体的工频击穿电压影响较小。气压大于等于 0.2MPa 时，在 CO_2 气体中加入少量的 C_4F_7N 气体能有效地提高其工频击穿电压。例如，0.2MPa 气压下，C_4F_7N 含量从 0%增加到 2%时，工频击穿电压值增加了 4.6kV；0.6MPa 气压下，C_4F_7N 含量从 0%增加到 2%时，工频击穿电压值增加了 4.3kV。实际上，气压大于 0.2MPa 时，C_4F_7N 含量从 0%增加到 2%时击穿电压的上升速率明显高于其他混合比。整体来看，极不均匀电场环境各个气压条件下 C_4F_7N 含量的增加都能够提高 C_4F_7N/CO_2 混合气体的工频击穿电压。

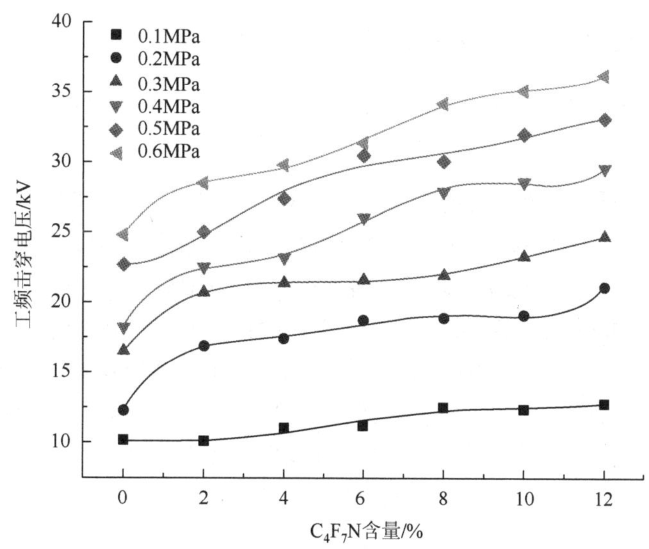

图 7.25　不同 C_4F_7N 含量下 C_4F_7N/CO_2 混合气体的工频击穿电压（极不均匀电场）

图 7.26 给出了不同 C_4F_7N 含量下 C_4F_7N/CO_2 混合气体相对 SF_6 的击穿电压变化情况。整体上，混合气体的相对击穿电压随 C_4F_7N 含量增加呈饱和增长趋势。当 C_4F_7N/CO_2 混合气体中 C_4F_7N 的含量从 0%增加到 2%时，混合气体的相对击穿电压有明显的增长；C_4F_7N 含量从 2%增加到 12%时，相对击穿电压随 C_4F_7N 含量增加呈类线性增长趋势。另外，高气压环境下 C_4F_7N/CO_2 混合气体相对纯 SF_6 气体的击穿电压低于低气压环境。

对比准均匀电场和极不均匀电场下混合气体的相对绝缘性能可以发现，相同条件下 C_4F_7N/CO_2 混合气体在准均匀电场下的相对绝缘性能优于极不均匀电场。例如，C_4F_7N 含量为 12%的 C_4F_7N/CO_2 混合气体的绝缘强度在准均匀电场下能够达到相同条件下纯 SF_6 的 70%～90%，而极不均匀电场环境下是纯 SF_6 的 57%～67%。因此，C_4F_7N/CO_2 混合气体对电场不均匀度的敏感性较强。

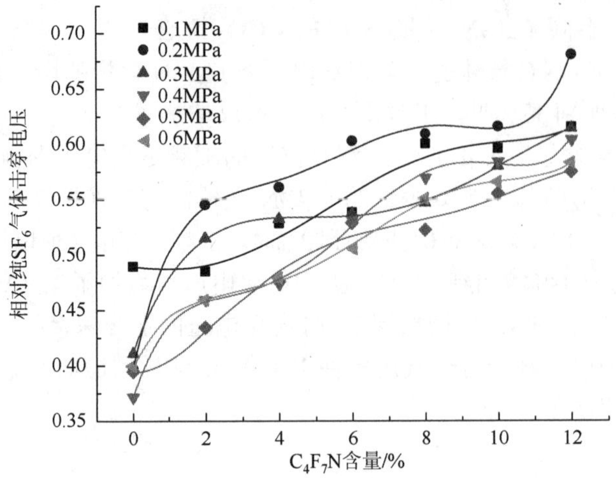

图 7.26　不同 C_4F_7N 含量下 C_4F_7N/CO_2 混合气体相对 SF_6 的击穿电压（极不均匀电场）

2. C_4F_7N/CO_2 混合气体的局部放电特性

1）PDIV−

图 7.27 给出了不同气压下 C_4F_7N/CO_2 混合气体的 PDIV−变化情况。C_4F_7N/CO_2 混合气体与纯 SF_6 气体的 PDIV−值随气压的升高而增大。C_4F_7N 含量为 2%～12%的 C_4F_7N/CO_2 混合气体在各个气压条件下的 PDIV−均低于纯 SF_6 气体。0.3MPa 气压下 12% C_4F_7N/88% CO_2 混合气体的 PDIV−可以达到纯 SF_6 气体在 0.2MPa 气压下的水平；0.6MPa 气压下 8% C_4F_7N/92% CO_2 混合气体的 PDIV−可以达到纯 SF_6 气体在 0.3MPa 气压下的水平。随气压的升高，C_4F_7N/CO_2 混合气体的 PDIV−值呈饱和增长趋势，但其增长速率均低于纯 SF_6 气体，表明 C_4F_7N/CO_2 混合气体受气压影响程度低于 SF_6 气体。

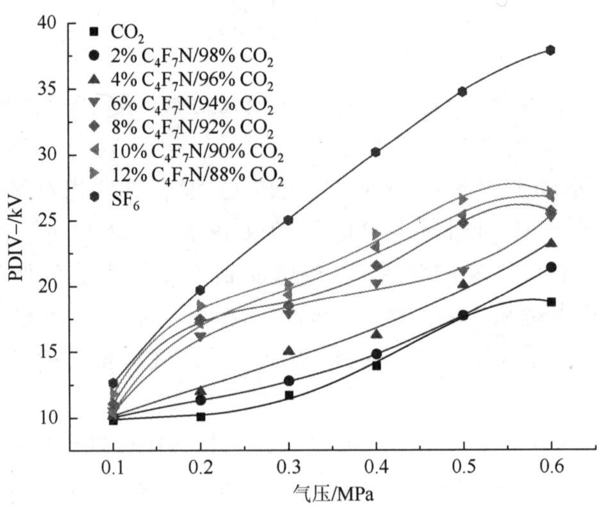

图 7.27　不同气压下 C_4F_7N/CO_2 混合气体的 PDIV−

图 7.28 给出了不同气压下 C_4F_7N/CO_2 混合气体相对 SF_6 的 PDIV−。C_4F_7N/CO_2 混合气

体中 C_4F_7N 含量低于 4%时，相对 PDIV−值随气压从 0.1MPa 上升到 0.2MPa 时呈快速下降趋势；从 0.2MPa 到 0.4MPa，相对 PDIV−仍呈下降趋势，但下降速率变缓；从 0.4MPa 到 0.6MPa，相对 PDIV−开始呈缓慢上升趋势。当 C_4F_7N/CO_2 混合气体中 C_4F_7N 含量超过 4%时，相对 PDIV−值随气压从 0.1MPa 上升到 0.2MPa 时基本保持不变，但当气压超过 0.2MPa 后，相对 PDIV−呈缓慢下降趋势，并最终趋于稳定。在高气压下（0.5～0.6MPa），12% C_4F_7N/88% CO_2 混合气体相对纯 SF_6 气体的 PDIV−稳定在 70%～75%，表明高气压、高混合比条件下 C_4F_7N/CO_2 混合气体具有良好的相对绝缘特性。

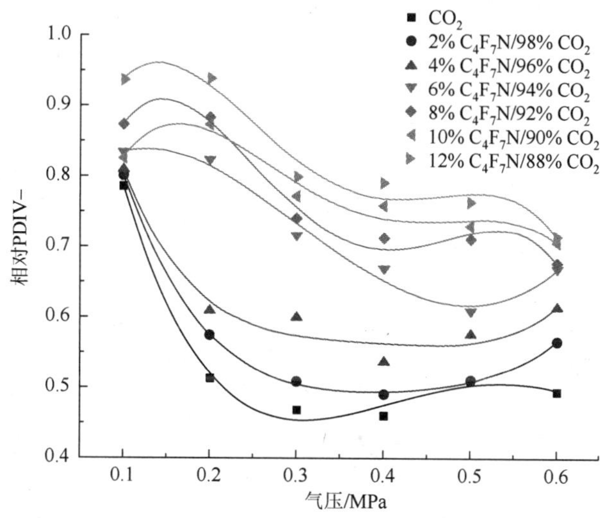

图 7.28　不同气压下 C_4F_7N/CO_2 混合气体相对 SF_6 的 PDIV−

图 7.29 给出了气压在 0.1～0.6MPa 范围内 C_4F_7N 含量对 C_4F_7N/CO_2 混合气体 PDIV−值的影响情况。整体来看，当混合气体中 C_4F_7N 的含量为 0%～6%时，C_4F_7N/CO_2 混合气

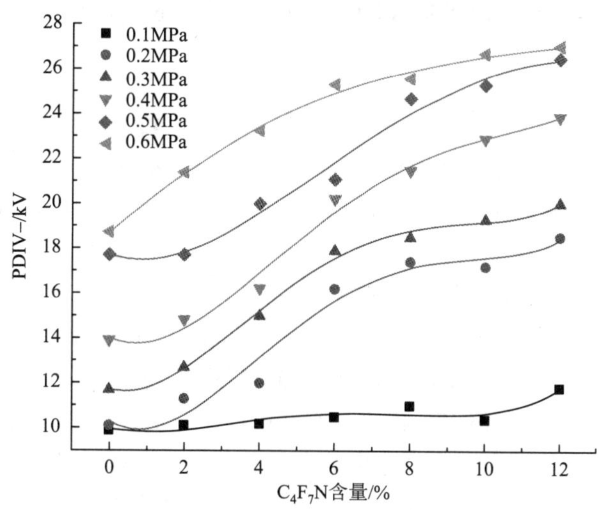

图 7.29　不同 C_4F_7N 含量下 C_4F_7N/CO_2 混合气体的 PDIV−

体 PDIV−值随混合比的增加而上升，且上升速率较快；当 C_4F_7N 的含量超过 6%时，混合气体的 PDIV−随 C_4F_7N 含量增加而增加的速率开始减缓（呈饱和增长趋势）。

图 7.30 给出了不同 C_4F_7N 含量下 C_4F_7N/CO_2 混合气体相对 SF_6 的 PDIV−变化情况。随 C_4F_7N 含量的增加，C_4F_7N/CO_2 混合气体相对 PDIV−呈“线性—饱和”增长趋势，C_4F_7N/CO_2 混合气体低气压条件下的相对 PDIV−值略高于高气压环境。0.1MPa 下，2% C_4F_7N/98% CO_2 混合气体相对 PDIV−值约为 80.1%，12% C_4F_7N/88% CO_2 混合气体相对 PDIV−值约为 93.7%；0.6MPa 气压环境中，2% C_4F_7N/98% CO_2 混合气体相对 PDIV−值约为 56.6%，而 12% C_4F_7N/88% CO_2 混合气体相对 PDIV−值约为 71.4%。因此，低气压环境下 C_4F_7N/CO_2 混合气体的相对绝缘性能略优于高气压环境。

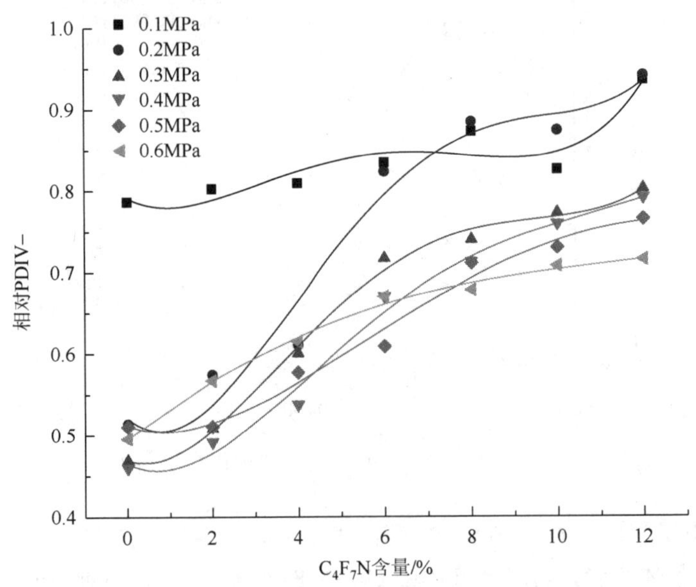

图 7.30　不同 C_4F_7N 含量下 C_4F_7N/CO_2 混合气体相对 SF_6 的 PDIV−

2）PDIV+

图 7.31 给出了不同气压下 C_4F_7N/CO_2 混合气体的 PDIV+。C_4F_7N/CO_2 混合气体的 PDIV+随气压变化情况与 PDIV−情况相似，即混合气体的 PDIV+随气压升高而增大，且各个气压下的 PDIV+值均低于相同条件下的纯 SF_6 气体。气压为 0.6MPa 的 4% C_4F_7N/96% CO_2 混合气体的 PDIV+与 0.2MPa 气压下纯 SF_6 气体相同；气压为 0.6MPa 的 12% C_4F_7N/88% CO_2 混合气体的 PDIV+与 0.3MPa 气压下纯 SF_6 气体基本相同。

图 7.32 给出了不同气压下 C_4F_7N/CO_2 混合气体相对 SF_6 的 PDIV+。当 C_4F_7N/CO_2 混合气体中 C_4F_7N 含量低于 4%时，在 0.1～0.3MPa 气压下混合气体的相对 PDIV−随气压增加呈下降趋势，下降速率同 PDIV−相比偏小；0.3～0.5MPa 气压下，PDIV+开始上升；当气压在 0.5～0.6MPa 范围内，增长速率有所提高。C_4F_7N 含量超过 4%时，0.1～0.2MPa 气压条件下，PDIV+基本保持稳定；当气压在 0.2～0.3MPa 范围内，PDIV+随气压增加呈下降趋势，当气压在 0.3～0.6MPa 范围时 PDIV+开始呈现上升趋势。

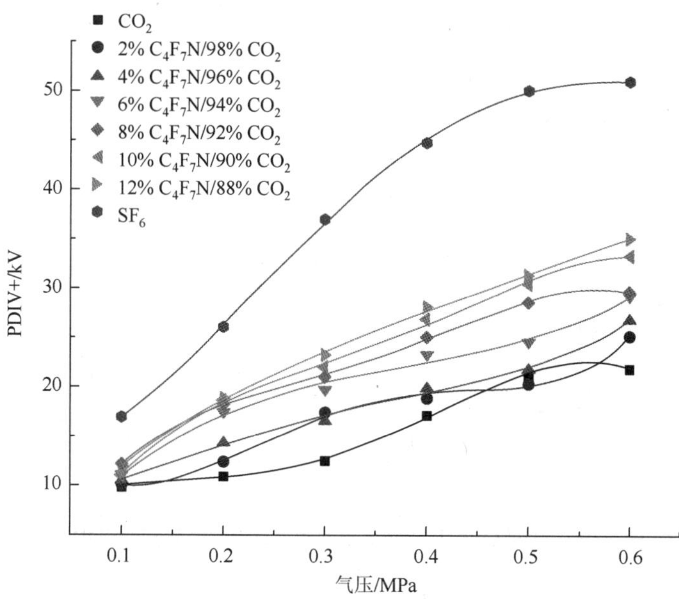

图 7.31　不同气压下 C_4F_7N/CO_2 混合气体的 PDIV+

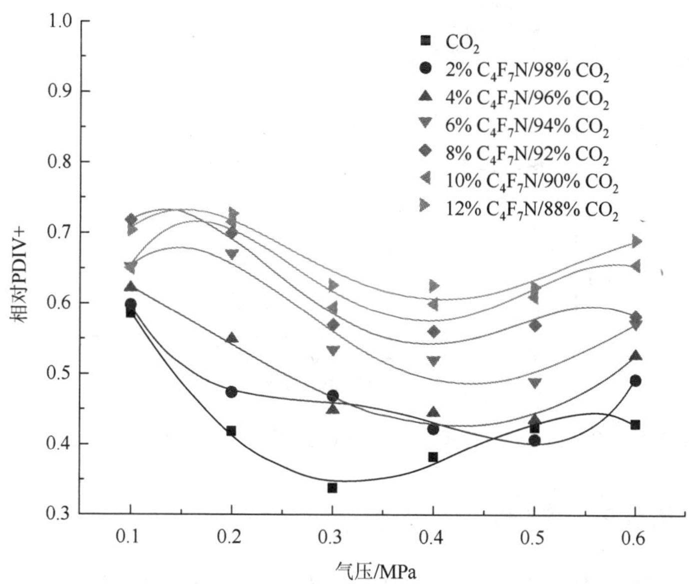

图 7.32　不同气压下 C_4F_7N/CO_2 混合气体相对 SF_6 的 PDIV+

图 7.33 给出了不同 C_4F_7N 含量下 C_4F_7N/CO_2 混合气体的 PDIV+ 。C_4F_7N/CO_2 混合气体的 PDIV+ 随 C_4F_7N 含量的增加而增加。当 C_4F_7N 含量高于 10%时，随混合比的增加，C_4F_7N/CO_2 混合气体的 PDIV+值的增长速率略有降低。C_4F_7N/CO_2 混合气体的相对 PDIV+ 随 C_4F_7N 含量的增加呈现增加趋势（与 PDIV–变化趋势类似），但相对 PDIV+ 随 C_4F_7N 含量的增长速率低于相对 PDIV–，表明提升混合比对 PDIV+ 的提升效果弱于 PDIV–（图 7.34）。

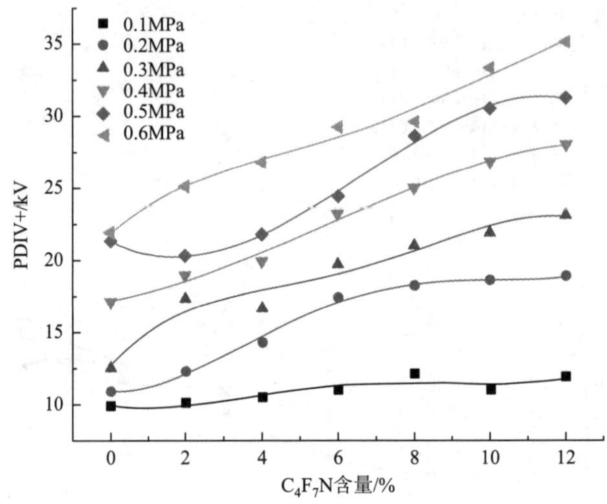

图 7.33　不同 C_4F_7N 含量下 C_4F_7N/CO_2 混合气体的 PDIV+

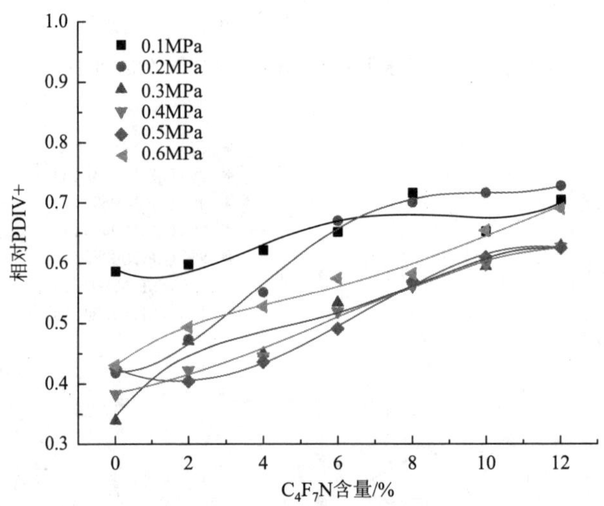

图 7.34　不同 C_4F_7N 含量下 C_4F_7N/CO_2 混合气体相对 SF_6 的 PDIV+

7.2.3　O_2 对绝缘性能的影响

C_4F_7N 的分子结构中含有碳元素，其在击穿或灭弧等高能放电条件下可能会出现固体碳析出的情况，而固体颗粒将给设备的安全运行带来一定威胁[11]。通用电气公司报道了新一代以 C_4F_7N 为主绝缘介质的电气设备，其在 C_4F_7N 混合气体中加入 O_2 作为第二种缓冲气体来改善二元混合气体的灭弧性能[12]。另外，设备运输、检修、介质更换等过程中难免会有少量 O_2 混入。考察 O_2 对 C_4F_7N 混合气体绝缘性能的影响情况将对混合气体配方优化和设备运维提供指导和参考。

1. O_2 对 C_4F_7N/N_2 混合气体绝缘性能的影响

图 7.35 给出了不同 O_2 含量下 $C_4F_7N/N_2/O_2$ 混合气体的工频击穿电压（测试采用球-

球电极模拟准均匀电场，电极间距 3mm，测试中固定 $C_4F_7N/N_2/O_2$ 混合气体中 C_4F_7N 含量为 6%，测试气压为 0.15MPa）。根据测试结果，$C_4F_7N/N_2/O_2$ 混合气体的工频击穿电压随着 O_2 含量呈现先增加后降低趋势。不含 O_2 时，C_4F_7N/N_2 混合气体的工频击穿电压为 22.16kV，而含 4% O_2 的 $C_4F_7N/N_2/O_2$ 混合气体的工频击穿电压达到 24.60kV，提升了 11.01%。含 8% O_2 的 $C_4F_7N/N_2/O_2$ 混合气体的工频击穿电压达到 25.53kV，比 C_4F_7N/N_2 混合气体的工频击穿电压高 15.2%。

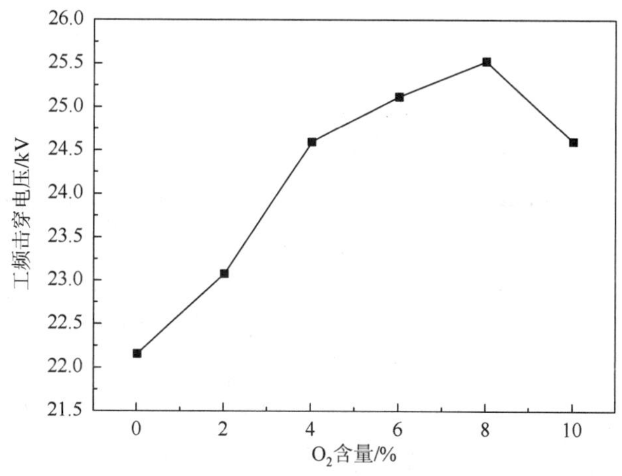

图 7.35　不同 O_2 含量下 $C_4F_7N/N_2/O_2$ 混合气体的工频击穿电压[10]

为探究 O_2 对 $C_4F_7N/N_2/O_2$ 混合气体绝缘自恢复特性的影响情况，针对不同 O_2 含量的混合气体开展了 150 次工频击穿测试。图 7.36 给出了不同 O_2 含量下 $C_4F_7N/N_2/O_2$ 混合气体的工频击穿电压随击穿次数的变化情况[11]。随着击穿次数的增加，不同 O_2 含量下 $C_4F_7N/N_2/O_2$ 混合气体的工频击穿电压均呈现下降趋势，这是由于击穿瞬间产生的高能电弧会引发 $C_4F_7N/N_2/O_2$ 混合气体发生分解，最终生成一系列分解产物，导致 C_4F_7N 的含量降低，同时放电分解产物的绝缘性能均弱于 C_4F_7N，宏观上表现为击穿电压的降低。同时，多次放电后电极表面有固体碳析出，使得电极表面由光滑变得粗糙，改变了电极间的电场分布[11]。

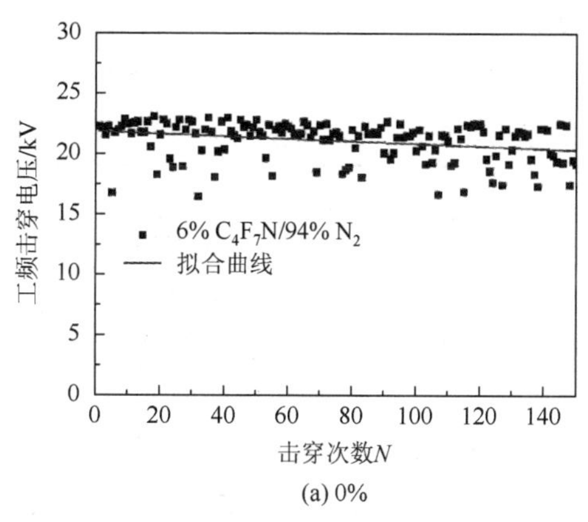

(a) 0%

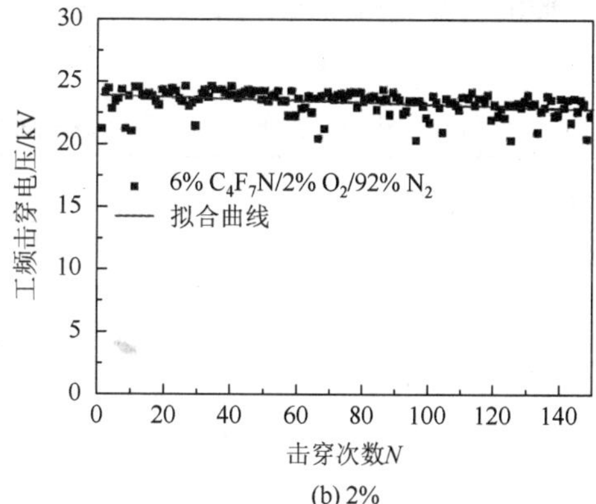

(b) 2%

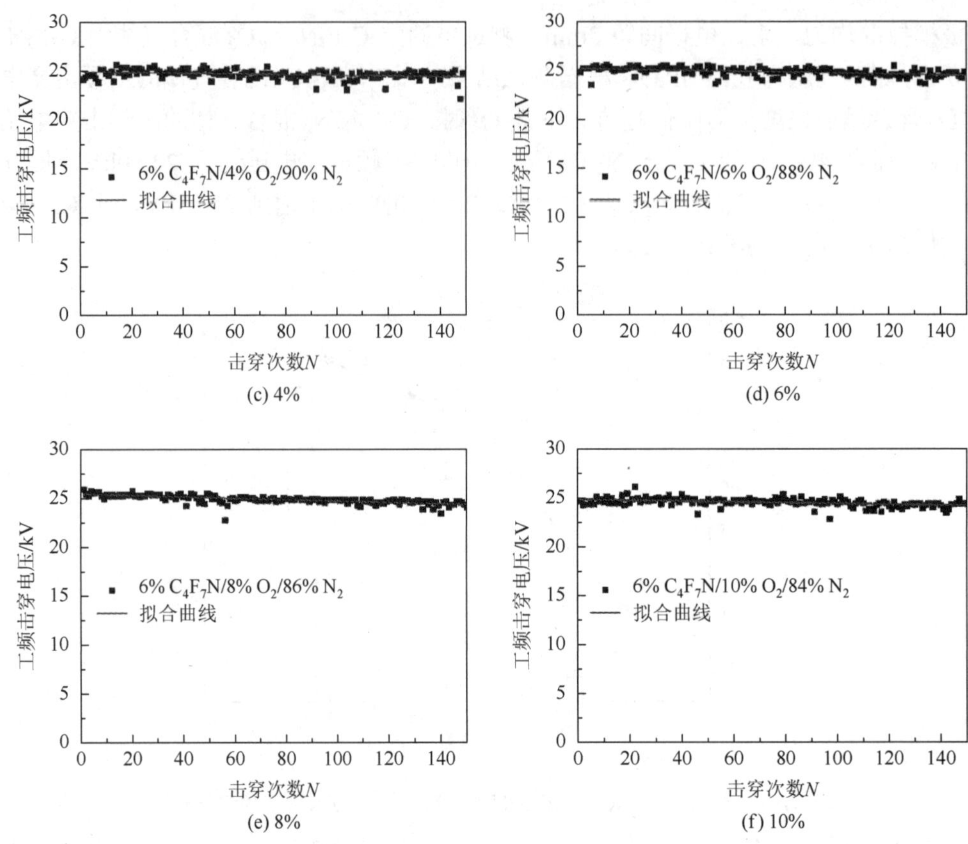

图 7.36　不同 O_2 含量的 $C_4F_7N/N_2/O_2$ 混合气体的工频击穿电压与击穿次数的关系

对 150 次击穿电压与击穿次数进行线性拟合，得到的拟合曲线的斜率（k）与初始值（b）如表 7.4 所示。根据拟合结果，不含 O_2 的 C_4F_7N/N_2 混合气体的击穿电压下降趋势最快（k 值绝对值最大）；加入 O_2 后，$C_4F_7N/N_2/O_2$ 混合气体的击穿电压随击穿次数拟合曲线的 k 值绝对值明显降低，即击穿电压随击穿次数的增加，降低的速率减小。O_2 含量在 2%～8%条件下，拟合得到的曲线斜率的绝对值均低于未加入 O_2 的情况。其中 O_2 含量为 4%的混合气体的斜率绝对值最小（0.00373），仅为未加入 O_2 条件的 36.6%，表明含 4% O_2 混合气体的击穿电压随击穿次数的下降趋势最慢。

表 7.4　不同 O_2 含量下 $C_4F_7N/N_2/O_2$ 混合气体的击穿电压与击穿次数拟合参数[11]

O_2 含量/%	k	b
0	−0.01018	21.85755
2	−0.00748	23.9579
4	−0.00373	24.97146
6	−0.00478	25.25114
8	−0.00716	25.46566
10	−0.00433	24.89874

根据图 7.37 给出的混合气体工频击穿电压与击穿次数的拟合曲线可以看出，对于不含 O_2 的 C_4F_7N/N_2 混合气体，150 次击穿后其工频击穿电压降低了 6.99%。而含 4% O_2 的 $C_4F_7N/N_2/O_2$ 混合气体，150 次击穿后的工频击穿电压降低了 0.56kV，相对未击穿时降低了 2.24%。因此，O_2 的加入能够有效提升 C_4F_7N/N_2 混合气体的绝缘自恢复性能。

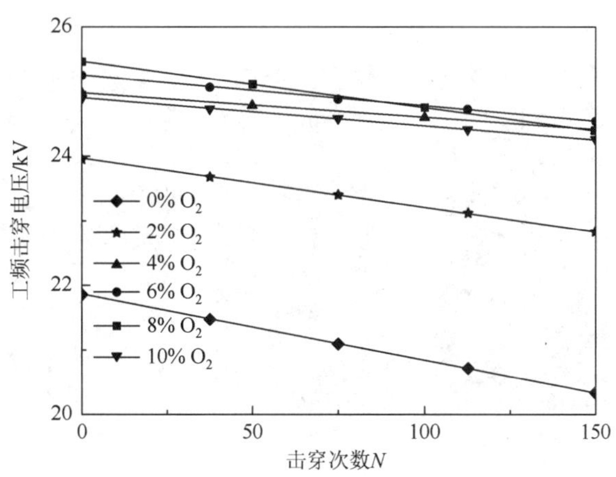

图 7.37　不同 O_2 含量 $C_4F_7N/N_2/O_2$ 混合气体的工频击穿电压与击穿次数拟合曲线[10]

为分析不同含量 O_2 对 $C_4F_7N/N_2/O_2$ 混合气体工频击穿电压分散性的影响情况，计算了不同 O_2 含量下 $C_4F_7N/N_2/O_2$ 混合气体工频击穿电压的标准差。图 7.38 给出了不同 O_2 含量下混合气体工频击穿电压的标准差变化情况。可以看出，不含 O_2 的 C_4F_7N/N_2 混合气体工频击穿电压的标准差最大，即工频击穿电压的分散性较大，而加入 O_2 后工频击穿电压的标准差显著降低。这主要是因为不含 O_2 时，多次击穿后电极表面会有较多的黑色固体析出物产生（图 7.39），固体析出物的产生使得电极表面由光滑变得粗糙，改变了电极区域的电场分布。工频击穿电压的分散性本质上还是由于放电通道形成的随机性，当电极

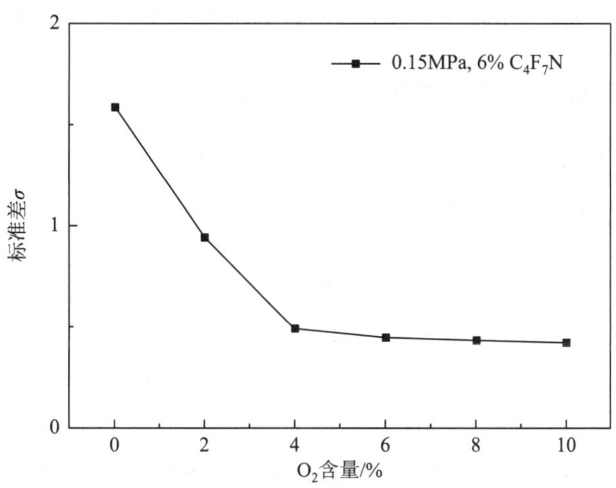

图 7.38　不同 O_2 含量 $C_4F_7N/N_2/O_2$ 混合气体的工频击穿电压的标准差

表面因出现析出物而粗糙时，放电通道的产生将会变得更加不固定，随机程度更大，宏观表现为击穿电压的分散性更大。当 O_2 含量达到 4%时，工频击穿电压的标准差已大大降低，且随着 O_2 含量的进一步增加趋于稳定。另外，基于固体析出物形貌及元素组成分析发现，其主要组成成分为碳、氟、氮类物质，由 C_4F_7N 分解产生的各类活性粒子产物在强电场作用下沉积于电极表面形成。

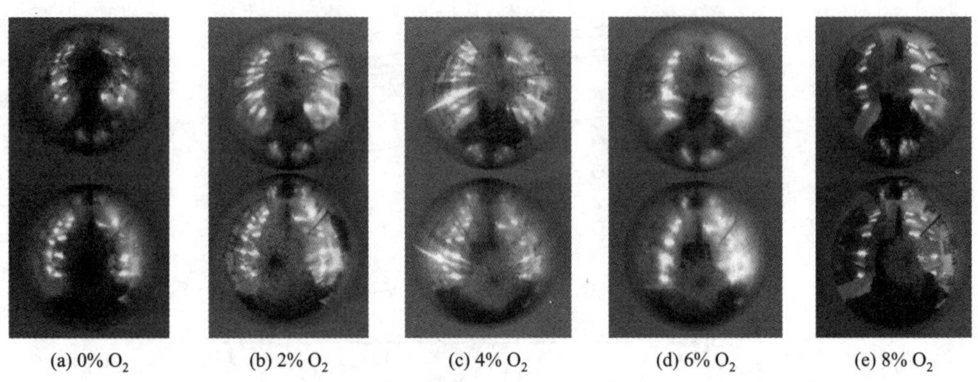

(a) 0% O_2　(b) 2% O_2　(c) 4% O_2　(d) 6% O_2　(e) 8% O_2

图 7.39　不同 O_2 含量 $C_4F_7N/N_2/O_2$ 混合气体的击穿试验后电极图[10]

根据图 7.39 给出的不同 O_2 含量下 $C_4F_7N/N_2/O_2$ 混合气体的击穿试验后电极图，C_4F_7N/N_2 混合气体在发生 150 次工频击穿后球电极表面会出现黑色物质。当 O_2 含量从 0%增加到 2%后，150 次工频击穿后电极表面的固体析出物明显减少。随着 O_2 含量的进一步增加，固体析出物的含量持续减少，且当 O_2 含量增长到 10%时，多次击穿后的电极表面仅能够看到放电产生的烧蚀痕迹，几乎没有固体物质析出。因此，O_2 的加入能够显著地抑制电极表面固体物质的析出，实际工程应用中应当在 C_4F_7N/N_2 混合气体中加入一定量的 O_2，以避免放电产生的固体物质给设备安全带来负面影响。

综合来看，添加一定量的 O_2 可以提升 C_4F_7N/N_2 混合气体的工频击穿电压和绝缘自恢复性能，并在一定程度上降低放电分散性，有利于增强 C_4F_7N/N_2 混合气体的绝缘特性。

2. O_2 对 C_4F_7N/CO_2 混合气体绝缘性能的影响

图 7.40 给出了不同 O_2 含量下 $C_4F_7N/CO_2/O_2$ 混合气体的工频击穿电压[13]。测试采用球-球电极（半径 25mm，电极间距 3mm），混合气体中 C_4F_7N 含量固定为 15%，气压为 0.14MPa。

根据测试结果，$C_4F_7N/CO_2/O_2$ 混合气体的工频击穿电压随着 O_2 含量的增加呈现先上升后下降的趋势。当 O_2 含量低于 6%时，混合气体的绝缘强度随 O_2 含量增加而增加，含 2% O_2、4% O_2、6% O_2 三元混合气体的工频击穿电压较 C_4F_7N/CO_2 混合气体分别提升了 4.85%、6.49%、7.70%；当 O_2 含量高于 6%时，混合气体的绝缘强度随 O_2 含量增加呈现降低趋势，但仍高于 C_4F_7N/CO_2 混合气体。含 8% O_2、10% O_2 三元混合气体的工频击穿电压相对 C_4F_7N/CO_2 混合气体提升了 3.21%和 2.74%。

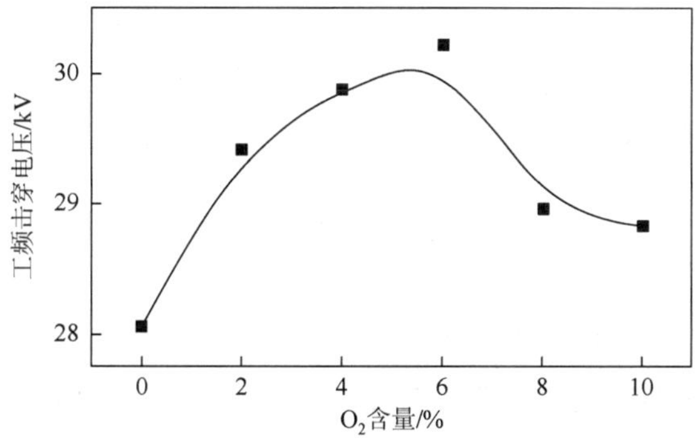

图 7.40　不同 O_2 含量下 $C_4F_7N/CO_2/O_2$ 混合气体的工频击穿电压[13]

图 7.41 给出了不同 O_2 含量的 $C_4F_7N/CO_2/O_2$ 混合气体工频击穿电压与击穿次数的关系。与 $C_4F_7N/N_2/O_2$ 气体类似，$C_4F_7N/CO_2/O_2$ 混合气体的工频击穿电压随击穿次数增加均呈现降低趋势，表明混合气体在多次高能放电后无法完全恢复到起始绝缘水平。对 100 次击穿电压进行线性拟合，表 7.5 给出了拟合结果。未加入 O_2 时，C_4F_7N/CO_2 混合气体的 k 值为–0.01524，加入 2% O_2 后 k 值为–0.01395，表明少量 O_2 的加入能够提升 C_4F_7N/CO_2 混合气体的绝缘自恢复性能。与 $C_4F_7N/N_2/O_2$ 气体不同，当 O_2 含量大于 4%时，$C_4F_7N/CO_2/O_2$ 混合气体工频击穿电压与击穿次数拟合曲线的 k 值绝对值开始增大，且均

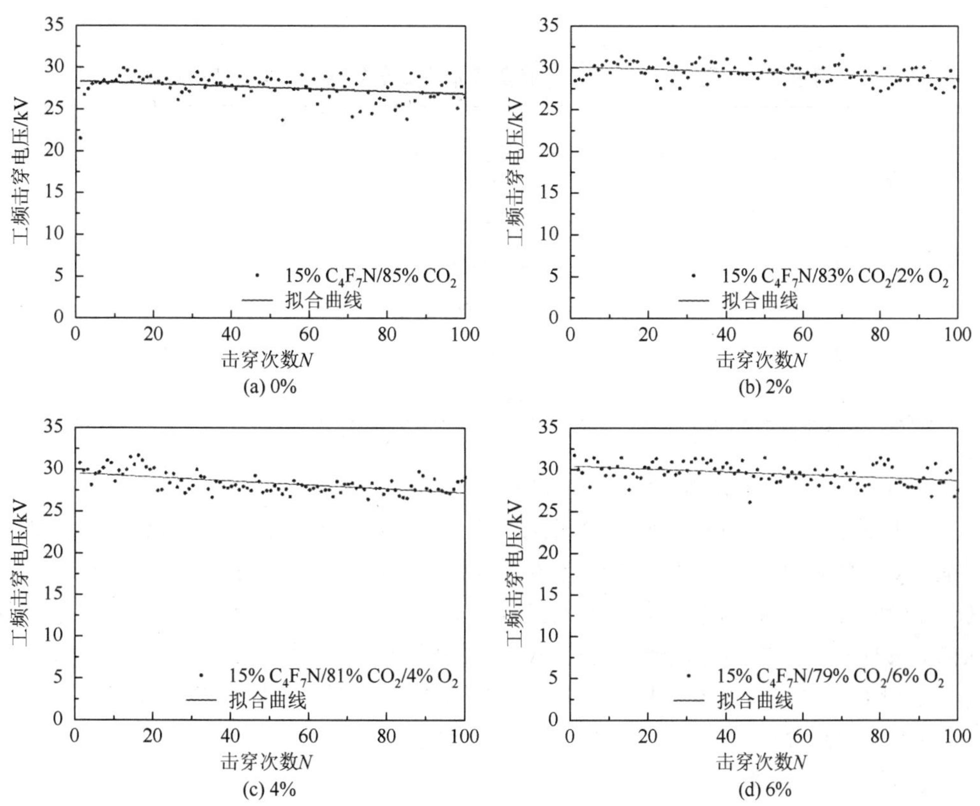

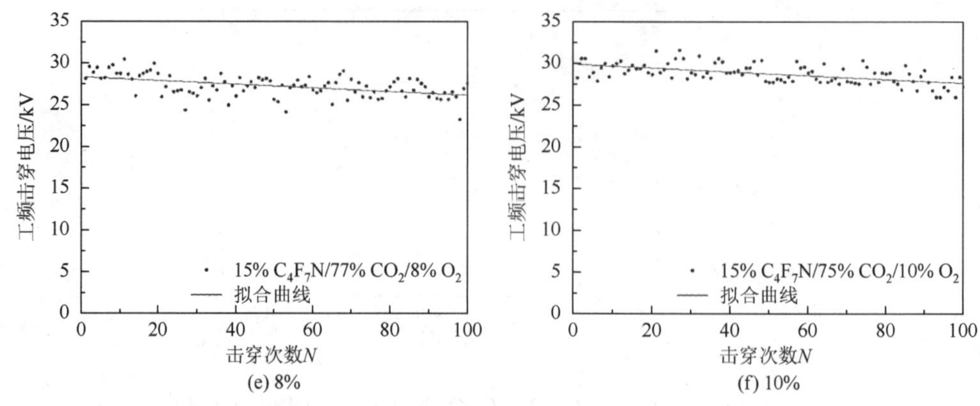

(e) 8%　　(f) 10%

图 7.41　不同 O_2 含量的 $C_4F_7N/CO_2/O_2$ 混合气体工频击穿电压与击穿次数的关系

大于 C_4F_7N/CO_2 二元混合气体，表明混合气体的绝缘自恢复性能随着 O_2 含量的增加而劣化。实际上，不同 O_2 含量的 $C_4F_7N/CO_2/O_2$ 混合气体在多次击穿后，电极表面仅有放电烧蚀痕迹，未析出大量的固体物质。这是由于 CO_2 分子中本身含有 O 元素，高能电弧下产生的 C 颗粒能够与 CO_2 反应产生 CO 等气体，而 C_4F_7N/N_2 混合气体放电产生的 C 颗粒无法形成气体物质，容易在电极表面析出。$C_4F_7N/CO_2/O_2$ 混合气体自恢复能力的下降主要与 O_2 参与了混合气体中 C_4F_7N 的分解，消耗 C_4F_7N 的同时产生了诸多绝缘性能较差的分解产物有关，宏观上表现为混合气体工频击穿电压随击穿次数增加而降低。

表 7.5　不同 O_2 含量 $C_4F_7N/CO_2/O_2$ 混合气体的工频击穿电压与击穿次数拟合参数

O_2 含量/%	k	b
0	−0.01524	28.435
2	−0.01395	30.080
4	−0.02339	29.589
6	−0.01700	30.403
8	−0.02173	28.382
10	−0.02251	29.917

O_2 对 C_4F_7N/N_2 和 C_4F_7N/CO_2 混合气体绝缘性能的影响机制主要有以下几方面。

（1）考虑混合气体中 C_4F_7N 的含量未发生改变，因此 O_2 对混合气体绝缘性能的提升可以从 O_2 对 CO_2/O_2 和 N_2/O_2 混合气体绝缘性能的影响解释。N_2 的绝缘性能弱于 O_2，因此 O_2 含量的增加（N_2 含量的降低）对三元混合气体的绝缘性能是有利的。另外，O_2 的加入也能够提升 CO_2 的绝缘性能，这是由于 O_2 的电子附着截面在 5～10eV 内大于 CO_2[14]。因此，少量 O_2（2%～6%）的加入能够有效提升 C_4F_7N 混合气体的绝缘性能。

（2）随着 O_2 含量的进一步增加，其对混合气体绝缘性能的提升效果降低。由于 O_2 是一种强氧化剂，高浓度的 O_2 可能会给 C_4F_7N 的稳定性带来负面影响。混合气体电离过程中产生的各类自由基可能与 O_2 反应形成绝缘强度较低的分解产物，消耗了 C_4F_7N，宏观上表现为混合气体绝缘自恢复性能的降低。

（3）O_2 具有更低的电弧时间常数（1.5μs），小于 CO_2（15μs）和 N_2（>30μs），因此 O_2 的加入能够在一定程度上提升混合气体的灭弧性能。目前，通用电气公司推出的新一代环保型气体绝缘开关设备绝缘配方中，也加入了 6%左右的 O_2，以抑制混合气体在开断电弧过程中的固体物质析出和分解。

综合来看，添加 O_2 对 C_4F_7N/N_2 混合气体绝缘性能的提升效果更优，且能够有效抑制放电过程中的固体产物析出，提升混合气体的绝缘自恢复特性和放电稳定性，因此工程应用中考虑在 C_4F_7N/N_2 混合气体中加入适量 O_2；对于 C_4F_7N/CO_2 混合气体，用作灭弧介质时建议添加 6%左右的 O_2 以提升电弧开断性能，抑制固体分解物的析出；用作绝缘介质时，可以根据需要加入 2%～6%的 O_2，以提升混合气体的绝缘强度。

7.3　分 解 特 性

7.3.1　放电分解特性

1. C_4F_7N 结构特性

由于气体绝缘介质的稳定性本质上是由分子的微观结构特性所决定的，因此对 C_4F_7N 分子结构特性的分析能够从一定层面上揭示其分解机理。图 7.42 给出了基于密度泛函理论计算得到的 C_4F_7N 分子的结构参数，图 7.43 给出了 C_4F_7N 分子中各化学键的键级。

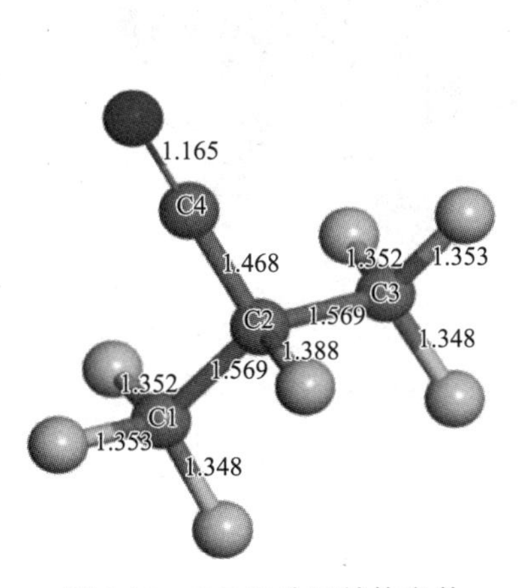

图 7.42　C_4F_7N 分子结构参数（键长单位：Å）

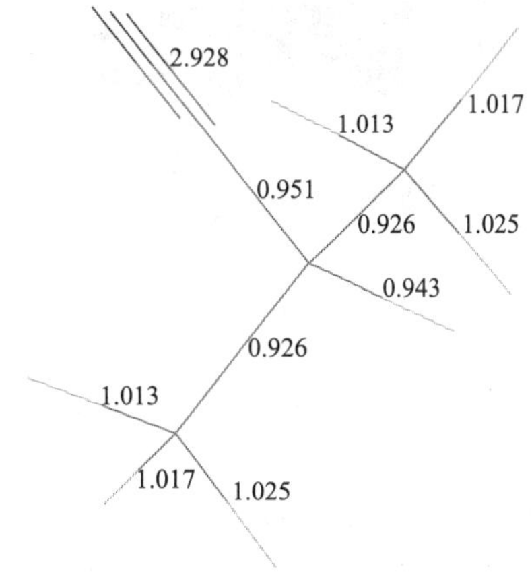

图 7.43　C_4F_7N 分子键级参数

C_4F_7N 分子具有一定对称性，中心 C 原子通过 sp^3 杂化与两个 CF_3 和 F、CN 基团成键构成分子。其中，CF_3 基团中的 C—F 键键长在 1.348～1.353Å（$1Å = 10^{-10}m$），中心 C 原子与相连的 F 原子形成的 C—F 键键长为 1.388Å；分子结构中 C—C 键键长普遍大于 C—F 键，其中中心 C 原子与 CF_3 基团组成的 C—C 键键长最长，达到了

1.569Å，中心 C 原子与 CN 基团 C 原子组成的 C—C 键键长为 1.468Å；C—N 键键长最短，为 1.165Å。

C_4F_7N 分子中 CN 基团 C—N 键键级最高（2.928），表明其强度最大。CF_3 基团中的 C—F 键 MBO（Mayer bond order，Mayer 键级）值在 1.013～1.025 之间，高于分子中心碳原子的 C—F 键（0.943）。中心 C 原子与 CN 基团 C 原子形成的 C—C 键 MBO 为 0.951，而与 CF_3 基团中的 C 原子形成的 C—C 键 MBO 仅为 0.926，是所有化学键中键级最小的。MBO 计算结果表明，中心 C 原子与 CF_3 基团中的 C 原子之间的化学键强度最低，在电子碰撞、高温等条件下可能最先发生解离。

图 7.44 给出了 C_4F_7N 分子的最高占据分子轨道（HOMO）和最低未占分子轨道（LUMO）波函数分布情况。其中最高占据分子轨道主要分布在 CN 基团和 F 原子周围。由于最高占据分子轨道内填充的电子均为最外层电子，原子核对其束缚能力较弱，因此最高占据分子轨道在电离等条件下会率先失去电子，故 C_4F_7N 中的 CN 基团和 F 原子区域为电离位点。C_4F_7N 的最低未占分子轨道主要集中在 C_4F_7N 分子中四个 C 原子成键区域。分子中的最低未占分子轨道提供了容纳外电子的能力，即分子中 C 原子所在区域具有更强的电子亲和能力。

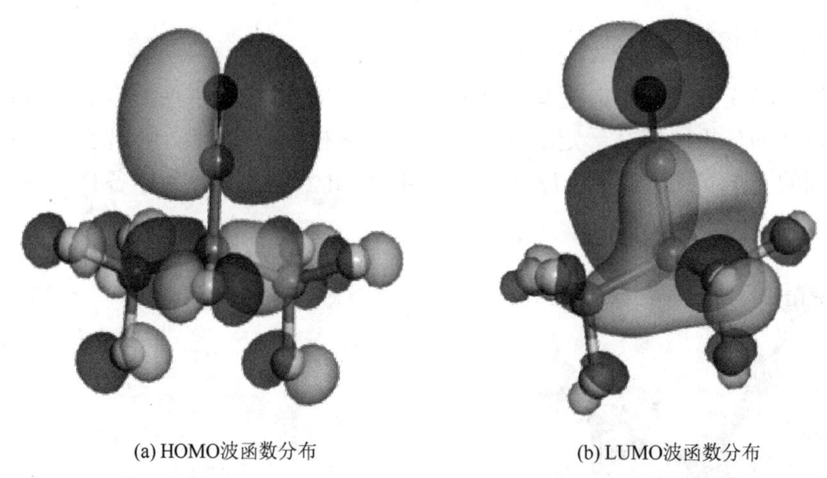

(a) HOMO波函数分布　　(b) LUMO波函数分布

图 7.44　C_4F_7N 分子的 HOMO、LUMO 波函数分布图

2. C_4F_7N 分解及复合路径

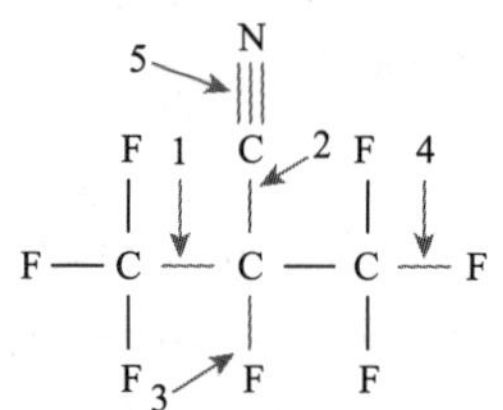

图 7.45　C_4F_7N 的分解位点

发生放电时，C_4F_7N 气体分子在强场作用和被自由电子碰撞等情况下会发生分解，产生新的分子、离子和自由基。同时，新产生自由基会复合形成多种产物，进而改变体系中原有的粒子组成。考虑 C_4F_7N 分子自身的对称性，可以判断其可能的断键位置有 5 个（图 7.45）。考虑断键形成的自由基的再分解与复合过程，图 7.46 给出了 C_4F_7N［即图中$(CF_3)_2CFCN$］的分解路径，表 7.6 给出了计算得到的各反应路径的焓值。

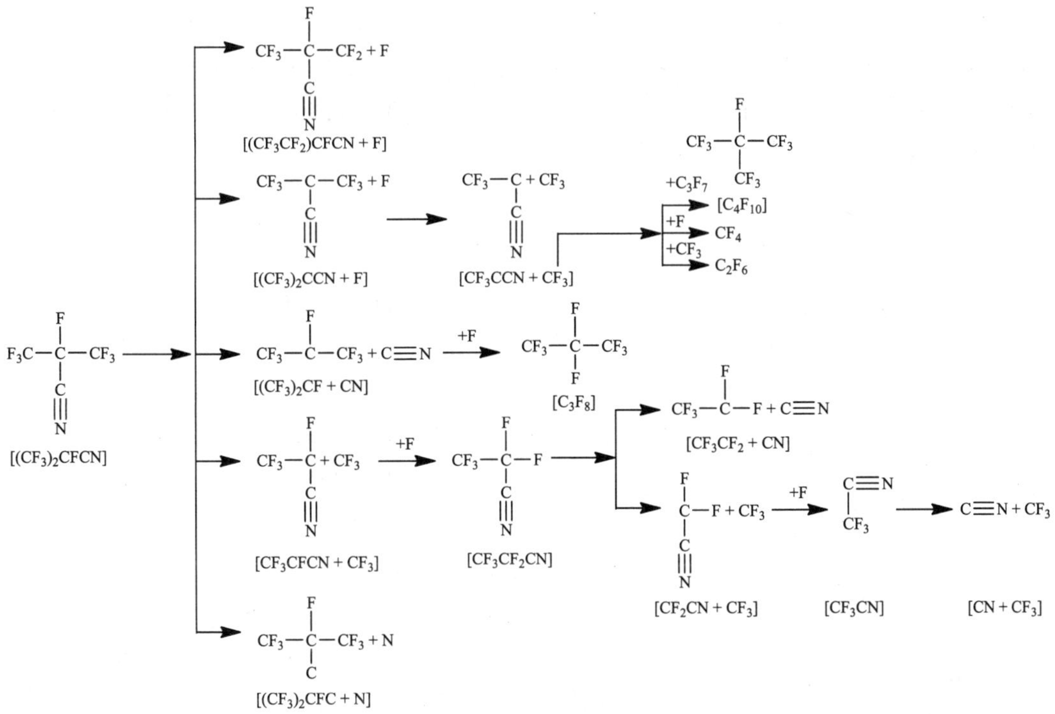

$[(CF_3)_2CFCN]$

$[(CF_3CF_2)CFCN + F]$

$[(CF_3)_2CCN + F]$ → $[CF_3CCN + CF_3]$ → $+C_3F_7$ $[C_4F_{10}]$；$+F$ CF_4；$+CF_3$ C_2F_6

$[(CF_3)_2CF + CN]$ → $+F$ → $[C_3F_8]$

$[CF_3CFCN + CF_3]$ → $+F$ → $[CF_3CF_2CN]$ → $[CF_3CF_2 + CN]$；$[CF_2CN + CF_3]$ → $+F$ → $[CF_3CN]$ → $[CN + CF_3]$

$[(CF_3)_2CFC + N]$

图 7.46 C_4F_7N 分解路径

表 7.6 C_4F_7N 分解路径的焓值

序号	反应路径	焓值/(kcal/mol)
A1	$(CF_3)_2CFCN \longrightarrow (CF_3)_2CF + CN$	104.654
A2	$(CF_3)_2CFCN \longrightarrow (CF_3)_2CCN + F$	86.845
A3	$(CF_3)_2CFCN \longrightarrow (CF_3CF_2)CFCN + F$	105.189
A4	$(CF_3)_2CFCN \longrightarrow CF_3CFCN + CF_3$	73.239
A5	$(CF_3)_2CFCN \longrightarrow (CF_3)_2CFC + N$	209.300
B1	$(CF_3)_2CCN \longrightarrow CF_3CCN + CF_3$	101.565
C1	$CF_3CF_2CN \longrightarrow CF_3CF_2 + CN$	103.922
C2	$CF_3CF_2CN \longrightarrow CF_3CFCN + F$	50.639
C3	$CF_3CF_2CN \longrightarrow CF_2CN + CF_3$	80.009
D1	$CF_3CN \longrightarrow CF_3 + CN$	106.314
D2	$CF_3CN \longrightarrow CF_2CN + F$	97.067

C_4F_7N 分子中 C—F 键或 C—C 键断裂过程（反应 A1～A5）无反应能垒，结合图 7.47

给出的相对能量变化情况，可以看到路径 A4 和 A2 分别需要吸收 73.239kcal/mol 和 86.845kcal/mol 能量即可发生；路径 A1 与 A3 所需的能量基本相同，均在 105kcal/mol 附近；而 C_4F_7N 分子中的 C≡N 断裂（路径 A5）需要吸收 209.300kcal/mol 能量，是所有路径中最难发生的，表明分子结构中的 C≡N 最为稳定。

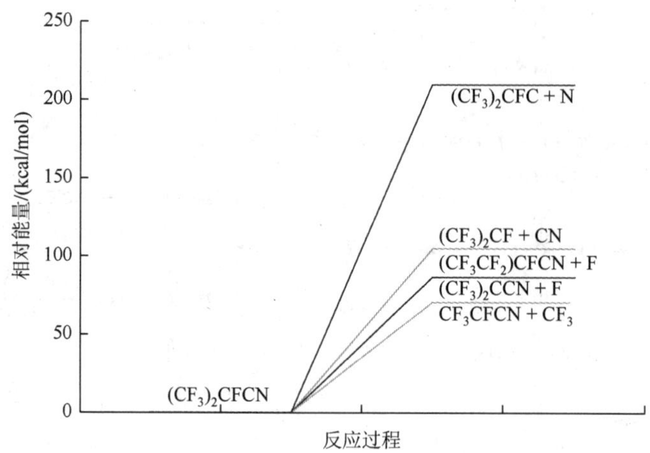

图 7.47 C_4F_7N 分解路径 A1～A5 相对能量变化

B1～D2 给出了 C_4F_7N 放电分解产生的各类自由基及分子的再分解路径。结合图 7.48、图 7.49 给出的相对能量变化，可以看到 CF_3CF_2CN（即 C_2F_5CN）经 C2 路径产生 CF_3CFCN、F 和经 C3 路径产生 CF_2CN、CF_3 分别需要吸收 50.639kcal/mol 和 80.009kcal/mol 能量，相对 C1 更容易发生。CF_3CN 经路径 D2 产生 CF_2CN 和 F 需要吸收 97.067kcal/mol 能量，相对 D1 更容易发生。

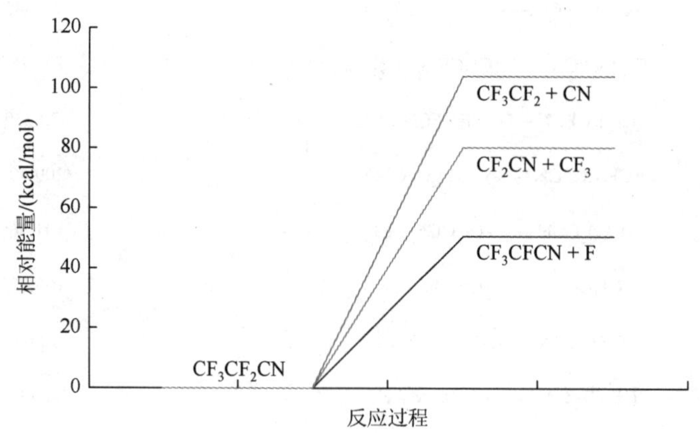

图 7.48　C_4F_7N 分解路径 C1～C3 相对能量变化

图 7.50 给出了计算得到的 300～1000K 温度范围内各分解路径吉布斯自由能（ΔG）与温度（T）的关系。可以看到各分解路径的吉布斯自由能在 300～1000K 温度范围内均

大于 0，表明上述分解过程均不能自发进行。随着温度的升高，路径 A1、A3、A4、C1、C2 和 C3 的吉普斯自由能逐渐降低，反应的驱动力增大，其中反应 A1、A4 降低幅度最为明显；路径 B1 的吉普斯自由能随温度升高而增大，反应驱动力减小；路径 A2、A5、D1 和 D2 的吉普斯自由能基本维持不变。在 300～1000K 温度范围内，路径 A4 是所有 C_4F_7N 一次反应进程中最优先进行的。

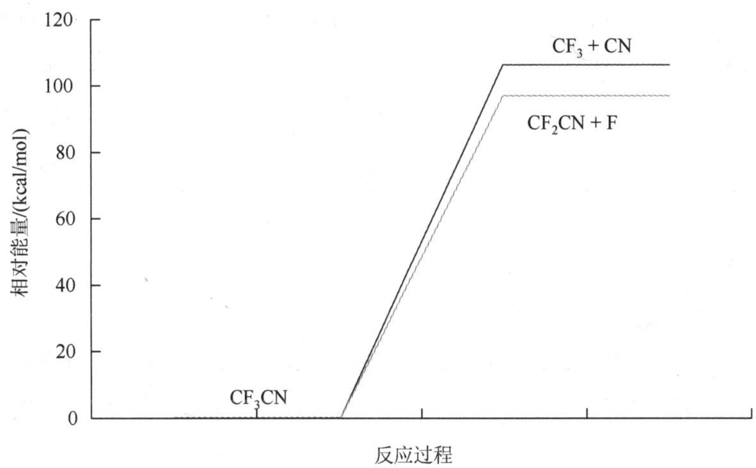

图 7.49　C_4F_7N 分解路径 D1 和 D2 相对能量变化

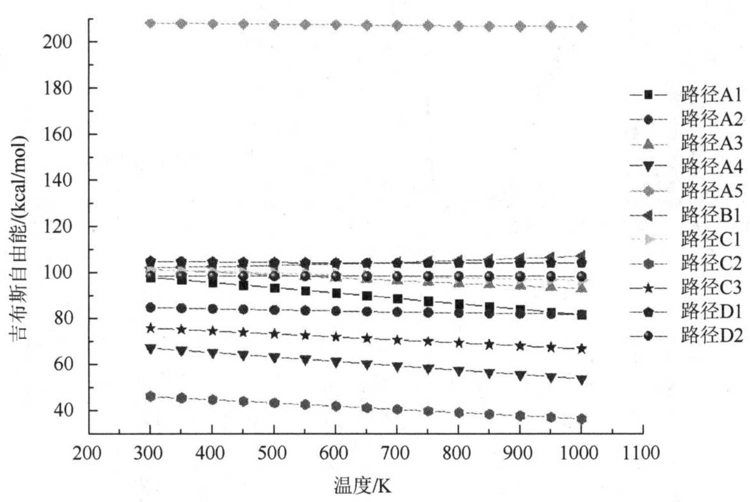

图 7.50　C_4F_7N 分解路径吉布斯自由能与温度的关系

C_4F_7N 分解形成的产物有 C_2F_5CN、CF_3CN 等，同时 CF_3、C_3F_7 等自由基能够与体系中的 F 等自由基复合形成一系列小分子产物，如 CF_4、C_3F_8、C_2F_6、C_4F_{10} 等。表 7.7 给出了相关反应路径及相对能量变化，可知产生 CF_4、C_3F_8、C_2F_6、C_4F_{10} 的过程均无需活化能，且在 300～1000K 温度范围内能够自发进行。其中产生 CF_4、C_3F_8 的过程分别释放

126.193kcal/mol 和 110.900kcal/mol 能量，是所有路径中最容易发生的。另外，C_3F_7 解离为 C_3F_6 和 F 需要吸收 55.16kcal/mol 能量。

表 7.7　C_4F_7N 产物形成路径的焓值

序号	反应路径	焓值/(kcal/mol)
K1	$(CF_3)_2CF + F \longrightarrow C_3F_8$	−110.900
K2	$(CF_3)_2CF + CF_3 \longrightarrow (CF_3)_3CF$	−102.658
K3	$CF_3 + CF_3 \longrightarrow C_2F_6$	−88.571
K4	$CF_3 + F \longrightarrow CF_4$	−126.193
K5	$C_3F_7 \longrightarrow C_3F_6 + F$	55.16

3. C_4F_7N 混合气体放电分解特性

1）工频击穿分解特性

对 15% C_4F_7N/85% CO_2 混合气体（0.15MPa）开展 100 次工频击穿测试，并采集了不同阶段气体进行分解组分分析。图 7.51 给出了 20 次击穿后混合气体的气相色谱图，多次

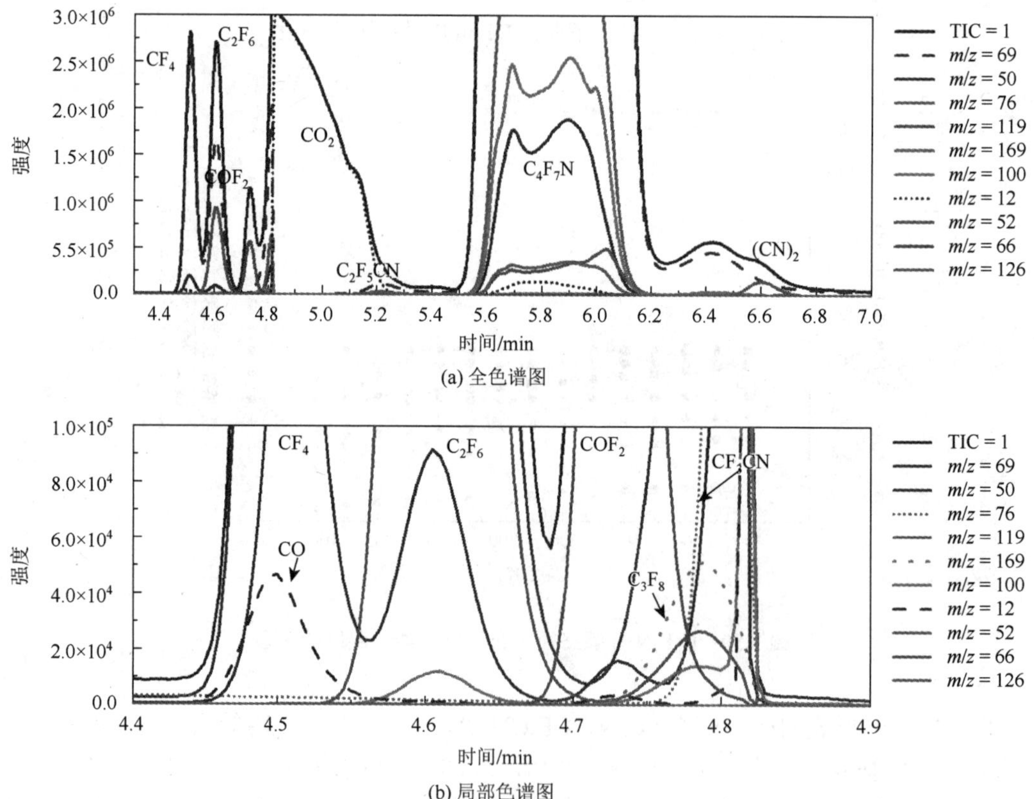

(a) 全色谱图

(b) 局部色谱图

图 7.51　15% C_4F_7N/85% CO_2 混合气体 20 次工频击穿分解气相色谱图

击穿后混合气体分解主要产生了 CF_4、C_2F_6、C_3F_8、COF_2、CO、C_2F_5CN、CF_3CN、$(CN)_2$ 等分解产物。

结合图 7.52 给出的分解产物含量随击穿次数的变化情况，可知 CF_4 和 CO 是含量最高的两种可准确定量的分解产物。氟碳类分解产物（CF_4、C_2F_6、C_3F_8、C_3F_6）中，CF_4 的含量最高，C_2F_6 次之，C_3F_8 和 C_3F_6 的含量相对较低。由于 CF_4、C_2F_6 的产生均需要 CF_3、F 等粒子的参与，其较高的生成量表明 C_4F_7N 放电分解过程产生了大量的 CF_3 粒子，与前述产生 CF_3、CF_3CFCN 的路径焓值最低的计算结果相吻合。

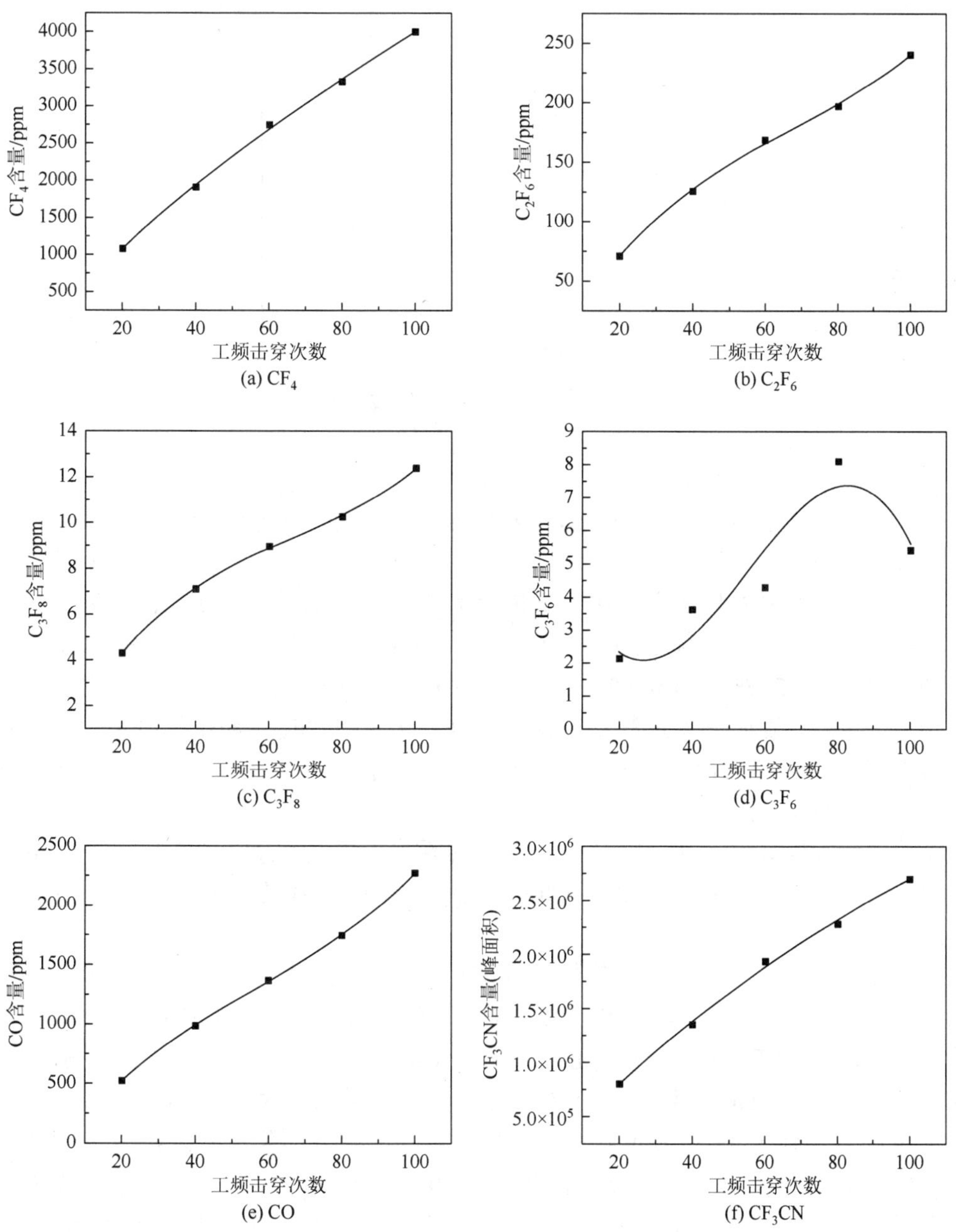

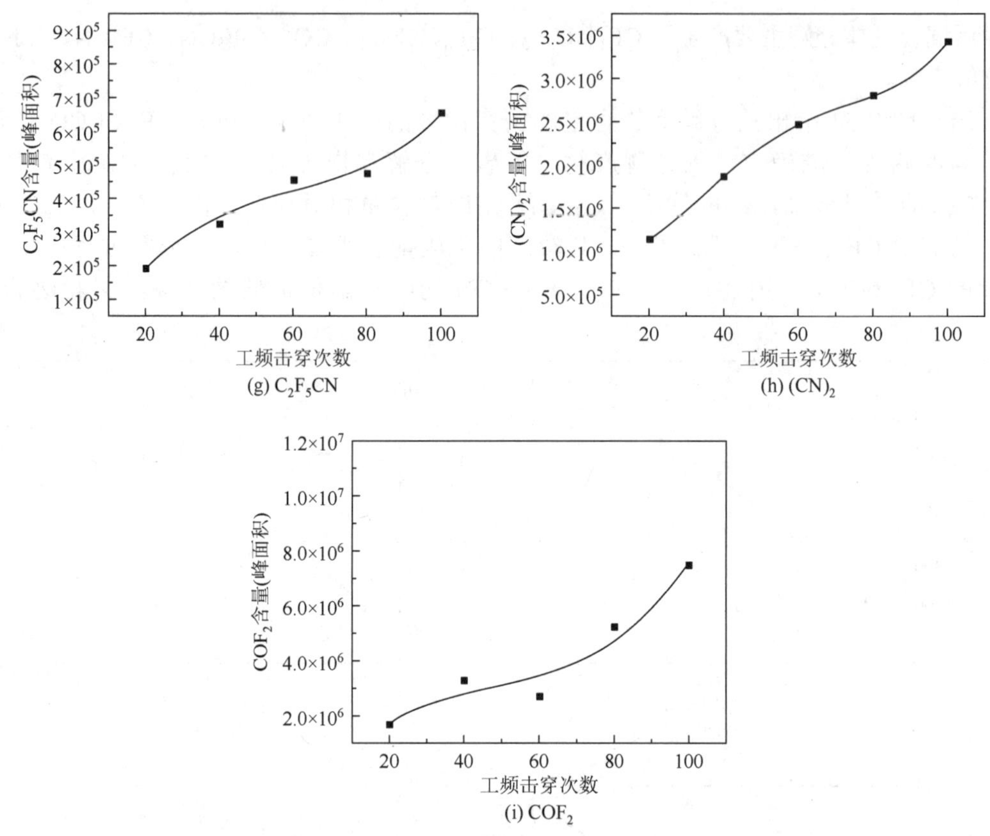

图 7.52　15% C_4F_7N/85% CO_2 混合气体特征分解物含量随工频击穿次数的变化情况

另外，CO 的产生主要与混合气体中高浓度的 CO_2 分解有关。100 次击穿后混合气体中的 CF_4、C_2F_6、C_3F_8 分别达到了 4004ppm、241ppm、12.38ppm，相对 20 次击穿分别增加了 270%、237%和 188.6%。C_3F_8 和 C_3F_6 的含量较低（100 次工频击穿后含量均低于 15ppm），表明解离过程中产生的 C_3F_7、CF_3CFCF_3 等粒子较少。另外，C_3F_6 的含量在 100 次击穿后出现了降低，这可能与其分子结构中的 C═C 不稳定导致分子发生了二次分解有关。

随着击穿次数增加，C_4F_7N/CO_2 混合气体分解产生的 CF_3CN、C_2F_5CN、C_2N_2 含量呈线性增长趋势。其中，CF_3CN、C_2N_2 的峰面积随放电次数的增加速率大于 C_2F_5CN，表明上述两类产物的生成更为容易。

综合来看，C_4F_7N/CO_2 混合气体工频击穿（火花放电）分解产生的分解产物中，CF_4、CO、C_2F_6、CF_3CN、C_2N_2 的含量较高，而 C_3F_8、C_3F_6、C_2F_5CN 含量相对较低。上述分解产物除 C_3F_6 外，其含量随击穿次数呈线性增长趋势，表明 C_4F_7N 解离产生的粒子并不能完全复原且 C_4F_7N 在放电分解过程中被持续消耗。另外，考虑混合气体中的主绝缘气体 C_4F_7N 在低于工作温度下会发生部分液化，导致混合气体的绝缘性能降低，进而引发设备放电及 C_4F_7N 的分解，因此实际工程应用中应当避免设备工作温度低于混合气体的液化温度。需要指出的是，温度不会对反应机理构成影响，且放电分解区域因强电磁能释放并不会处于低温环境，因此对放电分解特性不会构成较大影响。

对 5% C_4F_7N/95% N_2 混合气体（0.15MPa）开展连续工频击穿测试，并基于气相色谱-质谱法对混合气体的组分进行检测。图 7.53 给出了混合气体第 15 次和第 30 次击穿后的气相色谱图。与 C_4F_7N/CO_2 混合气体类似，C_4F_7N/N_2 混合气体在放电后产生了 CF_4、C_2F_6、C_3F_8、CF_3CN、C_2F_4、C_3F_6 和 C_2F_5CN 等分解产物。其中 CF_4、C_2F_6、CF_3CN 的特征峰相对较高，表明其含量是所有分解产物中相对较高的。C_2F_4、C_3F_6、C_3F_8 和 C_2F_5CN 的含量相对较低。

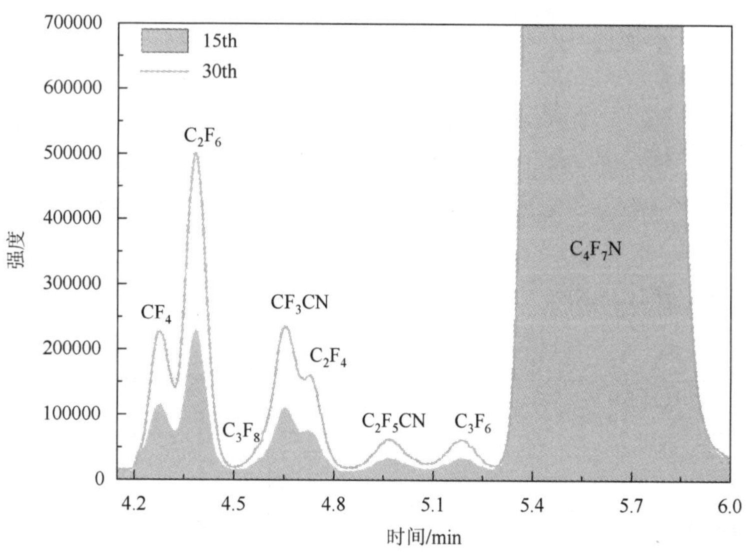

图 7.53　5% C_4F_7N/95% N_2 混合气体工频击穿分解气相色谱图

图 7.54 为第 15 次和第 30 次击穿后各分解组分特征峰的相对变化情况。随着放电次数的增加，各类分解产物的特征峰峰值明显增加，表明各分解产物的含量有所增加。另外，第 30 次击穿后 C_2F_6、CF_3CN、C_2F_4 三种产物的特征峰峰值相对第 15 次击穿后的增长率达到了 100%以上，CF_4、C_3F_8、C_3F_6 和 C_2F_5CN 的特征峰峰值相对增长率则在 80%～92%范围内。因此，随着放电次数的增加，混合气体中 C_4F_7N 的分解加剧。

2）局部放电分解特性

采用针-板电极模拟金属突出物缺陷，对 15% C_4F_7N/85% CO_2 混合气体（0.15MPa）的局部放电（PD）分解特性进行了测试。测试发现混合气体的 PDIV 为 14.8kV，试验施加电压为 24kV。图 7.55 给出了混合气体典型的局部放电信号波形。提取局部放电次数、放电量和相位等特征参量，本研究构建了放电次数-相位（n-φ）和放电量-相位（q-φ）的局部放电相位分布（phase resolved partial discharge，PRPD）图谱。根据图 7.55，C_4F_7N/CO_2 混合气体的正半周局部放电相位主要集中在 50°～120°，负半周局部放电相位主要集中在 200°～240°，且正半周的放电重复率远高于负半周，其中局部放电次数最多的相位是 62°

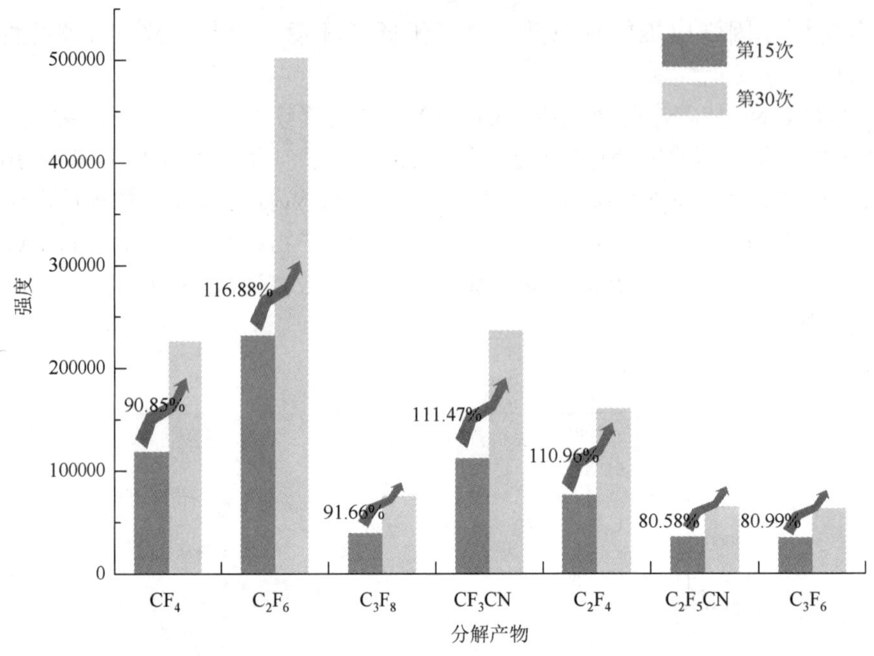

图 7.54　5% C_4F_7N/95% N_2 混合气体不同击穿次数下分解产物特征峰变化情况

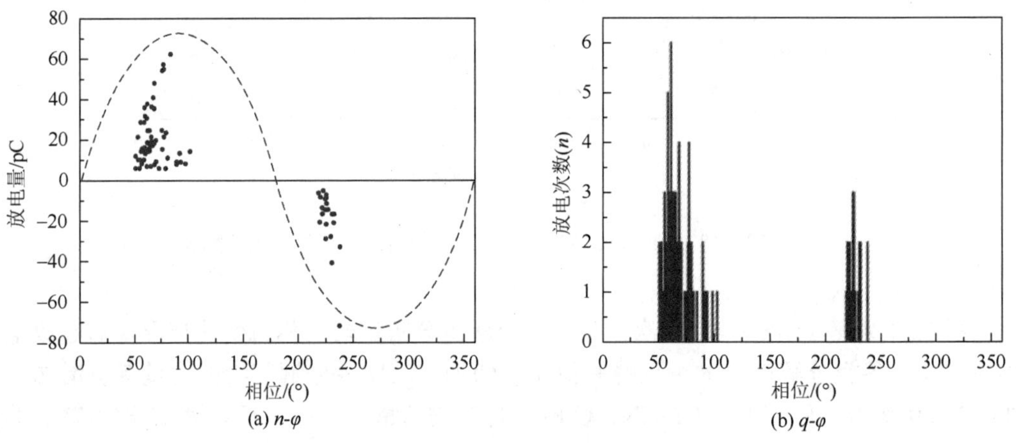

图 7.55　C_4F_7N/CO_2 混合气体局部放电信号 n-φ 和 q-φ 图谱

（共有 6 次放电）。另外，混合气体局部放电每秒累计放电量（Q_{sec}）为 1716pC，平均放电量为 19.72pC，局部放电单脉冲最大放电量达到了 62.4pC。

图 7.56 给出了 C_4F_7N/CO_2 混合气体局部放电分解产生的可准确定量的五种分解产物含量。与工频击穿不同，局部放电试验周期内 CO 的含量是最高的（96h 时达到了 422.76ppm），CF_4 次之（96h 时达到 25.92ppm），C_2F_6、C_3F_6、C_3F_8 的含量较低（96h 时均在 10ppm 以下）。由于局部放电的放电强度低于工频击穿，因此其引发的 C_4F_7N/CO_2 混合气体的分解较弱，CF_4、C_3F_8、C_2F_6、C_3F_6、CF_3CN、C_2F_5CN 的含量较低。

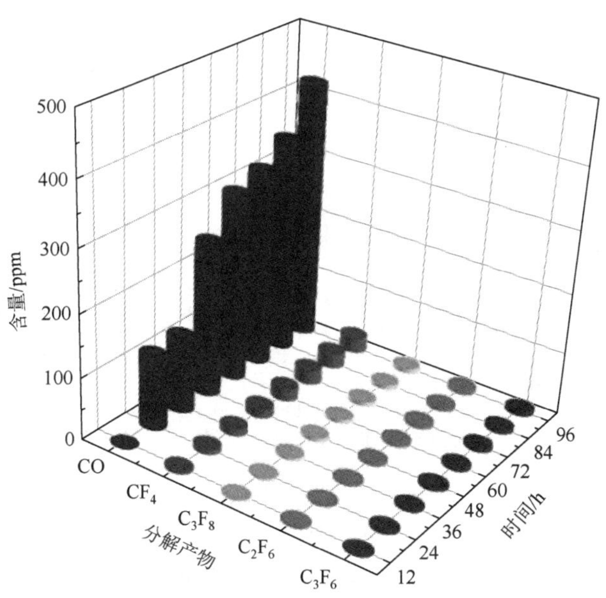

图 7.56　C_4F_7N/CO_2 混合气体局部放电分解可定量分解产物含量

根据图 7.57 给出的 C_xF_y 类产物含量的变化情况可以看到，CF_4、C_2F_6、C_3F_6、C_3F_8 的含量随 PD 持续时间增加呈线性增长趋势。CF_4 的含量由 12h 的 4.09ppm 增加到 96h 的 25.92ppm，增长了 534%。与工频击穿类似，C_2F_6、C_3F_6、C_3F_8 三类产物的含量均低于 CF_4。另外，72h 之后上述产物随 PD 持续时间增加的增长速率有所放缓，这与长期 PD 后针电极烧蚀钝化、PD 强度有所降低有关。

图 7.58 给出了 PD 下含 CN 基团产物随放电时间的变化情况。C_2F_5CN 在 PD 持续 36h 后才开始产生，且 48～72h 区间内特征峰面积（含量）变化不大，表明 C_4F_7N 解离产生的 C_2F_5、CF_3CFCN 等粒子较少。CF_3CN、（CN）$_2$ 的含量随 PD 持续时间增加呈线性增长趋势。整体上，含 CN 基团的产物以$(CN)_2$、CF_3CN 为主，表明解离产生的 CF_3、CN 更倾向于复合为小分子产物。C_4F_7N/CO_2 在 PD 下分解产生的 CO、COF_2 随放电持续时间增加呈线性增长趋势（图 7.59），其中 COF_2 的产量增长速率在 60h 后有所放缓。CO 的含量最高达到了 422.76ppm，相对 24h PD 时的含量增加了 256.9%。

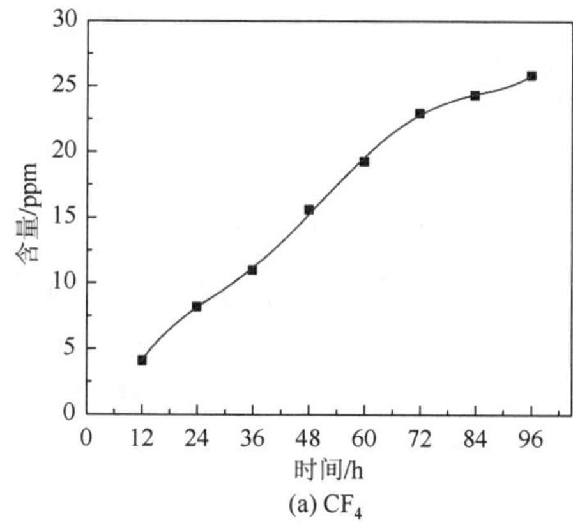

(a) CF_4

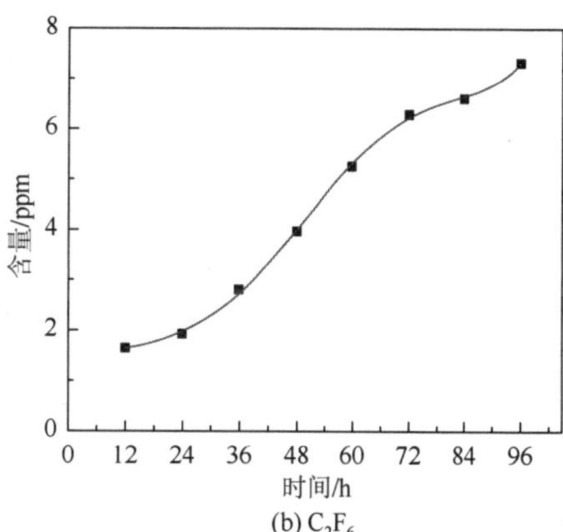

(b) C_2F_6

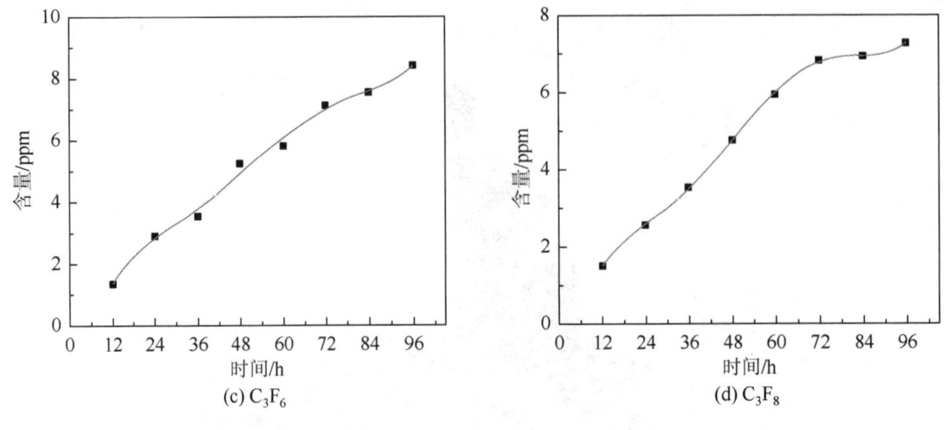

图 7.57　PD 持续时间对 C_4F_7N/CO_2 混合气体 C_xF_y 类产物含量的影响

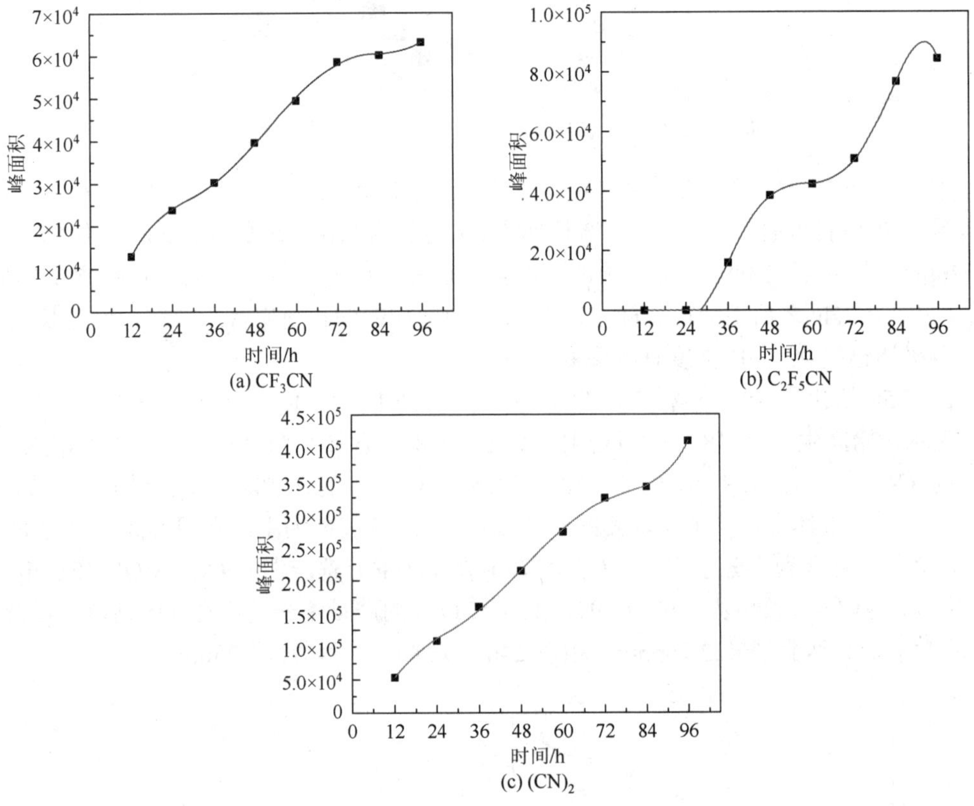

图 7.58　PD 持续时间对 C_4F_7N/CO_2 混合气体含 CN 基团产物含量的影响

针对 C_4F_7N 含量为 5%～25%的 C_4F_7N/空气混合气体，采用针-板电极施加交流高压引发局部放电（针电极半径 0.3mm，板电极半径 50mm，电极间距 10mm），测试了不同 C_4F_7N 体积分数、施加电压（放电量）下的分解产物含量[15]。气体成分分析采用气相色谱-质谱联用仪开展，针对无标准含量气体的组分，采用归一化体积分数研究其含量变化情况。

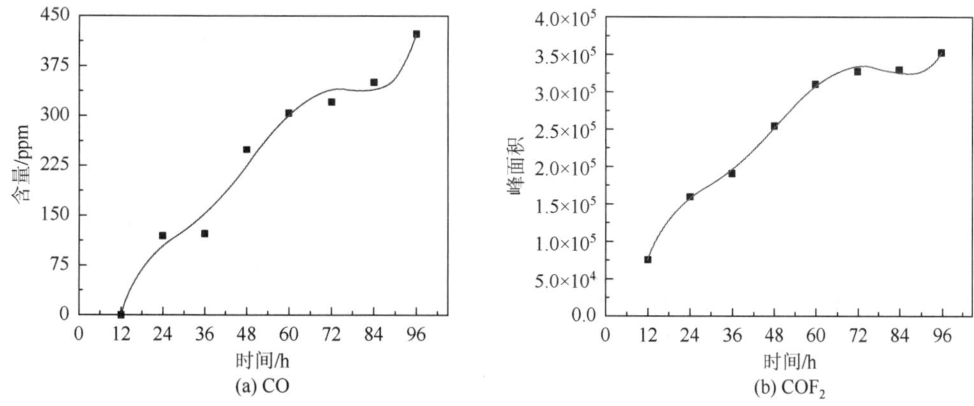

图 7.59　PD 持续时间对 C_4F_7N/CO_2 混合气体分解产物 CO、COF_2 含量的影响

图 7.60 给出了相同施加电压和放电间隙条件下，不同 C_4F_7N 含量下 C_4F_7N/空气混合气体特征分解产物的变化情况。C_4F_7N/空气混合气体的局部放电特征分解产物有 CF_4、C_2F_4、C_2F_6、CHF_3、C_3F_8、$C_2F_6O_3$、CF_3CN、C_3F_6、C_4F_6、C_4F_8 等。各分解产物中，饱和卤代烃（CF_4、C_2F_6、C_3F_8）、CF_3CN、$C_2F_6O_3$ 和 C_4F_8 的含量均与 C_4F_7N 含量呈现正相关，即特征分解产物含量随混合气体中 C_4F_7N 含量的增加而增加，并逐渐趋于饱和；不饱和卤代烃类气体 C_2F_4、C_3F_6 和 C_4F_6 气体体积分数随着 C_4F_7N 含量的增大先增大后减小，在 C_4F_7N 含量为 20%时体积分数最高；CHF_3 的含量随 C_4F_7N 含量的增加呈现先增大后减小的趋势，且其含量低于卤代烃[15]。

图 7.61 给出了不同施加电压下 15% C_4F_7N/空气混合气体局部放电特征分解产物含量的变化情况。CF_4、CHF_3、C_3F_8、$C_2F_6O_3$、CF_3CN、C_3F_6、C_4F_6、C_4F_8 的含量均随施加电压的增加而增加，C_2F_4 的含量与施加电压呈负相关。其中，CHF_3 的含量在 25～30kV 条件下较低且变化很小，而当电压继续升高时其含量迅速增加，因此 CHF_3 可以作为表征放电强度的特征产物。综合来看，局部放电下混合气体分解产生的各类自由基更倾向于生成饱和卤代烃，而不饱和卤代烃如 C_2F_4、C_3F_6 的含量较低。

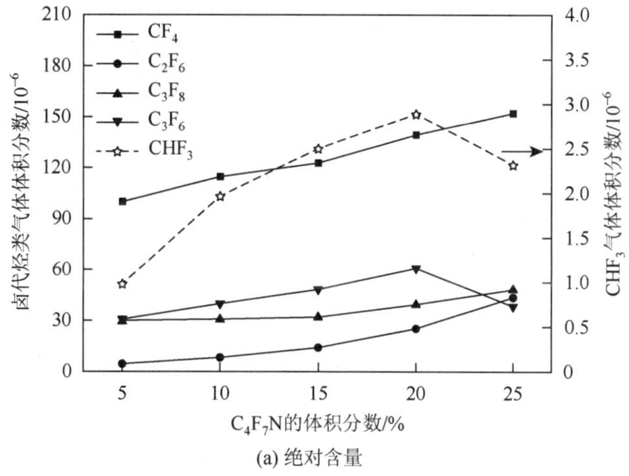

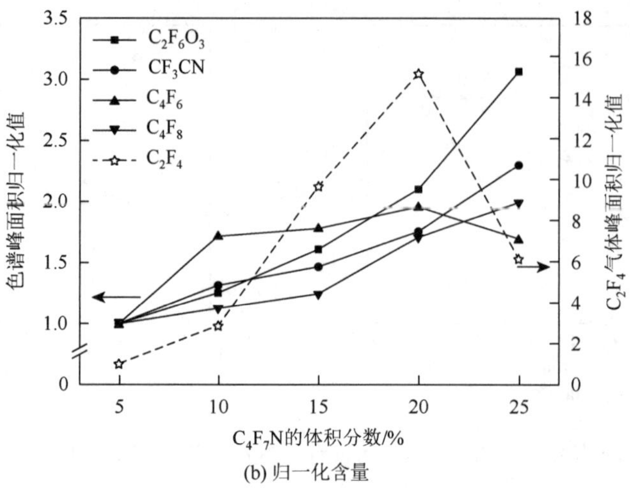

(b) 归一化含量

图 7.60　不同 C_4F_7N 含量下混合气体特征分解产物含量的变化情况[15]

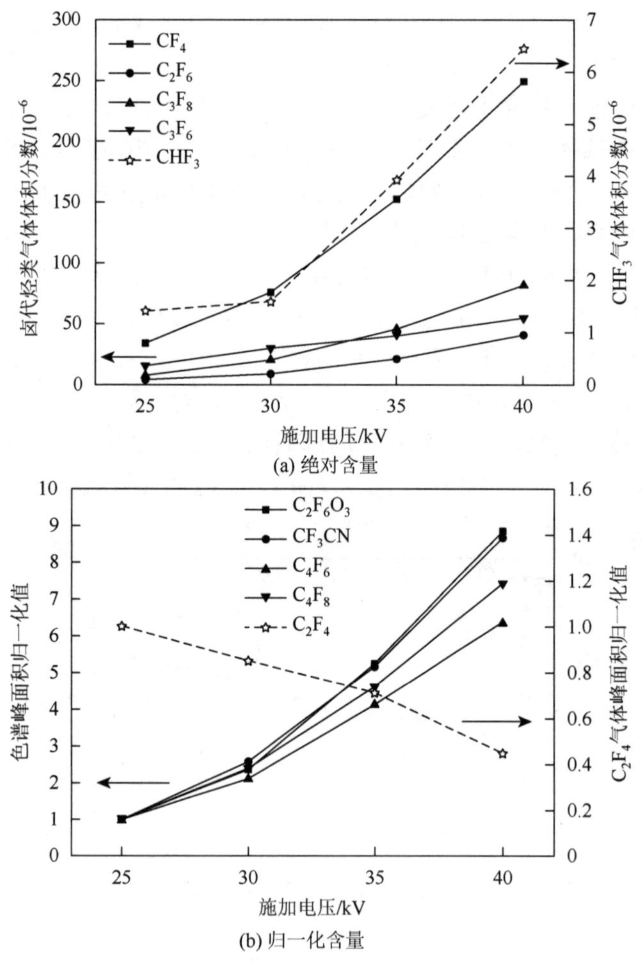

(b) 归一化含量

图 7.61　不同施加电压下混合气体特征分解产物含量变化情况[15]

针对不同缓冲气体（CO_2、N_2 和空气）与 C_4F_7N 二元混合气体局部放电分解特性的研究发现，相同试验条件下，C_4F_7N/空气混合气体局部放电分解产生的 CO_2 浓度高于 C_4F_7N/N_2 混合气体；C_4F_7N/CO_2 混合气体局部放电产生的 CO 含量高于 C_4F_7N/空气和 C_4F_7N/N_2 混合气体。C_4F_7N/N_2 混合气体的局部放电分解组分中，全氟烷烃气体和腈类气体含量最多，而 C_4F_7N/CO_2 混合气体局部放电分解组分中上述分解产物的含量最少；C_4F_7N/空气混合气体中局部放电分解产物 $C_2F_6O_3$ 的含量最高，C_4F_7N/CO_2 次之，C_4F_7N/N_2 最少[16]。

综合来看，局部放电（PD）条件下 C_4F_7N/CO_2 混合气体分解产生的全氟烷烃和腈类气体相对火花放电较少，其中 CO、CF_4、$(CN)_2$、CF_3CN 四类产物相对更容易生成；另外，C_4F_7N/CO_2 混合气体在 PD 下的分解产物含量随 PD 持续时间增加基本上呈线性增长趋势。由于分解产物的含量与 PD 持续时间的正相关性，实际工程应用中应避免 PD 的长期存在引发的气体绝缘介质分解，导致设备绝缘能力下降。

3）电弧放电分解特性

对 9.5% C_4F_7N/9.5% O_2/81% CO_2 混合气体开展燃弧测试，图 7.62 给出了试验后混合气体的气相色谱图[17]。混合气体电弧放电分解主要产生了 CF_4、CO、C_2F_6、C_2F_4、C_3F_8、CF_3CN、C_3F_6、C_2F_5CN、C_3F_7H、$(CN)_2$、COF_2 等分解产物。

另外，对一台额定参数为 145kV/40kA/50Hz 的 GIS 进行灭弧性能测试并分析气体电弧放电后的分解产物。测试依据 IEC 62271-100-2017 标准开展，开断电流为 40kA，灭弧介质为 6% C_4F_7N/5% O_2/89% CO_2 混合气体，充气气压为 0.75MPa[18]。试验后，发现混合气体中 C_4F_7N 的含量降低了 0.48%，除 CO、CF_4、C_2F_6 和 C_3F_8 外，其他各类分解产物的含量均在 1～200ppm（表 7.8）。

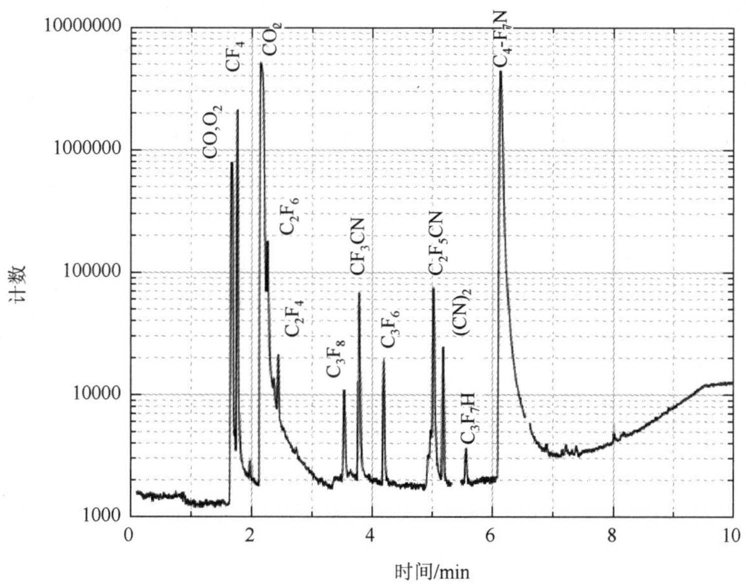

图 7.62　$C_4F_7N/CO_2/O_2$ 混合气体电弧放电气相色谱图[17]

表 7.8　$C_4F_7N/CO_2/O_2$ 混合气体电弧放电后特征分解产物含量[18]

产物	CAS 号	含量/ppm
CO_2	124-38-9	880500
C_4F_7N	42532-60-5	55200
O_2	7782-44-7	42500
CO	630-08-0	19100
CF_4，C_2F_6，C_3F_8	—	2228
$CF_3CF_2CF_2CN$	375-00-8	37
C_2F_5CN	442-04-8	35
C_2F_4	116-14-3	11
C_3F_6	116-15-4	22
$CF_3NHCOCN$	—	15
CF_3CN	353-85-5	120
$(CN)_2$	460-19-5	20
COF_2	353-50-4	166
$CF_2{=}CF{-}CN$	433-43-2	38
$(CF_3)_2C{=}CF_2$	382-21-8	1.2

7.3.2　过热分解特性

1. C_4F_7N 热分解机理

基于 ReaxFF 反应分子动力学方法，构建了 C_4F_7N 和 C_4F_7N/CO_2 混合气体周期性边界立方体模型。C_4F_7N 模型系统内部含有 100 个 C_4F_7N 分子，立方体边长为 159Å，气体初始密度为 0.00811g/cm^3；C_4F_7N/CO_2 混合气体模型包含 100 个 C_4F_7N 分子和 400 个 CO_2 分子，立方体边长为 260Å，气体密度为 0.00351g/cm^3。首先在 300K 的温度下对系统进行 10ps 的动力学平衡处理以保证所构建模型的体系稳定，然后分别在不同温度下基于 *NVT* 系综（保持模拟体系原子数 *N*、体积 *V* 和温度 *T* 恒定）进行 1000ps 的 ReaxFF 反应分子动力学模拟。

图 7.63 给出了 1900K 温度条件下 C_4F_7N 分解产物随时间的变化情况，可以看到 1900K 温度下 C_4F_7N 分解主要产生 CF_3、C_3F_7、CN、CNF、CF_2、CF、CF_3CFCN（即 C_3NF_4）、F 等自由基和 CF_4。模拟时间达到 615ps 时，C_4F_7N 开始分解并产生了 CF_3 和 CF_3CFCN，而 CF_3CFCN 在 685.63ps 时进一步解离为 CF_3、CN 等粒子。702.5ps 时，C_4F_7N 分解产生了 C_3F_7 和 CN。随着反应的进一步发展，CF_3、F、CN 三类粒子的生成量进一步增加，表明 C_4F_7N 分解产生 CF_3 和 CF_3CFCN 的过程相对产生 C_3F_7、CN 更容易发生。

为进一步分析温度对 C_4F_7N 分解过程的影响情况，选取 1900K、2000K、2100K、2200K 和 2400K 五个温度进行了分子动力学模拟。图 7.64 给出了不同温度下反应过程中系统势能随时间的变化情况。不同温度下，反应过程中体系的势能均随时间增长而增长，表明 C_4F_7N 的整个分解过程均是吸收能量的。随着温度的增加，体系势能的增长速率明显加快，表明环境温度的增加将导致 C_4F_7N 的分解加速。当温度达到 2400K 时，体系的势能在 125～600ps 范围内的增长速率明显高于 600～1000ps，表明在 600ps 以前体系中的反应以吸收能量为主，而 600ps 以后体系中或出现放热反应，导致整体的势能增速放缓。

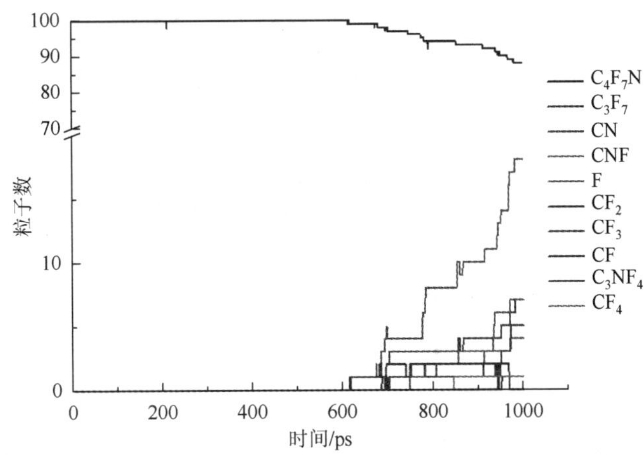

图 7.63　C_4F_7N 在 1900K 温度下分解粒子的时间分布

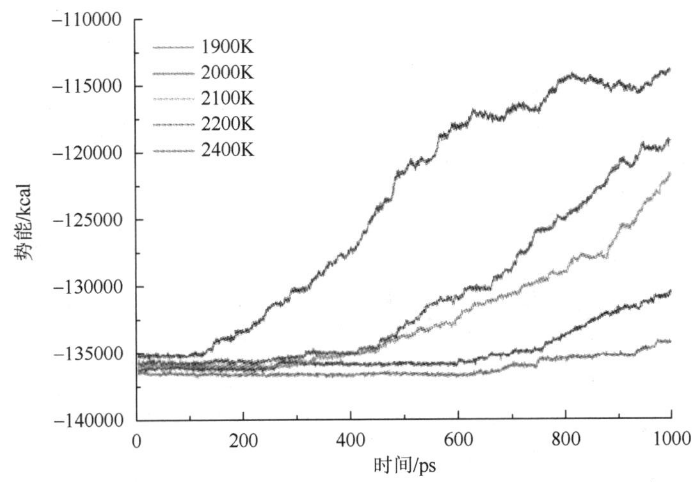

图 7.64　C_4F_7N 体系势能在不同温度的时间分布

图 7.65 给出了不同温度下 C_4F_7N 分子数量随时间的变化曲线。随着温度的上升，C_4F_7N 的分解速率（分子量随时间变化曲线的斜率）和分解量均明显加快，1900K 温度条件下仅有 8 个 C_4F_7N 分子分解，而 2400K 时最终有 96 个 C_4F_7N 分子分解。

图 7.66 给出了不同温度下 C_4F_7N 主要分解产物的数量随时间的变化情况。随着温度的上升，C_4F_7N 分解产生的 C_3F_7、CN、CNF、CF_3、CF_2、CF、C、F 等自由基及 CF_4 等产物的生成量、生成速率均随温度增加呈现增长趋势，表明高温下 C_4F_7N 的分解加剧。

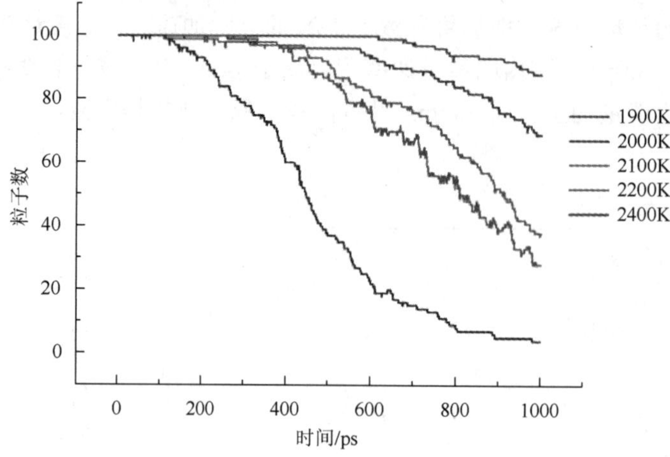

图 7.65　不同温度下 C_4F_7N 分子数量的时间分布

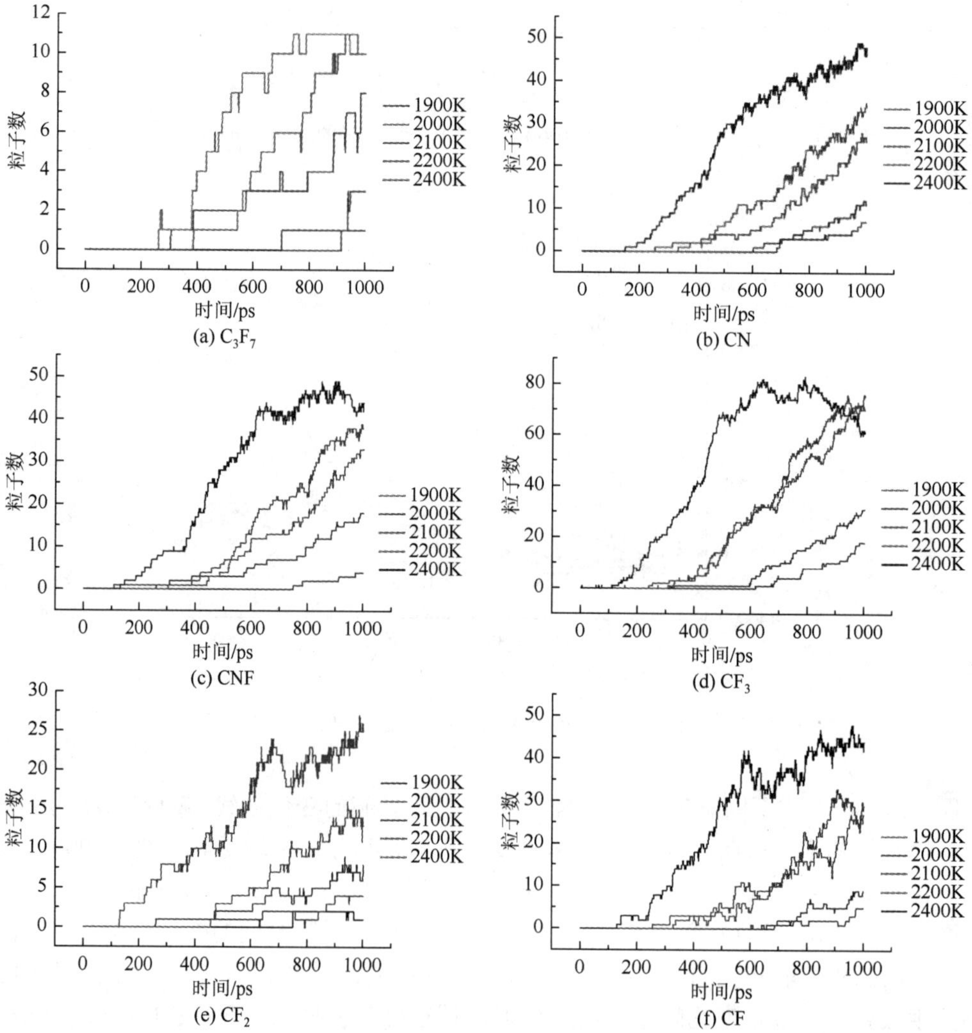

(a) C_3F_7

(b) CN

(c) CNF

(d) CF_3

(e) CF_2

(f) CF

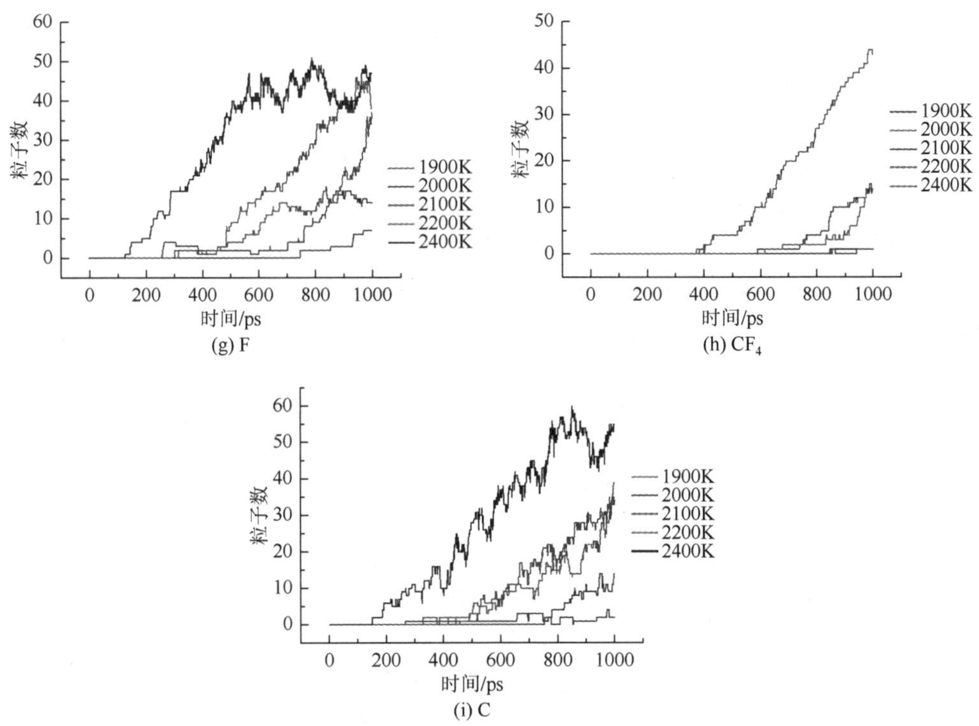

图 7.66　不同温度下 C_4F_7N 分解产生的特征粒子时间分布

结合图 7.67 的统计结果，CF_3 在各温度下的含量均是所有产物中最高的，CF、CF_2、CN、CNF 和 F 的含量相近；C_3F_7、C_3NF_4 和 C_4NF_6 的含量相对其他产物的含量较低。其中 C_4NF_6 由 C_4F_7N 分子中与中心 C 原子相连的 F 原子解离产生，这一过程需要吸收 89.17kcal/mol 的能量。另外，C_4F_7N 分解产生的稳定小分子产物有 CF_4、C_3F_8 等，其中 CF_4 的数量在 2400K 温度下 600～1000ps 区间内出现明显增加，CF_3 和 F 的产

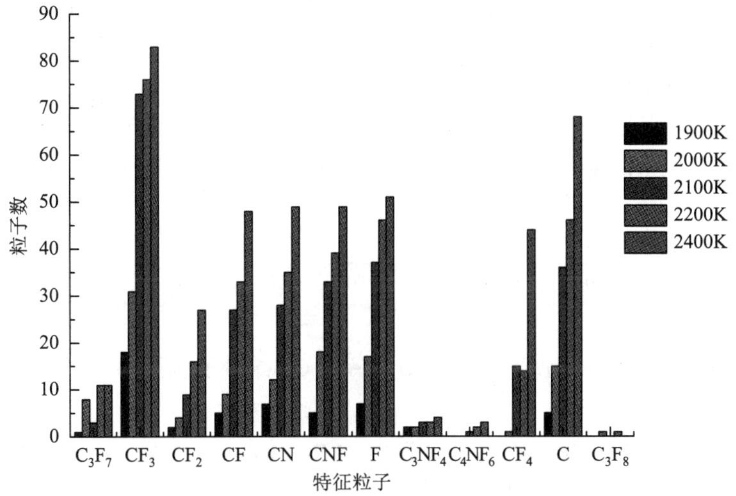

图 7.67　不同温度下 C_4F_7N 分解产生的特征粒子统计分布

量在上述时间范围内先保持稳定后有所降低，由于产生 CF_4 的路径是放热的，因此体系势能的增速放缓是由 CF_4 的大量产生引发的

对于 C_4F_7N/CO_2 系统，图 7.68 给出了 2000～3000K 温度区间内混合气体体系势能随时间的变化情况，图 7.69 给出了不同温度下 C_4F_7N 分子数量随时间的变化曲线。体系的势能在 2200～3000K 区间内均呈现增加趋势，当温度高于 2400K 时，体系的势能出现明显增长；环境温度为 2000K 时体系的势能没有发生大的变化，这与 2000K 下 C_4F_7N 尚未发生较强程度的分解有关。随着温度的升高，C_4F_7N 的分解速率加快。

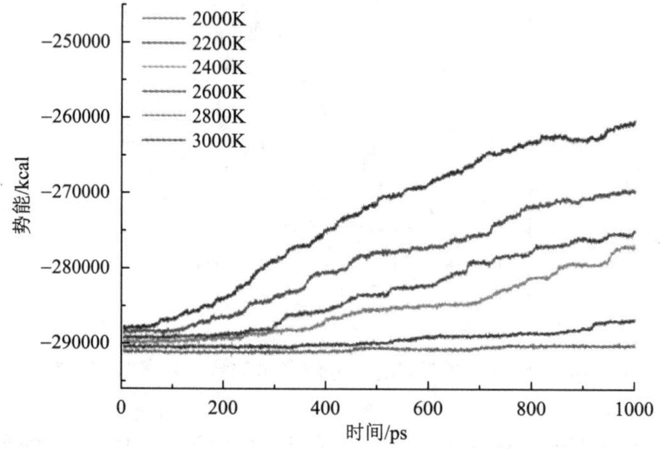

图 7.68　C_4F_7N/CO_2 体系势能在不同温度的时间分布

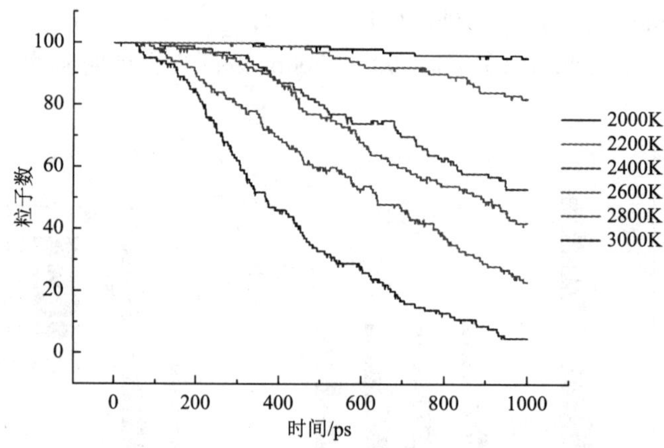

图 7.69　不同温度下 C_4F_7N/CO_2 体系中 C_4F_7N 分子数量的时间分布

图 7.70 给出了 2000～3000K 温度区间内 C_4F_7N/CO_2 各主要分解产物数量随时间的变化情况，图 7.71 给出了不同温度下各分解产物含量的最大值。随着温度的升高，与纯 C_4F_7N 体系类似，各主要分解产物的含量均呈现增加趋势，其中产物中 CF_3 在各温度条件

下的含量均是最高的；当温度低于 2800K 时，CN、CNF、CF 和 F 的产量相近，而当温度高于 2800K 时，体系中的 F 含量明显增加。由于 CO_2 的加入，体系中产生了 CO 这一新的分解产物。CO_2 在 2600K 及以上温度分解加速，3000K 温度下最终产生了 40 个 CO 分子；C_4F_7N/CO_2 混合体系中，CF_4 这一产物的产量降低，在 3000K 时最终产生了 12 个分子，远低于纯 C_4F_7N 体系。另外，3000K 温度下 CF_3 和 F 的含量在 800ps 以后增长放缓，这与 CF_4 的生成有关。

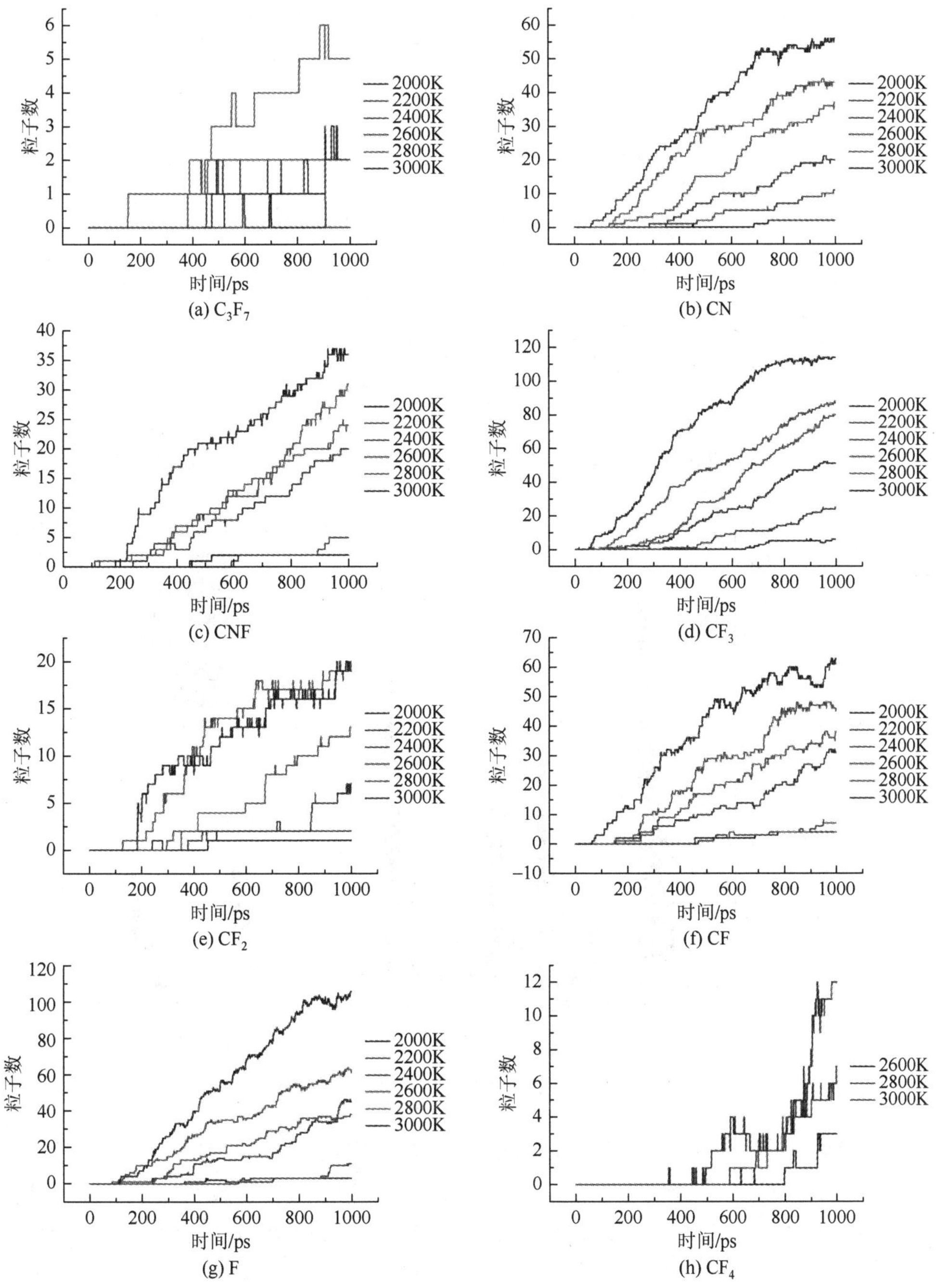

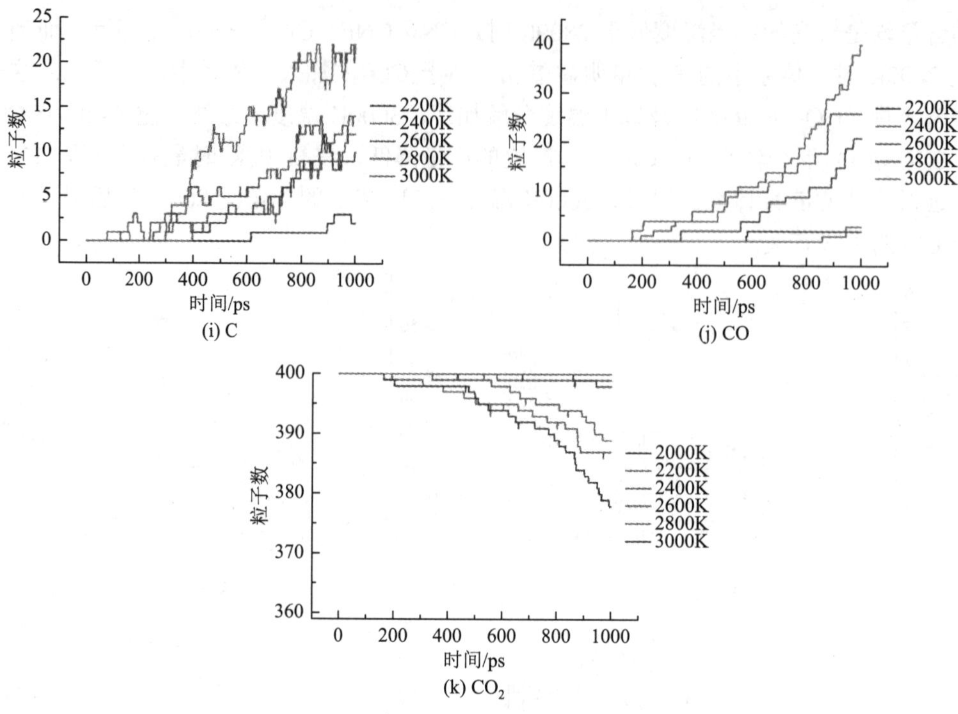

(i) C

(j) CO

(k) CO_2

图 7.70 不同温度下 C_4F_7N/CO_2 分解产生的特征粒子时间分布

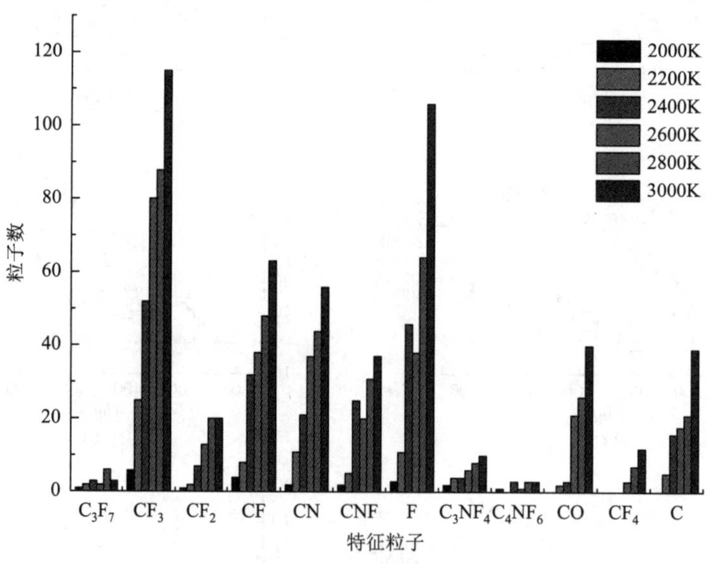

图 7.71 不同温度下 C_4F_7N/CO_2 分解产生的特征粒子统计分布

图 7.72 给出了 C_4F_7N 和 C_4F_7N/CO_2 不同体系在相同温度下 C_4F_7N 分解的对比情况。可以看到 C_4F_7N/CO_2 混合气体体系在相同温度下 C_4F_7N 的分解量明显低于纯 C_4F_7N 体系，如 2400K 温度下纯 C_4F_7N 体系分解量为 96 而 C_4F_7N/CO_2 混合气体体系分解量为 58，表明缓冲气体 CO_2 的加入能够有效抑制 C_4F_7N 的分解。

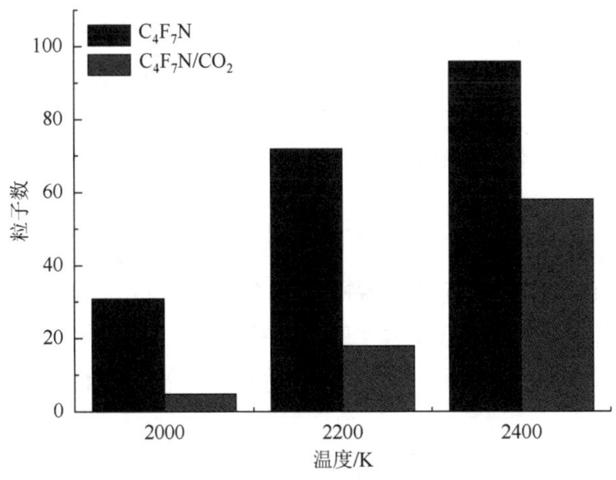

图 7.72　不同温度下 C_4F_7N 体系与 C_4F_7N/CO_2 体系中 C_4F_7N 分解量

从产物的角度来看，C_4F_7N/CO_2 混合气体体系在相同温度下各产物的生成量低于纯 C_4F_7N 体系；CO_2 的加入抑制了 CF_4 和 C 这两类分解产物的生成，使体系不易析出碳单质并产生绝缘性能相对较差的物质，这对保护体系绝缘性能是有利的。实际上，C_4F_7N/CO_2 混合气体具备较好的分解特性与体系的密度较小有关，CO_2 的加入降低了体系中 C_4F_7N 的浓度，在相同温度条件下，使 C_4F_7N 分解的反应速率降低，进而导致体系能够在较高环境温度下不易发生化学成分的变化，保障了体系良好的分解特性。

2. C_4F_7N 混合气体过热分解特性

1）温度的影响

为了探索 C_4F_7N/CO_2 混合气体在局部过热条件下的主要分解产物，对 0.15MPa、550℃条件下的 5% C_4F_7N/95% CO_2 混合气体进行持续 12h 的局部过热试验。图 7.73 给出了试验后气体混合物的气相色谱图，检测发现 C_4F_7N/CO_2 混合气体的热分解主要产物有 CO、CF_4、COF_2、C_3F_8、CF_3CN、C_3F_6 和$(CN)_2$。另外，有文献指出 C_4F_7N 的热分解始于 650℃，在 775℃可以检测到 C_2F_6、COF_2、CF_3CN 和 C_2F_5CN 的产生[2]，与上述结果存在一定差异。这是由于文献[2]中的试验方式为通过管式炉流过 C_4F_7N 含量为 400～600ppm

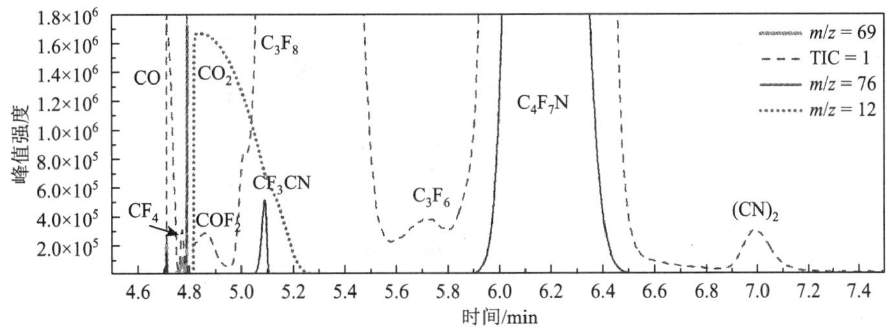

图 7.73　5% C_4F_7N/95% CO_2 混合气体热分解气相色谱图

的 C_4F_7N/CO_2 混合气体。然而在实际运行过程中，设备内部的气体绝缘介质是相对静止而非流动的，并且混合气体中 C_4F_7N 的含量在 4%～10%范围内。

为了评估 C_4F_7N/CO_2 混合气体作为 SF_6 替代气体的热稳定性，在 350℃、400℃、450℃、500℃和 550℃五个温度条件下开展了热分解测试，以探讨温度对其热分解特性的影响。

图 7.74 给出了 0.15MPa 气压条件下 5% C_4F_7N/95% CO_2 混合气体在不同加热温度下 CO、CF_4、C_2F_6、C_3F_8 和 C_3F_6 五种分解产物的含量。可以看到 350℃和 450℃温度条件下，C_3F_6 的含量最高，CO 次之。温度超过 500℃时，开始生成 CF_4 和 C_2F_6。当温度升至 550℃时，混合气体中上述四种产物含量由高到低依次为 CO、C_3F_6、CF_4、C_2F_6。

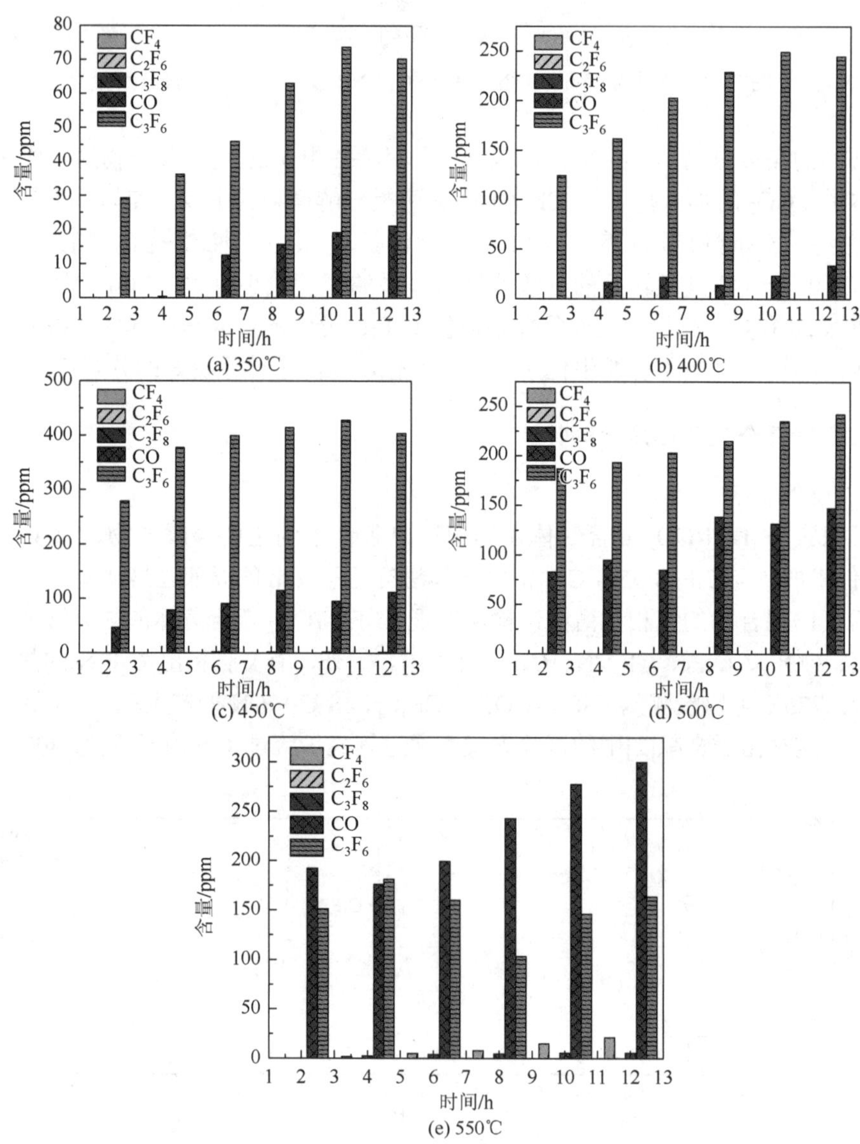

图 7.74　不同温度条件下 CO、CF_4、C_2F_6、C_3F_8、C_3F_6 含量的变化情况

图 7.75 给出了不同温度条件下 C_3F_6、C_3F_8 含量的变化情况。可以看到 C_3F_6 和 C_3F_8 的含量随测试时间延长呈饱和增长趋势。在 450℃温度下 C_3F_6 的含量达到最高值（热分解试验 12h 后含量高于 400ppm），表明 C_3F_6 是最早生成的热分解产物；温度低于 450℃时，其含量随温度上升而增加；而 550℃条件下，C_3F_6 的含量明显低于 450℃，这可能与高温导致该副产物出现分解有关。C_3F_8 的含量在温度达到 500℃时呈明显的增长趋势。

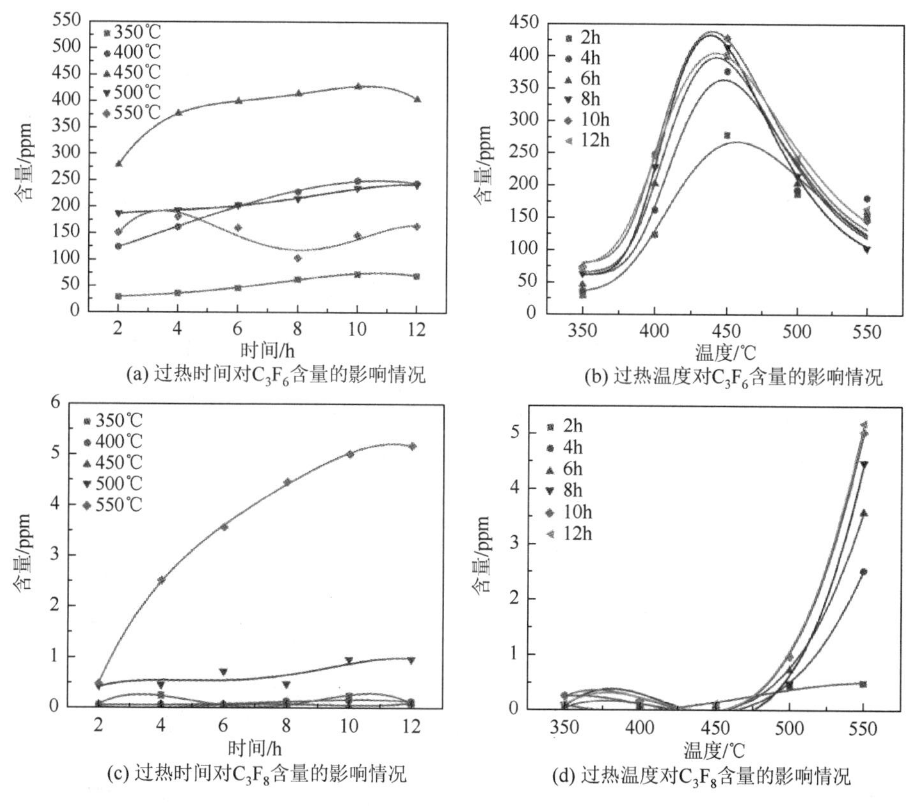

图 7.75　不同温度条件下 C_3F_6、C_3F_8 含量的变化情况

图 7.76 给出了不同温度条件下 CF_4 和 CO 的含量变化趋势。可以看到 500℃条件下，热分解产物 CF_4 含量比较少。当温度升至 550℃时，CF_4 和 C_2F_6 含量随时间延长呈现急剧增加趋势，热分解试验 12h 时 CF_4 含量超过 20ppm。生成 CF_4 这种产物需要 CF_3、F 自由基的参与，表明 CF_3、F 自由基在高于 500℃时会大量生成；温度在 350～550℃时，CO 的含量随温度的升高而增加，特别是当温度高于 450℃时，由 CO_2 分解生成 CO。

采用峰面积积分法可以获得 CF_3CN、$(CN)_2$ 和 COF_2 的含量变化趋势。根据图 7.77 给出的不同温度下 CF_3CN 含量的变化曲线，可以看到 CF_3CN 的峰面积（含量）随温度升高呈现先增加后降低的趋势，在 550℃时略有上升。$(CN)_2$ 和 COF_2 的峰面积在 475℃时达到最高值，在 500℃时开始呈下降趋势，表明较高的温度会导致产物分子发生再分解。实际上，$(CN)_2$ 是通过 CN 自由基的重组反应产生；在 350～

450℃时，其含量随温度的升高而升高，在 500℃以上时下降，这与 C_3F_6 的变化趋势相似。COF_2 的产生与 CO_2 的分解以及 CO 与 F 自由基之间的反应有关。COF_2 的峰面积在 350～550℃时呈现饱和增长趋势，在 550℃时略有下降，说明较高的温度可以加速 C_4F_7N 的分解。

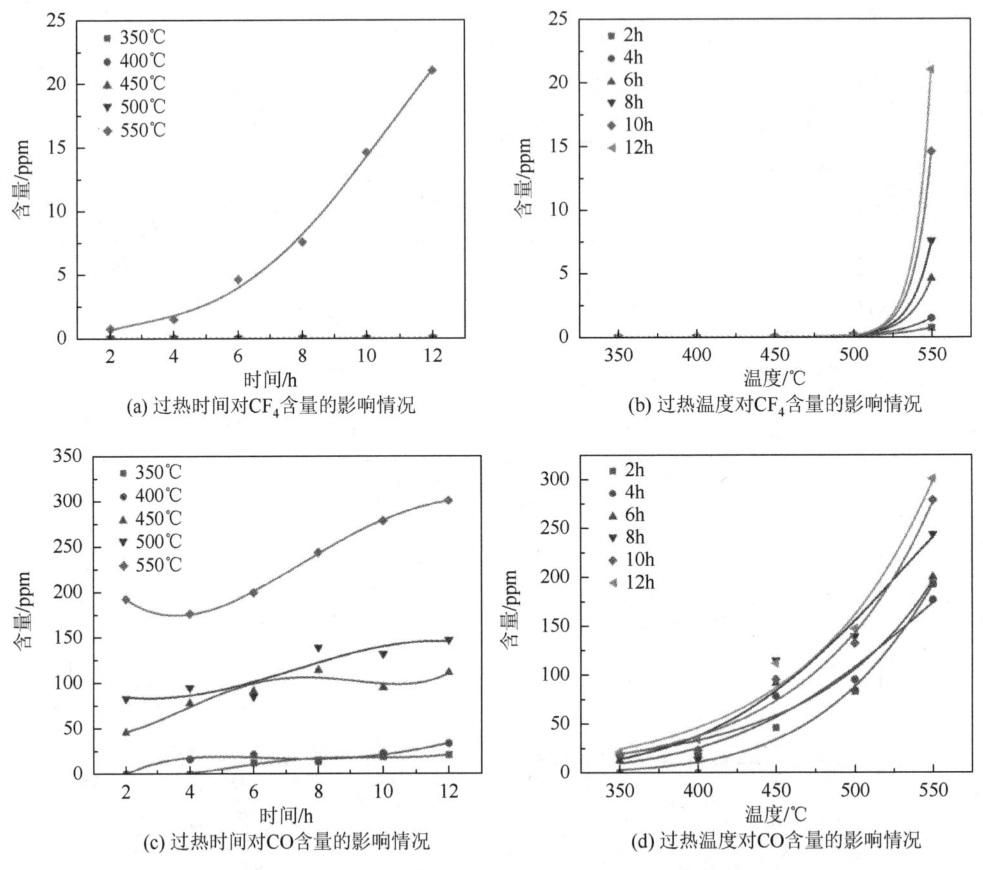

(a) 过热时间对CF_4含量的影响情况　(b) 过热温度对CF_4含量的影响情况

(c) 过热时间对CO含量的影响情况　(d) 过热温度对CO含量的影响情况

图 7.76　不同温度条件下 CF_4、CO 含量的变化情况

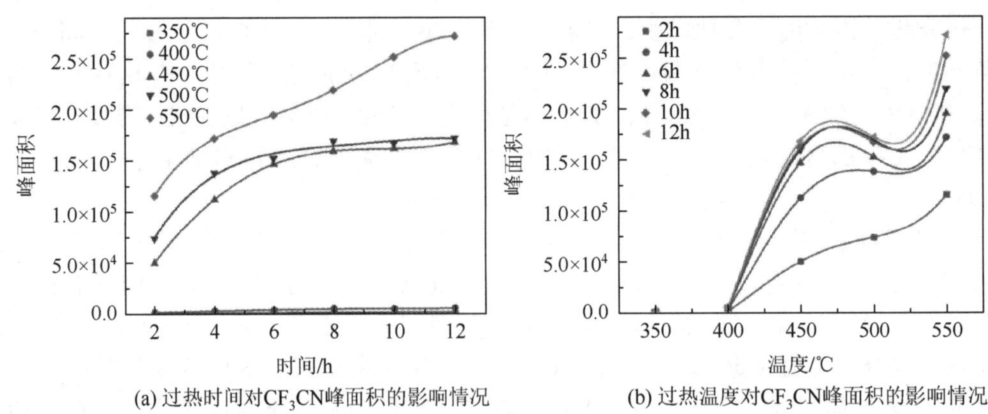

(a) 过热时间对CF_3CN峰面积的影响情况　(b) 过热温度对CF_3CN峰面积的影响情况

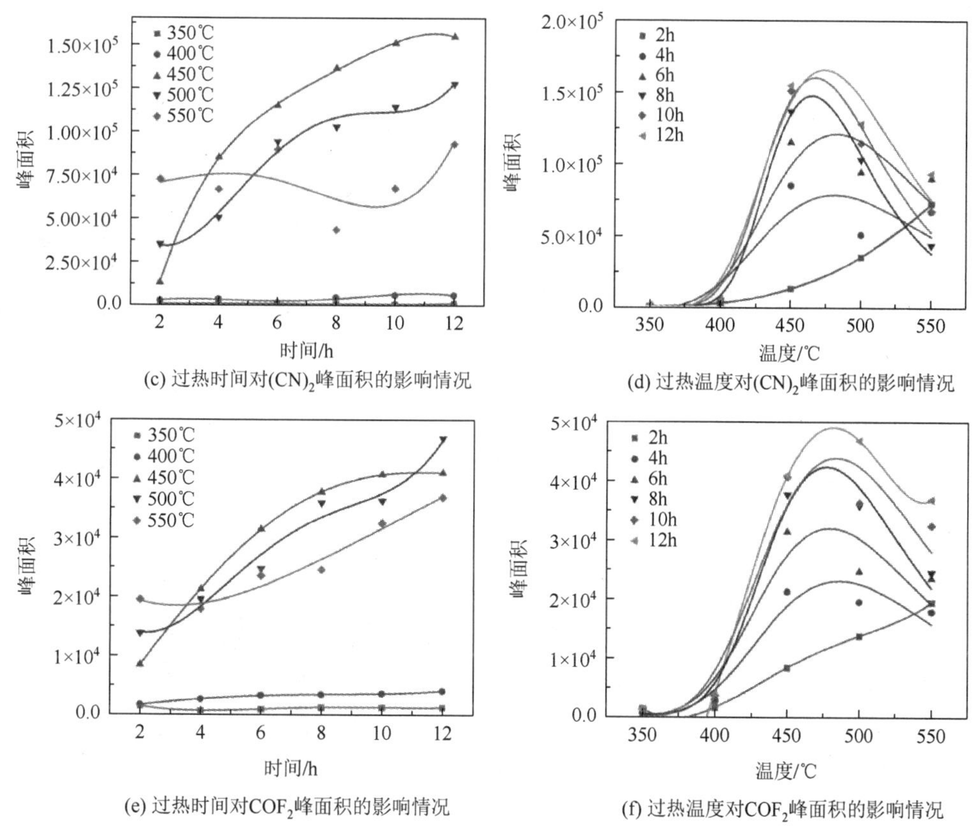

(c) 过热时间对$(CN)_2$峰面积的影响情况

(d) 过热温度对$(CN)_2$峰面积的影响情况

(e) 过热时间对COF_2峰面积的影响情况

(f) 过热温度对COF_2峰面积的影响情况

图7.77　不同温度条件下CF_3CN、$(CN)_2$、COF_2含量的变化情况

根据上述测试结果，C_4F_7N/CO_2混合气体在温度达到350℃时开始发生热分解，主要生成C_3F_6、CO、C_3F_8、$(CN)_2$、CF_3CN、COF_2和少量的CF_4、C_2F_6。所有特征副产物的含量随温度（低于450℃）升高呈现增长趋势。C_3F_6和$(CN)_2$在550℃时的含量低于450℃，而CF_4、C_2F_6在550℃时大量产生。实际上，随着温度的升高，气体分子的热运动和热电离过程增强，导致C_4F_7N分子的分解量增加，其产生的自由基如CF_3、CN、F含量升高，导致各种颗粒之间的化学反应加快，最终产生更高浓度的分解产物。此外，考虑到SF_6在340℃开始分解，C_4F_7N/CO_2混合气体的热稳定性与SF_6的热稳定性基本一致。

2）气压的影响

在工程应用中，气体绝缘电气设备内的压力通常在0.15～0.6MPa范围内。为了探讨该状态下C_4F_7N/CO_2混合气体的热稳定性和分解特性，在450℃恒定温度下进行了0.15MPa、0.3MPa、0.45MPa和0.6MPa的C_4F_7N/CO_2混合气体热分解试验。

图7.78给出了温度为450℃，5% C_4F_7N/95% CO_2混合气体在不同气压条件下CF_4、C_2F_6、C_3F_8、CO、C_3F_6五类产物的含量。可以看到C_3F_6的含量在各气压下均为最高，CO次之，证实了C_4F_7N/CO_2混合气体在局部过热下发生热分解首先产生了C_3F_6。并且在所有气体压力条件下，C_3F_8含量均低于1ppm，而CF_4、C_2F_6均不存在。

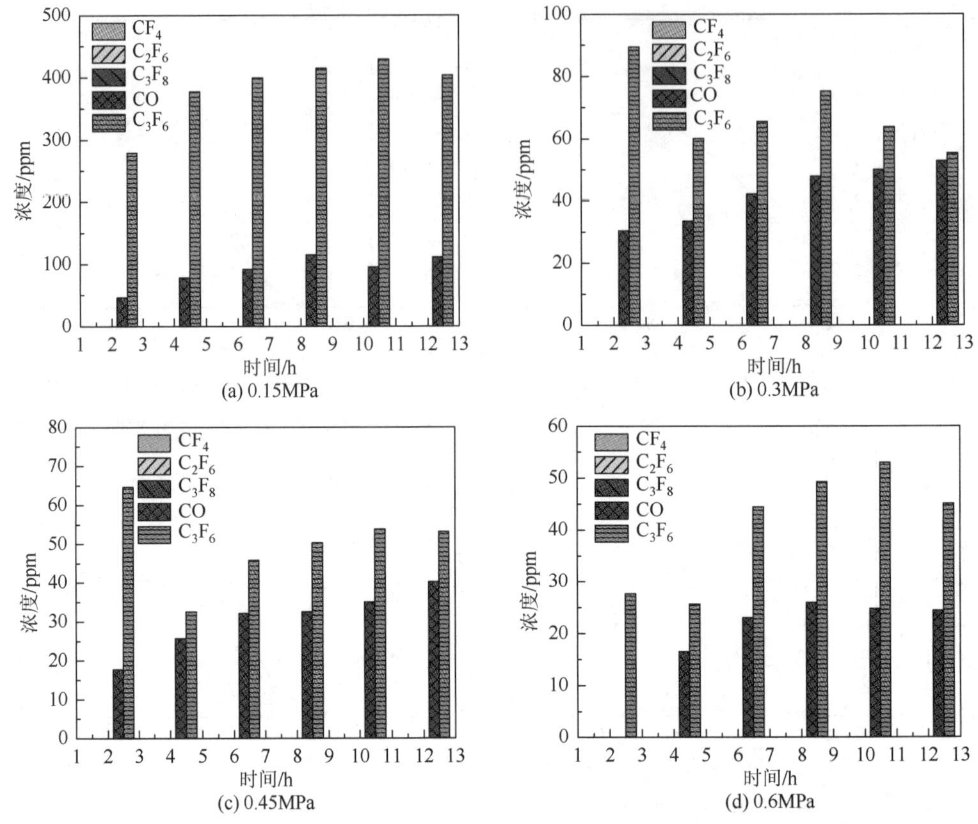

图 7.78　不同气压条件下 CO、CF_4、C_2F_6、C_3F_8、C_3F_6 含量的变化情况

图 7.79 给出了 C_3F_6 和 CO 含量随气压的变化曲线，可以看到当气压从 0.15MPa 增加到 0.3MPa 时，C_3F_6 的含量急剧下降。例如，在试验结束时，C_3F_6 的含量从 403ppm（0.15MPa）降至 55.31ppm（0.3MPa），表明随着气压的升高，C_4F_7N/CO_2 分解产生的 C_3F_6 含量明显降低。CO 在不同气压下的含量变化情况与 C_3F_6 类似，即含量随着气压的增加而降低。当气压高于 0.3MPa 时，其含量趋于稳定，表明在高气压条件下 CO 的产量也明显降低。

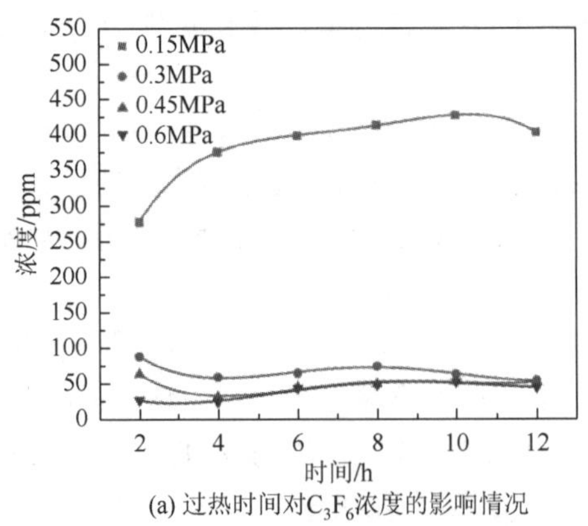
(a) 过热时间对 C_3F_6 浓度的影响情况

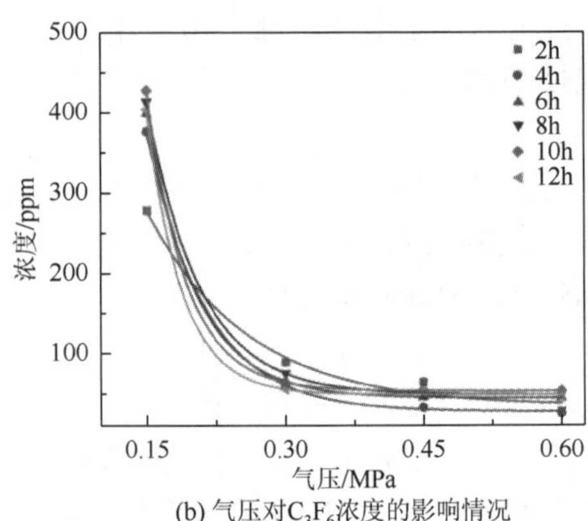
(b) 气压对 C_3F_6 浓度的影响情况

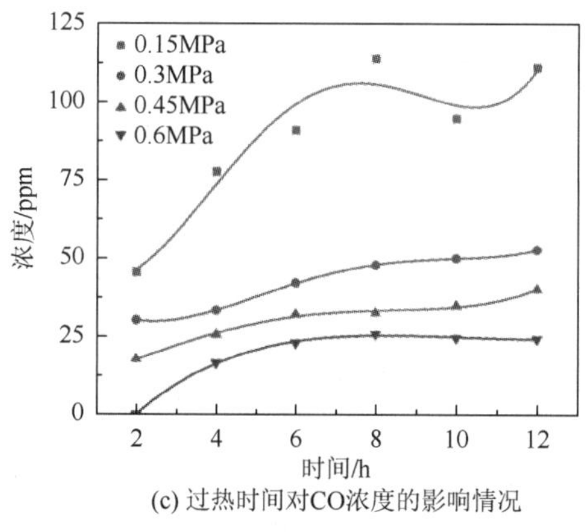

(c) 过热时间对CO浓度的影响情况

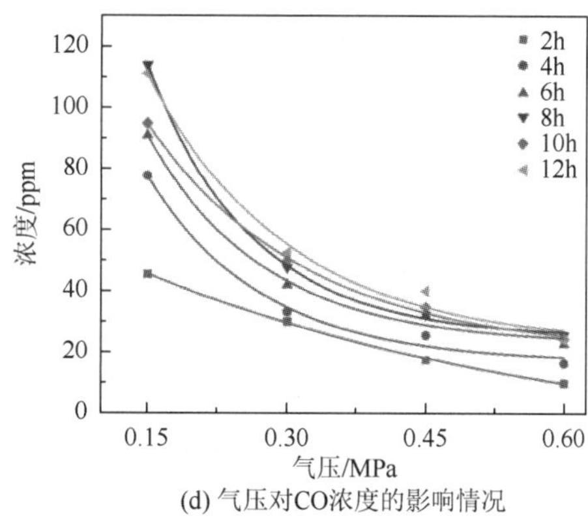

(d) 气压对CO浓度的影响情况

图 7.79　不同气压条件下 C_3F_6、CO 含量的变化情况

随着气压的升高，CF_3CN、$(CN)_2$ 和 COF_2 的峰面积（含量）也呈现下降趋势(图 7.80)。CF_3CN、$(CN)_2$ 和 COF_2 的含量在 0.15MPa 下最高，在 0.3MPa 以上条件下趋于稳定。

整体来看，C_4F_7N/CO_2 混合气体的所有特征分解产物的含量随着气压的增加而呈下降趋势，当气压超过 0.15MPa 时，混合气体的各类热分解产物含量明显降低。因此，高气压条件下 C_4F_7N/CO_2 混合气体的热分解反应更难发生，混合气体具备更为优异的热稳定性。

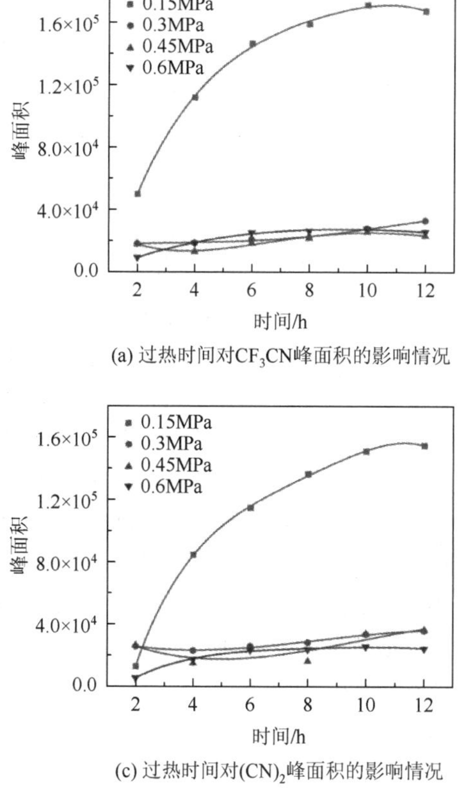

(a) 过热时间对CF_3CN峰面积的影响情况

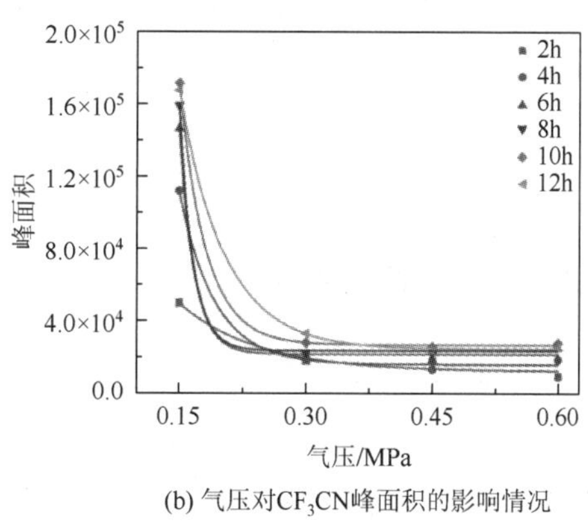

(b) 气压对CF_3CN峰面积的影响情况

(c) 过热时间对$(CN)_2$峰面积的影响情况

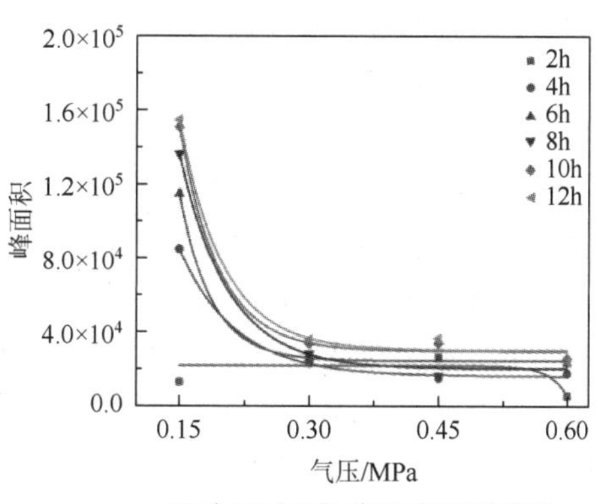

(d) 气压对$(CN)_2$峰面积的影响情况

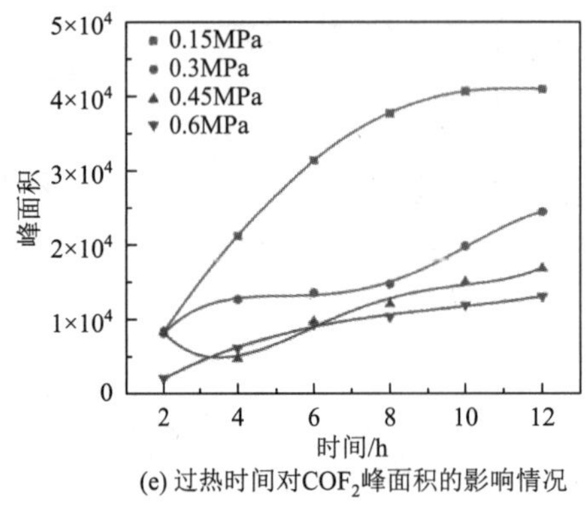

(e) 过热时间对COF_2峰面积的影响情况

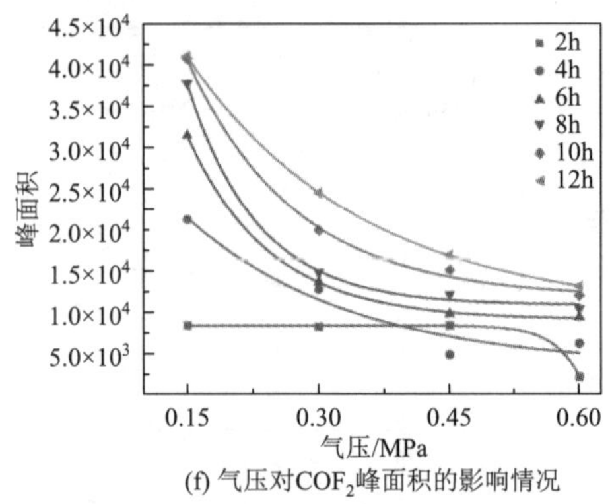

(f) 气压对COF_2峰面积的影响情况

图 7.80　不同气压下 CF_3CN、$(CN)_2$、COF_2 含量的变化情况

综上，0.15MPa 下 5% C_4F_7N/95% CO_2 混合气体在 350℃条件下开始发生热分解反应，首先产生 C_3F_6 和 CO。这两种副产物可以作为早期过热故障的特征组成成分。混合气体的热分解也产生了一定量的 CF_4、C_2F_6、CF_3CN、COF_2 和$(CN)_2$；C_3F_6 和$(CN)_2$ 的含量随温度的增加而增加（＜450℃），当温度达到 500℃时，含量有所降低。而 CO、COF_2 和 CF_3CN 的含量随温度升高而增加。CF_4 的大量产生可以作为严重过热故障发生的判据；高气压下 C_4F_7N/CO_2 混合气体的热稳定性优于低气压条件，混合气体各特征分解产物的含量随气压升高均呈现降低趋势，表明 C_4F_7N/CO_2 混合气体在高压下（＞0.3MPa）具有良好的热稳定性和分解性能，高气压下 C_4F_7N/CO_2 混合气体更适宜在实际工程中获得应用。

7.4　材料相容性

7.4.1　金属材料相容性

1. C_4F_7N 与铜、铝相互作用机理

鉴于 C_4F_7N 分子结构中的 CN 基团具有较强的反应活性，因此有必要在工程应用前研究 C_4F_7N 与金属材料（铜、铝）的相容性，分析 C_4F_7N 的稳定性及与材料表面的相互作用机理，进而评估以 C_4F_7N 混合气体为介质的电气设备在长期运行工况下的可靠性。

基于密度泛函理论的量子化学方法能够从微观层面揭示气体分子与界面材料的相互作用机理。考虑 C_4F_7N 分子结构的对称性，构建 9 种 C_4F_7N 与金属铜、铝表面相互作用的初始结构，如图 7.81 所示。初始结构 M1～M3 对应 C_4F_7N 中心碳原子与其相成键的两个原子所构成的面垂直于金属表面的情况；M5、M6 分别对应 CF_3 基团三个 F 原子构成的面平行于金属表面和 C_4F_7N 中与中心碳相连的氟原子垂直于金属表面的情况。另外，金属选取（111）晶面，即 Cu（111）、Al（111）。由于该晶面存在四个可能的相互作用位点（图 7.82），为获得更为全面的分析结果，构建了 CN 基团中 C 原子处于不同吸附位点的初始结构，分别定义为 M4-Top（顶位）、M4-Bridge（桥位）、M4-Fcc（面心立方）和 M4-Hcp（体心立方）[19, 20]。

表 7.9 给出了 C_4F_7N 以不同初始构型吸附在 Cu（111）和 Al（111）表面的吸附能及总电荷转移。C_4F_7N 各个初始构型在 Cu（111）表面的吸附能均高于 Al（111）表面的吸附能，说明 C_4F_7N 更容易与 Cu（111）面相互作用。C_4F_7N 以 M3 初始结构最稳定吸附于 Cu（111）表面，吸附能为 0.7950eV。M2 与 M6、M4-Top 与 M4-Bridge 初始结构的吸附能相近，且两种初始结构几何优化后得到的最稳定构象相似，因此属于同种吸附。C_4F_7N 以 M1 初始结构最稳定吸附于 Al（111）表面，吸附能为 0.3647eV。

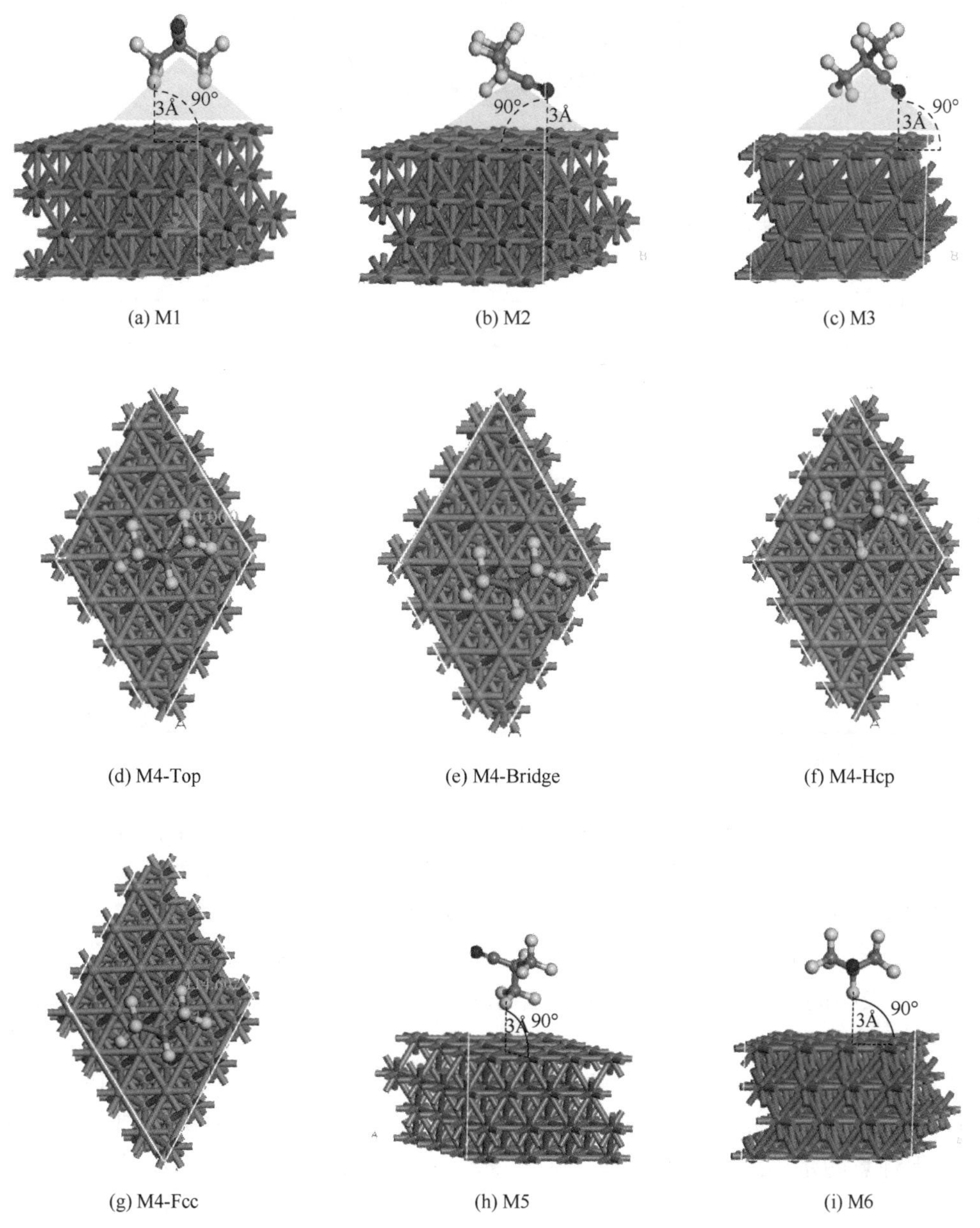

图 7.81　C_4F_7N 与 Cu（111）相互作用的初始结构[19]

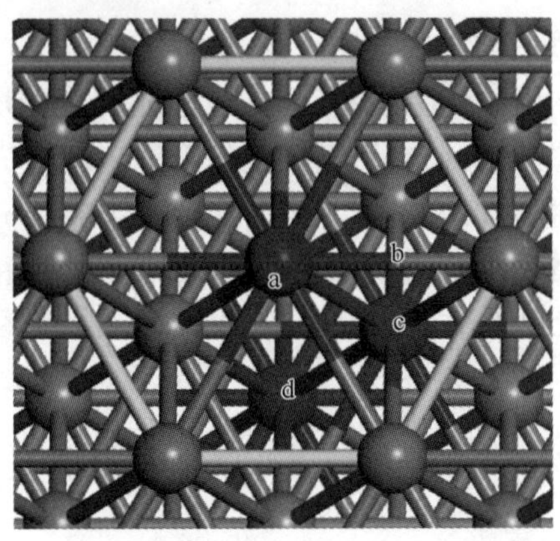

图 7.82　Cu（111）晶面四个吸附位点：a. Top 位；b. Bridge 位；c. Fcc 位；d. Hcp 位

表 7.9　C_4F_7N 与铜、铝相互作用的吸附能及总电荷转移

结构	E_{ad}/eV		Q_t/e	
	Cu（111）	Al（111）	Cu（111）	Al（111）
M1	0.5362	0.3647	−0.101*	−0.02
M2	0.7502	0.3267	−0.224	−0.058
M3	0.7950	0.2756	−0.237	−0.002
M4-Top	0.6847	0.1924	−0.247	−0.056
M4-Bridge	0.6847	0.1764	−0.234	−0.027
M4-Fcc	0.3103	0.1934	−0.056	−0.02
M4-Hcp	0.3086	0.1654	−0.062	−0.002
M5	0.4179	0.2099	−0.096	−0.016
M6	0.7520	0.2329	−0.227	−0.006

*负值表示金属失去电子。

另外，C_4F_7N 与 Al（111）表面的吸附能均在 0.6eV 以下，因此两者间的相互作用机理属于物理吸附，范德瓦耳斯力占主要作用。根据电荷转移的计算结果，可以发现 C_4F_7N 与 Al（111）间的电荷转移量均小于 0.1e，表明吸附前后两者基本没有发生电荷转移；另外，吸附前后 C_4F_7N 的键长键角参数无明显变化，证实了 C_4F_7N 与 Al（111）表面间的相互作用仅为简单的物理吸附过程。综上，C_4F_7N 与铝具有良好的相容性。

C_4F_7N 与 Cu（111）以 M1、M4-Fcc、M4-Hcp 及 M5 初始结构相互作用的吸附能均在 0.6eV 以下，吸附前后净电荷转移量最高仅为 0.101e，因此上述吸附过程属于物理吸附。值得注意的是，M1 与 M5 均是 F 原子靠近 Cu（111）面，可见 F 原子与 Cu 原子间不易产生强相互作用。C_4F_7N 以 M2、M3 及 M4-Top 三种初始结构吸附在 Cu（111）的吸附能均在 0.7eV 左右，两者间的相互作用更强。表 7.10 给出了吸附后 C_4F_7N 的键长键角变化及主要原子的净电荷转移值，图 7.83 给出了吸附后的稳定构型。

表 7.10　C_4F_7N 与铜相互作用的分子结构参数及电荷转移

结构	键长/Å		键角/(°)		原子类型	电荷转移 Q_t^*/e
M2	Cu—N	2.013	N—Cu—Cu	80.059	Cu	−0.224
	N—C4	1.176	N—C4—C2	164.355	N	−0.065
	C4—C2	1.462			C2	+ 0.061
					C4	−0.014
M3	Cu—N	1.979	N—Cu—Cu	104.094	Cu	−0.237
	N—C4	1.171	N—C4—C2	171.746	N	−0.098
	C4—C2	1.459			C2	+ 0.082
					C4	−0.033
M4-Top	Cu—N	1.938	N—Cu—Cu	91.304	Cu	−0.247
	N—C4	1.169	N—C4—C2	179.266	N	−0.117
	C4—C2	1.455			C2	+ 0.114
					C4	−0.048

*本列数据中，负值表示金属失去电子，正值表示金属得到电子。

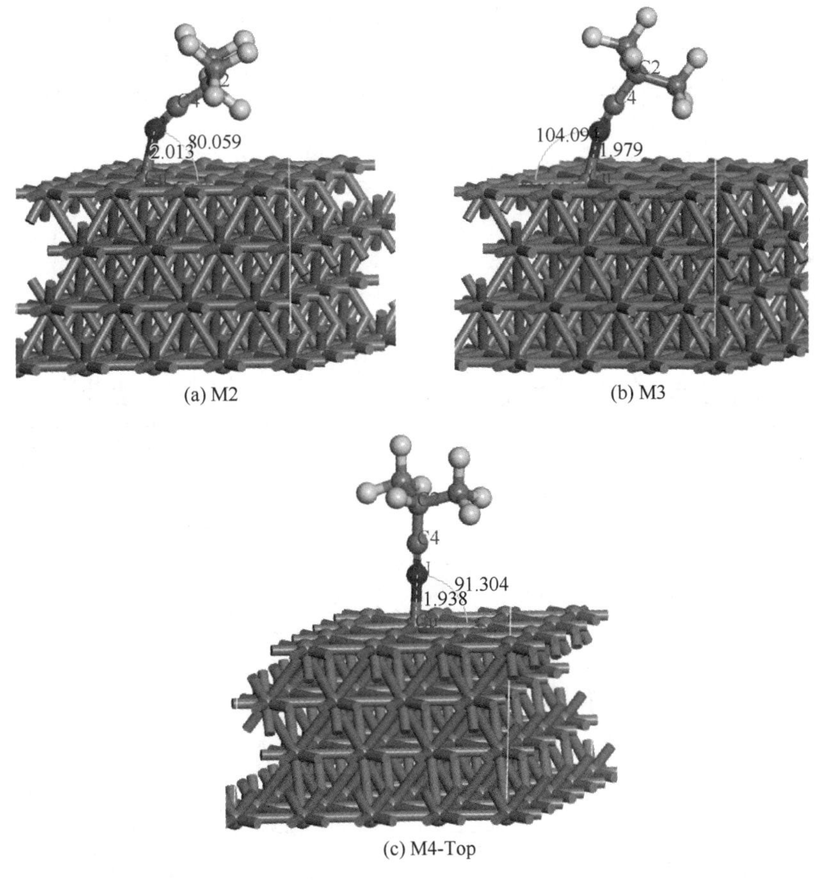

(a) M2　(b) M3

(c) M4-Top

图 7.83　C_4F_7N 与 Cu（111）相互作用后的弛豫结构

图中键长数据单位为 Å，键角单位为（°）

对于初始结构 M2，吸附后 N 原子与 Cu 原子间的距离缩短为 2.013Å，吸附距离的缩短可能与化学键的形成有关；C_4F_7N 分子中 N 原子与 C4 原子间键长由 1.165Å 变为 1.176Å，表明 C 原子与 N 原子间的相互作用有所减弱。同时，Cu 原子有 0.224e 的电荷转移到了 C_4F_7N 分子，两者间有明显的电荷转移现象，因此推断 N 原子与 Cu 原子相互作用的过程中形成了 N—Cu 键。对于初始结构 M3 和 M4-Top，吸附后 N 原子与 Cu 原子间的距离分别为 1.979Å 和 1.938Å，N 原子与 C4 原子间键长也有所增加，净电荷转移量分别为 0.237e 和 0.247e，同理，推断吸附后 Cu 原子与 N 原子间形成了化学键。C_4F_7N 与 Cu（111）面相互作用时，Cu（111）充当给电子体，转移部分电子到 C_4F_7N 分子，因此 C_4F_7N 与 Cu（111）面间的相互作用属于化学吸附。另外，C_4F_7N 分子结构在吸附前后也存在电荷转移，其中 N 原子和 C4 原子在 M2、M3 和 M4-Top 三种初始结构下净电荷转移量为负，C2 原子的净电荷转移量为正，表明 CN 基团的中的电子在吸附后向 C2 原子有一定量的转移。

为进一步分析 C_4F_7N 与 Cu（111）以 M2、M3、M4-Top 初始结构相互作用的化学吸附机理，计算了吸附前后 Cu（111）的电子态密度和差分电荷密度。

根据图 7.84，可以看到吸附 C_4F_7N 后 Cu（111）整体的 DOS 有一定变化，表现为 −6～−8eV 附近 DOS 出现明显的增加，根据特征原子的 PDOS 图，可以看到该部分的态密度主要由 N 原子的 2p 轨道和 Cu 原子的 4s、3d 轨道的电子态组成。Cu 原子的 4s 轨道和 N 原子的 2p 轨道在−9eV 附近有明显的重叠，Cu 的 3d 轨道与 N 原子的 2p 轨

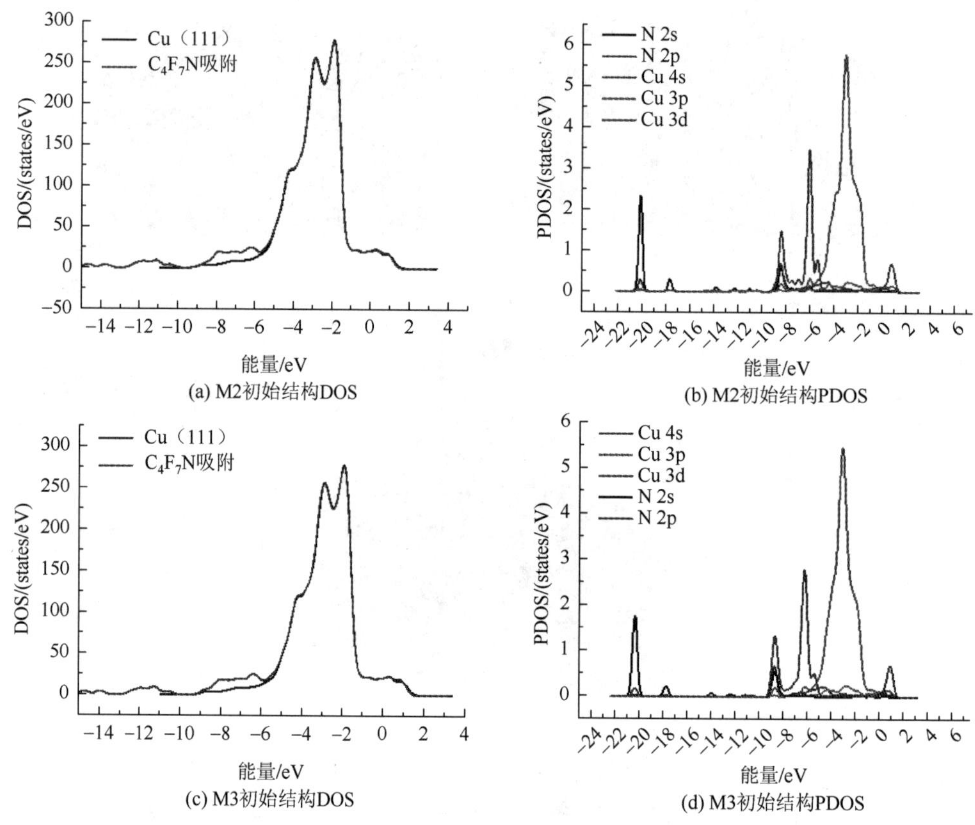

(a) M2初始结构DOS

(b) M2初始结构PDOS

(c) M3初始结构DOS

(d) M3初始结构PDOS

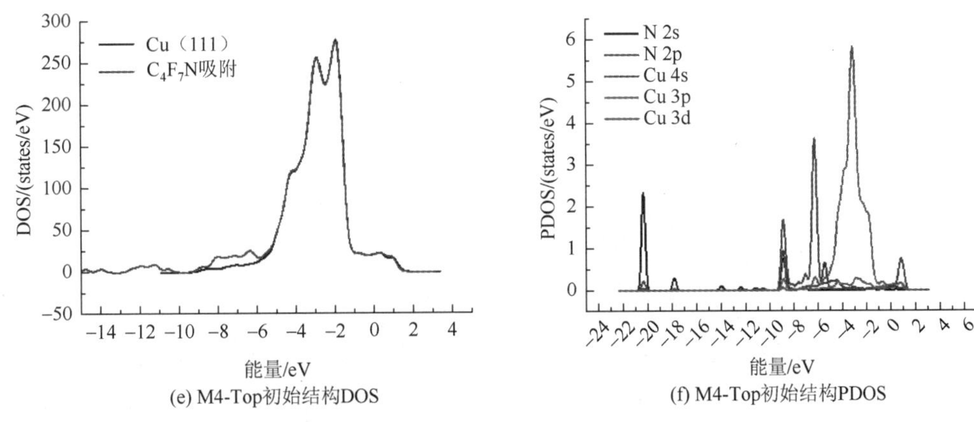

(e) M4-Top初始结构DOS　(f) M4-Top初始结构PDOS

图 7.84　C_4F_7N 与 Cu（111）相互作用后的电子态密度

道在−6eV 附近有明显的重叠，表明 Cu 的 4s、3d 轨道与 C_4F_7N 中 N 原子的 2p 轨道相对活跃，相互作用过程中上述轨道间发生了杂化，证实了 Cu 原子与 N 原子间存在强相互作用。对比三种不同的吸附结构，可以发现 M4-Top 这一初始结构发生吸附后 Cu 的 4s、3d 轨道与 N 的 2p 轨道电子态密度重合面积最大，表明两者间的相互作用最为强烈，与其形成的 Cu—N 键键长最短这一结果相吻合。

图 7.85 给出了上述三个初始结构吸附前后的差分电荷密度，差分电荷密度能够用来描述同一体系中的几何构型改变之后电荷的重新分布情况。图中红色表示该区域的电荷密度增加，蓝色表示该区域的电荷密度减小。由图可知吸附前后 N 原子自身发生了一定的电荷转移，表现为远离铜原子区域的电子转移到了距离铜原子较近的区域，成键铜原子附近的其他铜原子也存在不同程度的电子转移。成键 Cu 原子与 N 原子间的区域电荷密度明显增加，说明两者之间形成了化学键。

综合上述电荷转移量、电子态密度和差分电荷密度的分析结果，可知 C_4F_7N 分子中的 N 原子与 Cu 原子间的相互作用较强，导致 C_4F_7N 与 Cu（111）面之间产生化学吸附。可见 C_4F_7N 与铜的相容性劣于铝。

2. C_4F_7N 与铜、铝相容性评估

为试验探究 C_4F_7N 混合气体与金属铜、铝的相互作用情况，采用老化平台对 10% C_4F_7N/90% CO_2 混合气体开展了不同温度下的测试。同时考虑设备内部载流金属额定工作条件下的温升效应及触头接触不良等引发的局部过热，选择 120℃、170℃及 220℃三个温度条件开展老化测试，以模拟真实设备正常及故障条件下的载流金属的实际状态。老化测试时间累计持续 40h，以使 C_4F_7N 混合气体与金属界面充分反应。

1）C_4F_7N 与铜相容性评估

图 7.86 给出了不同温度下 40h 老化测试结束后 C_4F_7N/CO_2 混合气体的气相色谱图。可以看到 120℃及 170℃气固界面温度下，C_4F_7N/CO_2 混合气体的气相色谱图中未出现新的特征峰，表明混合气体在上述条件下未发生明显分解，即混合气体热稳定性良好。当气固界面温度达到 220℃时，40h 老化测试后混合气体产生了 C_3F_6 这一分解组分。综合

来看，考虑设备正常工作条件下的温升效应，120℃下的 C_4F_7N/CO_2 混合气体表现出优异的热稳定性，长期与铜的相互作用不会引发气体发生分解。

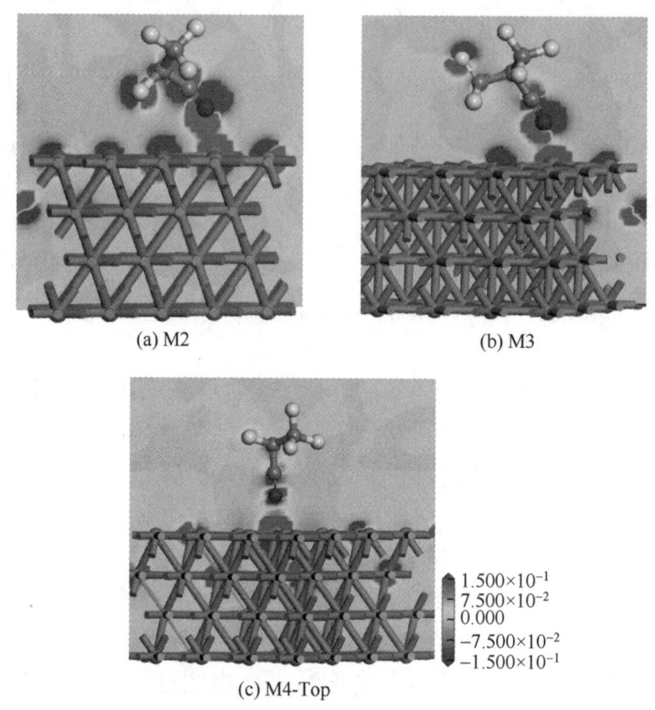

图 7.85　C_4F_7N 与 Cu（111）相互作用后的差分电荷密度

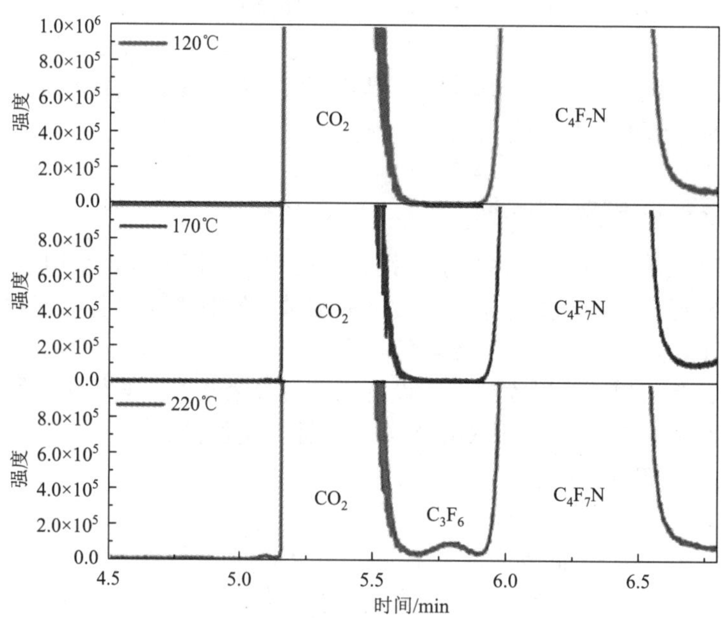

图 7.86　C_4F_7N/CO_2 与铜相互作用后的气相色谱图

根据图 7.87 给出的 C_4F_7N/CO_2 与铜相互作用后铜片的宏观形貌照片，可以看到 120℃条件下与混合气体相互作用 40h 后的铜片颜色与未处理的铜片颜色无明显差异，表面颜色呈本征铜色且分布均匀；随着气固界面温度的升高，相互作用后金属片的颜色发生一定变化。170℃条件下相互作用后的铜片颜色加深，呈现铜红色，表明铜表面已经发生一定程度的腐蚀。当温度达到 220℃时，相互作用后的铜片呈现紫红色（紫色），且颜色分布不均匀，证实铜表面已发生严重腐蚀。

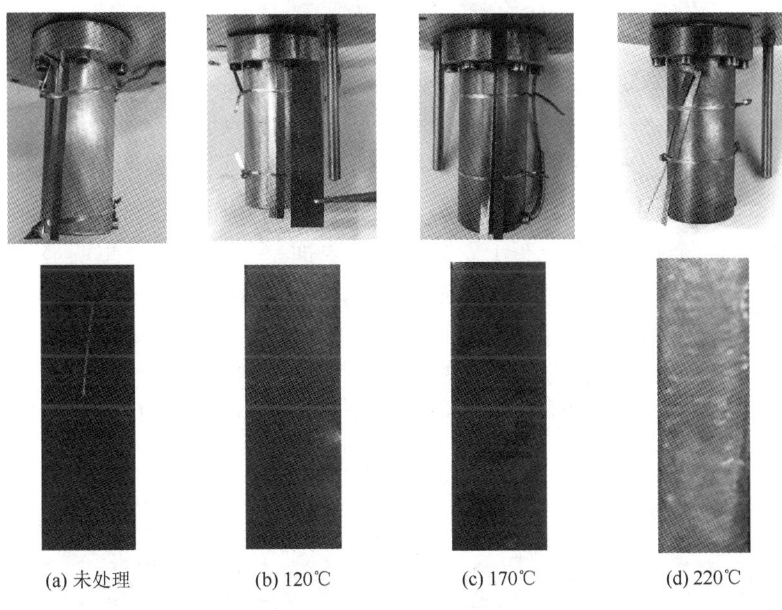

(a) 未处理　(b) 120℃　(c) 170℃　(d) 220℃

图 7.87　C_4F_7N/CO_2 与铜相互作用前后铜片的宏观形貌变化

结合图 7.88 给出的光学显微镜测试结果，可以看到铜片在 170℃下开始被 10% C_4F_7N/90% CO_2 混合气体腐蚀，部分区域变为淡红色或紫红色；220℃下铜片发生深度变色，金色、紫红色等颜色交叉出现。因此，随着金属界面温度的升高，紫铜与 C_4F_7N/CO_2 混合气体发生反应被腐蚀的程度加剧，表现为铜片颜色的加深、颜色分布不均匀化，可见混合气体与紫铜的兼容性存在一定问题。

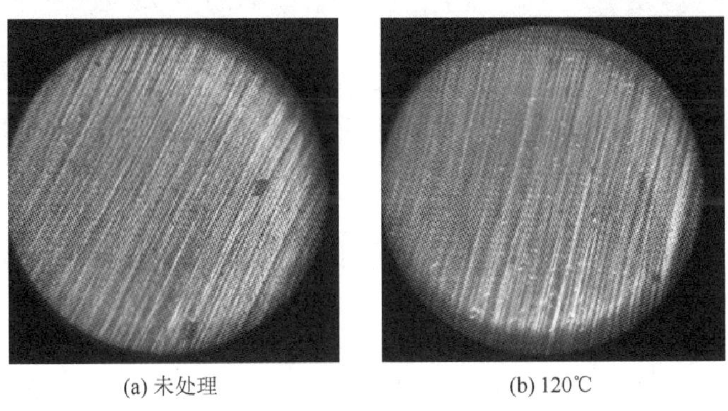

(a) 未处理　(b) 120℃

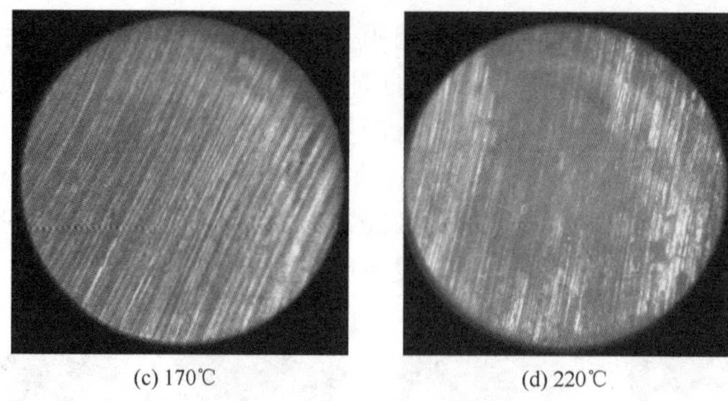

(c) 170℃　　(d) 220℃

图 7.88　与 C_4F_7N/CO_2 相互作用前后铜片的光学微观形貌

图 7.89 给出了相互作用前后铜片的 SEM 图。可以看到未处理的铜表面存在明显的切割断面（细条纹），表面结构较为平整。120℃条件下相互作用后的铜片表面出现了少量颗粒状腐蚀物，且腐蚀物随机分布于表面，铜片表面整体结构未发生明显变化，表明腐蚀点尚未破坏铜表面微观结构；随着温度的升高，170℃下颗粒状腐蚀物的分布区域及分布密度明显增加，对腐蚀区域进一步放大可见球状或立方体状晶体颗粒；铜片整体基本被腐蚀颗粒物覆盖，微观结构发生了明显变化。当温度达到 220℃时，大量因腐蚀产生的晶体颗粒稠密分布于铜表面各区域，高倍放大显示颗粒物呈层状堆积，铜片微观结构被严重破坏。

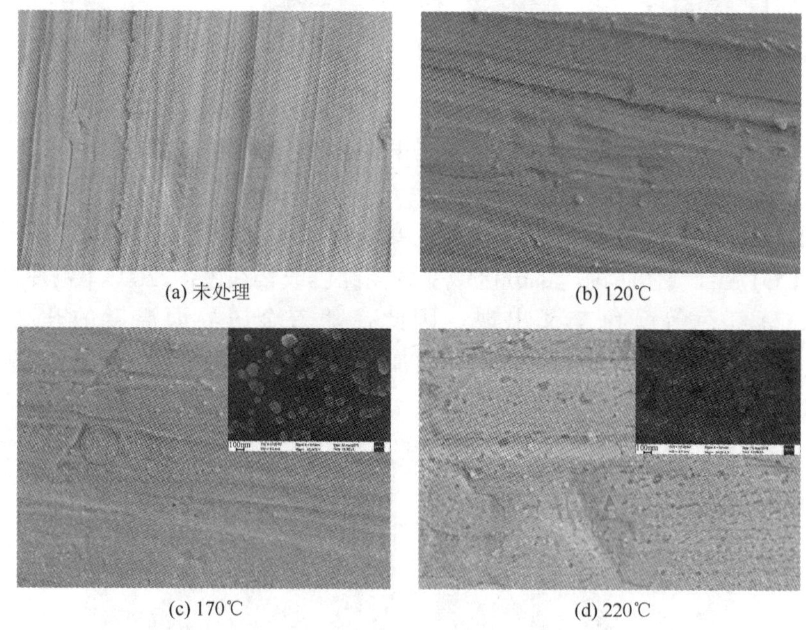

(a) 未处理　　(b) 120℃

(c) 170℃　　(d) 220℃

图 7.89　与 C_4F_7N/CO_2 相互作用前后铜片的 SEM 形貌

对相互作用前后铜片的元素组成进行分析（图 7.90），可以看到相互作用前铜片 C 元素谱图的特征峰集中在 284.8eV，对应本征碳元素。而相互作用后 288.56eV 附近出现

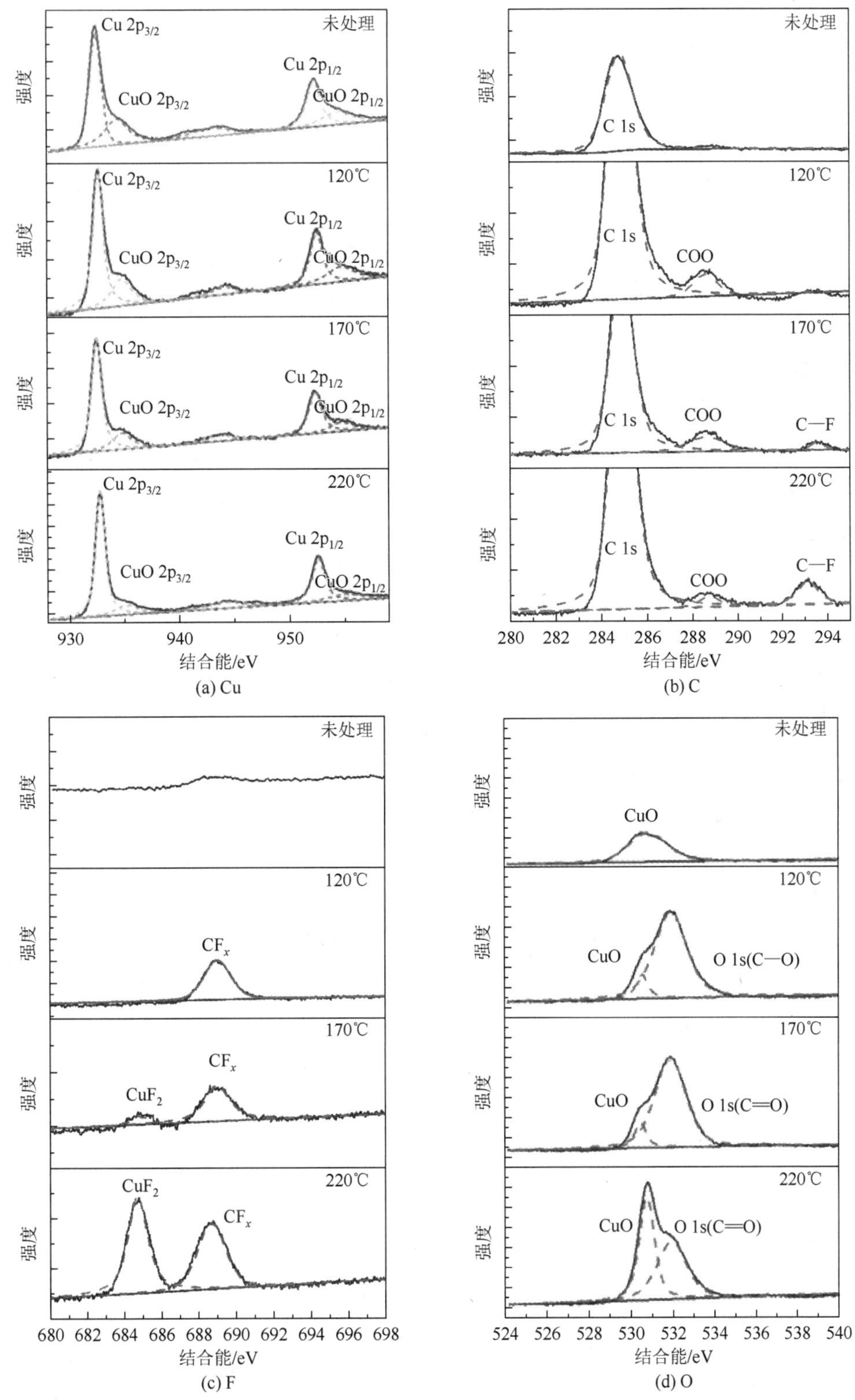

图 7.90　与 C_4F_7N/CO_2 相互作用前后铜片表面特征元素的 XPS 谱图

了新的 COO 组分的特征峰，当温度高于 120℃时，在 293.53eV 附近出现了 C—F 的特征峰；另外，相互作用前铜片表面无 F 元素的特征峰，而相互作用后出现了 CuF_2 和 CF_x 的特征峰，因此相互作用后铜片表面沉积了一定量的氟元素。另外，根据 O 元素的 XPS 谱图，相互作用后出现了 C═O。

综上，C_4F_7N/CO_2 混合气体与铜在高温下会相互反应。120℃及 170℃条件下相互作用后混合气体的组分未发生明显变化，而 220℃下两者相互作用会导致混合气体分解产生 C_3F_6，随着界面温度的升高，相互作用后铜表面颜色逐渐加深且分布不均匀，SEM 显示铜表面有大量晶状颗粒产生。随着温度的升高，铜表面的腐蚀进一步加剧。XPS 结果表明混合气体与铜在高温下相互反应产生了 CuO、CuF_2 等物质，同时铜片表面发生了氟元素聚集。因此，C_4F_7N/CO_2 混合气体与紫铜存在一定的不兼容性。尽管正常工况下的温升条件（120℃）不会对铜表面构成腐蚀或引发气体分解，但在故障条件下产生的高温会促进混合气体与载流金属的相互反应，进而给设备使用寿命及安全带来一定威胁。

2）C_4F_7N 与铝相容性评估

为进一步探究 C_4F_7N/CO_2 混合气体与铝的相互作用情况，开展了 120℃、170℃及 220℃下的老化测试[21, 22]。

图 7.91 给出了 40h 老化测试后气室内混合气体的气相色谱图。可以看到 C_4F_7N/CO_2 混合气体与 120℃、170℃及 220℃的铝表面相互作用后未产生新的特征峰，表面混合气体的组成成分未发生明显变化，即 C_4F_7N/CO_2 混合气体在 120～220℃表现出与铝相兼容。

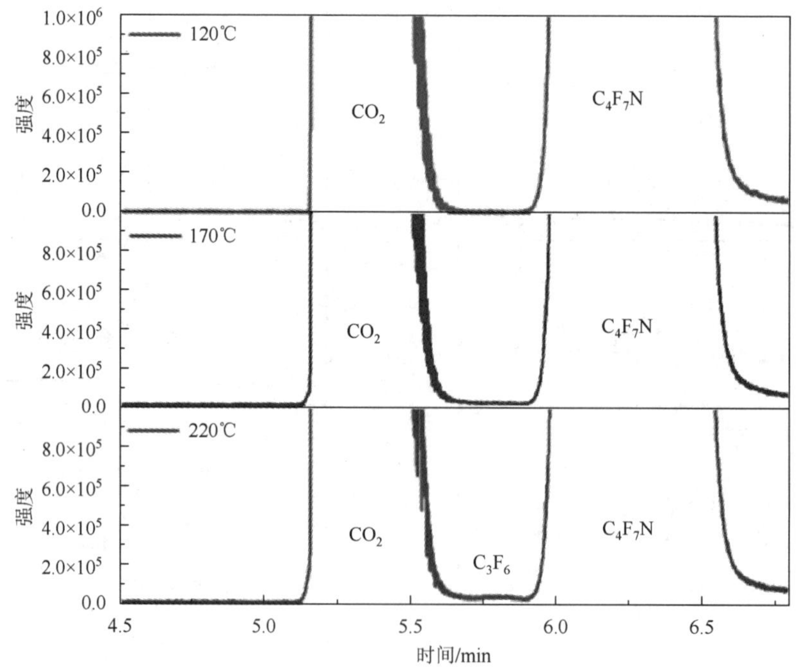

图 7.91 C_4F_7N/CO_2 与铝相互作用后的气相色谱图

图 7.92 给出了 C_4F_7N/CO_2 与铝相互作用前后铝片的宏观形貌。相互作用前的铝片整体颜色分布均匀，表面透亮；C_4F_7N/CO_2 混合气体与不同温度下的铝相互作用后，铝表面颜色未发生明显变化，且光泽透亮。结合图 7.93 给出的光学显微镜测试结果，可以看到相互作用前后的铝片纹理清晰，表面结构未出现腐蚀变化。因此，C_4F_7N/CO_2 混合气体与铝相互作用不会导致铝表面结构发生明显改变。

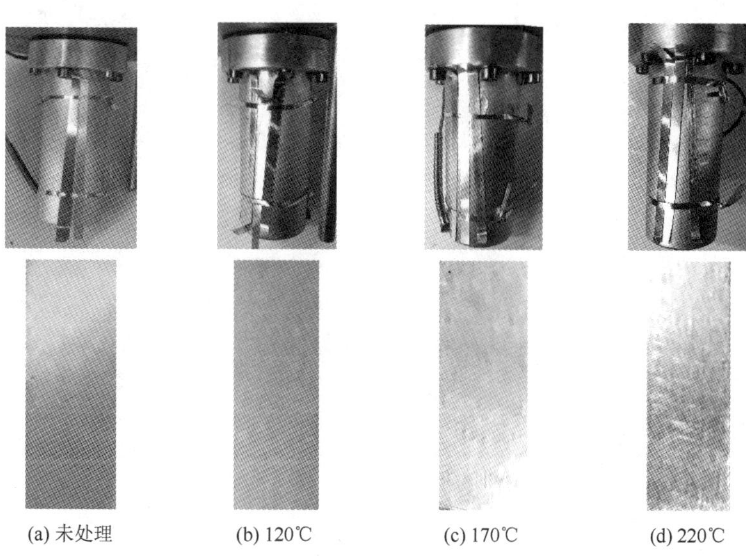

(a) 未处理　(b) 120℃　(c) 170℃　(d) 220℃

图 7.92　C_4F_7N/CO_2 与铝相互作用前后铝片的宏观形貌变化

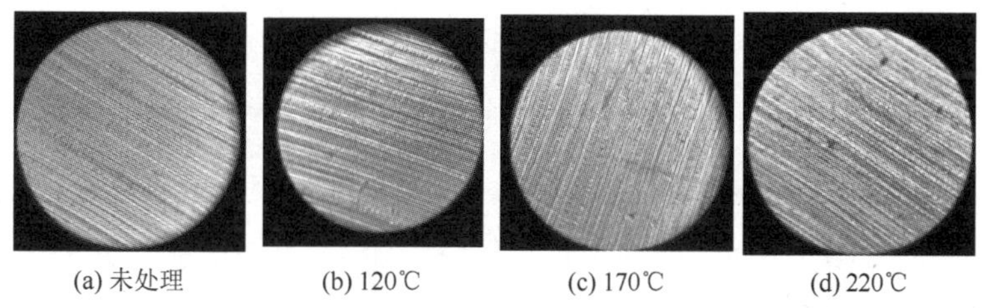

(a) 未处理　(b) 120℃　(c) 170℃　(d) 220℃

图 7.93　与 C_4F_7N/CO_2 相互作用前后铝片的光学微观形貌

图 7.94 给出了相互作用前后铝片的 SEM 检测结果。可以看到未处理的铝片纹理清晰，整体结构平整。与 C_4F_7N/CO_2 混合气体相互作用后，铝片表面有少量颗粒产生且随机分布于铝表面。随着铝表面温度的升高，上述颗粒含量稍有增加。整体来看，混合气体未对铝造成严重腐蚀，两者的相容性较好。

对相互作用前后铝片的元素组成进行分析（图 7.95），可以看到相互作用后 C 元素在 285.94eV 和 292.83eV 附近出现了两个新的特征峰，对应 CN 和 $\left[CF_2CF_2\right]_n$ 组分；另外，相互作用前铝表面无 F 元素的特征峰，而相互作用后 120～220℃温度区间内，F 元素的特征峰出现且强度随温度升高而增加；220℃条件下 O 元素的特征峰中出现了 COO 组分。C_4F_7N/CO_2 混合气体与 120～220℃的铝相互作用后，混合气体的组成与铝表面形态结构未发生明显变化，但相互作用后的铝表面有氟元素积聚。整体上，C_4F_7N/CO_2 混合气体与铝的相容性较好。考虑真实设备中的温升及潜在的过热性故障等条件，混合气体不会对铝表面造成腐蚀。

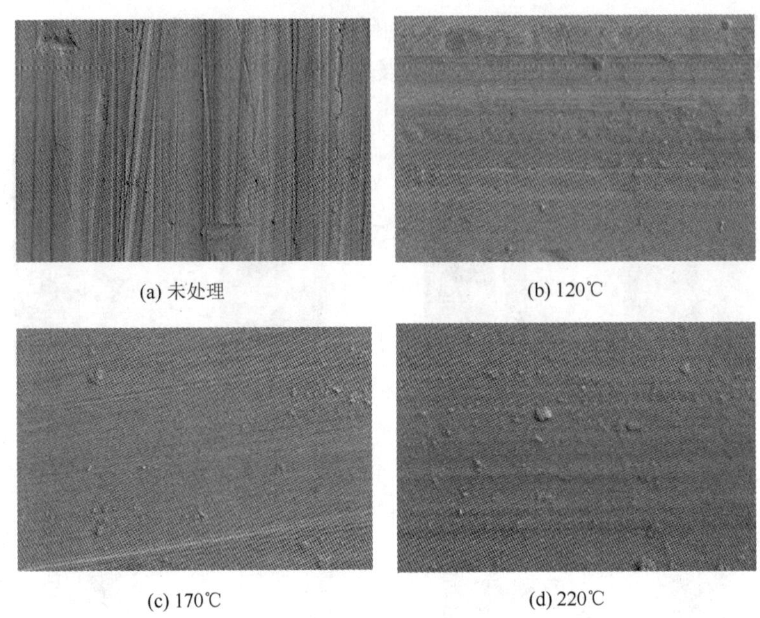

(a) 未处理　(b) 120℃

(c) 170℃　(d) 220℃

图 7.94　与 C_4F_7N/CO_2 相互作用前后铝片的 SEM 形貌

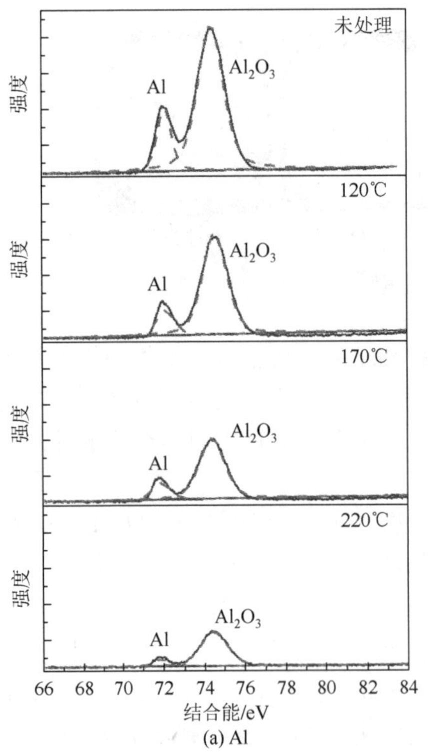

(a) Al

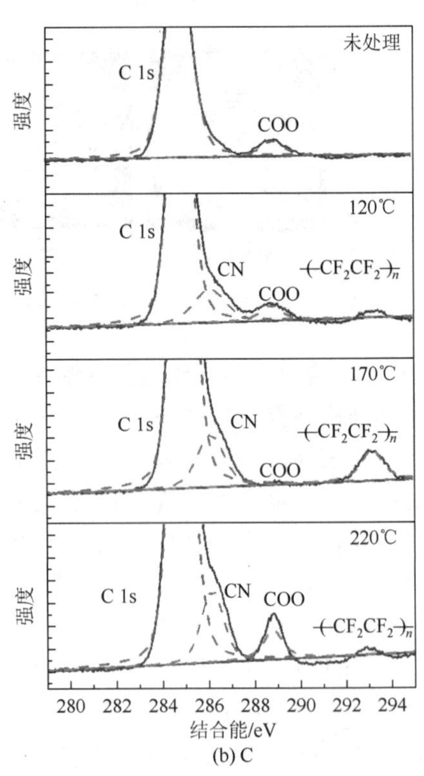

(b) C

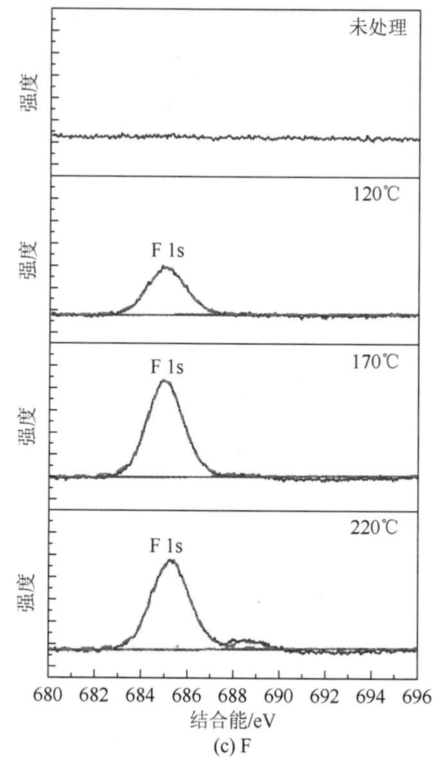

(c) F

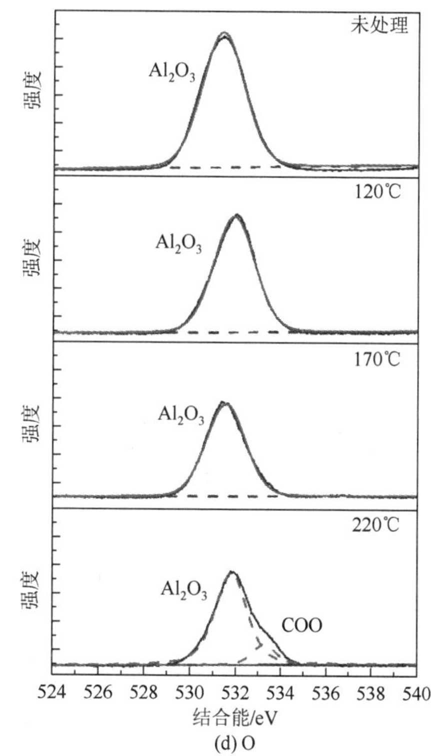

(d) O

图 7.95　与 C_4F_7N/CO_2 相互作用前后铝片表面特征元素的 XPS 谱图

综合来看，C_4F_7N 混合气体与铜的相容性劣于铝。C_4F_7N 气体在更低温度下会与铜载流导体发生反应，引发 C_4F_7N 混合气体的分解并形成部分分解产物，同时导致铜表面发生腐蚀，长期过热条件下上述问题会给设备使用寿命带来负面影响。因此，针对 C_4F_7N 混合气体绝缘电气设备内部的铜载流导体应当进行防腐蚀处理，以保障设备使用安全及寿命。

7.4.2　非金属材料相容性

1. C_4F_7N 与三元乙丙橡胶相容性

目前应用较为广泛的橡胶主要有三元乙丙橡胶（EPDM）、氯丁橡胶、丁腈橡胶、硅橡胶、氟橡胶、氟硅橡胶等，其中三元乙丙橡胶在电气设备中应用最为广泛。

对 C_4F_7N/CO_2 混合气体与三元乙丙橡胶开展老化测试，测试时间为 90h，温度为 70℃和 80℃[23]。图 7.96 给出了老化试验前后混合气体的气相色谱图，可以看到 10% C_4F_7N/90% CO_2 混合气体在 80℃老化试验后发生了分解，产生了 CF_3H、C_2F_5H 和 C_3F_6 三类特征分解产物。

对上述分解产物的特征峰的峰面积积分，可以得到图 7.97 所示的产物含量随温度的变化情况。可以看到 70℃下 C_4F_7N/CO_2 混合气体与三元乙丙橡胶相互作用后未发生明显

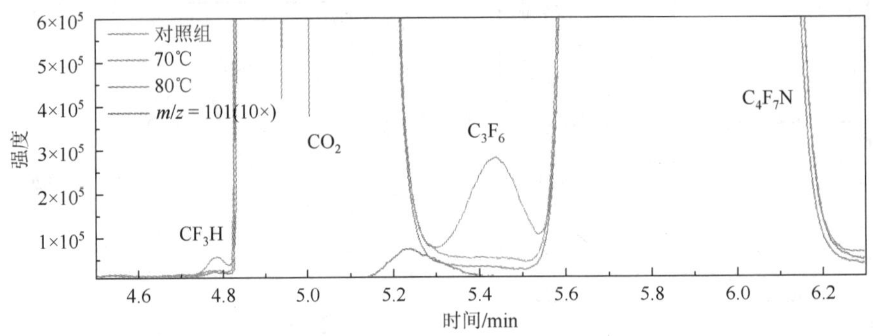

图 7.96　C_4F_7N/CO_2 与三元乙丙橡胶相互作用前后的气相色谱图

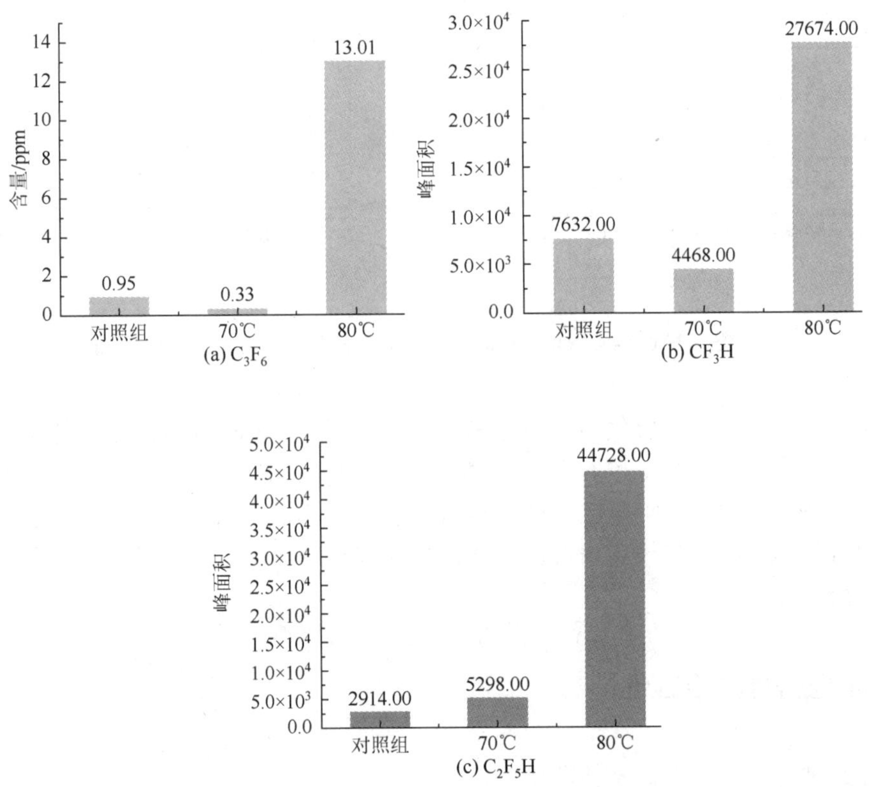

图 7.97　C_4F_7N/CO_2 与三元乙丙橡胶相互作用前后的特征分解产物含量

分解，检测到的特征峰强度与对照组（无橡胶）基本一致；而 80℃下，老化试验后混合气体发生了分解，CF_3H、C_2F_5H 和 C_3F_6 三类特征分解产物的含量快速增加，其中 C_3F_6 达到了 13.01ppm；CF_3H、C_2F_5H 的产生与橡胶内部含有的水分与 C_4F_7N 反应有关。

根据图 7.98 给出的老化试验前后样品的 SEM 图，可以看到三元乙丙橡胶与 C_4F_7N/CO_2 混合气体作用前表面形貌完整，仅有少量固有的粗糙结构；三元乙丙橡胶在 70℃ C_4F_7N/CO_2 混合气体氛围下 90h 后，表面出现晶体颗粒。随着温度的升高，80℃相互作用后三元乙丙橡胶表面产生了大量的腐蚀点，即 C_4F_7N/CO_2 混合气体与三元乙丙橡胶在该温度下不相容。

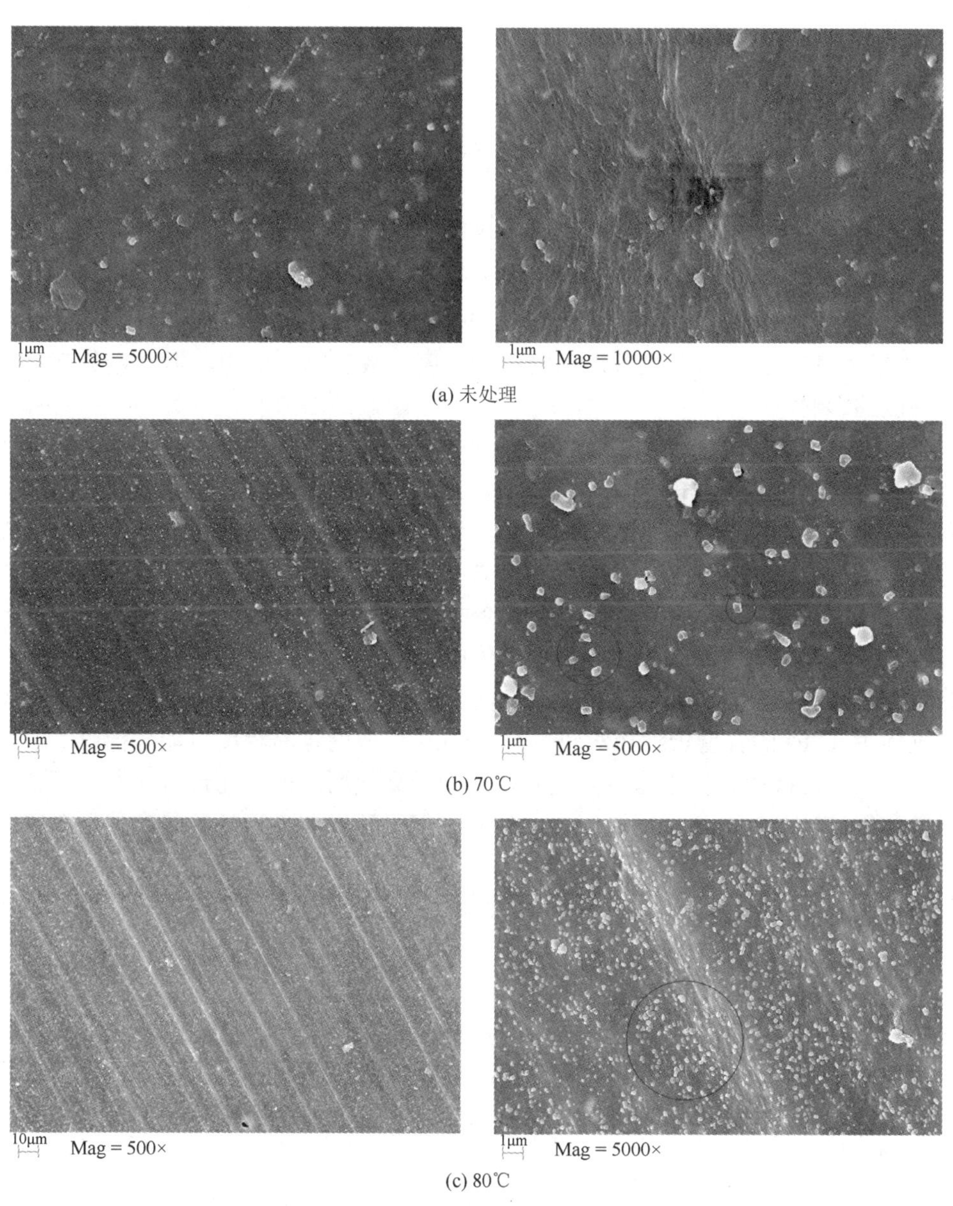

(a) 未处理

(b) 70℃

(c) 80℃

图 7.98　三元乙丙橡胶与 C_4F_7N/CO_2 相互作用前后的 SEM 图

对相互作用前后三元乙丙橡胶表面元素进行分析，表 7.11 给出了 XPS 测试得到的表面元素含量。可以看到 80℃相互作用后三元乙丙橡胶表面的 F 元素含量从 1.17%增加到 4.67%，即 F 元素沉积于三元乙丙橡胶表面。对特征元素的 XPS 谱图进行分析（图 7.99），可以看到 C—F 成分含量在 80℃时明显增加，C 元素和 O 元素的特征谱图未发生明显变化。

表 7.11 C_4F_7N/CO_2 与三元乙丙橡胶相互作用前后元素组成

	元素含量（原子分数）/%			
	C	F	O	N
未处理	78.51	1.17	19.54	0.79
70℃	80.55	1.52	17.13	0.8
80℃	75.61	4.67	17.95	1.77

另外，相关类似研究指出，三元乙丙橡胶与 C_4F_7N/CO_2 混合气体相互作用后，其机械性能出现明显下降。三元乙丙橡胶的拉伸强度由 6.43MPa 下降至 4.49MPa，断裂伸长率由 374%下降至 177%，下降至初始值的 50%以下[24]。但相关测试在 130℃温度下开展（试验周期为 42 天），高于设备内部的实际温度。故实际应用中，需要避免高温对密封材料性能的影响。

同时，有学者针对 C_4F_7N/CO_2 混合气体与三元乙丙橡胶、氯丁橡胶、丁腈橡胶、硅橡胶、氟橡胶、氟硅橡胶的类似研究发现，当试验温度为 70℃时，C_4F_7N/CO_2 混合气体与所有橡胶试验后都几乎没有 C_3F_6 生成。当试验温度为 85℃时，与三元乙丙橡胶、氯丁橡胶、氟硅橡胶进行试验后的气体中有含量较多的 C_3F_6，与丁腈橡胶和硅橡胶进行试验后的气体中 C_3F_6 含量较少，而与氟橡胶试验后的气体中仍然没有 C_3F_6 生成。当试验温度为 100℃时，与氟硅橡胶试验后的气体中发现了大量的 C_3F_6，与三元乙丙橡胶、氯丁橡胶和丁腈橡胶试验后的气体中 C_3F_6 的含量也有所增加，但与氟橡胶和硅橡胶试验后的气体中 C_3F_6 的含量仍然相对较少[25]。C_3F_6 生成的难易程度可能与橡胶的耐热性能相关，三元乙丙橡胶、氯丁橡胶和丁腈橡胶的最高使用温度不超过 150℃，而氟橡胶、硅橡胶和氟硅橡胶的最高使用温度为 250℃。但氟硅橡胶在远低于最高使用温度时产生

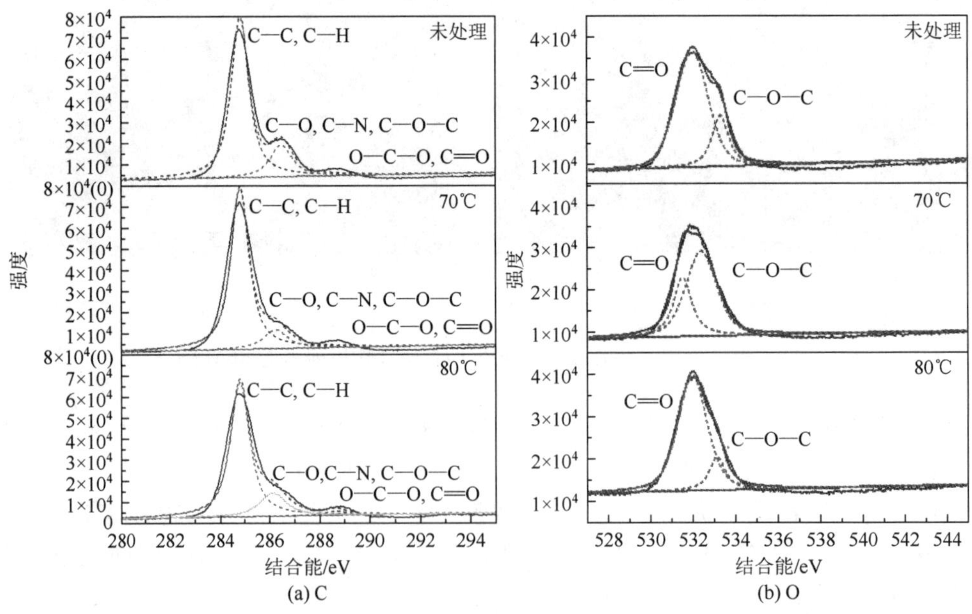

(a) C (b) O

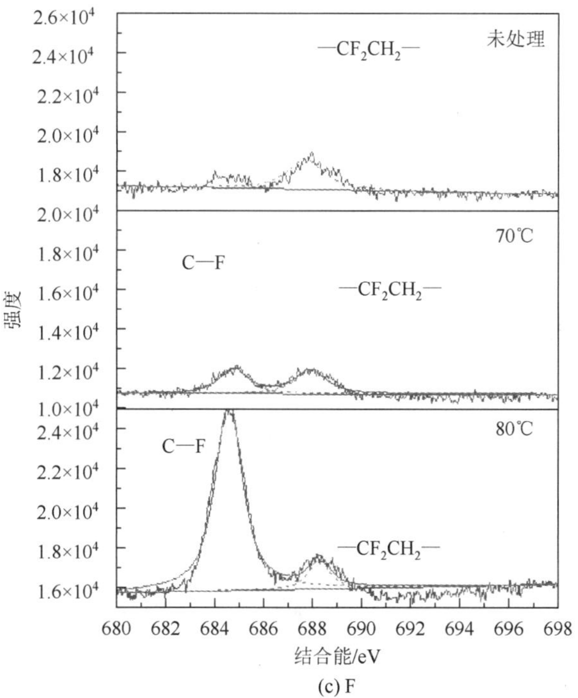

(c) F

图 7.99　三元乙丙橡胶与 C_4F_7N/CO_2 相互作用前后特征元素的 XPS 谱图

了大量的 C_3F_6，说明氟硅橡胶与 C_4F_7N/CO_2 混合气体的相容性不佳。根据 C_3F_6 生成的难易程度判断 C_4F_7N/CO_2 混合气体与各种橡胶的相容性，由优至劣进行排序：氟橡胶＞硅橡胶＞丁腈橡胶＞氯丁橡胶＞三元乙丙橡胶＞氟硅橡胶[25]。因此，推荐使用氟橡胶作为 C_4F_7N/CO_2 混合气体绝缘设备的密封材料。

2. C_4F_7N 与环氧树脂相容性

环氧树脂作为气体绝缘输配电设备中广泛应用的一类固体绝缘材料，考察其与 C_4F_7N 混合气体的相容性十分必要。

对目前设备中常用的双酚 A 缩水甘油醚型环氧树脂（BAE）开展 C_4F_7N/CO_2 混合气体氛围下的热老化试验，试验温度为 90℃、125℃和 160℃，试验持续时间为 7 天。混合气体采用 9% C_4F_7N/91% CO_2，试验气压为 0.5MPa[26]。

图 7.100 给出了环氧树脂的介电特性，介电常数的实部随着频率的增加呈现下降趋势。低频段，环氧树脂的内部分子极化能够跟随电场频率变化，因此极化损耗较小，ε' 较高；随着频率增加，极化分子的定向转动滞后电场，介电损耗增加，ε'较低。随着温度的升高，环氧树脂分子链的运动加剧，偶极子的束缚力减弱，表现为 ε'的增加。介电常数的虚部随频率增加呈现降低—增加—降低趋势，低频下介电损耗完全由电导损耗贡献，由于电导损耗随频率增加而降低，因此宏观上 ε''在 10^{-1}～10^2Hz 频率区间内随频率增加呈现降低趋势；在 10^2～10^6Hz 区间，偶极子的转向受到摩擦阻力的影响，在电场作

用下发生强迫运动的强度随频率增大而增加，故极化损耗增加；当电场频率高于 10^6Hz 时，偶极子跟不上电场的变化，极化损耗降低[26]。

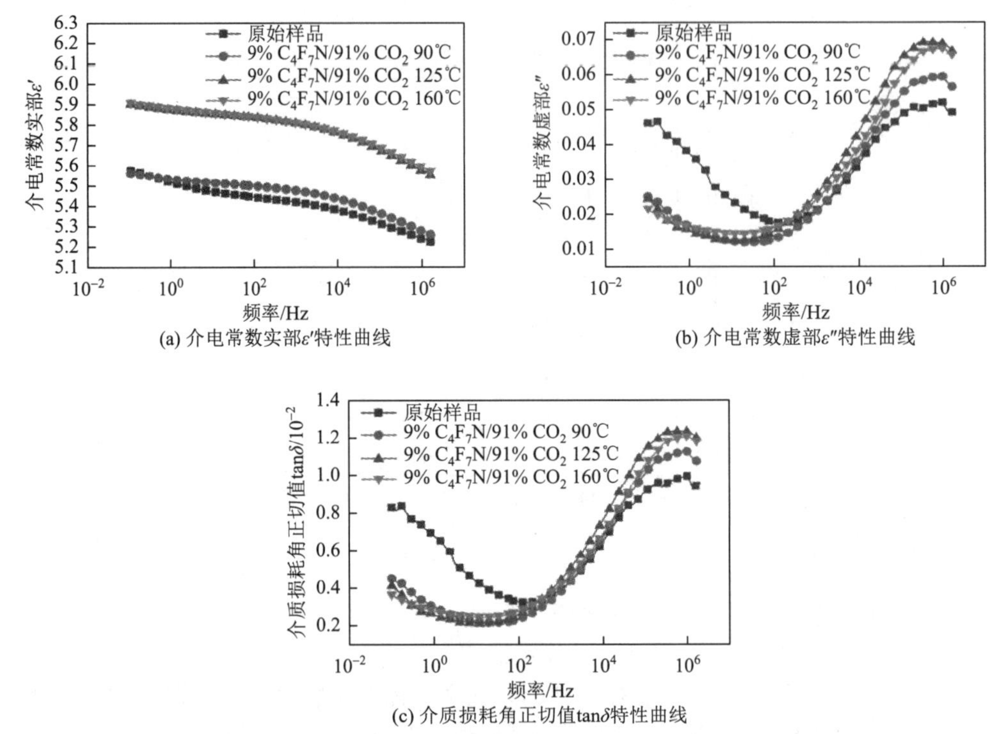

(a) 介电常数实部ε'特性曲线

(b) 介电常数虚部ε"特性曲线

(c) 介质损耗角正切值tanδ特性曲线

图 7.100 环氧树脂与 C_4F_7N/CO_2 相互作用前后的介电性能[26]

低频下绝缘介质的介电响应主要由电导率决定，对测试前后环氧树脂的体电阻进行测试，发现 125℃和 160℃试验后样品的体电阻率略高于 90℃，因此在 10^{-1}～10^0Hz 范围内，125℃与 160℃试验环境下的环氧树脂电导损耗较 90℃试验环境下的更小，即介质损耗更小。高频下的介电响应主要与极化有关。考虑加速老化后试验样品的极化程度增加，因此高频下样品的极化损耗均高于原始样品。90℃下，环氧树脂样品的介电常数虚部低于 125℃和 160℃，这是因为较高试验温度下环氧树脂分子内部运动加剧，分子极化能力增加。随着温度的升高，环氧树脂的介质损耗角呈现缓慢上升趋势，但仍满足工程应用需求[26]。

对试验前后环氧树脂的沿面闪络特性进行测试（图 7.101），可以看到 C_4F_7N/CO_2 混合气体的工频沿面闪络电压随气压增加呈现饱和增长趋势。试验前后环氧树脂的工频沿面闪络电压未出现明显降低（与试验前无差异），因此 C_4F_7N/CO_2 混合气体与环氧树脂相容性良好。

图 7.102 给出了测试前后环氧树脂的 SEM 图，可以看到环氧树脂的微观形貌未发生明显的变化，表面也无晶体析出。因此，环氧树脂与 C_4F_7N/CO_2 混合气体在 90～160℃区间内相互作用不会导致环氧树脂形貌发生变化。

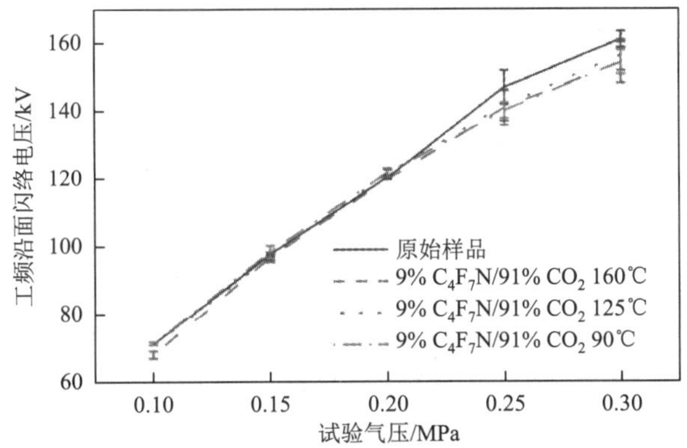

图 7.101　环氧树脂与 C_4F_7N/CO_2 相互作用前后的沿面闪络性能[26]

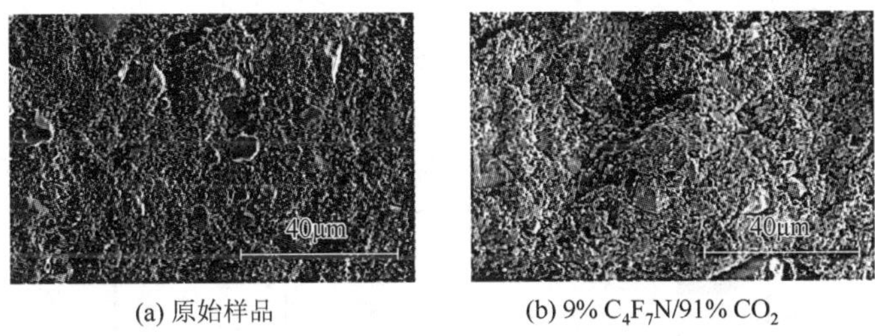

(a) 原始样品　(b) 9% C_4F_7N/91% CO_2

图 7.102　环氧树脂与 C_4F_7N/CO_2 相互作用前后的 SEM 图[26]

对试验后的 C_4F_7N/CO_2 混合气体进行组分分析，图 7.103 给出了 160℃试验后的混合气体气相色谱图。90℃和 125℃条件下，混合气体的气相色谱图未检测到特征峰；160℃条件下，相互作用后混合气体产生了 C_3F_6 这一组分，其产生与 C_4F_7N 分解有关。

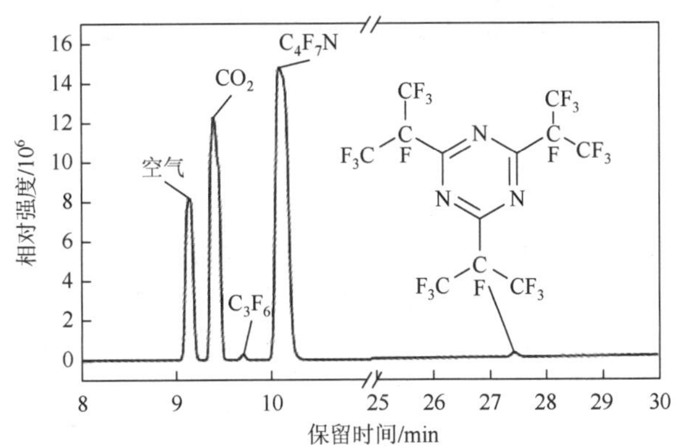

图 7.103　C_4F_7N/CO_2 与环氧树脂相互作用后的气相色谱图[26]

综合来看，C_4F_7N 与环氧树脂的相容性良好，不同温度和气体环境下环氧树脂的沿面绝缘性能与原始样品对比并未下降，相互作用后环氧树脂表面也不会出现腐蚀点，C_4F_7N/CO_2 混合气体在 125℃以下温度不会发生分解。

3. C_4F_7N 与吸附剂相容性

为保障气体绝缘设备内部水分等杂质达标，实际运行中需要在设备内部预置一定量的吸附剂/干燥剂等功能性材料。

针对 C_4F_7N 混合气体，对目前 SF_6 设备中广泛应用的 γ-Al_2O_3 与 C_4F_7N/N_2 混合气体及其分解产物的相容性进行了测试，发现 γ-Al_2O_3 除对 CF_4 和 C_2F_6 两类产物的吸附效果相对较差外，对 CF_3CN、C_3F_6、C_2F_5CN 等分解产物有较强的吸附特性，但也导致主绝缘气体 C_4F_7N 含量大幅下降（图 7.104）。一方面，γ-Al_2O_3 的孔径分布不均匀，其晶体孔径一般分为微孔、中孔和大孔，孔径分布范围为 1～40nm，其中 4～10nm 的孔所占百分比较大，而 C_4F_7N 的分子尺寸约为 0.75nm，可以进入 γ-Al_2O_3 孔径内部。另一方面，C_4F_7N 分子中的 CN 基团会与 γ-Al_2O_3 中的 Al 之间形成弱相互作用，可使 γ-Al_2O_3 牢固吸附 C_4F_7N 分子[27]。由于 γ-Al_2O_3 对 C_4F_7N 表现出强吸附作用，因此不适合作为 C_4F_7N 混合气体设备吸附剂使用。

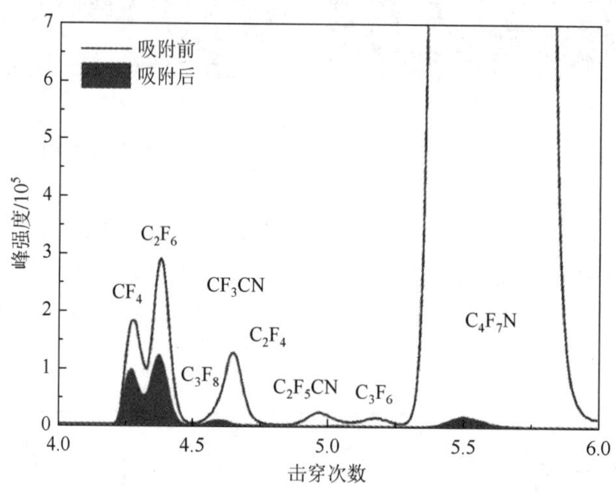

图 7.104　C_4F_7N/CO_2 及其分解产物与 γ-Al_2O_3 吸附剂作用前后的气相色谱图

另外，针对分子筛（3A、4A 和 5A）吸附剂对 C_4F_7N/CO_2 及其分解产物的吸附特性的测试发现，450kPa 气压条件下 3A、4A 和 5A 分子筛对绝缘介质 C_4F_7N 的吸附能力较弱（图 7.105）。这主要是因为 3A、4A 和 5A 分子筛的孔径均匀，大小约为 0.3nm、0.4nm 和 0.5nm，而 C_4F_7N 的分子尺寸大于 3A、4A 和 5A 分子筛的孔径，较难进入分子筛内部[27]。

分子筛对 CO 的吸附能力较差，如图 7.106 所示。虽然 CO 是极性分子，但由于存在反馈 π 键，分子的极性很弱，其与分子筛间的静电作用较弱，因此 3A、4A 和 5A 分子筛几乎不吸附 CO 气体。

图 7.107 给出了 360h 后无吸附剂与分子筛和活性氧化铝四种吸附剂作用下全氟化碳（PFCs）气体的吸附情况。可以看到，有无吸附剂时 PFCs 含量基本相同，即四种吸附剂对

PFCs 气体吸附性能较弱。这与 CF_4、C_2F_4 和 C_2F_6 气体分子的尺寸均大于 3A、4A 和 5A 分子筛的孔径有关；而 C_3F_6、C_3F_8 和 i-C_4F_{10} 分子尺寸更大，因此难以进入分子筛内部。

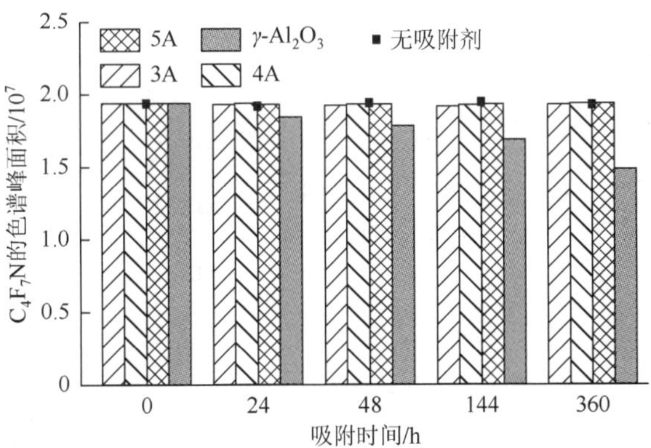

图 7.105　分子筛和活性氧化铝对 C_4F_7N 的吸附情况[27]

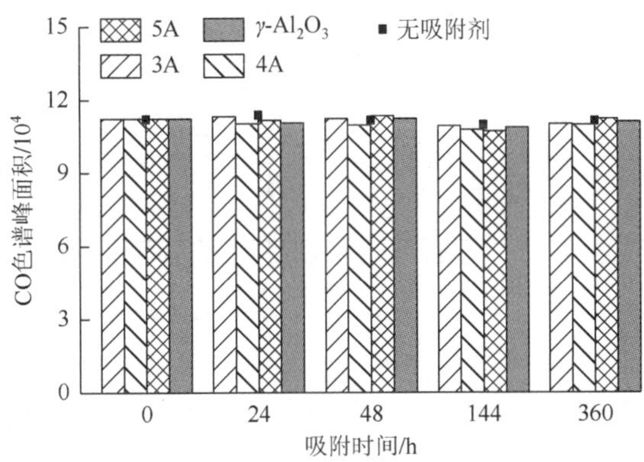

图 7.106　分子筛和活性氧化铝对 CO 的吸附情况[27]

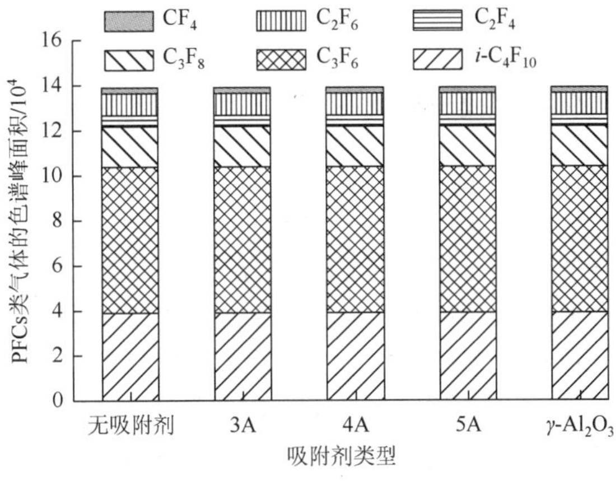

图 7.107　分子筛和活性氧化铝对 PFCs 气体的吸附情况[27]

3A、4A 和 5A 分子筛对$(CN)_2$均能有效吸附，但 3A 和 4A 分子筛对 CF_3CN 的吸附效果较差，C_2F_5CN 则仅能由 γ-Al_2O_3 吸附（图 7.108）。5A 分子筛相较于 3A、4A 表现出更优异的吸附性能，具备应用潜力[27]。

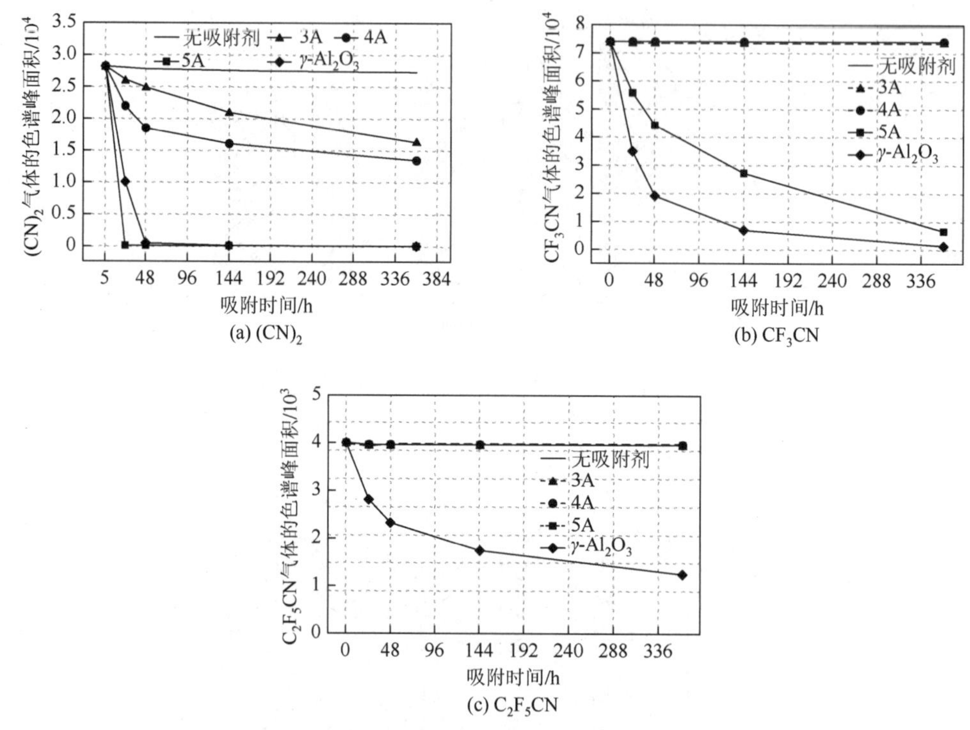

图 7.108　分子筛和活性氧化铝对氰类气体的吸附情况[27]

7.5　工程应用

7.5.1　C_4F_7N 混合气体绝缘设备

1. 气体绝缘线路

2016 年，通用电气推出了以 C_4F_7N/CO_2 混合气体为绝缘介质的 420kV/63kA 新一代气体绝缘线路（GIL），如图 7.109 所示。该设备成功通过了 IEC 62271-203-2017 标准规定的各项型式试验和对带有复合衬套和母线元件的装置进行的介电型式测试。测试包括 650kV/min 的工频耐压、1425kV 的雷电冲击耐压以及 1050kV 的操作冲击耐压。温升方面，该 GIL 在不同负载电流下的温升曲线与 SF_6 设备非常相似，但设备整体温升值略高于 SF_6 设备。额定电流 4000A 条件下，设备温升（触点 40K，外壳 15K）低于 IEC 62271-1-2017 规定的限值（触点温升为 65K，外壳温升 40K）（图 7.110）。

图 7.109　C_4F_7N/CO_2 混合气体 420kV GIL[1]

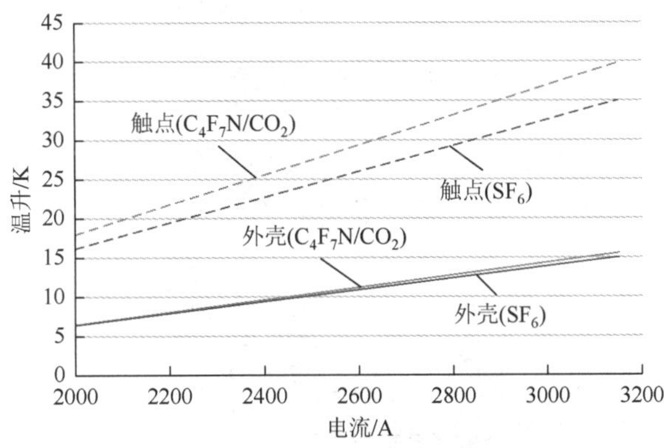

图 7.110　C_4F_7N/CO_2 混合气体 420kV GIL 温升特性[1]

该型 GIL 应用中有两种不同的 C_4F_7N/CO_2 混合气体。第一个型号的 GIL 填充了较低比例的 C_4F_7N 和较高含量的 CO_2，并对设备结构进行了调整，使其工作气压略高于设计气压，该解决方案可以满足–25℃的最低工作温度要求。第二个型号设备中 C_4F_7N 含量较高，与现有 SF_6 GIL 设计兼容（无需进行任何修改），但最低工作温度为–5℃。另外，由于 C_4F_7N/CO_2 混合气体的化学性质与 SF_6 不同，因此需要对设备中部分功能性材料进行调整，如密封圈、吸附剂、监控装置等。

2017 年 3 月，首台该型 GIL 安装于伦敦南部的 Sellindge 变电站中，共计两个长度约 300m 的回路投入运行至今未发现异常；苏格兰电力公司的第二台该型 GIL 设备也于 2018 年 5 月投入运行。

中国平高集团于 2020 年成功研发了以 C_4F_7N/CO_2 混合气体为绝缘介质的 1000kV GIL，该 GIL 顺利通过绝缘型式试验，成为目前世界上首个采用新型环保气体、电压等级最高、通过全套型式试验考核的特高压环保型 GIL 产品。

2. 气体绝缘断路器

通用电气于 2016 年推出了以 C_4F_7N/CO_2 混合气体为绝缘介质的环保型气体绝缘断路

器，额定电压为 145kV（图 7.111），采用 6% C_4F_7N/89% CO_2/5% O_2 为绝缘介质，充气压力为 0.85MPa，运行温度为–25～40℃，额定电流为 3150A/40kA。该设备通过了 IEC 62271-203-2017 标准规定的温升、绝缘测试以及涉及断路器的出线故障（terminal fault，TF）、近区 L75 和 L90 故障、电容开断测试等，验证了 C_4F_7N 混合气体作为绝缘和灭弧介质的应用潜力。需要指出的是，该断路器与 SF_6 设备共用了 80%以上的零部件。具体差异主要有以下几点：①更换了对 CO_2 密封性较差的 EPDM 密封圈；②使用了适合于 C_4F_7N 的密度计和泄压装置；③对断路器单元和弹簧机构进行了优化改进。C_4F_7N 混合气体的质量密度低于 SF_6，导致空载操作以及大电流电弧熄灭期间气吹速度和压力构建受到影响，因此需要调整断路器腔室的体积以及通道直径和长度，以满足对低能和高能电弧的燃弧需求。

图 7.111　C_4F_7N/CO_2 混合气体 145kV GIS[1]

2017 年，首台该型 145kV/40kA GIS 安装于瑞士的 Etzel 变电站中，其中三相密封开关设备安装在室内，而用于变压器连接的母线和套管安装在室外，初期采用降压方式运行（123kV）。2018 年，法国格里莫变电站安装了同类型的 GIS，运行电压为 72.5kV，维护策略遵循 SF_6 相关规程并要求每年年初对混合比进行检测。

3. 电流互感器

目前，高压电流互感器（CT）系统通常使用油浸纸或气体作为绝缘介质。气体绝缘 CT 的优点是避免了油绝缘设备固有的火灾和土壤污染风险。目前气体绝缘 CT 主要使用 SF_6 作为绝缘介质。

通用电气将设计的以 SF_6 绝缘的 245kV CT 进行 C_4F_7N/CO_2 混合气体替换，并依据 IEC 61869-6-2016 标准开展了一系列测试，验证了 C_4F_7N/CO_2 混合气体 CT 的基本性能（图 7.112 给出了该型 CT 的外观图）。另外，为满足技术需求，使用了新型的密封圈和密度计。

4. 环网开关柜

2019 年 1 月，中国电力科学研究院有限公司等单位在国内率先研制出了 C_4F_7N/CO_2 混合气体 12kV 环网柜样机，并通过 1.2 倍绝缘裕度和 1000A 有功负载电流开合试验。2019 年 12 月，云南电网有限责任公司昭通威信供电局率先实现了 C_4F_7N 混合气体 10kV 柱上负荷开关、10kV 柱上断路器和 10kV 环网柜的入网运行。目前，以 C_4F_7N 混合气体为绝缘介质的 110kV GIS 母线及隔离/接地开关、220kV GIS 母线、1100kV 环保 GIL 也正在研发中。另外，配套的 C_4F_7N 混合气体密度、混合比、湿度、泄漏检测仪、充气和回收处理装置样机也已成功研发。

图 7.112　C_4F_7N/CO_2 混合气体 245kV CT[1]

7.5.2　应用案例

目前，国外部分国家已经实现了 C_4F_7N/CO_2 混合气体绝缘设备的示范试运行，相关应用案例如下。

1. 瑞士

2017 年，在瑞士的 Etzel 变电站安装了世界上第一台以 $C_4F_7N/CO_2/O_2$ 混合气体为绝缘介质的 145kV/40kA GIS（相关参数见表 7.12）。其中，三相密封开关设备安装在室内，而用于变压器连接的母线和套管安装在室外。所有设备（包括断路器）的设计最低工作温度均为–25℃。该设备达到了与 SF_6 开关柜相同的整体尺寸[28]。

表 7.12　瑞士运行的 $C_4F_7N/CO_2/O_2$ 混合气体 GIS 参数

项目	参数	备注
气体组成	89% CO_2，6% C_4F_7N，5% O_2	断路器气压：0.85MPa 其他部分：0.8MPa
额定电压	145kV，运行电压 123kV	
额定电流	2500A/40kA	
工作温度	–25～40℃	室内运行，带有室外总线和衬套
安装单元数	5 条单相母线	
安装年份	2017	
充气方法	预充	
运行策略	预防性维护	
运行监测指标	水分、混合比、气体组分分析	基本与 SF_6 相同

2. 法国

法国于 2018 年在格里莫变电站安装了首台以 $C_4F_7N/CO_2/O_2$ 混合气体为绝缘介质的 GIS（45kV/40kA）。GIS 的工作温度范围为–25～40℃。充气使用预混合瓶进行操作，设备的运行维护策略遵循 SF_6 相关规程并进行了一些调整。表 7.13 给出了所应用设备的基本情况。

表 7.13　法国运行的 $C_4F_7N/CO_2/O_2$ 混合气体 GIS 参数

项目	参数	备注
气体组成	89% CO_2，6% C_4F_7N，5% O_2	0.85MPa
额定电压	145kV，运行电压 72.5kV	
额定电流	3150A/40kA	
工作温度	–25～40℃	室内运行，带有室外总线和衬套
安装单元数	6 条馈线 + 1 个耦合槽（即 7 台断路器）	
安装年份	2018	
充气方法	预充	
运行策略	与 SF_6 GIS 一样，进行定期的预防性维护，唯一的不同是气体混合比监测，混合比每年年初进行检查。如果出现问题，可以将安装的设备与 SF_6 一起使用，唯一要进行的调整是更换 C_4F_7N 优化断路器的有源部件	
运行监测指标	水分、混合比、气体组分分析	基本与 SF_6 相同
其他监测指标	局部放电监测装置	

3. 英国

2017 年，首批使用 C_4F_7N/CO_2 混合气体的 420kV/63kA GIL 成功安装在伦敦南部的 Sellindge 变电站中，长度约 300m 的回路投入运行至今未发现异常；2018 年 5 月，苏格兰电力公司的后续环保 GIL 也先后投入示范运行。表 7.14 给出了该型 GIL 相关参数。

表 7.14　英国运行的 C_4F_7N/CO_2 混合气体 GIL 参数

项目	参数	备注
气体组成	96% CO_2，4% C_4F_7N	1.06MPa
额定电压	420kV	
额定电流	4000A/63kA	
工作温度	–25～40℃	室外运行
安装单元数	2 条回路	
安装年份	2017、2018	
充气方法	预充	
运行策略	预防性维护	
运行监测指标	水分、混合比、气体组分分析	基本与 SF_6 相同

参考文献

[1] Kieffel Y，Irwin T，Ponchon P，et al. Green gas to replace SF_6 in electrical grids. IEEE Power and Energy Magazine，2016，14（2）：32-39.

[2] Kieffel Y. Characteristics of g^3：an alternative to SF_6//2016 IEEE International Conference on Dielectrics（ICD）. IEEE，2016，2：880-884.

[3] 张晓星，陈琪，张季，等. 高气压下环保型 C_4F_7N/CO_2 混合气体工频击穿特性. 电工技术学报，2019，34（13）：2839-2845.

[4] Sulbaek Andersen M P，Kyte M，Andersen S T，et al. Atmospheric chemistry of $(CF_3)_2CF—C\equiv N$：a replacement compound for the most potent industrial greenhouse gas，SF_6. Environmental Science & Technology，2017，51（3）：1321-1329.

[5] Minnesota Mining and Manufacturing. Material safety data sheet for 3M™ Novec™ 4710 insulating gas. 2016.

[6] Zhang X，Ye F，Li Y，et al. Acute toxicity and health effect of perfluoroisobutyronitrile on mice：a promising substitute gas-insulating medium to SF_6. Journal of Environmental Science and Health，Part A，2020，55（14）：1646-1658.

[7] 李祎，张晓星，陈琪，等. 气体绝缘介质 C_4F_7N 的急性吸入毒性试验. 高电压技术，2019，45（1）：109-116.

[8] Li Y，Zhang X，Zhang J，et al. Assessment on the toxicity and application risk of C_4F_7N：a new SF_6 alternative gas. Journal of Hazardous Materials，2019，368：653-660.

[9] 胡世卓，周文俊，郑宇，等. 3 种缓冲气体对 C_4F_7N 混合气体绝缘特性的影响. 高电压技术，2020，46（1）：224-232.

[10] Li Y，Zhang X，Zhang J，et al. Experimental study on the partial discharge and AC breakdown properties of C_4F_7N/CO_2 mixture. High Voltage，2019，4（1）：12-17.

[11] 陈琪，张晓星，李祎，等. O_2 对 C_4F_7N-N_2-O_2 混合气体绝缘和放电分解特性的影响. 高电压技术，2020，46（3）：1027-1035.

[12] Meyer F，Huguenot F，Kieffel Y，et al. Application of fluoronitrile/CO_2/O_2 mixtures in high voltage products to lower the environmental footprint. CIGRE Paper D1-201，Paris，France，2018.

[13] Li Y，Zhang X，Ye F，et al. Influence regularity of O_2 on dielectric and decomposition properties of C_4F_7N-CO_2-O_2 gas mixture for medium-voltage equipment. High Voltage，2020，5（3）：256-263.

[14] Zhao H，Tian Z，Deng Y，et al. Study of the dielectric breakdown properties of CO_2-O_2 mixtures by considering electron detachments from negative ions. Journal of Applied Physics，2017，122（23）：233303.

[15] 赵明月，韩冬，荣文奇，等. 电晕放电下全氟异丁腈（C_4F_7N）与空气混合气体的分解产物规律及其形成原因分析. 高电压技术，2018，44（10）：3174-3182.

[16] 赵明月，韩冬，荣文奇，等. 电晕放电下二元全氟异丁腈$(CF_3)_2CFCN$ 混合气体的分解特性分析. 高电压技术，2019，45（4）：1078-1085.

[17] Radisavljevic B，Stoller P C，Doiron C B，et al. Switching performance of alternative gaseous mixtures in high-voltage circuit breakers. 20th International Symposium on High Voltage Engineering，Buenos Aires，Argentina，2017.

[18] NarayananV R T, Rümpler C, Gnybida M, et al. Transport properties of thermal plasma containing fluoronitrile(C_4F_7N)-based gas mixtures. Plasma Physics and Technology, 2019, 6(2): 131-134.

[19] Zhang X，Li Y，Chen D，et al. Dissociative adsorption of environment-friendly insulating medium C_3F_7CN on Cu（111）and Al（111）surface：a theoretical evaluation. Applied Surface Science，2018，434：549-560.

[20] Li Y，Zhang X，Xiao S，et al. Insight into the compatibility between C_4F_7N and silver：experiment and theory. Journal of Physics and Chemistry of Solids，2019，126：105-111.

[21] Li Y，Zhang X，Zhang J，et al. Thermal compatibility between perfluoroisobutyronitrile-CO_2 gas mixture with copper and aluminum switchgear. IEEE Access，2019，7：19792-19800.

[22] Li Y，Zhang X，Chen Q，et al. Study on the thermal interaction mechanism between C_4F_7N-N_2 and copper，aluminum. Corrosion Science，2019，153：32-46.

[23] Li Y，Zhang X，Li Y，et al. Interaction mechanism between the C_4F_7N-CO_2 gas mixture and the EPDM sealring. ACS Omega，2020，5（11）：5911-5920.

[24] 郑哲宇，李涵，周文俊，等. 环保绝缘气体 C_3F_7CN 与密封材料三元乙丙橡胶的相容性研究. 高电压技术，2020，46（1）：335-341.

[25] 郑哲宇. 环保绝缘气体 C_4F_7N 与密封材料橡胶的相容性. 武汉：武汉大学，2021.

[26] 袁瑞君，李涵，郑哲宇，等. 气体绝缘输电线路用 C_3F_7CN/CO_2 混合气体与环氧树脂相容性试验. 电工技术学报，2020，35（1）：70-79.

[27] 赵明月，韩冬，周朕蕊，等. 活性氧化铝和分子筛对 C_4F_7N/CO_2 及其过热分解产物的吸附特性. 电工技术学报，2020，35（1）：88-96.

[28] Lindnder C，Gautschi D. SF_6-free 123 kV substation solution to meet Axpo’s sustainability strategy .CIGRE SC B3，Brazil，2017.

第 8 章　全氟酮类（$C_5F_{10}O$ 和 $C_6F_{12}O$）混合气体

8.1　基 本 性 质

8.1.1　基本参数

$C_5F_{10}O$ 是 3M 公司推出的商品代号为 Novec™ 5110 的电子氟化液，其分子结构如图 8.1 所示。$C_5F_{10}O$ 的绝缘强度是 SF_6 的 2 倍，GWP 小于 1，ODP 为 0，是一种环保型电介质[1]。$C_6F_{12}O$ 的分子结构与 $C_5F_{10}O$ 相似，目前主要用作灭火剂及镁处理和两相浸没冷却系统的覆盖气体，其 GWP 小于 1，绝缘强度在纯 SF_6 气体的 2 倍以上[2]。表 8.1 给出了 $C_5F_{10}O$ 和 $C_0F_{12}O$ 的基础物化参数。

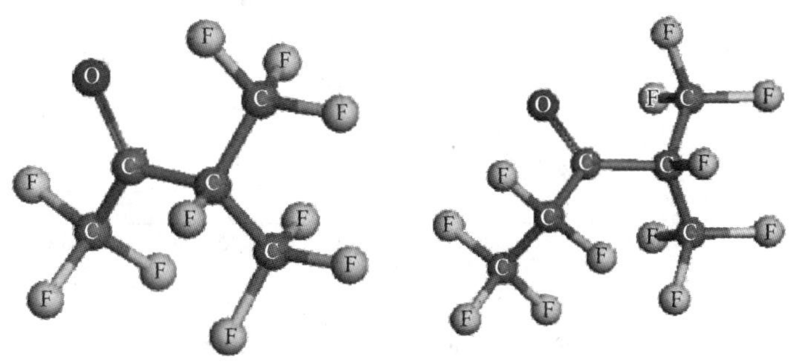

图 8.1　$C_5F_{10}O$ 和 $C_6F_{12}O$ 分子结构

表 8.1　$C_5F_{10}O$ 和 $C_6F_{12}O$ 的基础物化参数[3-5]

分子式	$C_5F_{10}O$	$C_6F_{12}O$	SF_6
分子量	266	316.04	146.05
液化温度/℃	26.9	49.2	−62
临界温度/℃	146.11	168.7	45.55
临界压力/MPa	2.14	1.865	3.78
25℃时饱和蒸气压/kPa	93.77	40	2450
大气寿命/年	0.044	0.013	3200
GWP	<1	<1	23500
ODP	0	0	0

8.1.2　液化温度

由于 $C_5F_{10}O$ 和 $C_6F_{12}O$ 液化温度过高（常温常压下为 26.9℃和 49.2℃），且受限于气体绝缘输配电装备的工作温度要求，其在混合气体中的添加比例不应过高，需要根据其饱和蒸气压参数确定其在设备中可以使用的气压值和混合比。

图 8.2 给出了基于 Wagner 方程拟合得到的 $C_5F_{10}O$ 饱和蒸气压曲线，结合理想气体状态方程，可以计算得到 $C_5F_{10}O$ 混合气体不同 $C_5F_{10}O$ 含量（混合比）、不同气压条件下的液化温度。若要满足–25℃的最低运行温度，当气压为 0.14MPa 时，混合气体中 $C_5F_{10}O$ 含量应小于 7.6%。

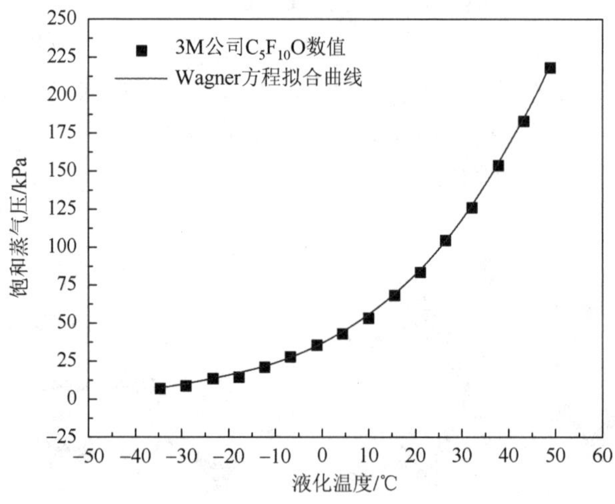

图 8.2　$C_5F_{10}O$ 的饱和蒸气压曲线

不同分压和温度下 $C_5F_{10}O/CO_2$ 混合气体的饱和蒸气压特性如图 8.3 所示。当最低温度限制为–25℃时，2% $C_5F_{10}O$/98% CO_2 和 5% $C_5F_{10}O$/95% CO_2 混合气体只能使用在约 0.41MPa

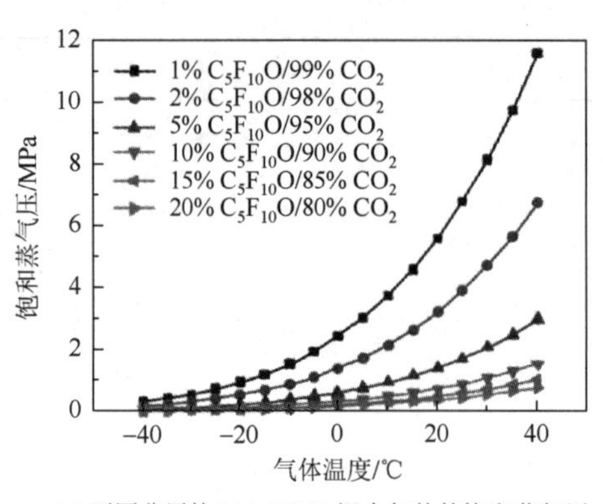

(a) 不同分压的$C_5F_{10}O/CO_2$混合气体的饱和蒸气压

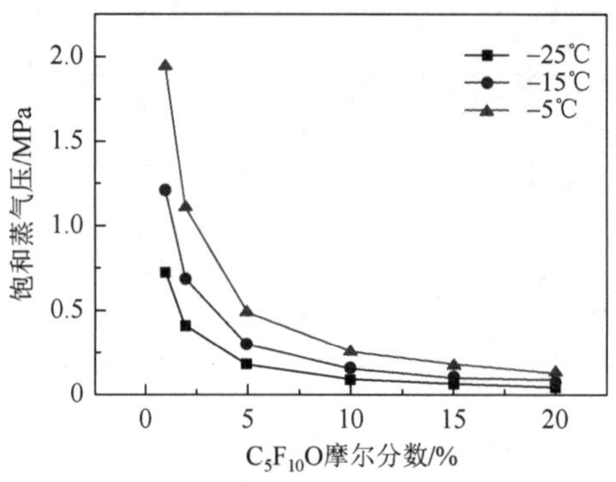

(b) 不同温度下$C_5F_{10}O/CO_2$混合气体的饱和蒸气压

图 8.3　不同分压和温度下 $C_5F_{10}O/CO_2$ 混合气体的饱和蒸气压特性

和 0.17MPa 下；最低温度限制为−15℃时，2% $C_5F_{10}O$/98% CO_2 和 5% $C_5F_{10}O$/95% CO_2 混合气体的最高使用压力分别约为 0.68MPa 和 0.3MPa；最低温度限制为−5℃时，2% $C_5F_{10}O$/98% CO_2 和 5% $C_5F_{10}O$/95% CO_2 混合气体的最高使用压力分别约为 1.1MPa 和 0.48MPa。

根据 $C_6F_{12}O$ 不同温度（−15℃、20℃、25℃和 100℃）下的饱和蒸气压可以拟合得到 $C_6F_{12}O$ 的饱和蒸气压方程：

$$\lg p = -3719.7385/T + 18.180 \tag{8.1}$$

$C_6F_{12}O$ 不同温度下的饱和蒸气压和混合比极限值，分别如图 8.4 和图 8.5 所示。

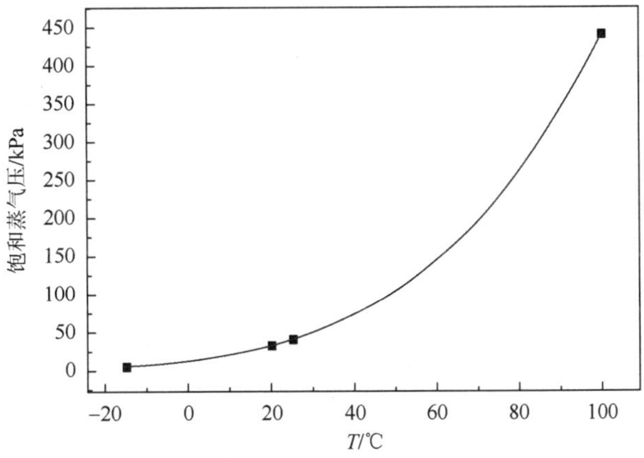

图 8.4　$C_6F_{12}O$ 不同温度下的饱和蒸气压

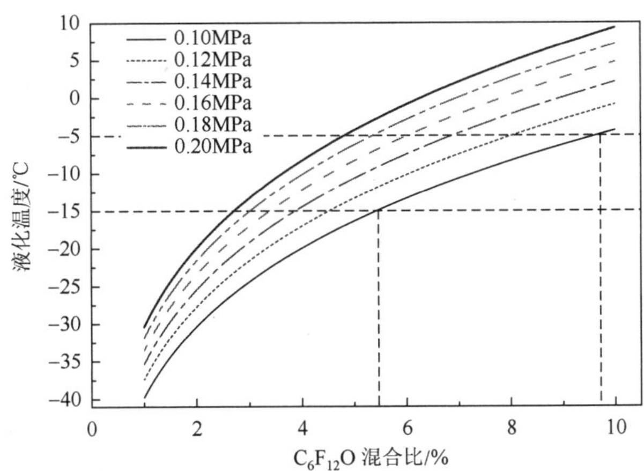

图 8.5　$C_6F_{12}O$ 混合比与液化温度关系曲线

对于中低压设备，运行气压为 0.10MPa，最低运行温度为−15℃时 $C_6F_{12}O$ 的含量应低于 6%，最低运行温度为−5℃时，$C_6F_{12}O$ 的含量应低于 10%。相同运行温度下，气压升高要减小 $C_6F_{12}O$ 的混合比。

8.1.3　安全性参数

$C_5F_{10}O$ 及其主要分解产物的急性吸入毒性如表 8.2 所示。$C_5F_{10}O$ 纯气的 LC_{50}（大鼠，4h）在 20000ppm 以上。考虑 $C_5F_{10}O$ 使用中主要为混合气体形式，其毒性更低。$C_5F_{10}O$-空气混合气体的 LC_{50}（大鼠，4h）为 100000ppm。但其可能产生毒性较大的分解产物，应该在试验和使用过程中重点关注分解组分的变化，以免产生大量的有毒分解产物危害人体健康。

表 8.2　$C_5F_{10}O$ 及其分解产物的生物毒性参数　（单位：ppm）

参数	数据
$C_5F_{10}O$ 4h LC_{50}（大鼠）	＞20000
$C_5F_{10}O$ 8h 职业接触限值	225
$C_5F_{10}O$ + 空气 4h LC_{50}（大鼠）	100000
50 次开断后 4h LC_{50}（大鼠）	＜3000
C_4F_8 4h LC_{50}（大鼠）	0.5
HF 4h LC_{50}（大鼠）	483
C_4F_6 4h LC_{50}（大鼠）	82
CO 4h LC_{50}（大鼠）	1807
C_3F_6 4h LC_{50}（大鼠）	1672

$C_6F_{12}O$ 的毒性参数见表 8.3。$C_6F_{12}O$ 的 LC_{50} 大于 100000ppm，且对皮肤无刺激，对眼睛的刺激极低。因此，可以认为 $C_6F_{12}O$ 在设备中使用是安全的，并且与缓冲气体混合后会进一步降低毒性，不会给电力行业工作人员带来健康威胁。

表 8.3　$C_6F_{12}O$ 毒性分析

参数	毒性
4h 急性吸入毒性	无毒（LC_{50}＞100000ppm）
心脏过敏	不是心脏敏化剂（NOAEL = 100000ppm）
急性皮肤毒性	低毒性（LD_{50}＞2000mg/kg）
原发性皮肤刺激	无刺激性
原发性眼刺激	极低刺激
急性口服毒性	低毒性（LD_{50}＞2000mg/kg）
皮肤过敏	不是皮肤敏化剂
28 天吸入毒性	NOAEL=4000ppm
染色体畸变	否

注：无可见有害作用水平（no observed adverse effect level，NOAEL）指在规定的试验条件下，用现有的技术手段或检测指标未观察到任何与受试样品有关的毒性作用的最大染毒剂量或浓度。

8.2 绝 缘 性 能

8.2.1 $C_5F_{10}O$ 混合气体

1. $C_5F_{10}O/N_2$ 和 $C_5F_{10}O$/空气混合气体的工频击穿特性

N_2 和空气作为最为常见的气体绝缘介质，具有化学性质稳定、成本低等优势，可以作为缓冲气体与 $C_5F_{10}O$ 混合使用，以满足工程应用对液化温度的需求。

对于 $C_5F_{10}O$ 混合气体的工频击穿特性测试，采用半径为 25mm 的球电极，电极间距为 2mm 时电场不均匀系数的计算结果为 1.02（$E_{max} = 2.04\times10^7$V/m，$E_{av} = 2\times10^7$V/m）。

图 8.6 给出了 $C_5F_{10}O$ 混合气体、SF_6、N_2 以及干燥空气的工频击穿特性，可以看到混合气体的击穿电压均随着气压的增大而近似呈线性增大，即击穿电压与气压正相关[2]。气压增大后，电子的平均自由程将减小，电子在电场内所获动能较小，从而减小了碰撞电离发生概率，间隙的击穿电压便随气压的增大而增大。

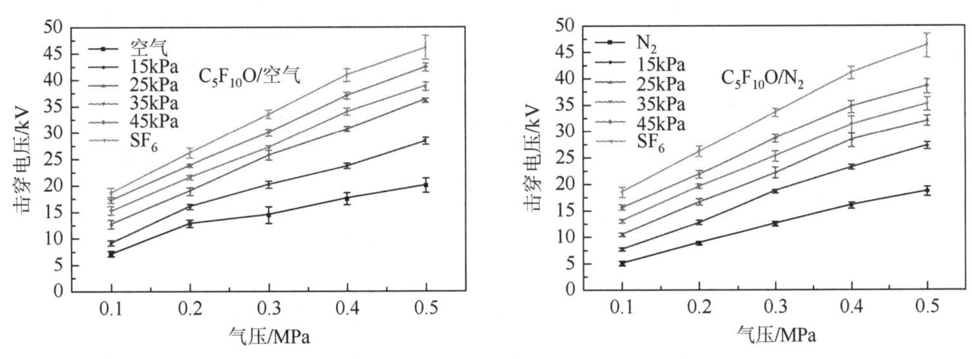

图 8.6　$C_5F_{10}O$ 混合气体的击穿电压曲线（准均匀电场）

随着气压的不断增大，$C_5F_{10}O/N_2$ 的击穿电压在气压达到 0.4MPa 时出现轻微的饱和趋势；不同的是 $C_5F_{10}O$/空气的击穿电压在试验气压范围内尚未出现饱和趋势。即便 $C_5F_{10}O$ 的加入将干燥空气与氮气的绝缘强度最大分别提升了 1.41 倍和 2.05 倍，相同条件下 $C_5F_{10}O$ 混合气体的绝缘强度仍低于 SF_6，不过通过适当提高 $C_5F_{10}O$ 混合气体的气压有希望使其绝缘强度达到低填充气压下 SF_6 的水平。例如，气压为 0.2MPa，$C_5F_{10}O$ 分压为 25kPa 时，$C_5F_{10}O$/空气的绝缘强度是 0.2MPa 的 SF_6 的 72%，但当气压提升至 0.3MPa 时，$C_5F_{10}O$/空气的绝缘强度能够达到 0.2MPa 的 SF_6 的 98%；以上两种条件下 $C_5F_{10}O/N_2$ 的绝缘强度分别是 0.2MPa 的 SF_6 的 63%和 84%。

图 8.7 给出了 $C_5F_{10}O$ 混合气体的击穿电压与 $C_5F_{10}O$ 分压的关系[6]。随着 $C_5F_{10}O$ 分压的逐渐增大，$C_5F_{10}O$ 混合气体的击穿电压增大。与通过增大气压削弱气体电离过程从而增大绝缘强度不同的是，$C_5F_{10}O$ 作为强电子亲和性气体，其电子附着截面较大，分子在电场内做布

朗运动时容易吸附电子而形成负离子，同时 $C_5F_{10}O$ 作为全氟酮类气体，分子量较大，高达 266，在体积、气压等条件一致的情况下，分子量的大小与分子密度呈正相关，大分子量决定了由 $C_5F_{10}O$ 组成的带电粒子的自由程较小，因而其在电场内的运动速度较小，故更容易与电场内的正离子进行复合，从而使得电场内的带电粒子大量减少。一定范围内，$C_5F_{10}O$ 在混合气体内的分压越大，上述对电场内带电粒子在数目上的削减作用越明显，间隙的绝缘强度也越高。

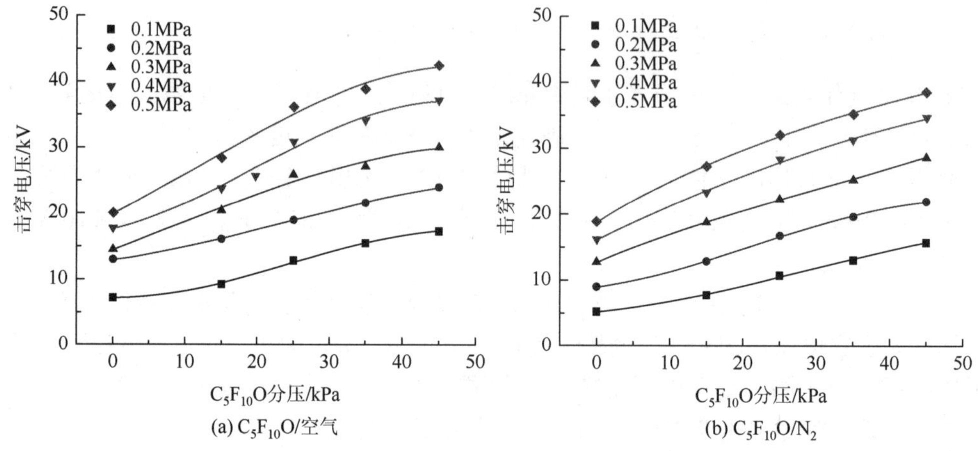

图 8.7　$C_5F_{10}O$ 的分压对 $C_5F_{10}O$ 混合气体击穿电压的影响

另外，注意到随着 $C_5F_{10}O$ 分压的增大，两类 $C_5F_{10}O$ 混合气体的击穿电压增长速率呈现变缓的趋势，这是因为一定量的 $C_5F_{10}O$ 已能够将大部分带电粒子吸附，再继续增大 $C_5F_{10}O$ 的含量对提升 $C_5F_{10}O$ 混合气体的绝缘强度效果较不明显，反而会使得 $C_5F_{10}O$ 混合气体的液化温度升高。

图 8.8 给出了 $C_5F_{10}O$ 混合气体与 SF_6 的相对绝缘强度[6]。可以发现，$C_5F_{10}O$ 混合气体相对于 SF_6 的绝缘强度随 $C_5F_{10}O$ 含量的增加而增加。当 $C_5F_{10}O$ 的分压足够高时，不同气压下 $C_5F_{10}O$/空气、$C_5F_{10}O/N_2$ 混合气体的相对绝缘强度接近 0.91、0.84。在相同气压下，$C_5F_{10}O$ 混合气体的绝缘强度将始终低于 SF_6，并且 $C_5F_{10}O$ 分压的增加对绝缘强度的促进作用随着气体压力的增加而变得不明显。

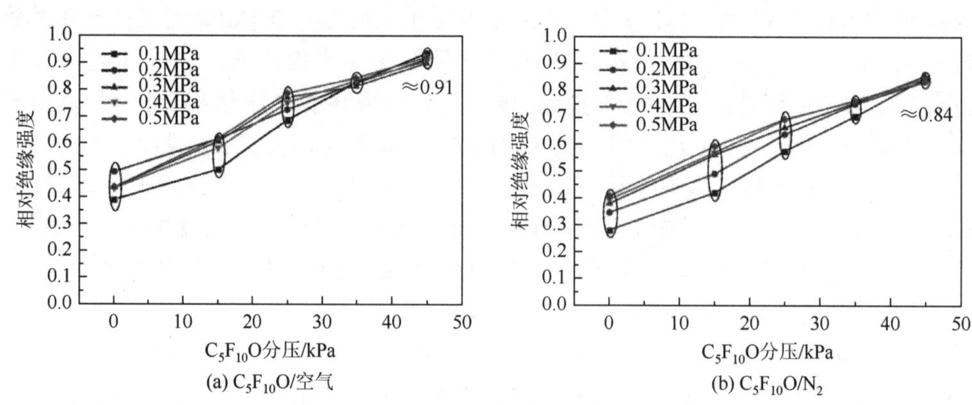

图 8.8　$C_5F_{10}O$ 混合气体与 SF_6 的相对绝缘强度

针对 10kPa $C_5F_{10}O$/100kPa N_2 混合气体开展了 50 次的工频击穿测试（电极间距为 5mm），混合气体的工频击穿电压随击穿次数的增加呈明显的降低趋势。首次击穿电压为 26.2kV，而第 50 次的击穿电压为 25.2kV，相对于首次击穿电压降低 3.82%。图 8.9 给出了击穿电压与击穿次数的拟合关系曲线，线性决定系数（R^2）为 0.5926。拟合曲线的斜率为–0.01233。可以看到随着击穿次数的增加，混合气体的工频击穿电压逐渐降低，这与 $C_5F_{10}O$ 在高能电弧下发生分解导致 $C_5F_{10}O$ 含量降低有关；另外，分解产生的气体的绝缘性能相对 $C_5F_{10}O$ 较差，最终导致混合气体的绝缘性能下降。

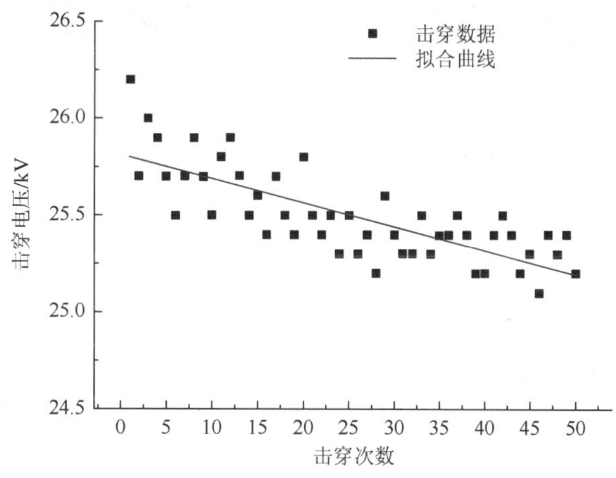

图 8.9　击穿电压随击穿次数的变化规律

另外，$C_5F_{10}O/N_2$ 混合气体在发生多次绝缘击穿以后会产生黑色固体物质，并附着在电极表面（图 8.10）。所产生的黑色固体呈不规则蓬松结构，其产生将会改变电极表面的原始光滑结构，从而使其易于在低电压下放电并进一步导致电介质击穿（图 8.11）。随着击穿次数的增加，黑色固体逐渐积累，使绝缘条件恶化。根据图 8.12 给出的 XPS 检测结果，黑色固体中 C 和 F 的总含量高于 92%。具体而言，C 1s 和 F 1s 的含量分别为 40.49% 和 51.92%。O 1s 的含量主要来自 $C_5F_{10}O$ 分子中的羰基，含量为 4.72%。N 1s 的含量仅为 1.3%，这也表明作为缓冲气体的 N_2 在化学性质上是稳定的。Cu 元素的产生则归因于试验电极是由铜材料制造的，表面的铜元素在电弧作用下会参与反应。

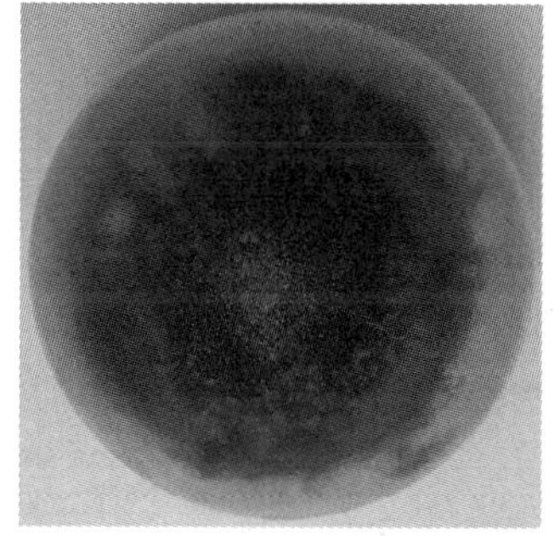

图 8.10　$C_5F_{10}O/N_2$ 混合气体击穿后电极表面析出的黑色固体物质

图 8.11　$C_5F_{10}O$ 放电时产生的固体分解产物

图 8.12 中 C 1s 的 XPS 谱图显示在结合能分别为 284.76eV、286.00eV、287.31eV 和 291.97eV 时的特征官能团分别是 C、COO、C═O 和 CF_2，表明大多数含 C 物质以含 O 或 F 的化合物形式存在。F 1s 的高分辨率 XPS 谱图显示其在 684.01eV 和 688.88eV 存在特征峰，分别对应 CuF_2 和 CF。O 1s 的 XPS 谱图则表明有 CuO 这一物质的存在。

整体上，$C_5F_{10}O$ 混合气体的绝缘强度随气压和混合气体中 $C_5F_{10}O$ 含量的增加呈增长趋势，但相同气压条件下 $C_5F_{10}O$ 混合气体的绝缘强度仍低于 SF_6，需要进一步提高 $C_5F_{10}O$ 混合气体的气压使其达到低气压下 SF_6 的绝缘水平。$C_5F_{10}O$ 混合气体在多次击穿后存在固体分解产物析出的问题。

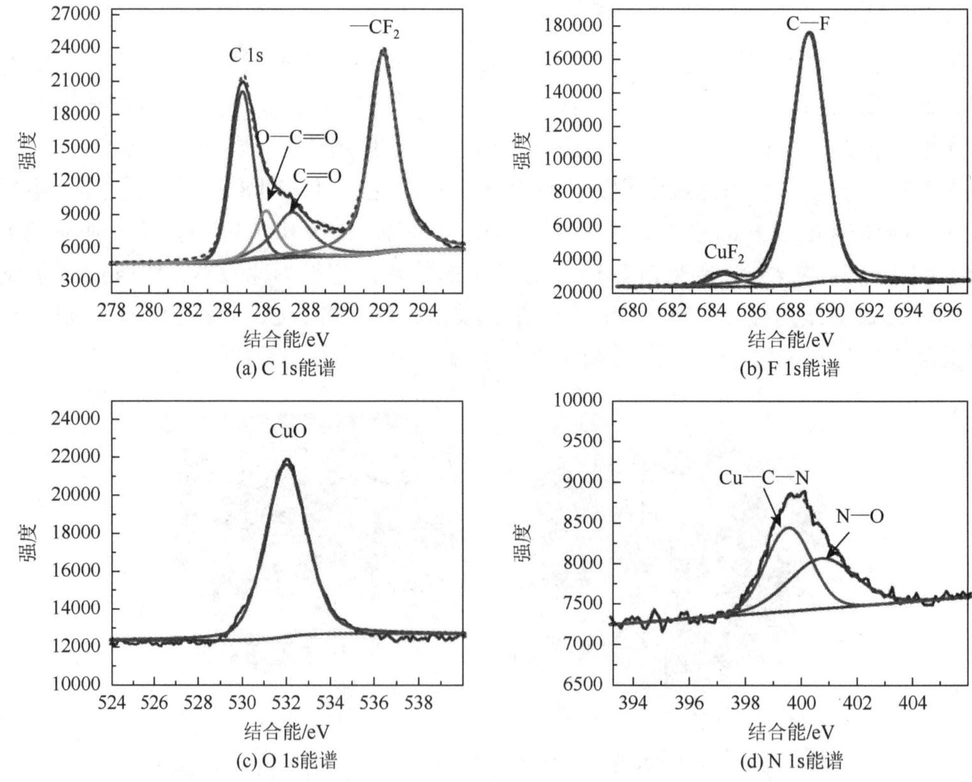

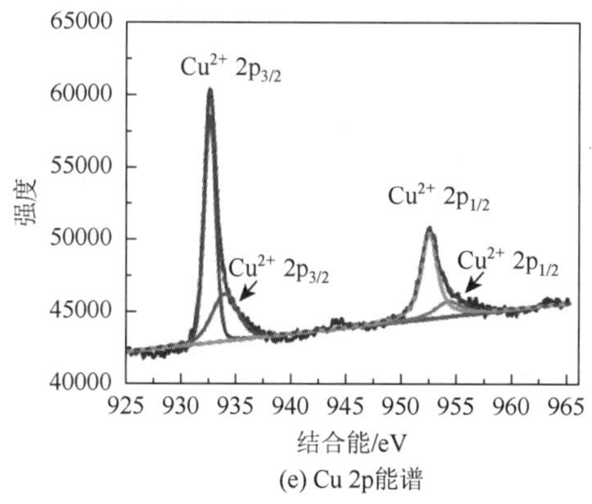

(e) Cu 2p能谱

图 8.12　$C_5F_{10}O$ 放电时产生的固体分解产物 XPS 表征结果

2. 氧气对 $C_5F_{10}O/N_2$ 工频击穿特性的影响

为解决 $C_5F_{10}O$ 混合气体在电弧作用下会产生黑色固体分解产物的问题，改善 $C_5F_{10}O$ 混合气体的绝缘复原特性，考虑加入氧气（O_2）作为第二种缓冲气体。对气压为 0.14MPa，含有体积分数 7.5% $C_5F_{10}O$ 的 $C_5F_{10}O/N_2$ 混合气体加入 0%、4%、8%、12%、16%和 20%的 O_2，并探究了其工频击穿特性（球-球电极，2mm 间距）。图 8.13 给出了不同氧气含量（体积分数）下 $C_5F_{10}O/N_2$ 混合气体的工频击穿电压，可以看到添加氧气后 $C_5F_{10}O/N_2$ 混合气体的击穿电压略有增加。

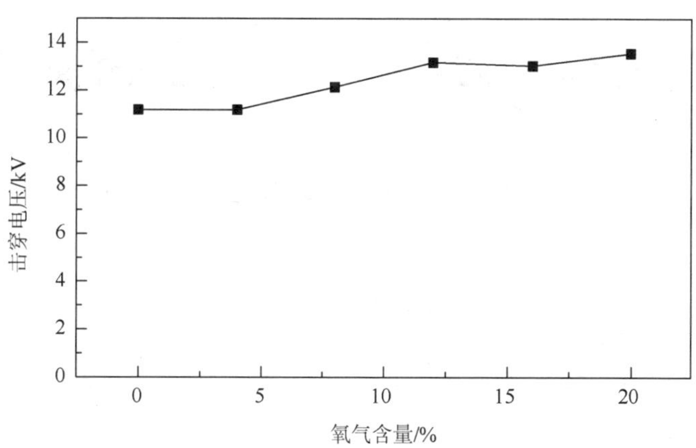

图 8.13　氧气含量对 $C_5F_{10}O/N_2$ 混合气体工频击穿电压的影响

对含有不同氧气量的 $C_5F_{10}O/N_2$ 混合气体 100 次击穿电压与击穿次数的关系进行线性拟合。根据图 8.14 和表 8.4，未加入 O_2 时 $C_5F_{10}O/N_2$ 混合气体的工频击穿电压随着击穿次数的增加呈下降趋势。加入氧气后，混合气体的击穿电压变得更为分散，但击穿电压随击穿次数的下降趋势不再明显，且电极表面黑色固体物质析出量明显降低（图 8.15）。

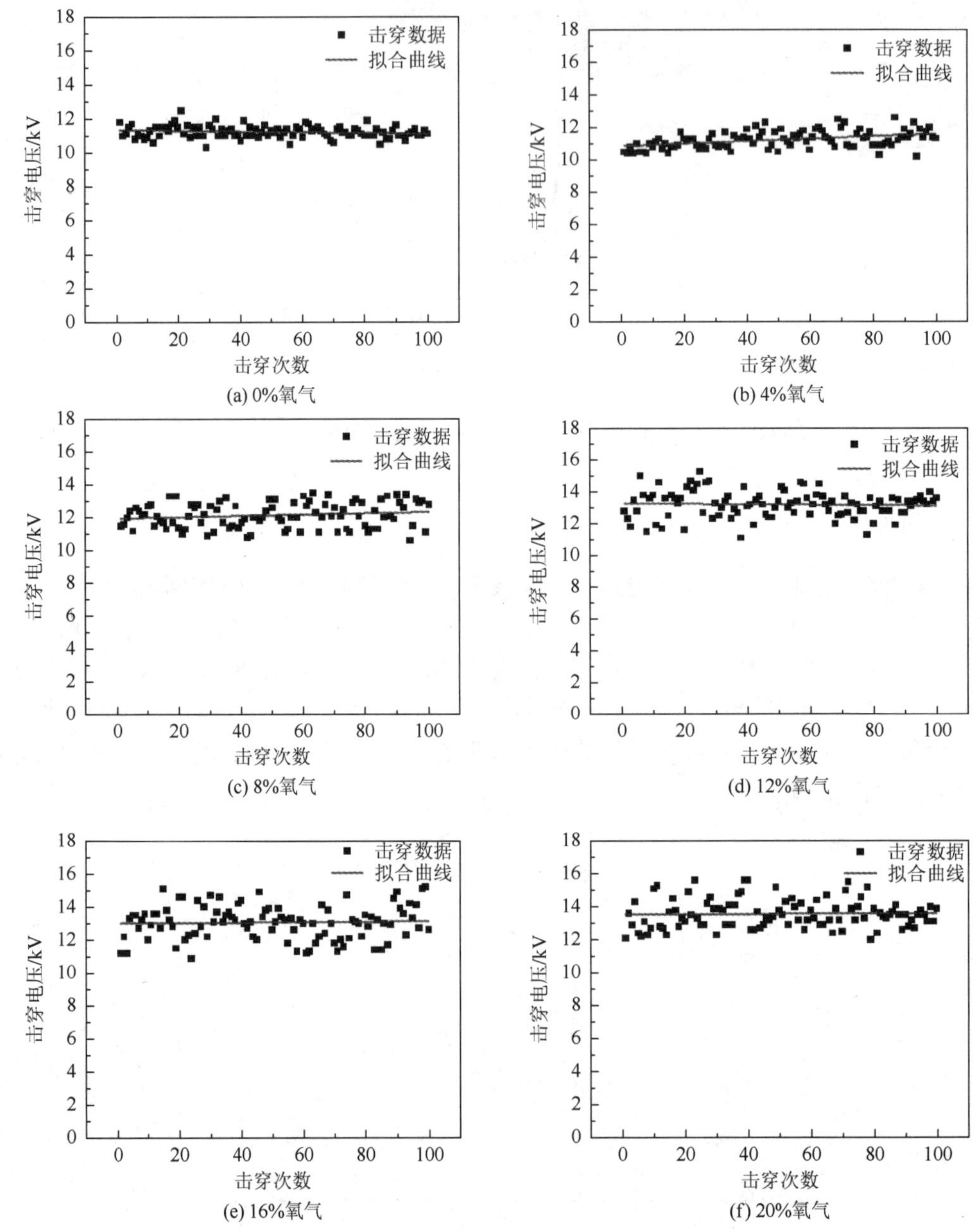

图 8.14　氧气含量对 $C_5F_{10}O/N_2$ 混合气体击穿复原特性的影响

表 8.4　击穿电压的拟合曲线参数

试验组别	O_2 含量/%	截距	斜率	R^2
1	0	11.32	−0.0021	0.030
2	4	10.85	0.0075	0.17
3	8	11.95	0.0038	0.021
4	12	13.28	−0.0017	0.0033
5	16	12.99	0.0012	0.0011
6	20	13.53	0.0067	0.00049

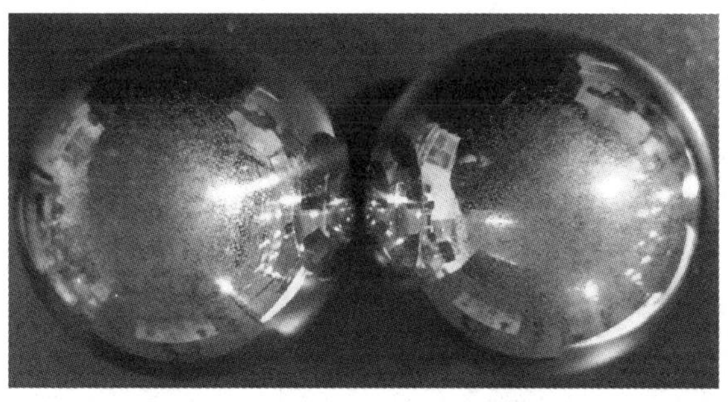

图 8.15　加入 10%氧气后 $C_5F_{10}O/N_2$ 混合气体多次击穿后的电极表面

气体绝缘介质在放电击穿过程中形成的放电通道会有一定程度的随机性，其最直观的外在表现便是气体的击穿电压会呈现出一定程度的分散性。考虑到标准差可以反映出一组数据的离散程度，使用标准差的大小来代表 $C_5F_{10}O/N_2$ 混合气体的击穿电压分散性。标准差的计算公式为

$$\sigma = \sqrt{\frac{1}{N-1}\sum_{i=1}^{N}(x_i - \overline{x})^2}$$

式中，N 为样本数，本试验中取为 100；x_i 为第 i 次数值，本试验中为第 i 次击穿电压大小；$\overline{x}$ 为所有数据的平均值，本试验中为各组 100 次击穿电压的平均值。根据上述公式得到各组试验击穿电压的标准差 σ 随氧气体积分数的变化情况，如图 8.16 所示。

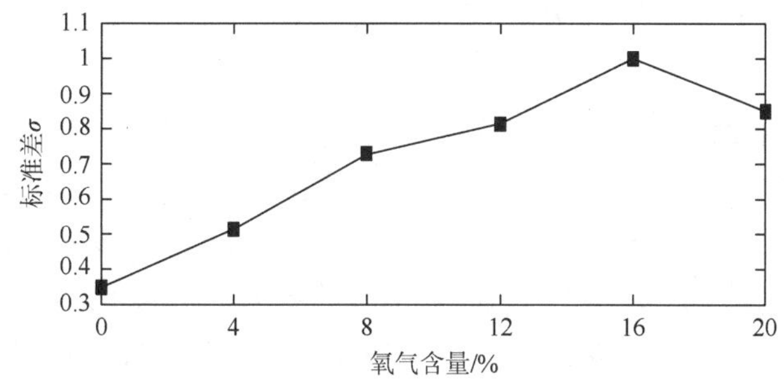

图 8.16　不同氧气含量下 $C_5F_{10}O/N_2$ 混合气体击穿电压的标准差

可以看出，不含 O_2 的 $C_5F_{10}O/N_2$ 混合气体的工频击穿电压的标准差最小，即击穿电压的分散性最小，而加入 O_2 后击穿电压的标准差总体呈上升趋势。这是因为，击穿电压分散性的本质是放电通道形成的随机性，而 O_2 的存在会促进 $C_5F_{10}O$ 的放电分解，使得放电通道的产生变得更加不固定（随机程度更大），宏观上就表现为击穿电压的分散性更大。

整体上，通过在 $C_5F_{10}O/N_2$ 混合气体中加入 O_2 可以有效抑制 $C_5F_{10}O/N_2$ 混合气体击穿时产生固体分解产物的问题，同时加入 O_2 后可以小幅度提高 $C_5F_{10}O/N_2$ 混合气体的击穿电压，但击穿电压的分散性有所增加。

3. 氧气对 $C_5F_{10}O/CO_2$ 工频击穿特性的影响

为研究加入氧气作为第二种缓冲气体后 $C_5F_{10}O$ 混合气体的绝缘复原特性，对气

压为 0.14MPa，含有体积分数 7.5% $C_5F_{10}O$ 的 $C_5F_{10}O/CO_2$ 混合气体加入 0%、2%、4%、6%和 8%的 O_2，并探究了其工频击穿特性（球-球电极，2mm 间距）。图 8.17 给出了不同氧气含量下 $C_5F_{10}O/CO_2$ 混合气体的工频击穿电压，可以看到氧气含量（体积分数）在 0%～8%变化时，随氧气含量的升高，$C_5F_{10}O/CO_2$ 混合气体的击穿电压平均值呈现先减小后增大的规律，表明在氧气含量较低时，$C_5F_{10}O/CO_2$ 混合气体的绝缘性能略微降低，随氧气浓度升高，混合气体的绝缘特性得到改善，击穿电压幅值升高[7]。

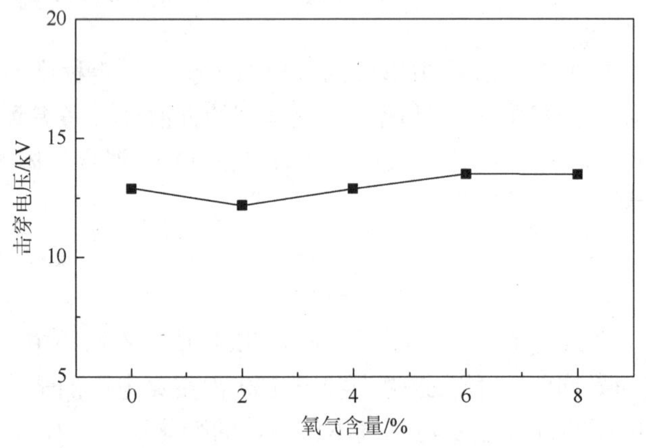

图 8.17　氧气含量对 $C_5F_{10}O/CO_2$ 混合气体工频击穿电压的影响

对含有不同氧气量的 $C_5F_{10}O/CO_2$ 混合气体 100 次击穿电压与击穿次数的关系进行线性拟合。根据图 8.18 和表 8.5，添加氧气作为第二种缓冲气体对 $C_5F_{10}O/CO_2$ 混合气体的击穿电压幅值影响不大。随着击穿次数的增加，混合气体的击穿电压呈现下降的趋势。需要特别指出的是虽然氧气浓度为 6%时，拟合曲线的斜率为正，但可以从图 8.18（d）中看出，出现这种趋势的原因是少量偏离平均值较大的数值对拟合曲线产生的影响，击穿电压值并没有上升的趋势。

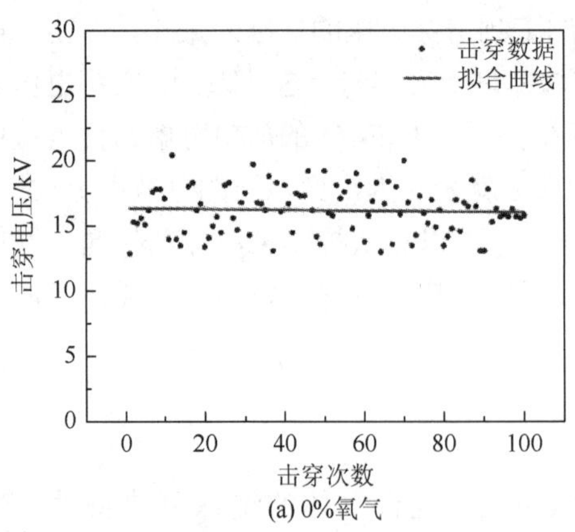

(a) 0%氧气

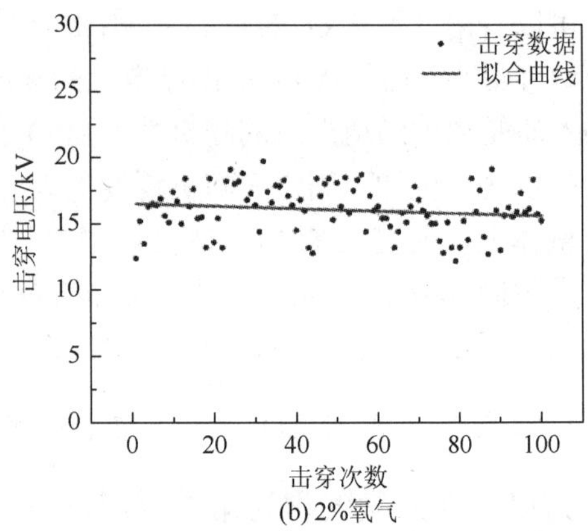

(b) 2%氧气

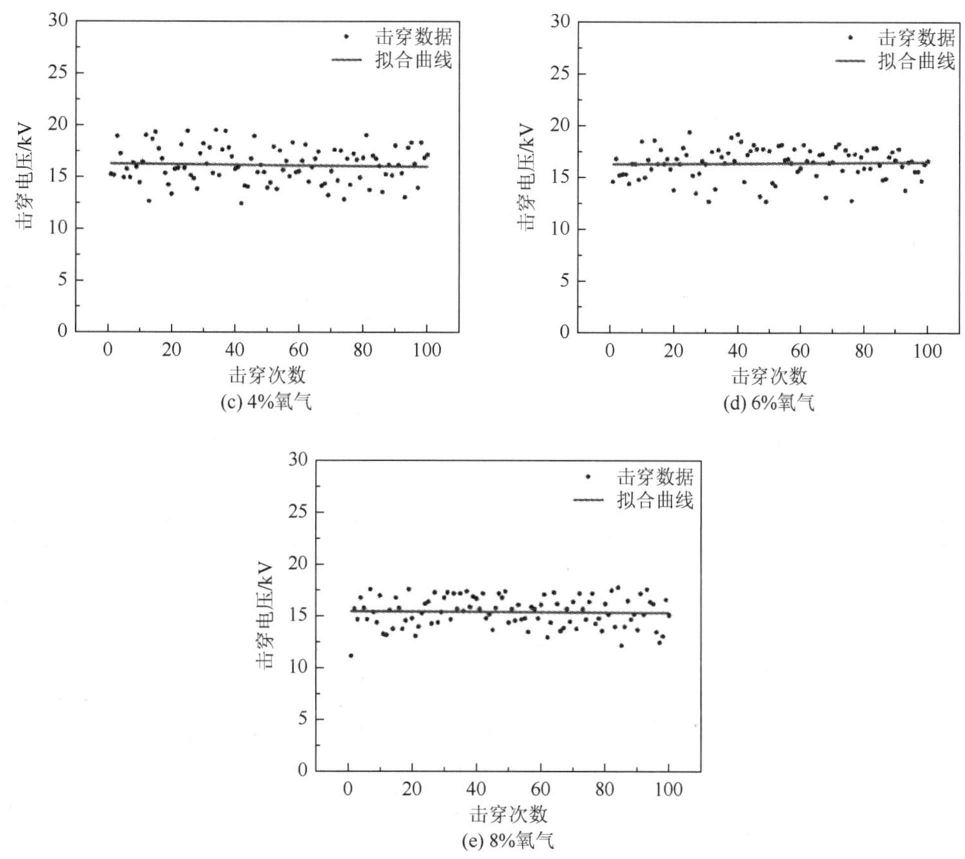

图 8.18　氧气含量对 $C_5F_{10}O/CO_2$ 混合气体击穿复原特性的影响

表 8.5　不同气体的击穿电压拟合参数

气体类型	斜率	标准差
$C_5F_{10}O/CO_2$	−0.0026	1.847
$C_5F_{10}O/CO_2$/2% O_2	−0.0091	1.779
$C_5F_{10}O/CO_2$/4% O_2	−0.0031	1.712
$C_5F_{10}O/CO_2$/6% O_2	0.0020	1.496
$C_5F_{10}O/CO_2$/8% O_2	−0.0013	1.618

氧气含量对 $C_5F_{10}O/CO_2$ 混合气体击穿电压的标准差的影响如图 8.19 所示。可以看出不含氧气的 $C_5F_{10}O/CO_2$ 混合气体击穿电压的标准差数值最大，即 $C_5F_{10}O/CO_2$ 混合气体的击穿电压的分散性最高，分散性过大对于气体的绝缘是不利的，可能导致在某些极端情况下气体电介质在电压很低时就发生绝缘击穿，造成设备停运。$C_5F_{10}O/CO_2$ 混合气体中加入氧气可以使混合气体击穿电压的标准差数值减小，随氧气含量的增加，$C_5F_{10}O/CO_2$ 混合气体击穿电压的标准差呈现先减小后增大的趋势，在氧气含量为 6%时最小。这表明在 $C_5F_{10}O/CO_2$ 混合气体中加入适量的氧气可以降低混合气体的分散性，提高混合气体的绝缘稳定性。

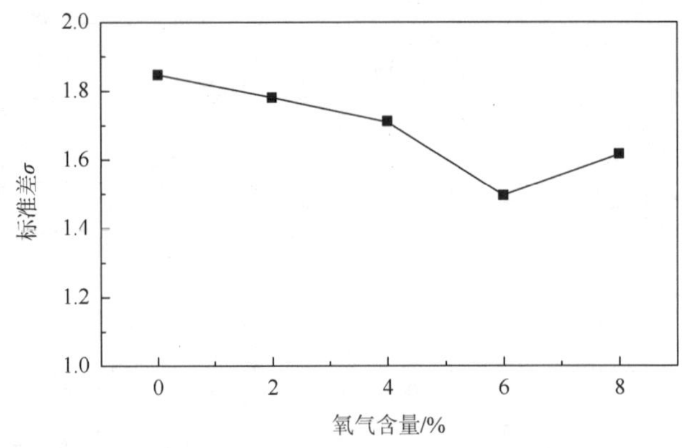

图 8.19　不同氧气含量下 $C_5F_{10}O/CO_2$ 混合气体击穿电压的标准差

综上，可以看出氧气对 $C_5F_{10}O/N_2$ 混合气体和 $C_5F_{10}O/CO_2$ 混合气体击穿特性的影响规律不同，加入氧气后 $C_5F_{10}O/N_2$ 混合气体的击穿电压有略微升高，而击穿电压的分散性变大；而加入氧气后 $C_5F_{10}O/CO_2$ 混合气体的击穿电压呈现先下降后上升的规律，击穿电压的分散性变小。两种三元混合气体最大的区别在于缓冲气体的不同（总气压相同，$C_5F_{10}O$ 气体浓度相同），由于混合气体中缓冲气体成分（N_2 和 CO_2）含量较大，纯 N_2 击穿电压的分散性较小，而纯 CO_2 击穿电压的分散性很大，造成了混合气体的击穿特性不同，因此，缓冲气体对混合气体整体绝缘特性的影响不能忽略。

8.2.2　$C_6F_{12}O$ 混合气体

1. 工频击穿特性

针对 $C_6F_{12}O/CO_2$ 混合气体，在不同的充气压力和混合比下测试了三种电场不均匀度（分别用球-球电极、棒-板电极和针-板电极模拟准均匀电场、稍不均匀电场和极不均匀电场）情况下混合气体的工频击穿电压。

根据图 8.20 给出的测试结果，可以看到三种电场条件下，$C_6F_{12}O$ 加入 CO_2 均明显提高了其击穿电压值[8]。对于特定混合比的气体，随着气压的升高，击穿电压呈现不同程度的升高，在球-球电极下的增长率明显高于其他两种电极。在相同的气压值下，随着 $C_6F_{12}O$ 混合比的增加，击穿电压值呈现不同程度的增加，在球-球电极下增长趋势尤为明显。在不均匀电场下，增加混合比可以增加气体的击穿电压，并且 4%混合气体呈现明显的绝缘优势，继续增加混合比，增长率反而减小，即在不均匀场下，6%混合气体的击穿电压相对于 4%混合气体增加不多。

三种电场环境下，混合气体击穿电压与 CO_2 击穿电压的比值如表 8.6 所示，可以看到混合气体与纯 CO_2 击穿电压的比值均随着混合比的增加而增加。在球-球电极和棒-板电极下，混合气体的击穿电压随着气压的升高而减小，但是针-板电极下无明显的规律。击穿电压的比值最大值出现在针-板电极下的 6%混合气体，为 1.796，最小值出现在球-球电极下 2%混合气体，为 1.121。通过对比不同电极下的击穿电压比值发现，针-板电极下的比值明显大于其他两种电极，说明相比于 CO_2，混合气体在极不均匀电场下不容易发生击穿（混合气体在极不均匀电场的耐受特性更为优异）。进一步分析击穿电压与电场均匀度的关系，以揭示 $C_6F_{12}O/CO_2$ 混合气体对电场不均匀程度的敏感性。在不同混合比下击穿电压与电场均匀度的关系如图 8.21 所示。

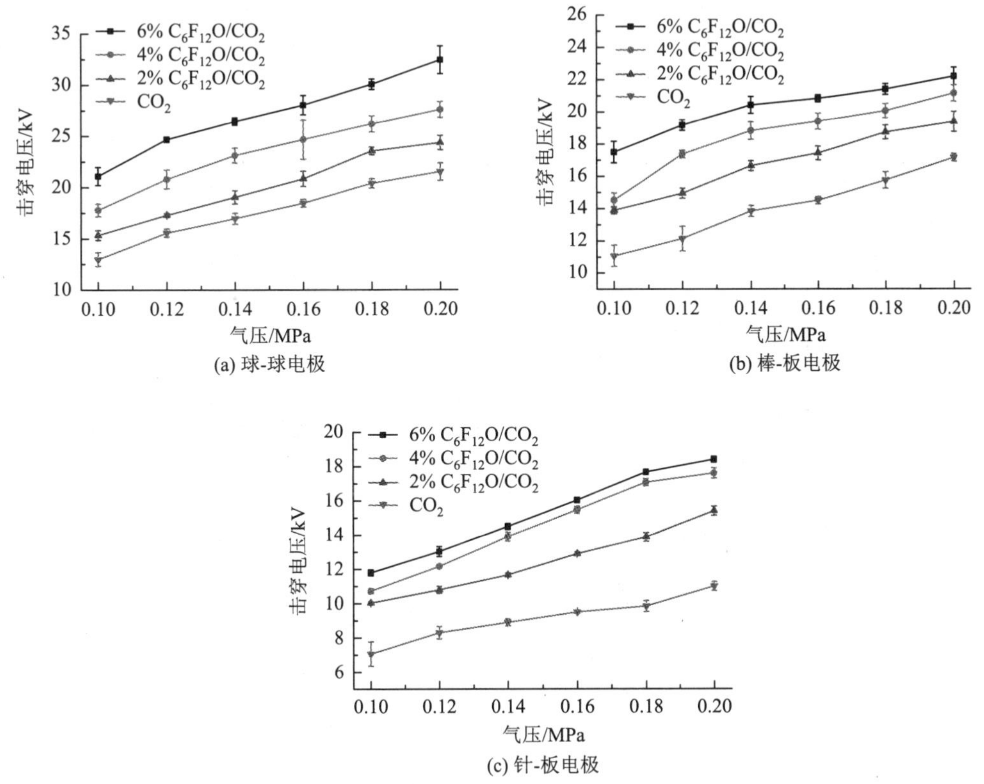

图 8.20　$C_6F_{12}O/CO_2$ 混合气体的击穿电压

表 8.6　混合气体击穿电压与 CO_2 击穿电压的比值

电极	气压/MPa	击穿电压比值		
		$k=6\%$	$k=4\%$	$k=2\%$
球-球	0.10	1.623	1.369	1.181
	0.12	1.584	1.335	1.121
	0.14	1.558	1.362	1.122
	0.16	1.518	1.336	1.129
	0.18	1.474	1.284	1.154
	0.20	1.508	1.282	1.131
棒-板	0.10	1.580	1.311	1.255
	0.12	1.578	1.430	1.230
	0.14	1.475	1.359	1.202
	0.16	1.436	1.338	1.202
	0.18	1.359	1.273	1.189
	0.20	1.294	1.233	1.130

续表

电极	气压/MPa	击穿电压比值		
		$k=6\%$	$k=4\%$	$k=2\%$
针-板	0.10	1.670	1.519	1.420
	0.12	1.570	1.466	1.301
	0.14	1.629	1.562	1.311
	0.16	1.688	1.628	1.358
	0.18	1.796	1.736	1.4108
	0.20	1.673	1.60	1.400

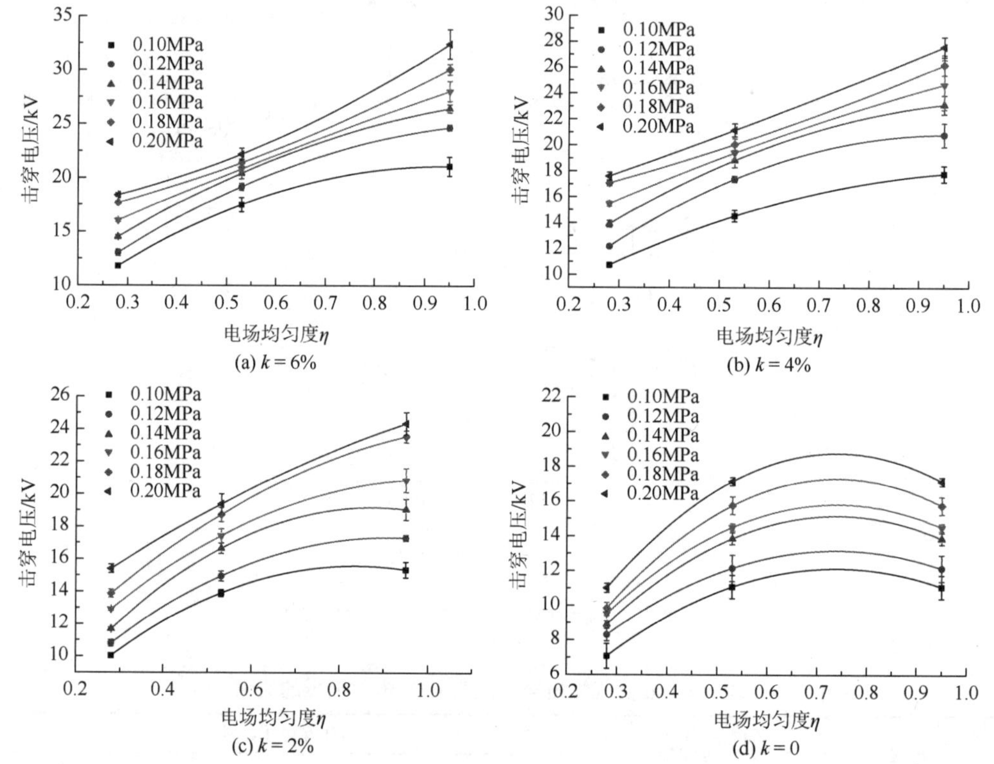

图 8.21　不同 $C_6F_{12}O$ 混合比下击穿电压与电场均匀度的关系

对于 CO_2 气体，随着电场均匀度的增加，工频击穿电压出现先增长然后趋于饱和的趋势，即 CO_2 在极不均匀电场下的击穿电压远远低于准均匀电场下的击穿电压。与 CO_2 略不相同，$C_6F_{12}O$ 的加入使得混合气体的这种特征减弱，随着混合比的增加，击穿电压与电场均匀度逐渐呈现线性关系，尤其在较高气压情况下线性关系更加明显。当混合比大于 4%且气压大于 0.14MPa 时，$C_6F_{12}O$ 混合气体的击穿电压基本与电场均匀度呈现线性关系，6%混合气体在 0.2MPa 时甚至出现了随着电场均匀度增加，击穿电压的增长率逐渐增加的趋势。

气压在 0.14MPa 下电场均匀度（η）与击穿电压的关系如图 8.22 所示。击穿电压随着 η 的增加逐渐增大，但是增长率是逐渐减小的，并逐渐趋于饱和。四种配比下，电场均匀度与击穿电压值呈现二次函数关系。含 $C_6F_{12}O$ 6%混合气体的击穿电压增长率明显高于其他三种气体，这表明混合气体对不均匀场的敏感度随着混合比增加而增大。该结论与前文中的结论是一致的，即在不均匀场下相比于 4%混合气体，6%混合气体的击穿电压没有明显的增加。在电气设备中，电场主要为均匀场和稍不均匀场，因此即使极不均匀场中混合气体的优势不明显，也不会影响其在设备中的正常使用。

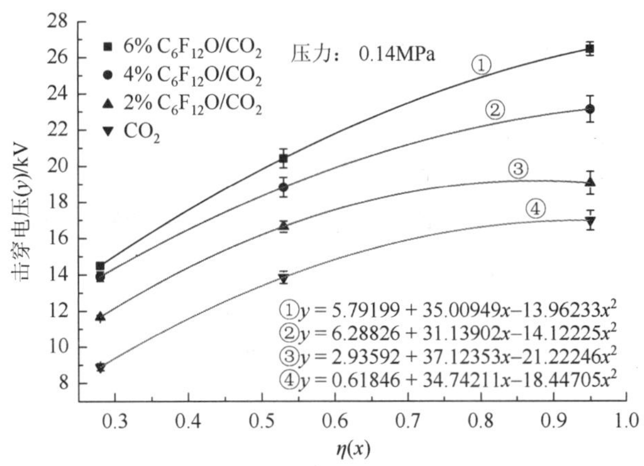

图 8.22　击穿电压与电场均匀度的关系

2. 局部放电特性

1）局部放电的发展过程

以 0.2MPa 下 6% $C_6F_{12}O$/94% CO_2 混合气体测量过程为例，其局部放电特征信号如图 8.23 所示[9]。首先电压从 0kV 开始升高，电压升高至 14.7kV（负半周局部放电起始电压，PDIV–）时，局部放电信号先在负半周出现，此时测得的脉冲信号最大幅值约为 5mV。继续升高电压至 22.8kV（正半周局部放电起始电压，PDIV+），正半周出现放电信号，幅值约为 6mV，而此时正负半周放电信号同时存在。升高电压至 30kV，此时正负半周均出现较为强烈的局部放电信号，放电重复率也明显增加，放电脉冲的最大幅值约为 18mV。在此电压基础上开始降低施加的电压值至 18.5kV（正半周局部放电熄灭电压，PDEV+），正半周的局部放电信号先消失，负半周局部放电信号也减弱。继续降低电压，负半周的局部放电信号消失，直至电压为 12.8kV（负半周局部放电熄灭电压，PDEV–），放电信号彻底消失。

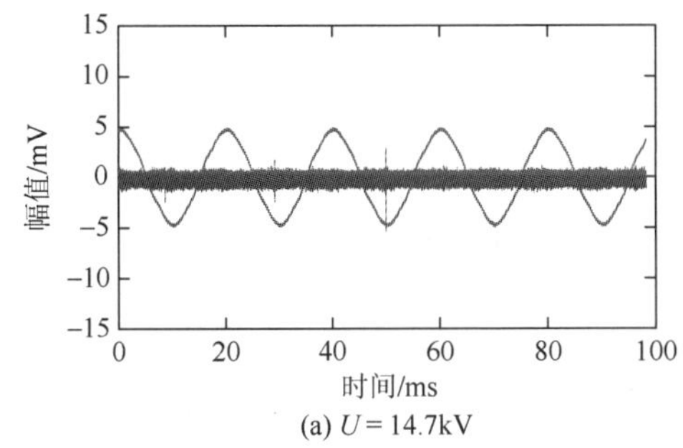

(a) $U = 14.7$kV

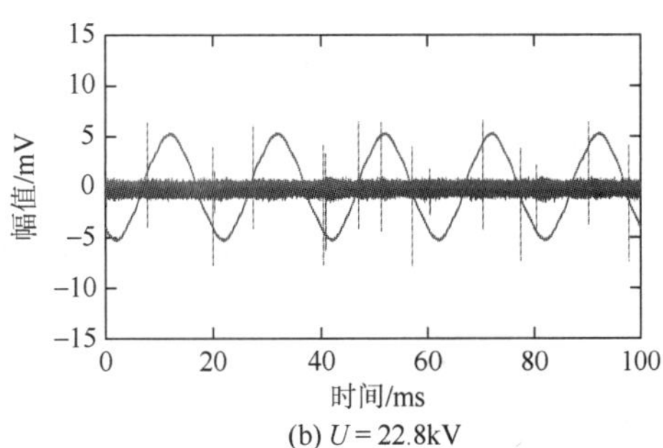

(b) $U = 22.8$kV

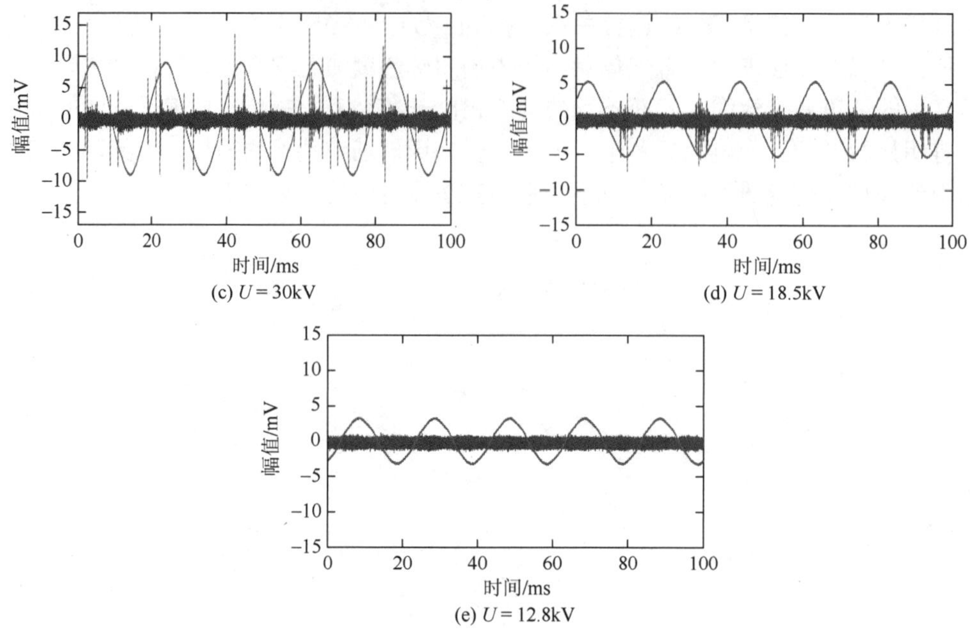

图 8.23　局部放电的发展过程示意图

图 8.24 给出了 6% $C_6F_{12}O$/94% CO_2 混合气体在 0.10～0.20MPa 下的 PDIV 和 PDEV。由图可见，电压极性相同时 PDIV 高于 PDEV，差值在 2kV 以内。正半周放电电压明显高于负半周放电电压，在相同气压下 PDIV+ 大于 PDIV−，PDEV+ 大于 PDEV−。在相同条件下局部放电电压由大到小依次为 PDIV+ 、PDEV+ 、PDIV−、PDEV−。

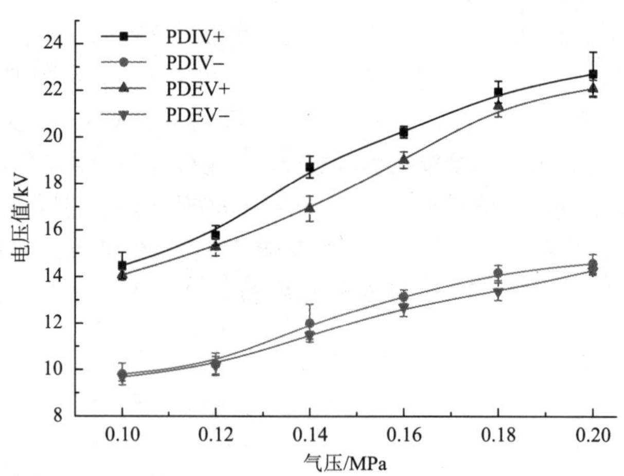

图 8.24　6% $C_6F_{12}O$/94% CO_2 混合气体的局部放电电压

2）局部放电起始电压

图 8.25 给出了不同混合比 $C_6F_{12}O/CO_2$ 混合气体的 PDIV 随气压的变化情况。纯 CO_2

的 PDIV 与击穿电压非常接近（差值小于 1kV），其在 0.2MPa 下的击穿电压为 14.2kV，远小于含 2% $C_6F_{12}O$ 混合气体（约为 37.5kV）。

在相同条件下，$C_6F_{12}O/CO_2$ 混合气体的 PDIV−远小于 PDIV+，两者的差值在 4kV 以上，并且差值随着气压的升高逐渐增大。随着气压升高，PDIV−和 PDIV+均出现了明显的上升。随着 $C_6F_{12}O$ 混合比的升高，局部放电起始电压也在逐渐升高，但是随着混合比的增大，增长率逐渐减小。当气压小于 0.14MPa 时，混合比的改变对 PDIV 的影响并不大，三种混合比的电压值非常接近，因此在较低气压下，提高混合比并不会使混合气体的局部放电特性产生明显的提升。

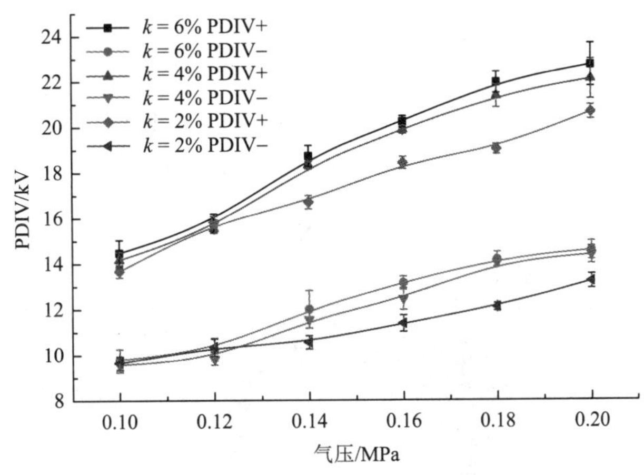

图 8.25　$C_6F_{12}O/CO_2$ 混合气体的 PDIV

3）局部放电熄灭电压

试验测量的不同条件下混合气体的 PDEV 的变化规律与 PDIV 相差不大。不同混合比的混合气体随气压升高的 PDEV 变化情况如图 8.26 所示。相同条件下，PDEV−远小于 PDEV+。随着气压升高，PDEV−和 PDEV+均出现了明显的上升。正极性时，PDEV 在

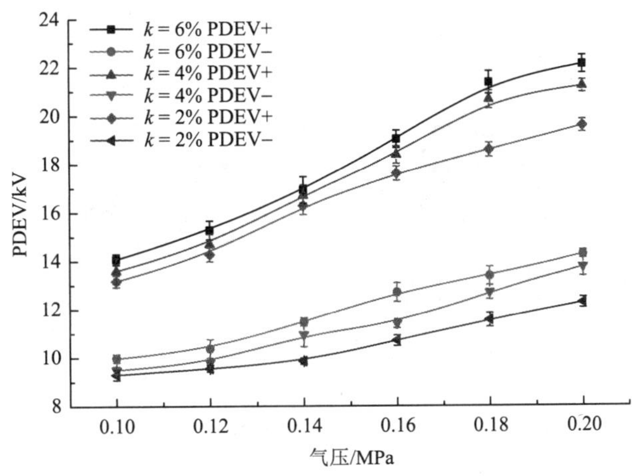

图 8.26　$C_6F_{12}O/CO_2$ 混合气体的 PDEV

气压大于 0.16MPa 时增长率呈现下降的趋势，在混合比为 6%和 4%时更为明显；而负极性时，PDEV 随着气压的升高几乎呈现线性增长。相对于 PDIV，PDEV 随混合比的增加几乎呈现线性增长，受气压的影响不大。

8.3 分解特性

8.3.1 $C_5F_{10}O$ 混合气体分解特性

1. 放电分解特性

1）$C_5F_{10}O$ 分子结构特性

由于气体绝缘介质化学性质上的稳定性本质上是由分子的微观结构特性所决定的，因此对 $C_5F_{10}O$ 分子结构特性的分析能够从一定层面上揭示其分解机理。图 8.27 给出了基于密度泛函理论计算得到的 $C_5F_{10}O$ 分子的分子结构参数（键长、键角[10]）。

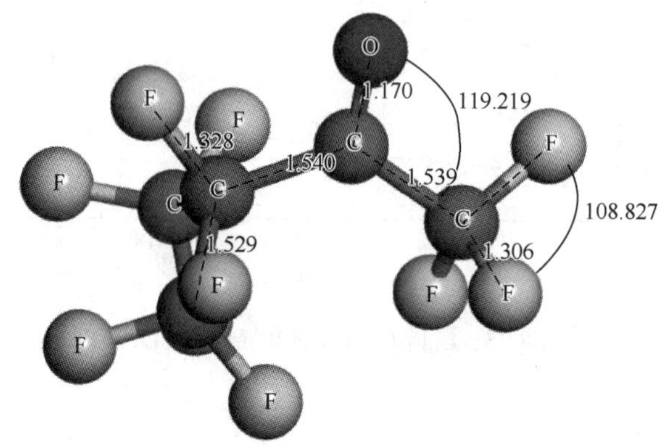

图 8.27 $C_5F_{10}O$ 分子结构参数［键长单位：Å，键角单位：(°)］

图 8.28 给出了 $C_5F_{10}O$ 分子的 HOMO、LUMO 波函数分布图，其形状反映了各原子的价电子密度分布情况，据此可以推断出对 HOMO、LUMO 贡献最大的原子或官能团，得到分子中最易发生化学反应的位置。$C_5F_{10}O$ 价电子轨道的波函数主要分布在羰基（C═O）碳原子及其相邻的碳原子上，其具有强反应活性。

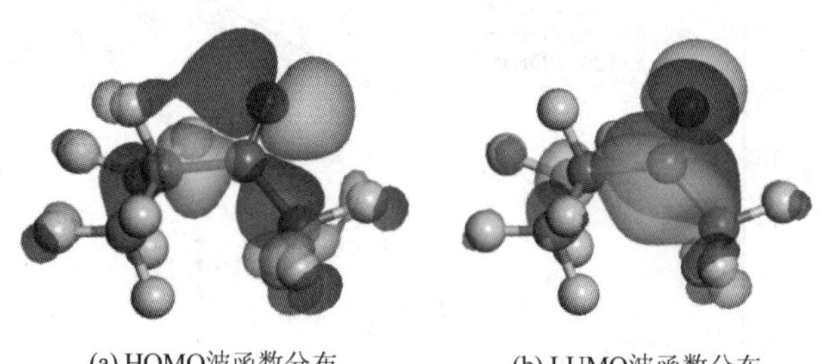

(a) HOMO波函数分布　　(b) LUMO波函数分布

图 8.28 $C_5F_{10}O$ 的 HOMO、LUMO 波函数分布图

表 8.7 给出了 $C_5F_{10}O$ 与 SF_6 分子微观理化参数的对比情况。可以看到 $C_5F_{10}O$ 的电离

能低于 SF_6，但电子亲和能高于 SF_6，即 $C_5F_{10}O$ 相对 SF_6 更易形成负离子，从而抑制放电的进一步加剧，证实了 $C_5F_{10}O$ 具有优良的电子亲和性。鉴于低温等离子体中多数电子的能量范围在 1～10eV，故 $C_5F_{10}O$ 和 SF_6 均较难电离，具有较强的绝缘性能；另外，$C_5F_{10}O$ 的分子轨道能隙值低于 SF_6，表明其分子结构稳定性弱于 SF_6。

表 8.7　$C_5F_{10}O$ 与 SF_6 分子电离能、电子亲和能及分子轨道能隙值　（单位：eV）

参数	$C_5F_{10}O$	SF_6
电离能	11.893	15.153
电子亲和能	1.020	0.438
HOMO 能级	9.145	12.322
LUMO 能级	3.050	3.322
分子轨道能隙值	6.095	8.999

2）$C_5F_{10}O$ 放电分解及复合路径

发生放电时，$C_5F_{10}O$ 气体分子在强场作用和被自由电子碰撞等情况下会发生分解，产生新的分子、离子和自由基。同时，新产生的自由基会复合形成多种产物，进而改变体系中原有的粒子组成。

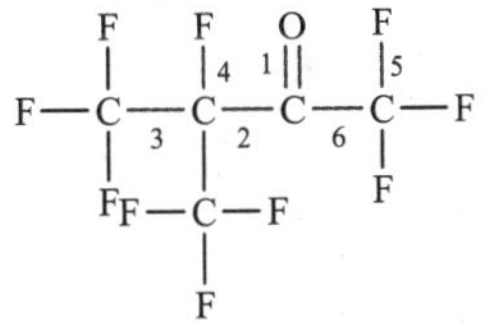

考虑 $C_5F_{10}O$ 分子自身的对称性，可以判断其可能的断键位置有 6 个（图 8.29）。电场中造成碰撞电离、解离的主要因素是电子。从前文中电离参数计算结果可知，$C_5F_{10}O$ 结构中羰基碳原子及其相邻碳原子具有较强的反应活性，在高能电场或局部过热下 $C_5F_{10}O$ 分子结构中的化学键会发生断裂，产生各类自由基粒子，进而破坏绝缘结构。结合 $C_5F_{10}O$ 的分子结构，考虑断键形成的自由基的再分解与复合过程，图 8.30 给出了 $C_5F_{10}O$ 的主要分解路径相对应的能量变化，表 8.8 给出了计算得到的各反应路径的焓值。

图 8.29　$C_5F_{10}O$ 的分解位点

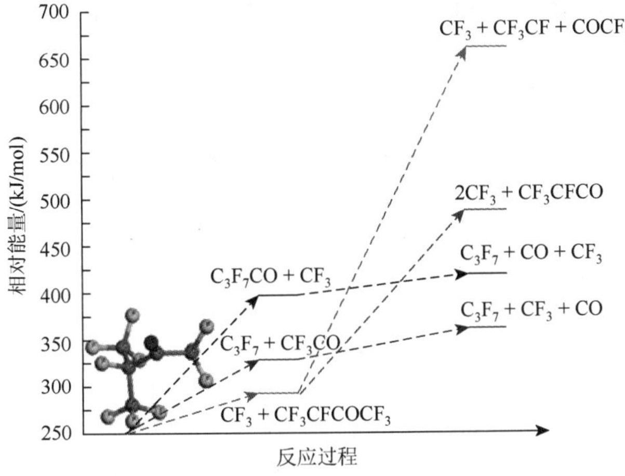

图 8.30　$C_5F_{10}O$ 的主要分解路径相对能量变化

表 8.8　$C_5F_{10}O$ 的放电分解路径

路径	反应方程式	反应焓值/(kJ/mol)
1	$(CF_3)_2CFCOCF_3 \longrightarrow C_3F_7CO + CF_3$	397.322
2	$(CF_3)_2CFCOCF_3 \longrightarrow CF_3CO + C_3F_7$	327.989
3	$(CF_3)_2CFCOCF_3 \longrightarrow CF_3 + CF_3CFCOCF_3$	293.258
4	$(CF_3)_2CFCOCF_3 \longrightarrow CF_3CO + C_3F_7^+ + e$	1123.894
5	$(CF_3)_2CFCOCF_3 \longrightarrow C_3F_7CO + CF_3^+ + e$	1166.567
6	$(CF_3)_2CFCOCF_3 \longrightarrow CF_3^+ + CF_3CFCOCF_3 + e$	1138.189
7	$C_3F_7CO \longrightarrow C_3F_7 + CO$	21.357
8	$CF_3CO \longrightarrow CF_3 + CO$	33.779
9	$CF_3CFCOCF_3 \longrightarrow CF_3 + CF_3CFCO$	194.481
10	$CF_3CFCOCF_3 \longrightarrow CF_3CF + COCF_3$	367.551

分解路径 1 和 2 分别对应 $C_5F_{10}O$ 分子结构中羰基碳原子及 α 位碳原子间的 C—C 键断开形成自由基的过程，其中路径 1 所需要吸收的能量为 397.322kJ/mol，高于路径 2 的 327.989kJ/mol；路径 3 对应 $C_5F_{10}O$ 分子中羰基 β 位碳原子和与之相连的碳原子间的 C—C 键断开形成自由基的过程，需要吸收 293.258kJ/mol 的能量；路径 4～6 对应 $C_5F_{10}O$ 碰撞电离产生自由基和正离子的过程，分别需要吸收 1123.894kJ/mol、1166.567kJ/mol 和 1138.189kJ/mol 的能量，考虑到低温等离子体中大多数电子能量在 416.3～1056.2kJ/mol，因此该过程需要高能粒子的参与。

进一步地，考虑 $CF_3CFCOCF_3$、C_3F_7CO 以及 CF_3CO 进一步解离产生新自由基的过程。表 8.8 给出了具体的反应方程式及反应焓值。图 8.31 给出了 300～1000K 内 $C_5F_{10}O$ 分解路径的吉布斯自由能。除了路径 7 和 8，其他路径的吉布斯自由能均大于零，即对应的反应为不自发的。分别在 625K 和 825K 以上时，路径 7 和 8 的自由能从正变为负，反应过程从非自发变为自发。

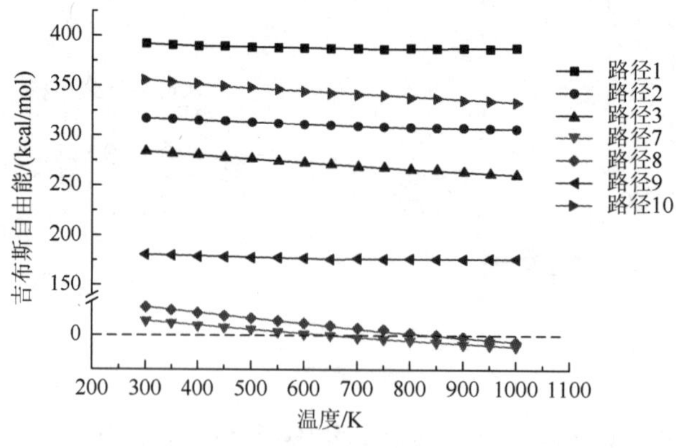

图 8.31　$C_5F_{10}O$ 分解路径中吉布斯自由能与温度的关系

由于 $C_5F_{10}O$ 分子电离或解离产生的各类自由基具有较强的反应活性，能够发生次级反应产生一系列新物质，如 CF_4、C_2F_6、C_3F_8、C_3F_6、C_4F_{10}、C_5F_{12}、C_6F_{14} 等。表 8.9 给出了上述分解产物产生路径的焓值，其中自由基复合生成 CF_4、C_2F_6、C_3F_8、C_4F_{10}、C_5F_{12} 和 C_6F_{14} 的过程均为放热反应，生成 C_3F_6 的过程为吸热反应。从热力学角度来看，CF_4、C_3F_8、C_4F_{10} 和 C_2F_6 最容易形成，C_3F_6 和 C_5F_{12} 的生成较为困难。

表 8.9　$C_5F_{10}O$ 分解产物的生成方程式及反应焓值

路径	反应方程式	反应焓值/(kJ/mol)
1	$CF_3 + F \longrightarrow CF_4$	–527.993
2	$2CF_3 \longrightarrow C_2F_6$	–370.584
3	$C_3F_7 + F \longrightarrow C_3F_8$	–464.008
4	$C_3F_7 \longrightarrow C_3F_6 + F$	230.810
5	$CF_3 + C_3F_7 \longrightarrow C_4F_{10}$	–423.638
6	$2C_3F_7 \longrightarrow C_6F_{14}$	–327.160
7	$C_3F_7 + 2CF_3 \longrightarrow C_5F_{12} + F$	–258.291
8	$C_3F_7 + H \longrightarrow C_3F_7H$	–461.13
9	$C_3F_7 + H \longrightarrow C_3F_6 + HF$	466.01

从动力学的角度来看，上述路径均为自由基复合过程，是自发发生的，没有活化能。图 8.32 给出了上述反应路径在 300～1000K 范围内的吉布斯自由能。除路径 4 以外，所有反应的自由能均为负，这意味着它们可以自发进行。整体上，分解产物形成的难易程度依次为 $CF_4 > C_2F_6 > C_3F_8 > C_4F_{10} > C_6F_{14} > C_3F_6$。

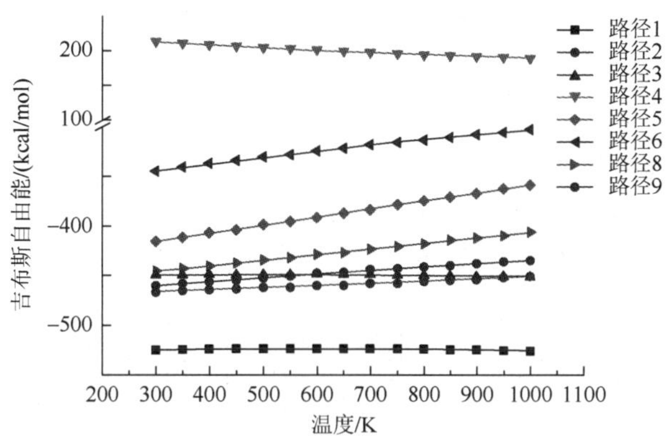

图 8.32　$C_5F_{10}O$ 分解产物产生路径的吉布斯自由能与温度的关系

从分解产物电离参数角度考虑，图 8.33 比较了 SF_6、$C_5F_{10}O$ 和在计算中获得的各种分解产物的电离能、电子亲和能和分子轨道能隙。SF_6 的电离能高于 $C_5F_{10}O$。两者的电子亲和能均为正，表明形成负离子释放出能量。当分子形成负离子时，电离能力大大降低，阻碍了流注放电的发展。$C_5F_{10}O$ 的电子亲和能高于 SF_6，这表明 $C_5F_{10}O$ 更易于吸附电子以形成负离子。实际上，$C_5F_{10}O$ 的强电子亲和性是由于其分子结构中含有羰基。羰基是具有电子吸引和共轭作用的强吸电子基团。$C_5F_{10}O$ 的分子轨道能隙低于 SF_6，表明分子稳定性较弱。CF_4、C_2F_6、C_3F_8、C_4F_{10} 和 C_6F_{14} 等分解产物的电离能超过 13eV，高于 $C_5F_{10}O$，

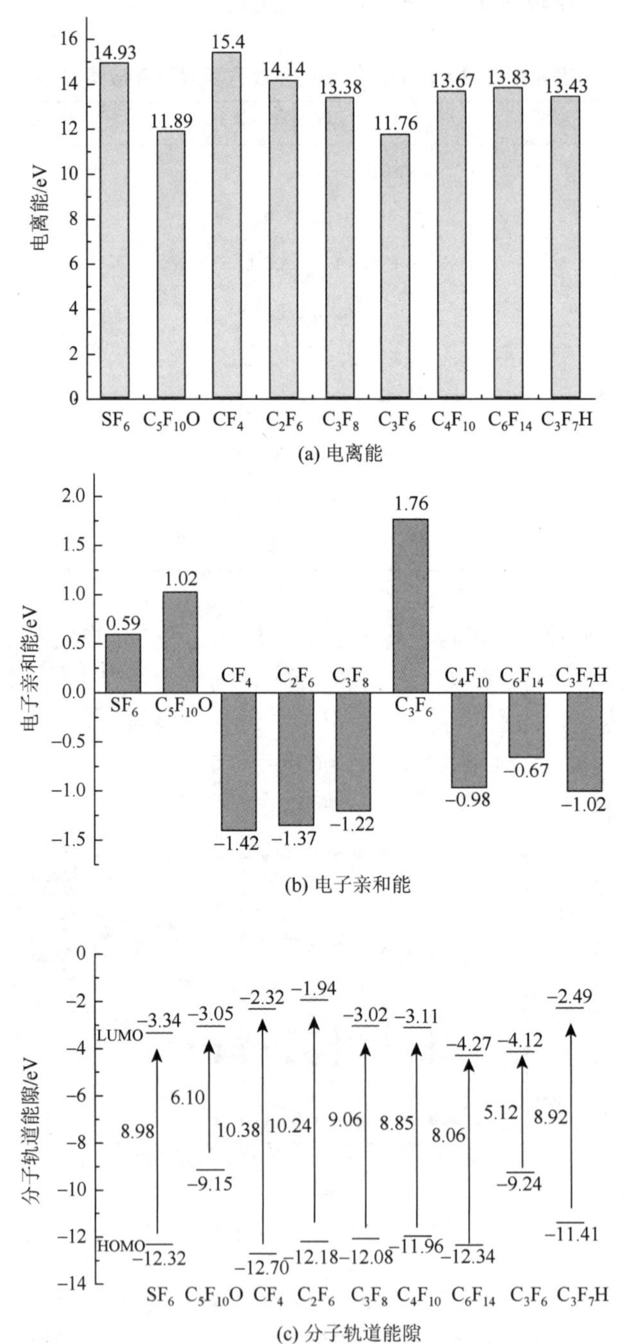

图 8.33　$C_5F_{10}O$ 分解产物的电离能、电子亲和能和分子轨道能隙

表明这些产物更难失去电子。C_3F_6 的电离能接近 $C_5F_{10}O$。CF_4、C_2F_6、C_3F_8、C_4F_{10} 和 C_6F_{14} 的电子亲和能为负，这意味着这些分子形成负离子需要吸收能量。随着碳原子数的增加，分解产物的电子亲和力和电子吸附能力逐渐提高。

除 C_3F_6 外，分解产物的分子轨道间隙值均高于 $C_5F_{10}O$，表明分解产物的分子结构稳定。实际上，随着击穿次数的增加，混合气体中 $C_5F_{10}O$ 的分解量增加，并且绝缘性能相对较弱的小分子产物（如 CF_4、C_2F_6 和 C_3F_8）的生成速率更快。这与 50 次工频击穿后 $C_5F_{10}O/N_2$ 混合气体的击穿电压下降密切相关。体系绝缘性能的降低可能导致更严重的放电，加剧 $C_5F_{10}O$ 的进一步分解。

3） $C_5F_{10}O/N_2/O_2$ 放电分解特性

图 8.34 给出了含有 0%、4%、8%、12%、16%和 20%氧气的 $C_5F_{10}O/N_2/O_2$ 混合气体（$C_5F_{10}O$ 的混合比固定为 7.5%）在 20 次和 100 次击穿后的气相色谱图。可以看到，混合气体放电分解产物主要包括 CO、CF_4、C_2F_4、C_2F_6、C_3F_6、C_3F_8、C_4F_{10} 和 C_3F_7H。在所有试验组中，CO、CF_4、C_2F_4、C_2F_6 和 C_3F_8 的含量均随着击穿次数的增加而增加，但各组分的增长规律不同，这与放电击穿瞬间 $C_5F_{10}O$ 分子及分解产物参与分解有关。C_3F_7H 中包含的 H 是由气室中的微量 H_2O 产生的[10]。

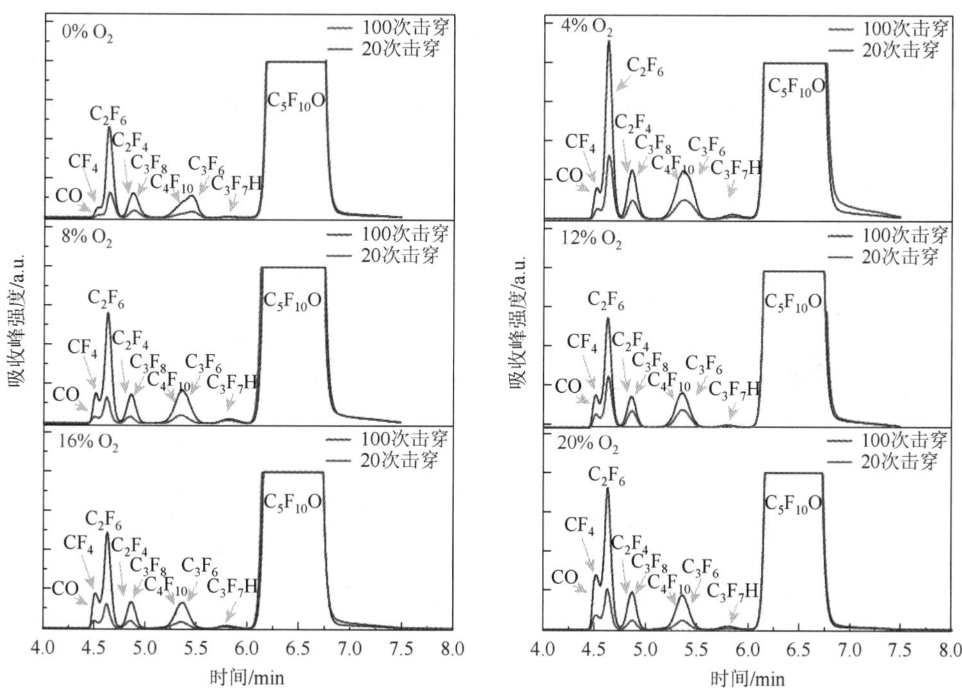

图 8.34　$C_5F_{10}O$ 放电时产生的气体分解产物定性检测结果

根据图 8.35，混合气体放电分解产生的 CO、CF_4、C_2F_4、C_2F_6、C_3F_8 和 C_3F_6 的含量随着击穿次数的增加而增加。但是随着 O_2 含量的增加，C_3F_8、C_3F_6 和 C_2F_4 的含量逐渐降低；CO 和 CF_4 的浓度随 O_2 含量的增加而增加，并且对 O_2 含量的变化较为敏感。

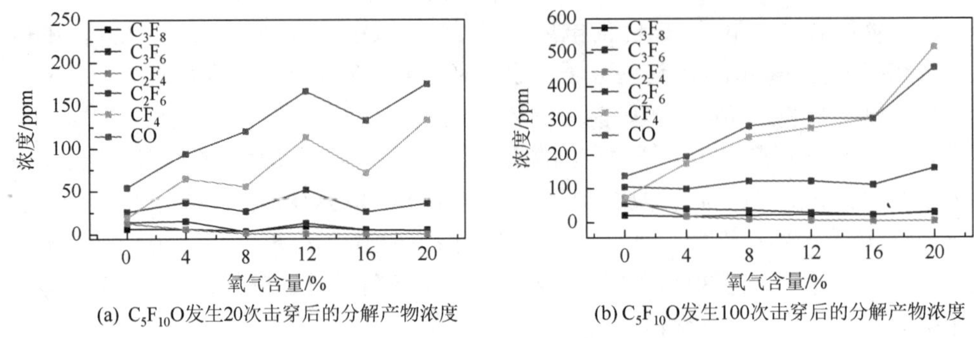

(a) $C_5F_{10}O$发生20次击穿后的分解产物浓度　(b) $C_5F_{10}O$发生100次击穿后的分解产物浓度

图 8.35　$C_5F_{10}O$ 放电时产生的气体分解产物定量检测结果

综合来看，$C_5F_{10}O/N_2$ 混合气体中添加 4%的 O_2 会抑制 C_2F_4、C_3F_8 和 C_3F_6 的形成，而且 $C_5F_{10}O$ 混合气体的绝缘击穿后产生的有毒分解产物的含量相对较低。另外，考虑 O_2 的添加可以提升 $C_5F_{10}O/N_2$ 混合气体的工频击穿电压，同时抑制混合气体击穿过程中黑色固体物质的析出。因此，工程应用中建议向 $C_5F_{10}O/N_2$ 混合气体中添加约 4%的 O_2。

4）$C_5F_{10}O/CO_2/O_2$ 放电分解特性

图 8.36 给出了含有 0%、2%、4%、6%和 8%氧气的 $C_5F_{10}O/CO_2/O_2$ 混合气体（$C_5F_{10}O$ 的混合比固定为 7.5%）在 20 次和 100 次击穿后的气相色谱图。可以看到，混合气体放电分解产物包括 CO、CF_4、COF_2、C_2F_4、C_2F_6、C_3F_6、C_3F_6O、C_3F_8、C_4F_{10}、CF_3H 和 C_3F_7H 等。其中 CO 和 CF_4 为主要分解产物，除此之外还会产生一部分 CO_2。由图 8.36 可以看

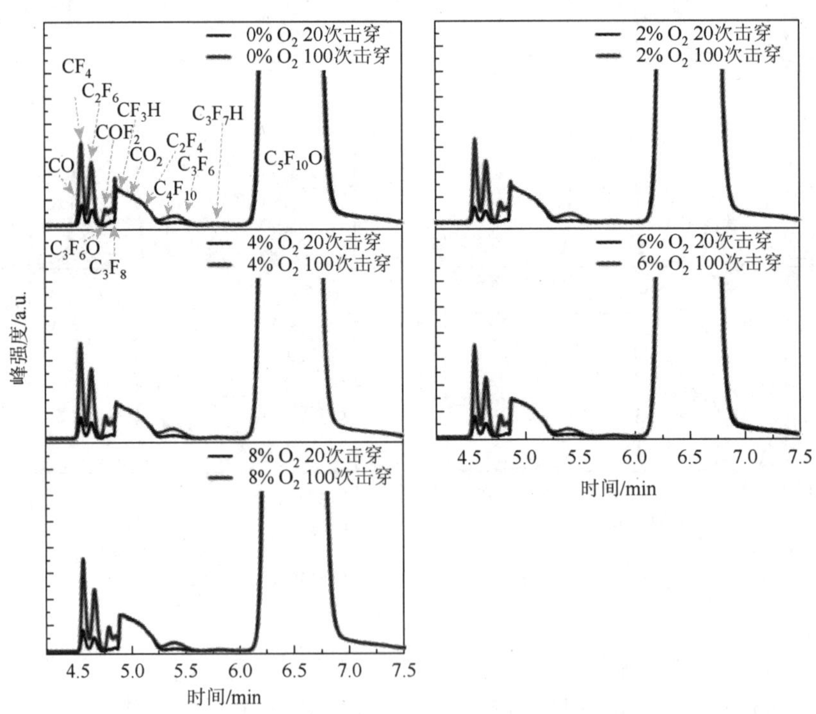

图 8.36　$C_5F_{10}O$ 放电时产生的气体分解产物定性检测结果

出随绝缘击穿次数的增加，CO、CF_4、COF_2、C_2F_6 和 C_3F_8 等分解产物含量（特征峰强度）呈现增加的趋势，其他产物变化规律具有较大的差异。这主要是由于在 $C_5F_{10}O$ 分解产生分解产物的同时部分分解产物也会在放电过程中参与反应。

2. 热分解特性

1）$C_5F_{10}O$ 混合气体过热分解机理

图 8.37 给出了 2600K 温度下 $C_5F_{10}O$/空气混合气体及其主要分解产物数量随时间的变化情况。

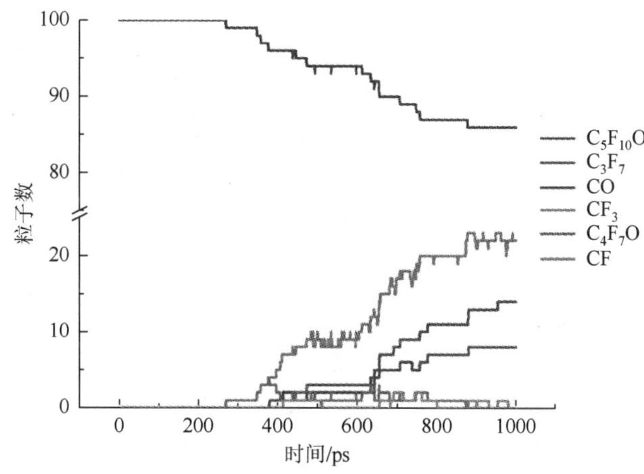

图 8.37 $C_5F_{10}O$/空气混合气体在 2600K 时的主要分解产物数量的时间分布

根据模拟结果，$C_5F_{10}O$ 热解产生的主要离子碎片和产物为 C_3F_7CO（即 C_4F_7O）、CF_3、C_3F_7、CO、CF、CF_2 和 CF_4，主要热解路径及焓值如表 8.10 所示。$C_5F_{10}O$ 通过路径 A 在 270.625ps 处开始分解，产生 C_4F_7O 和 CF_3，该反应需要吸收 78.71kcal/mol 能量。在 380ps 时，$C_5F_{10}O$ 通过反应路径 B 产生 C_3F_7 和 CO，上述过程需吸收 82.80kcal/mol 能量。C_4F_7O 在 414.375ps 时进一步解离产生 CF_3、CO 和 CF，该过程需要吸收 138.45kcal/mol。图 8.38 给出了主要热解路径的相对能量变化情况，$C_5F_{10}O$ 主要通过路径 A 和 B 解离并产生 C_4F_7O、CF_3、C_3F_7、CO 等粒子。

表 8.10 $C_5F_{10}O$/空气混合气体分解产物产生的时间和反应路径

产物	产生温度/K	生成时间/ps	反应路径	反应方程式	反应焓值/(kcal/mol)
C_4F_7O，CF_3	2600	270.625	A	$C_5F_{10}O \longrightarrow CF_3 + C_3F_7CO$	78.71
C_3F_7，CO	2600	380	B	$C_5F_{10}O \longrightarrow CF_3 + C_3F_7 + CO$	82.80
CF	2600	414.375	C	$C_4F_7O \longrightarrow 2CF_3 + CF + CO$	138.45
CF_2	2600	740	D	$CF_3 \longrightarrow CF_2 + F$	77.74
CF_4	3000	806.250	E	$CF_3 + F \longrightarrow CF_4$	−103.53

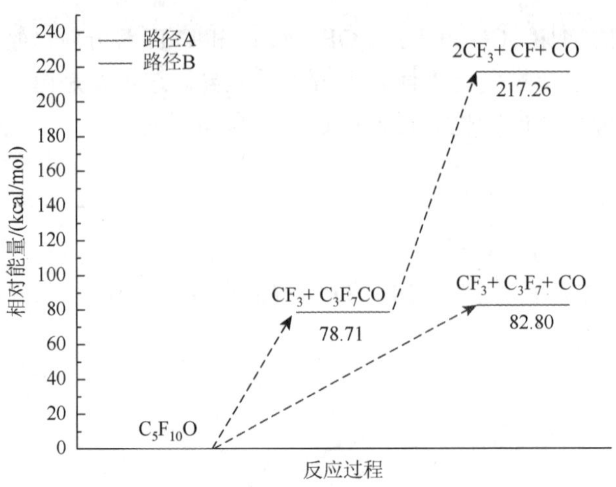

图 8.38　$C_5F_{10}O$/空气混合气体在 2600K 时的主要分解路径相对能量变化

图 8.39 给出了不同温度下分解产物的最大数量。随着温度的升高，CF_3、C_3F_7、CO、CF、CF_2、F 和 CF_4 的最大数量增加。在所有产物中，不同温度条件下 CF_3 的含量最高，其次是 CO 和 F。另外，由于空气中含有一定量的氧气，因此在模拟过程中会形成 CF_2O。$C_5F_{10}O$ 解离产生的 C_4F_7O 随反应时间延长呈不规则变化趋势，尤其是在 3000K 的温度下，反应开始时会产生大量 C_4F_7O，但该产物的含量在 100ps 后保持相对稳定的水平。这可能与在分解过程中 C_4F_7O 的生成和分解之间存在一定的动态平衡有关。在不同温度下，CF、CF_2、F 和 CF_4 的含量随反应的进行而增加，产率随温度的升高而增加。在这些产物中，F 和 CF_4 在 2800K 以上的温度下呈现快速增长的趋势。C_3F_7 的含量在 3400K 的条件下呈先升高后降低的趋势，表明高温会引起 C_3F_7 的分解。另外，在温度超过 3000K 时，$C_5F_{10}O$/空气系统中 CF_2、CF 和 CF_4 三种自由基的产率和比率开始显著增加；而在 3000K 以下时，含量较低。CF_3 的生成速率在 3200K 和 3400K 下经过 600ps 后减慢，这与 CF_3 和 F 的复合产生了大量的 CF_4 有关。

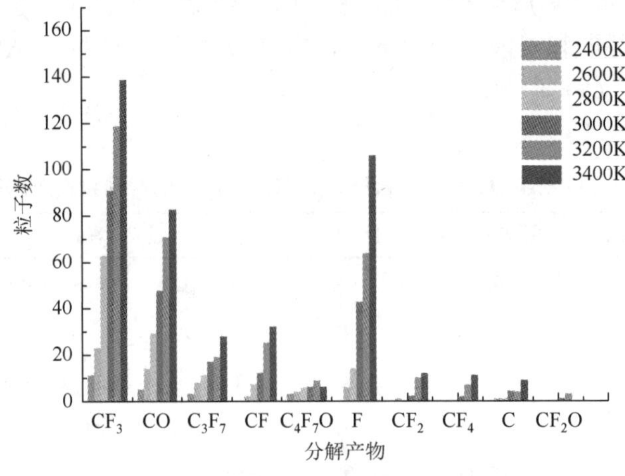

图 8.39　不同温度下分解产物产生的最大数量

为了研究空气对 $C_5F_{10}O$ 分解的影响，在 2400～3000K 下对纯 $C_5F_{10}O$ 系统进行了模拟。图 8.40 给出了在不同温度下 $C_5F_{10}O$ 和 $C_5F_{10}O$/空气混合气体的分解情况，可以看到 2400K 的 $C_5F_{10}O$ 体系中有 49 个 $C_5F_{10}O$ 分子发生了分解，而在 $C_5F_{10}O$/空气混合气体系统中只有 6 个 $C_5F_{10}O$ 分子分解；3000K 的 $C_5F_{10}O$ 分子的分解量达到 91 个，而在混合气体中只有 51 个 $C_5F_{10}O$ 分子分解。

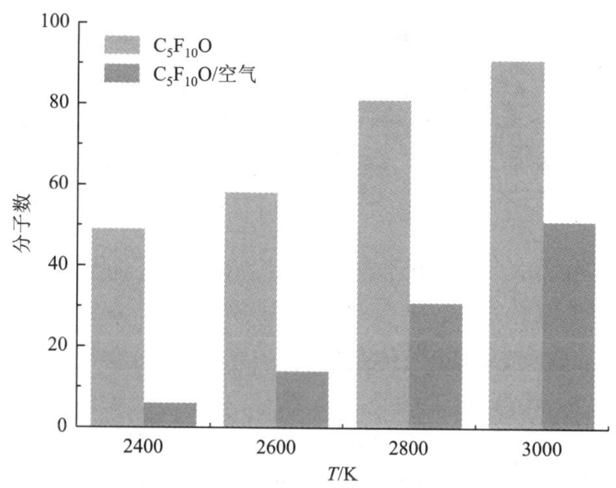

图 8.40　$C_5F_{10}O$ 在不同温度下的分解量

对于 $C_5F_{10}O/CO_2$ 混合气体，相关模拟结果显示 $C_5F_{10}O$ 在 2400K 时开始分解，缓冲气体 CO_2 则在 2800K 时开始分解。$C_5F_{10}O$ 的分解速率和分解量随温度升高而增加。当温度为 2400K 时，1000ps 时只有 8 个 $C_5F_{10}O$ 分子分解，而 3400K 下有 86 个 $C_5F_{10}O$ 分子发生了分解（图 8.41）。

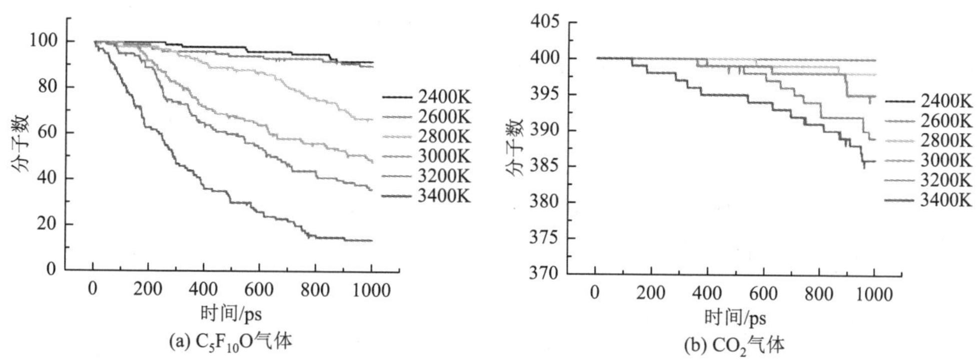

图 8.41　$C_5F_{10}O$ 和 CO_2 气体在 2400～3400K 温度下的分解情况

图 8.42 给出了在不同温度下系统势能随时间的变化情况，可以看到系统的势能在整个反应过程中都呈增加趋势，表明 $C_5F_{10}O/CO_2$ 混合气体的分解过程是吸热的。当温度低于 2600K 时，系统中势能的增长率较低，这表明 $C_5F_{10}O$ 在此温度下的分解水平较低。当温度高于 2800K 时，势能及其增长率明显增加，表明 $C_5F_{10}O/CO_2$ 混合气体在 2600K 以上发生明显分解。

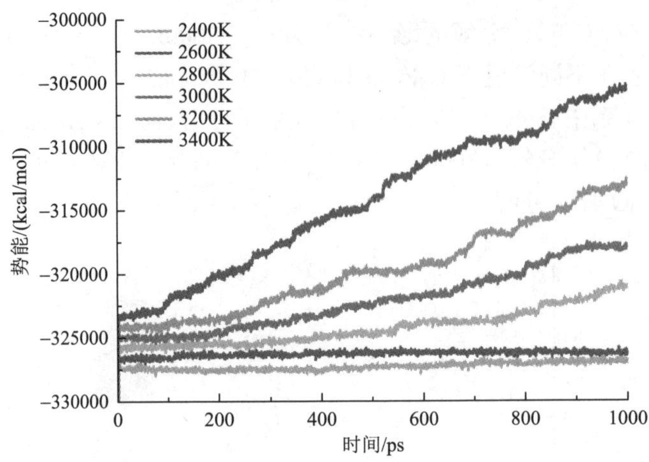

图 8.42　势能在 2400～3400K 范围内随时间的变化

图 8.43 给出了 $C_5F_{10}O/CO_2$ 混合气体在 2400～3400K 时的最大分解产物数量，可以看到混合气体的分解产生了 CF_3、CO、C_3F_7CO、CF、CF_2、C_3F_7、F、CF_4 和 C。其中，CF_3 和 CO 含量在不同温度下最高，其次是 CF、F 和 C_3F_7。另外，CF_2、CF_4 和 C 在 2800K 出现，F 在 2600K 产生，表明系统中化学反应和副产物的数量在 2800K 以上增加。

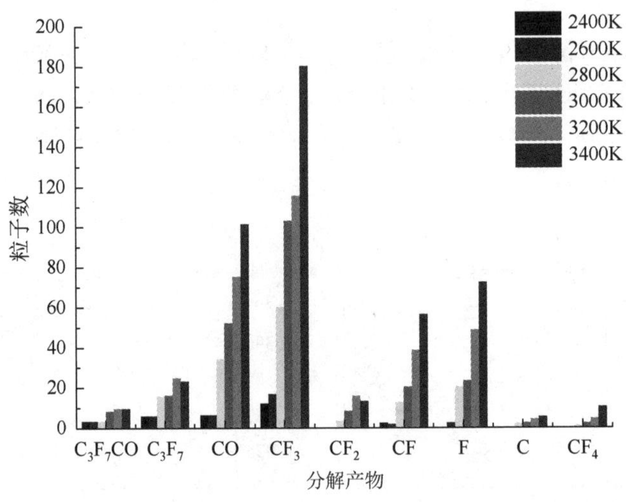

图 8.43　2400～3400K 温度下 $C_5F_{10}O/CO_2$ 混合气体的最大分解产物数量

为了进一步研究 $C_5F_{10}O$ 含量对 $C_5F_{10}O/CO_2$ 混合气体分解特性的影响，在 3000K 下对 $C_5F_{10}O$ 含量为 5%～20%的体系开展了动力学模拟。图 8.44 给出了不同 $C_5F_{10}O$ 含量的混合气体分解的情况，可以看到随着体系中 $C_5F_{10}O$ 含量的增加，$C_5F_{10}O$ 分子的分解量略有增加。例如，在 1000ps 模拟结束时，含有 5% $C_5F_{10}O$ 的体系中有 44 个 $C_5F_{10}O$ 分子分解，而含有 20% $C_5F_{10}O$ 的体系中有 52 个 $C_5F_{10}O$ 分子分解。因此，在相同条件下，$C_5F_{10}O$ 含量较高的混合气体的分解特性不及 $C_5F_{10}O$ 含量较低的混合气体的分解特性。

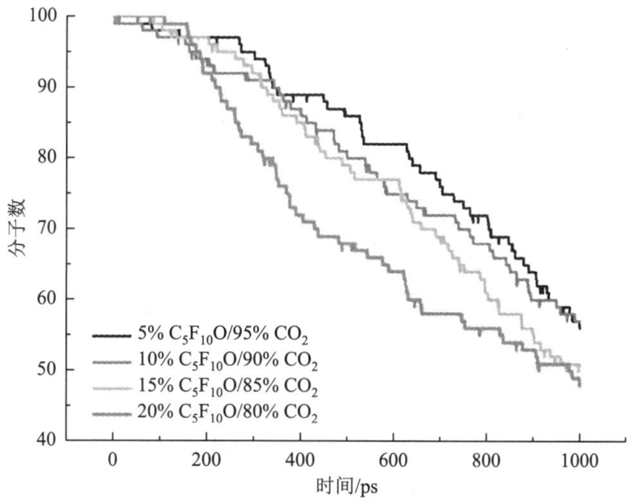

图 8.44　不同浓度的 $C_5F_{10}O/CO_2$ 混合气体在 3000K 处的最大分解产物数量

2）$C_5F_{10}O$ 热分解特性

针对 7.5% $C_5F_{10}O$/92.5% N_2 混合气体在 0.2MPa 下开展了热分解特性测试。试验中设置热源温度分别为 300℃、350℃、400℃、450℃和 500℃。根据图 8.45，$C_5F_{10}O/N_2$ 混合气体过热分解产物主要有 C_2F_4、CO_2、C_4F_{10}、C_3F_6、C_3F_7H、C_3F_8。

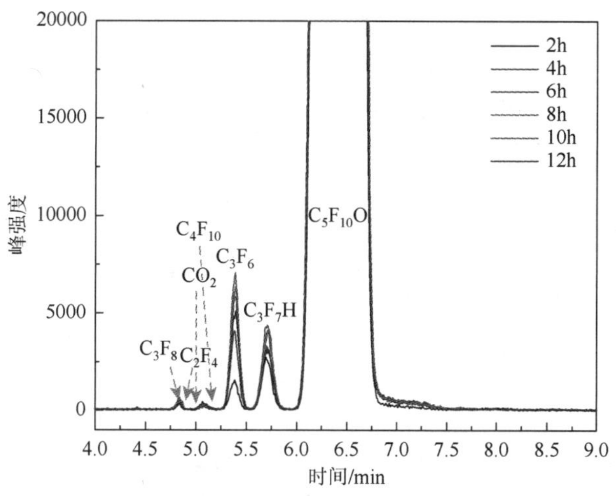

图 8.45　$C_5F_{10}O/N_2$ 混合气体热分解气相色谱图

300℃时，$C_5F_{10}O/N_2$ 混合气体分解主要产生了 C_3F_6、C_3F_7H 和 C_3F_8，还检测到微量的 C_2F_4、CO_2 和 C_4F_{10}。$C_5F_{10}O$ 热分解最容易形成的分解产物是 C_3F_6，且其含量随试验温度的升高而增大，可以作为 $C_5F_{10}O$ 热分解的特征分解气体，预警 $C_5F_{10}O/N_2$ 混合气体绝缘设备发生过热性故障的早期信号。另外，当试验温度为 400℃时，$C_5F_{10}O$ 热分解会产生 $C_4F_6O_3$，400℃以上温度条件下还会产生 C_6F_{14}。$C_4F_6O_3$ 和 C_6F_{14} 可以作为 $C_5F_{10}O/N_2$ 混合气体发生高温局部过热故障的特征分解产物。$C_4F_6O_3$ 和 C_6F_{14} 气体的产生表明设备发生过热性故障的温度已经较高，特别是监测到 C_6F_{14} 气体出现时故障点温度已经达到

450℃以上，长期带故障运行可能会缩短设备使用寿命甚至造成设备损坏的风险。

图 8.46 给出了几类可定量的分解产物变化情况，可以看到随着温度的升高，相同试验时间内 $C_5F_{10}O/N_2$ 混合气体热分解产生的 CO_2 和 C_3F_6 的含量逐渐增加，且温度高于 400℃时 CO_2 的增长明显加快，C_2F_4、C_2F_6、C_3F_6 和 C_3F_8 的含量也明显增多。CF_4 的产量在 300～500℃温度范围内均在 5ppm 以下。

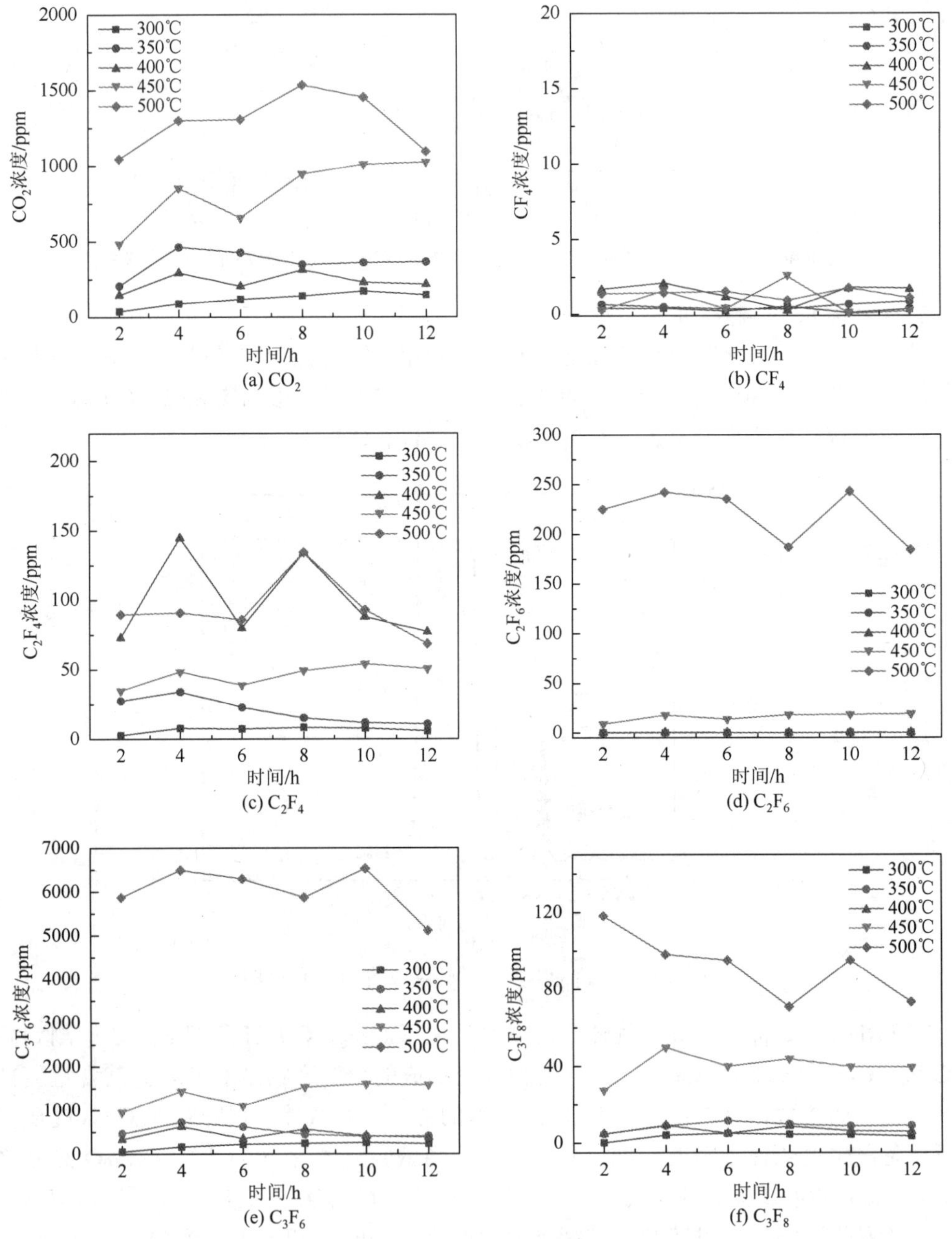

图 8.46　$C_5F_{10}O/N_2$ 混合气体主要分解产物的变化趋势

8.3.2　$C_6F_{12}O$ 混合气体分解特性

1. $C_6F_{12}O/CO_2$ 放电分解特性

图 8.47 给出了 0.14MPa 下 6% $C_6F_{12}O$/94% CO_2 混合气体 50 次击穿后的气相色谱图。可以看到，$C_6F_{12}O$ 混合气体放电分解主要产生了 CF_4、C_2F_6、C_3F_8、C_3F_6、CF_2O 和 C_5F_{12} 等产物，其中 CF_4、C_2F_6 在放电后一直至 48h 的浓度基本保持不变，浓度下降的幅度非常小[9]。C_3F_8 的浓度从放电结束一直到 48h 下降较为明显，从 8.17ppm 下降到 4.58ppm。C_3F_6 的下降幅度最大，由 18.14ppm 下降至 6.92ppm（表 8.11）。

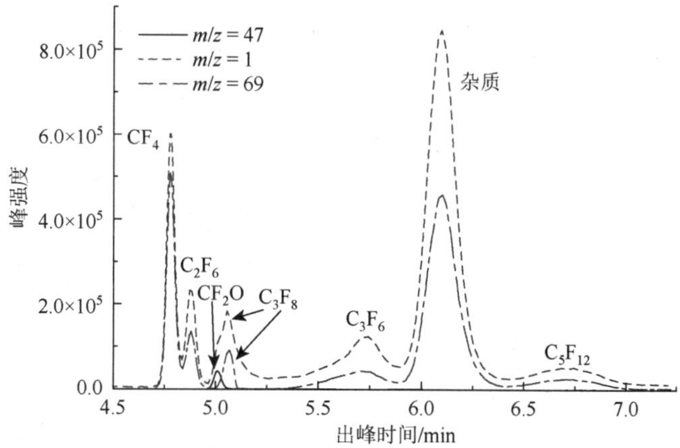

图 8.47　$C_6F_{12}O/CO_2$ 混合气体分解产物的 GC-MS 检测结果

表 8.11　主要产物的浓度变化

时间/h	浓度/ppm			
	CF_4	C_2F_6	C_3F_8	C_3F_6
0	22.72	18.69	8.17	18.14
2	23.31	19.18	9.92	16.92
4	22.96	19.10	3.54	10.54
24	23.37	19.22	4.48	10.72
48	21.92	17.32	4.58	6.92

根据 $C_6F_{12}O$ 和分解产物的结构，可以推断其 C—C 键发生断键的位置，如图 8.48 所示。

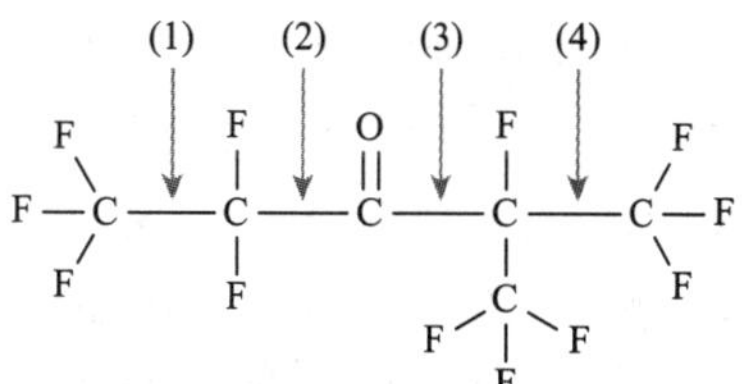

图 8.48　$C_6F_{12}O$ 断键示意图

通过 DFT 计算四个断键过程以及能量变化如下：

（1）$C_6F_{12}O \longrightarrow CF_3 + C_5F_9O \quad \Delta H = 86.7857\text{kcal/mol}$

（2）$C_6F_{12}O \longrightarrow C_2F_5 + C_4F_7O \quad \Delta H = 85.6439\text{kcal/mol}$

（3）$C_6F_{12}O \longrightarrow C_3F_5O + C_3F_7 \quad \Delta H = 83.4267\text{kcal/mol}$

（4）$C_6F_{12}O \longrightarrow C_5F_9O + CF_3 \quad \Delta H = 81.0649$kcal/mol

通过计算四个 C—C 键断裂的能量发现，四个过程吸收的能量相近，即在外界能量足够大时，几种自由基存在的概率相近。生成的自由基 CF_3、C_2F_5 和 C_3F_7 可以进一步形成比较稳定的氟碳化合物，如 CF_4、C_2F_6、C_3F_8、C_3F_6、C_4F_{10} 和 C_5F_{12}。

$C_6F_{12}O$ 和 CO_2 放电分解主要产物的形成过程涉及的主要化学反应有 10 个，见表 8.12 中 T1～T10。其中 C_2F_6 的形成有 T2 和 T4 两种途径，即两个 CF_3 自由基结合成键形成，或者由 C_2F_5 结合一个 F 生成。C_3F_8 的形成也有两种路径（T5 和 T6），由 C_2F_5 和 CF_3 成键，或者由 C_3F_7 结合一个 F 形成。而 C_3F_6 的形成需要 C_3F_7 脱掉一个 F，C—C 单键形成 C═C 双键。CF_2O 的形成有两种反应途径（T9 和 T10），CF_2 和 O 结合直接生成，或者 CO 结合两个 F 生成。整体上，$C_6F_{12}O$ 放电分解产生的 CF_3、C_2F_5、C_3F_7 和 F 原子复合为稳定的氟碳化合物的过程均为放热反应，且生成 CF_4 和 C_2F_6 相对容易，而生成大分子的过程相对困难。

表 8.12　分解产物生成的能量变化和势垒

序号	化学方程式	反应物能量/hartree	生成物能量/hartree	修正值/(kcal/mol)	能量变化/(kcal/mol)	势垒/(kcal/mol)
T1	$CF_3 \longrightarrow F + CF_2$	−337.45090	−337.31303	−3.109	83.409	—
T2	$CF_3 + CF_3 \longrightarrow C_2F_6$	−674.77742	−674.93875	−0.238	−101.472	—
T3	$CF_3 + F \longrightarrow CF_4$	−437.07515	−437.28014	6.345	−122.289	—
T4	$C_2F_5 + F \longrightarrow C_2F_6$	−674.73682	−674.93875	6.444	−120.270	—
T5	$C_2F_5 + CF_3 \longrightarrow C_3F_8$	−912.44638	−912.60712	8.819	−92.043	—
T6	$C_3F_7 + F \longrightarrow C_3F_8$	−912.43104	−912.60712	6.755	−103.733	—
T7	$C_3F_7 \longrightarrow C_3F_6 + F$	−812.74569	−812.64346	−3.015	61.135	54.296
T8	$C_2F_5 + C_3F_7 \longrightarrow C_5F_{12}$	−1387.80400	−1387.93764	3.565	−80.292	—
T9	$CF_2 + O \longrightarrow CF_2O$	−312.54646	−312.86436	3.294	−196.179	—
T10	$CO + 2F \longrightarrow CF_2O$	−312.56888	−312.86436	3.885	−181.533	—

2. $C_6F_{12}O/CO_2$ 热分解特性

图 8.49 给出了不同温度下 3% $C_6F_{12}O$/97% CO_2 混合气体热分解后的气相色谱图，可以看出 $C_6F_{12}O/CO_2$ 热分解主要产生 CF_4、C_2F_6、C_3F_8、C_3F_6、C_5F_{12} 等产物[11]。由于高浓度的 CO_2 的特征峰在 5.0～5.5min 的范围内，因此在该区域可能由于交叉干扰而无法检测到某些副产物，如 COF_2。随着温度的升高，$C_6F_{12}O/CO_2$ 特征分解组分的峰面积增加，表明混合气体中 $C_6F_{12}O$ 的分解加剧。

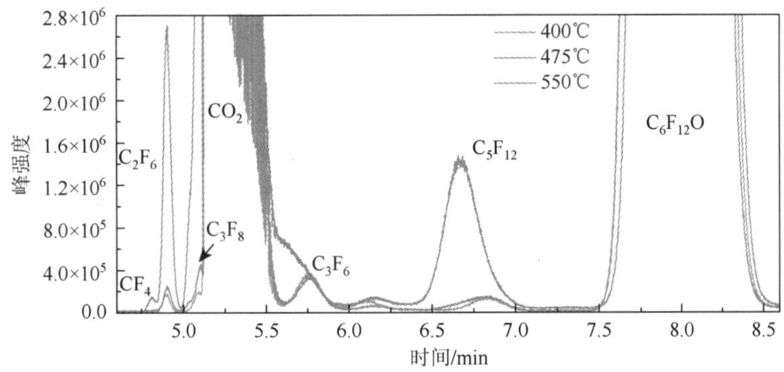

图 8.49　$C_6F_{12}O/CO_2$ 混合气体热分解气相色谱图

根据图 8.50 中给出的每种成分的定量测试结果，在不同温度下，CF_4、C_2F_6、C_3F_6 和 C_3F_8 的含量随测试时间的增加而增加，其中 C_2F_6 和 C_3F_6 的含量最高，其次是 C_3F_8，CF_4 的含量最低。由于 C_2F_6 由 CF_3 粒子形成，而 C_3F_6、C_3F_8 和 CF_4 的形成需要 CF_3、C_3F_7 和 F 粒子的参与，因此在热分解过程中会产生大量自由基，如 CF_3、C_3F_7 和 F。此外，在 550℃下未检测到 C_3F_6，这可能与其在该温度下的稳定性差和再分解有关。

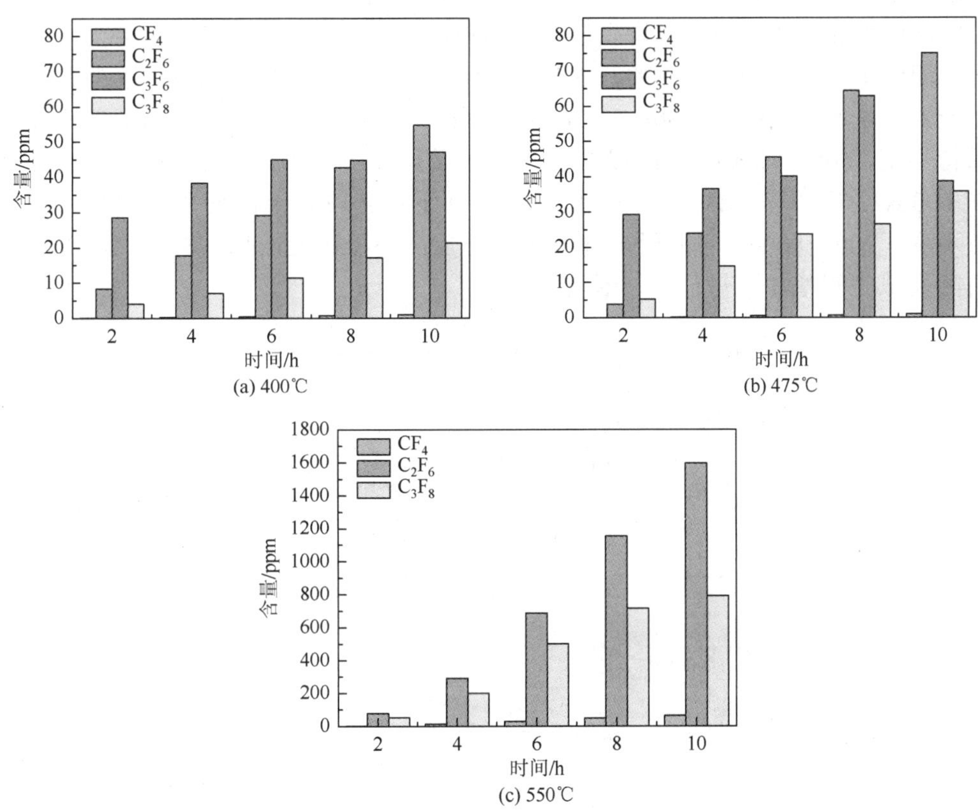

图 8.50　$C_6F_{12}O/CO_2$ 混合气体主要过热分解产物的含量

基于 ReaxFF 方法对 0.1MPa 条件下 3% $C_6F_{12}O$/97% CO_2 体系在 2400～3200K 温度范围内进行了热分解模拟[11]。根据图 8.51，$C_6F_{12}O$、CO_2 的分解量和分解速率随着温度的升高而增大。2400K 温度下模拟结束时 $C_6F_{12}O$ 及 CO_2 的分解量分别为 25 和 3，而 3200K 温度下分别有 97 个 $C_6F_{12}O$ 和 27 个 CO_2 分子发生分解。整体来看，相同温度条件下 $C_6F_{12}O$ 较 CO_2 更易发生分解，这与 $C_6F_{12}O$ 分子结构复杂、分子体积较大有关。

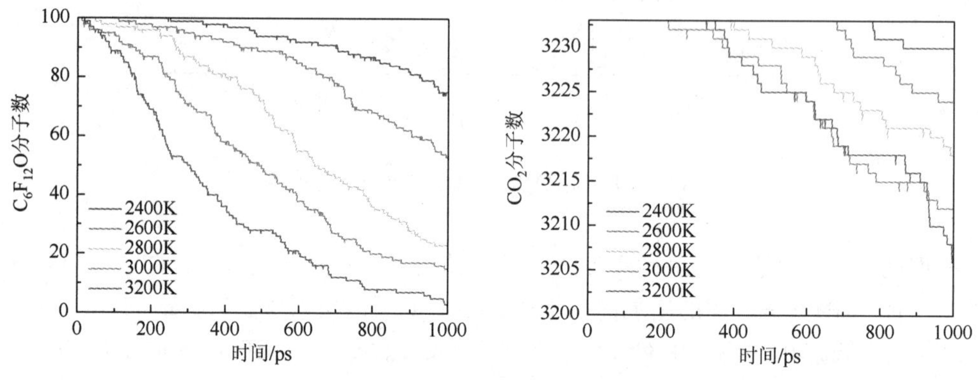

图 8.51　$C_6F_{12}O$ 和 CO_2 分子在 2400～3200K（0.1MPa）下的时间演化

图 8.52 给出了不同温度下体系势能随模拟时间的变化情况。整个反应周期内随着模拟时间的增加，体系的势能均呈现增加趋势，表明系统在反应过程中需要不断获取能量，即整个反应过程是吸热的，这与实际情况相吻合。另外，随着温度的升高，体系势能的增长速率加快。2400K 和 2600K 条件下，体系势能在 0～400ps 时间段内基本保持不变，600～1000ps 时间段内开始呈现增长趋势，表明体系内外的能量交换过程在 600ps 之后加速。2800～3200K 温度条件下，0～200ps 时间段内体系势能基本保持不变，200～800ps 时间段内体系势能随反应进程快速增加，800～1000ps 时间段内随模拟时间增加，势能的增长速率减小。

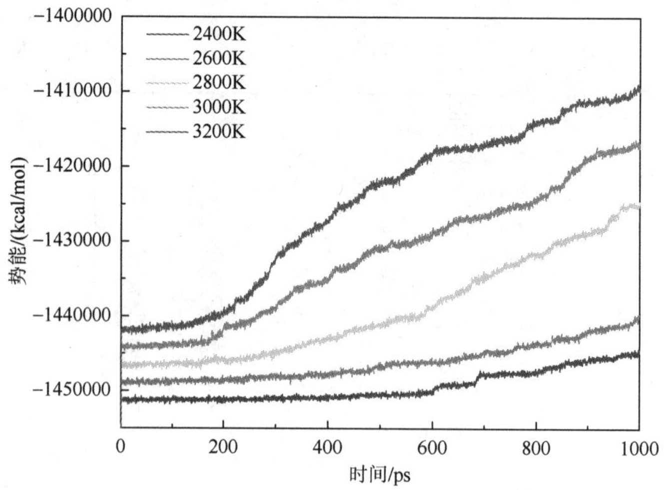

图 8.52　2400～3200K 下 $C_6F_{12}O/CO_2$ 势能变化情况

$C_6F_{12}O/CO_2$ 混合气体分解产生的主要粒子有 CF_3、CF_2、CF、C_3F_7、CO、C_5F_9O、COF_2、C 和 F。随着温度的增加，各主要分解产物的产量均呈现增加趋势。其中 CF_3、CF_2 两类自由基粒子的产量在 3000K 以下随模拟时间增加呈增长趋势，3200K 时则呈现饱和增长趋势，即 CF_3、CF_2 的产量在 0～400ps、0～600ps 区间内随模拟时间快速增长，反应后期的产生速率降低。CF、CO、COF_2 和 F 四类粒子在不同温度下随模拟时间的增长均呈线性增长趋势。2400～2800K 温度下，C_3F_7 的产量随模拟时间增加而增加；而当温度达到 3000～3200K 时，其含量呈现先增加后减少的趋势，表明高温条件下 C_3F_7 在模拟后期发生了分解。C_5F_9O 的含量随反应进程呈现一定的动态平衡过程，即分解初期有一定量的 C_5F_9O 生成，随后其含量基本保持不变或呈降低趋势，表明 C_5F_9O 是混合气体分解过程中的重要中间产物。另外，模拟过程中发现有 C 粒子的生成，这对体系的绝缘性能构成了一定威胁。图 8.53 给出了不同温度下混合气体分解产生的各主要粒子产量的最大值。可以看到 2400～2600K 温度条件下 $C_6F_{12}O/CO_2$ 混合气体分解产生的 CF_3、CO、F 三种粒子的含量较高；2800～3200K 温度条件下，CF_3、CO、F、CF、CF_2 和 C_3F_7 的含量相对较高。

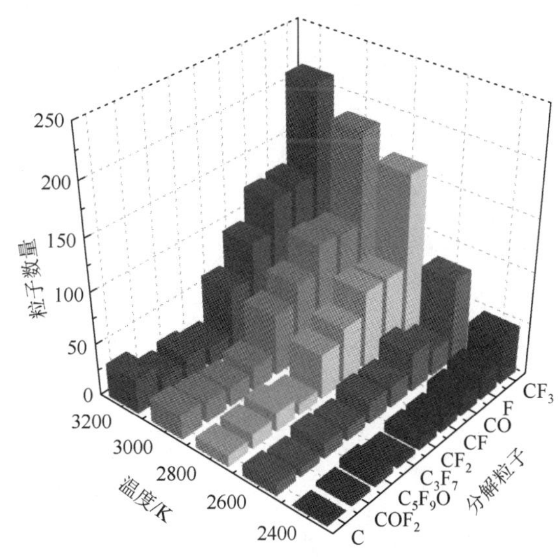

图 8.53　2400～3200K（0.1MPa）时主要分解粒子的分布

图 8.54 给出了基于 ReaxFF 模拟获得的混合气体的主要基元反应反应物和产物的相互关系，表 8.13 给出了对应的反应路径及反应速率常数，可以看到 $C_6F_{12}O$ 一次分解的路径主要有四条，主要产生 C_3F_7CO、C_2F_5、$C_3F_7COCF_2$、CF_3、C_3F_7、CF_2CO、$C_2F_5COCF_3CF$ 等粒子。其中形成 $C_3F_7COCF_2$、$C_2F_5COCF_3CF$ 和 CF_3 的路径 2 及路径 4 反应速率常数较大，达到了 3.5392×10^{-6} 和 2.0823×10^{-6}，而路径 1 及路径 3 的速率常数较小。

另外，$C_3F_7COCF_2$ 再分解会形成 C_3F_7CO、CF_2、C_3F_7、CO、CF_3、CF_3CFCO、CF_2CO、$CF_3CFCOCF_2$、$CF_3CFC(O)(CF_2)$和 $C_3F_7C(O)(CF_2)$等粒子。其中产生 C_3F_7 和 CF_2CO 的路径 8 的反应速率常数最高，达到了 2.5151×10^{-5}；形成 $C_3F_7COCF_2$ 同分异构体 $C_3F_7C(O)(CF_2)$ 的路径 11 的反应速率常数达到了 1.4147×10^{-5}；产生 CF_3 和 $CF_3CFC(O)(CF_2)$两类粒子的路

径 10 反应速率常数也达到了 1.1527×10^{-6}。而其他反应路径的速率常数均在 10^{-7} 数量级，因此发生的概率较小。进一步地，$C_3F_7C(O)(CF_2)$发生再分解的主要路径 12～16 主要产生 COF_2、CF_3CCF、CF_3、$CFC(O)(CF_2)$、CF_2、CF_3CFCO、CF_2CO 及 CF_3CF 等粒子。C_3F_7 分解形成 CF_3 和 CF_3CF 或 C_3F_6 和 F，反应的反应速率常数均在 10^{-7} 数量级；产生的 CF_2CO 分解产生 CF_2 和 CO 的路径 19 的速率常数大于形成 CFCO 和 F 的路径 20。

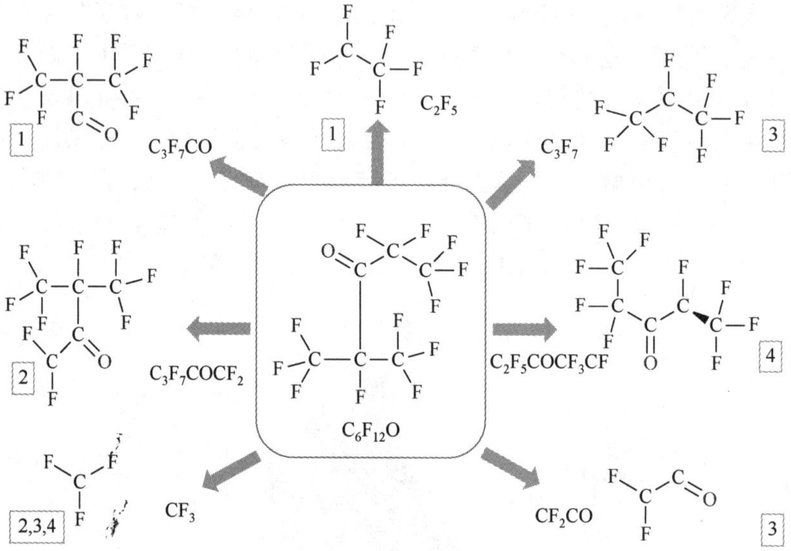

(a) $C_6F_{12}O$

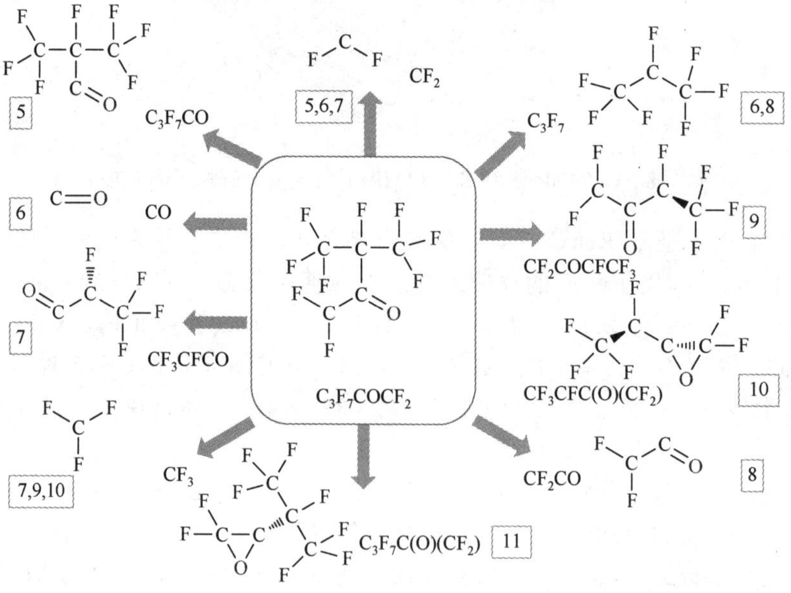

(b) $C_3F_7COCF_2$

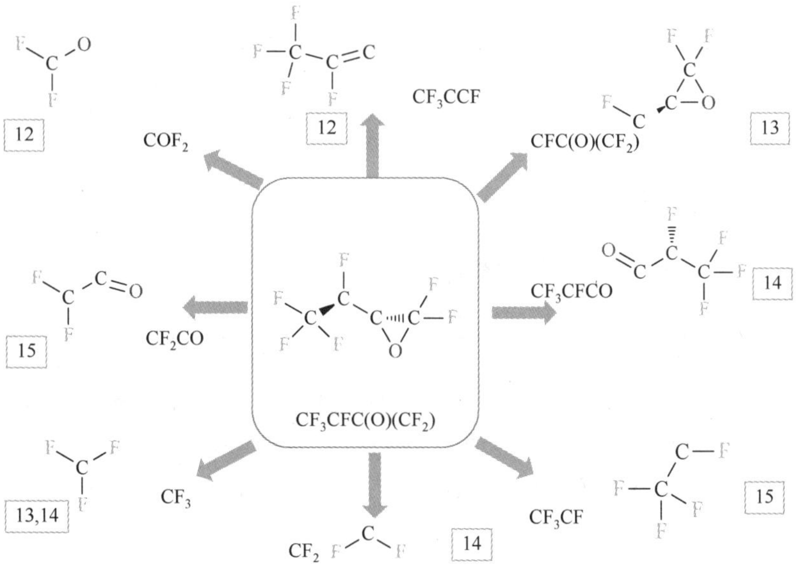

(c) $CF_3CFC(O)(CF_2)$

图 8.54　$C_6F_{12}O/CO_2$ 混合气体分解机理

表 8.13　$C_6F_{12}O/CO_2$ 混合气体主要分解路径

序号	反应路径	反应速率常数（3200K）
1	$C_6F_{12}O \longrightarrow C_3F_7CO + C_2F_5$	4.8106×10^{-8}
2	$C_6F_{12}O \longrightarrow C_3F_7COCF_2 + CF_3$	3.5392×10^{-6}
3	$C_6F_{12}O \longrightarrow C_3F_7 + CF_2CO + CF_3$	8.2467×10^{-8}
4	$C_6F_{12}O \longrightarrow C_2F_5COCF_3CF + CF_3$	2.0823×10^{-6}
5	$C_3F_7COCF_2 \longrightarrow C_3F_7CO + CF_2$	1.0479×10^{-7}
6	$C_3F_7COCF_2 \longrightarrow C_3F_7 + CO + CF_2$	1.3973×10^{-7}
7	$C_3F_7COCF_2 \longrightarrow CF_2 + CF_3 + CF_3CFCO$	1.0479×10^{-7}
8	$C_3F_7COCF_2 \longrightarrow C_3F_7 + CF_2CO$	2.5151×10^{-5}
9	$C_3F_7COCF_2 \longrightarrow CF_3CFCOCF_2 + CF_3$	5.9383×10^{-7}
10	$C_3F_7COCF_2 \longrightarrow CF_3CFC(O)(CF_2) + CF_3$	1.1527×10^{-6}
11	$C_3F_7COCF_2 \longrightarrow C_3F_7C(O)(CF_2)$	1.4147×10^{-5}
12	$CF_3CFC(O)(CF_2) \longrightarrow CF_3CCF + COF_2$	9.8039×10^{-6}
13	$CF_3CFC(O)(CF_2) \longrightarrow CF_3 + CFC(O)(CF_2)$	3.4314×10^{-5}
14	$CF_3CFC(O)(CF_2) \longrightarrow CF_2 + CF_3CFCO$	1.9608×10^{-5}
15	$CF_3CFC(O)(CF_2) \longrightarrow CF_2CO + CF_3CF$	9.8039×10^{-6}
16	$C_3F_7C(O)(CF_2) \longrightarrow C_3F_7CO + CF_2$	2.2084×10^{-6}

续表

序号	反应路径	反应速率常数（3200K）
17	$C_3F_7 \longrightarrow CF_3 + CF_3CF$	7.9073×10^{-7}
18	$C_3F_7 \longrightarrow C_3F_6 + F$	7.2990×10^{-7}
19	$CF_2CO \longrightarrow CF_2 + CO$	1.0974×10^{-5}
20	$CF_2CO \longrightarrow CFCO + F$	3.8409×10^{-6}
21	$CF_3CF \longrightarrow CF_3 + CF$	2.4194×10^{-6}

整体来看，混合气体分解的主要机理为 $C_6F_{12}O$ 经一次分解产生重要中间产物 $C_3F_7COCF_2$ 和 $CF_3CFC(O)(CF_2)$，两类粒子经过再分解最终产生了 CF_3、CF_2、CF、C_3F_7、CO、COF_2、C 和 F 等碎片，这与 $C_6F_{12}O$ 分子中的 C—C 键强度较 C—F 键和 C═O 键弱有关。

8.4　材料相容性

8.4.1　$C_5F_{10}O$ 材料相容性

1. $C_5F_{10}O$ 与金属材料相容性

1）$C_5F_{10}O$ 与铜、铝相互作用机理

鉴于 $C_5F_{10}O$ 分子结构中的羰基具有较强的反应活性，因此有必要在工程应用前研究 $C_5F_{10}O$ 与金属材料（铜、铝）的相容性，分析 $C_5F_{10}O$ 的稳定性及与材料表面的相互作用机理，进而评估以 $C_5F_{10}O$ 混合气体为介质的电气设备在长期运行工况下的可靠性。

考虑$C_5F_{10}O$分子结构的对称性，构建了16种$C_5F_{10}O$与金属铜、铝表面相互作用的初始结构，如图8.55所示。初始结构S1-Top、S1-Bridge、S1-Fcc和S1-Hcp分别对应于位于Cu（111）的Top、Bridge、Fcc和Hcp位点的酮基中的O原子；初始结构S5对应于由O和CF基团的F原子构成的表面垂直于Cu（111）的情况。

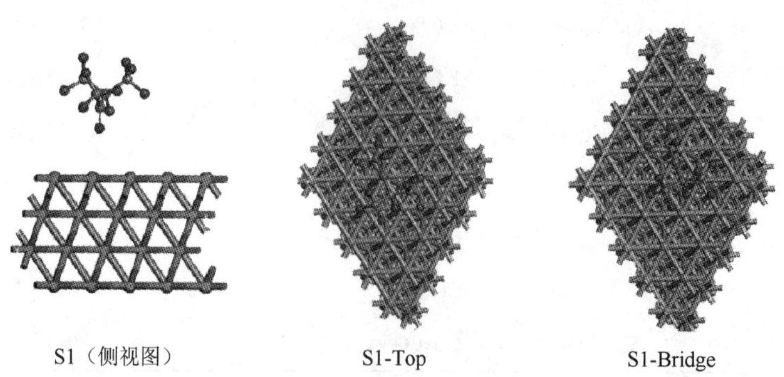

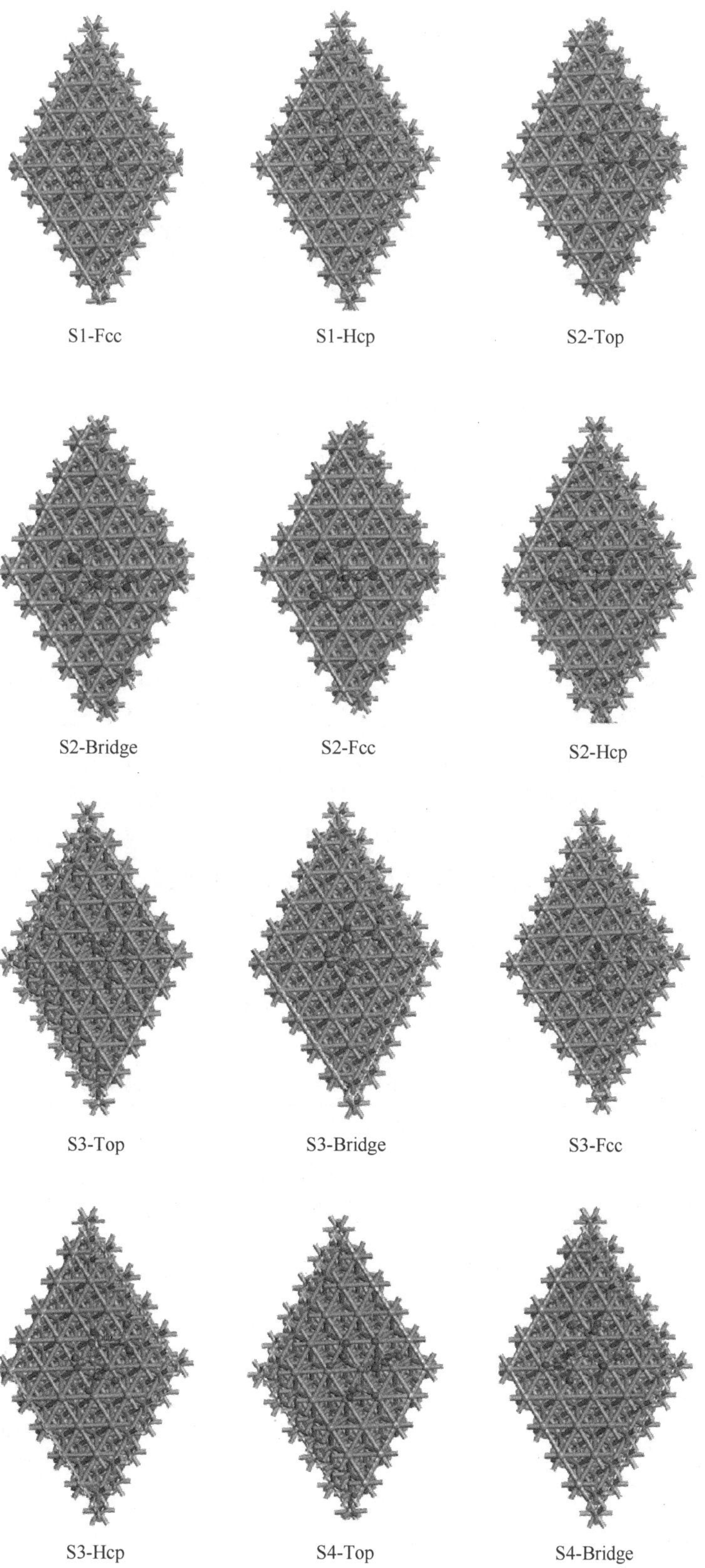
S1-Fcc
S1-Hcp
S2-Top
S2-Bridge
S2-Fcc
S2-Hcp
S3-Top
S3-Bridge
S3-Fcc
S3-Hcp
S4-Top
S4-Bridge

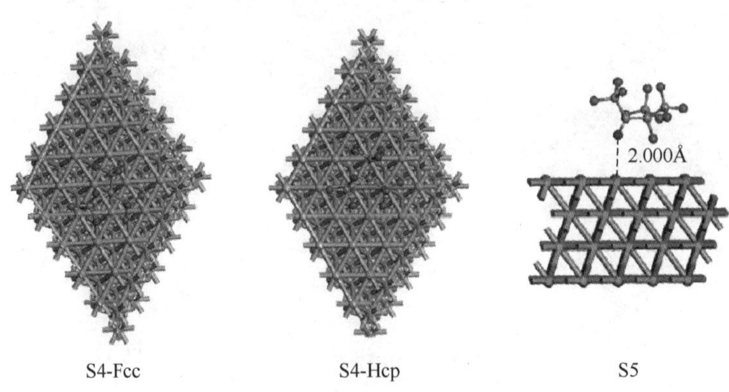

图 8.55　$C_5F_{10}O$ 在 Cu（111）上的初始结构

表 8.14 给出了不同初始结构的 $C_5F_{10}O$ 吸附在 Cu（111）上的吸附能和电荷转移。可以看出，初始结构 S1-Top、S1-Bridge、S1-Hcp、S4-Bridge 中 $C_5F_{10}O$ 在 Cu（111）表面上的吸附能分别达到 0.836eV、0.818eV、0.7957eV、0.8067eV。$C_5F_{10}O$ 与 Cu（111）其他初始结构之间的相互作用较弱，吸附能低于 0.76eV。具有不同初始结构的 Cu（111）上吸附的 $C_5F_{10}O$ 分子的总电荷转移为正，表明分子在相互作用后获得电子。以 S1-Top、S1-Bridge、S1-Hcp 和 S4-Bridge 初始结构吸附在 Cu（111）上的 $C_5F_{10}O$ 的总电荷转移高于其他初始结构（>0.2e）。$C_5F_{10}O$ 以 S1-Fcc、S2、S3 和 S4-Top、S4-Fcc、S4-Hcp、S5 初始结构与 Cu（111）相互作用后 $C_5F_{10}O$ 分子的键长没有明显变化，结合吸附能和总电荷转移可知，上述相互作用为物理吸附，范德瓦耳斯力起主要作用。

表 8.15 给出了 $C_5F_{10}O$ 以不同初始构型吸附在 Cu（111）和 Al（111）表面的吸附能及总电荷转移。$C_5F_{10}O$ 各个初始构型在 Cu（111）表面的吸附能均低于 Al（111）表面的吸附能，说明 $C_5F_{10}O$ 更容易吸附在 Al（111）表面。$C_5F_{10}O$ 以 S2-Fcc 初始结构最稳定吸附于 Al（111）表面，吸附能为 1.987eV。另外，$C_5F_{10}O$ 与 Al（111）表面的吸附能均在 0.8eV 以上，因此两者间的相互作用机理属于化学吸附。

表 8.14　$C_5F_{10}O$ 与铜相互作用的吸附能及总电荷转移

结构	E_{ad}/eV	Q_t/e
S1-Top	0.8360	0.235
S1-Bridge	0.8180	0.240
S1-Fcc	0.6634	0.157
S1-Hcp	0.7957	0.211
S2-Top	0.5925	0.042
S2-Bridge	0.6257	0.046
S2-Fcc	0.6104	0.049
S2-Hcp	0.6039	0.047
S3-Top	0.4584	0.033
S3-Bridge	0.4622	0.034
S3-Fcc	0.4607	0.028

续表

结构	E_{ad}/eV	Q_t/e
S3-Hcp	0.6634	0.043
S4-Top	0.5657	0.077
S4-Bridge	0.8067	0.227
S4-Fcc	0.5510	0.065
S4-Hcp	0.5537	0.067
S5	0.7560	0.134

表 8.15　$C_5F_{10}O$ 与铜、铝相互作用的吸附能及总电荷转移

结构	E_{ad}/eV		Q_t/e	
	Cu（111）	Al（111）	Cu（111）	Al（111）
S1-Top	0.8360	1.078	0.235	0.499
S1-Bridge	0.8180	1.535	0.240	0.385
S1-Fcc	0.6634	1.824	0.157	0.394
S2-Fcc	0.6104	1.987	0.049	0.491

$C_5F_{10}O$ 吸附在 Cu（111）上的弛豫结构如图 8.56 所示。对于初始结构 S1-Top，相互作用后 O 原子与 Cu 原子之间的距离为 2.188Å，且 $C_5F_{10}O$ 分子中的 C—O 键变为 1.242Å，表明吸附后 O 原子与 C 原子之间的相互作用减弱。对于初始结构 S1-Bridge、S1-Hcp、S4-Bridge，相互作用后 O 原子与 Cu 原子之间的距离变为 2.187Å、2.052Å、2.210Å，并且 $C_5F_{10}O$ 分子中的 C—O 键分别增加到 1.244Å、1.238Å 和 1.243Å。

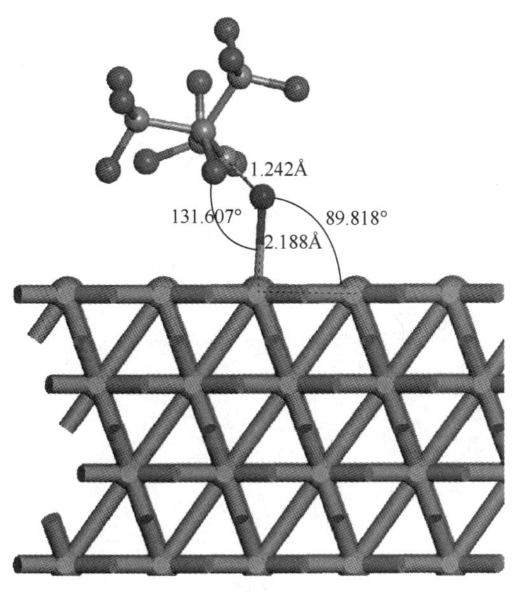

Cu（111）-S1-Top

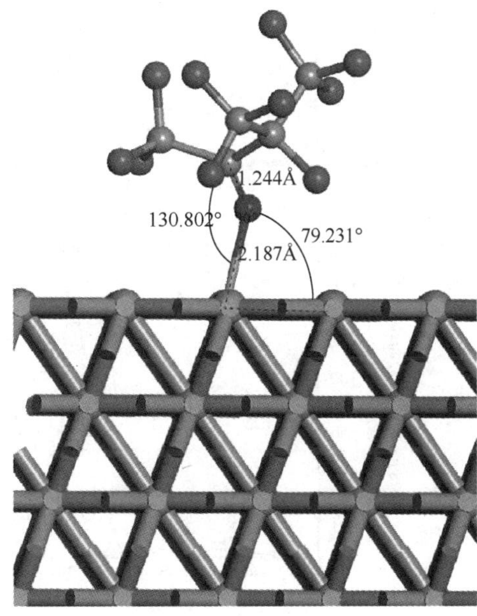

Cu（111）-S1-Bridge

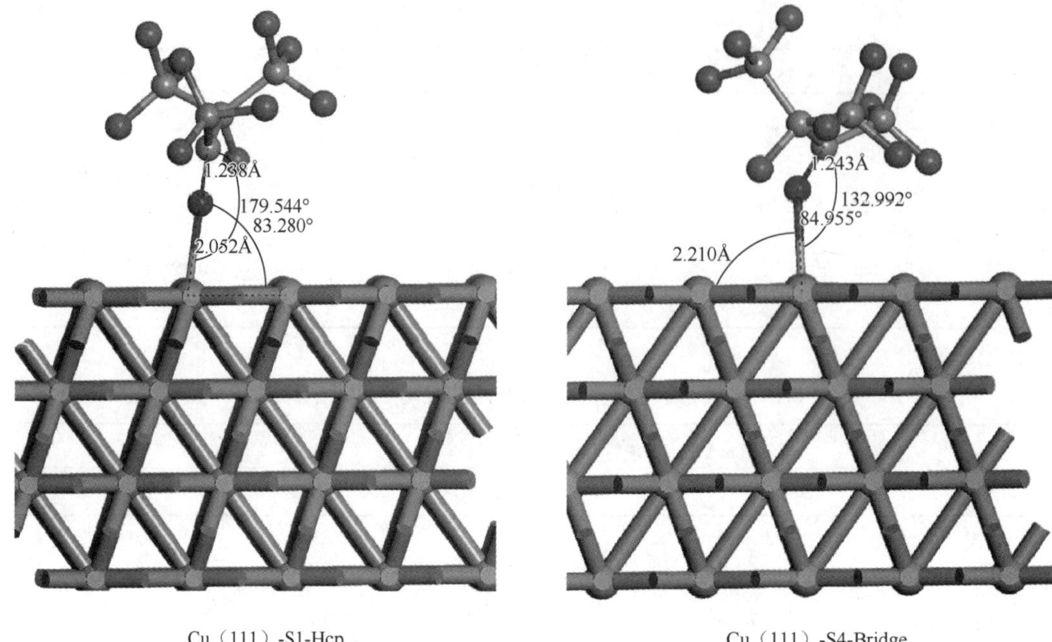

图 8.56　$C_5F_{10}O$ 吸附在 Cu（111）上的弛豫结构

进一步地，$C_5F_{10}O$ 以 S1-Top 初始结构与 Cu（111）相互作用后体系的 TDOS 明显在 –5.5～–8eV 的范围内增加（图 8.57）。根据特征原子的 PDOS，可以发现该范围内的态

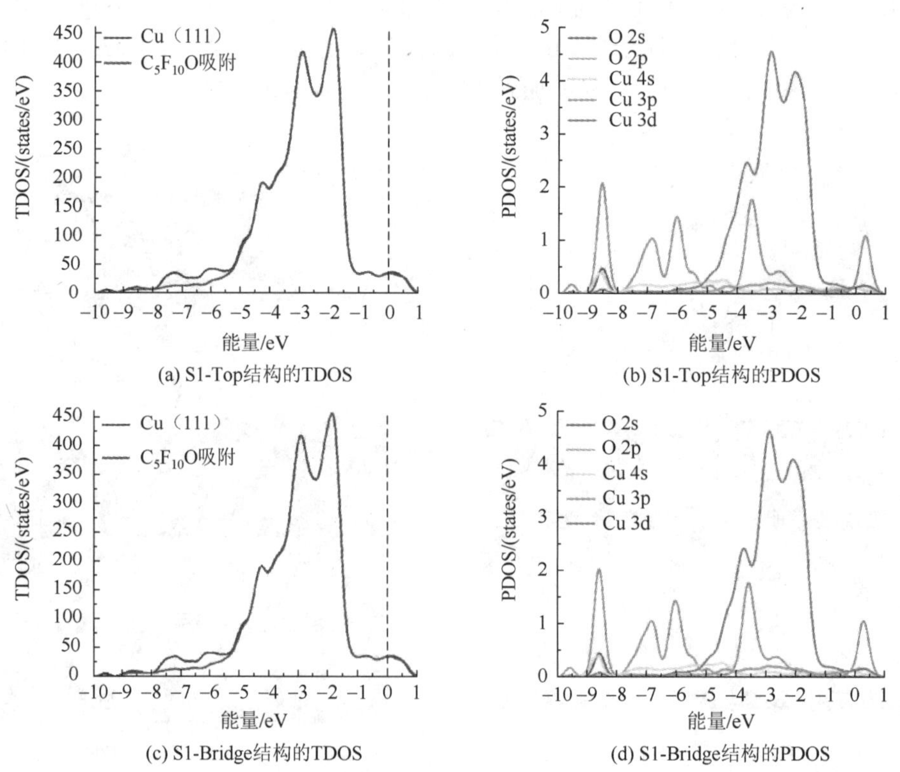

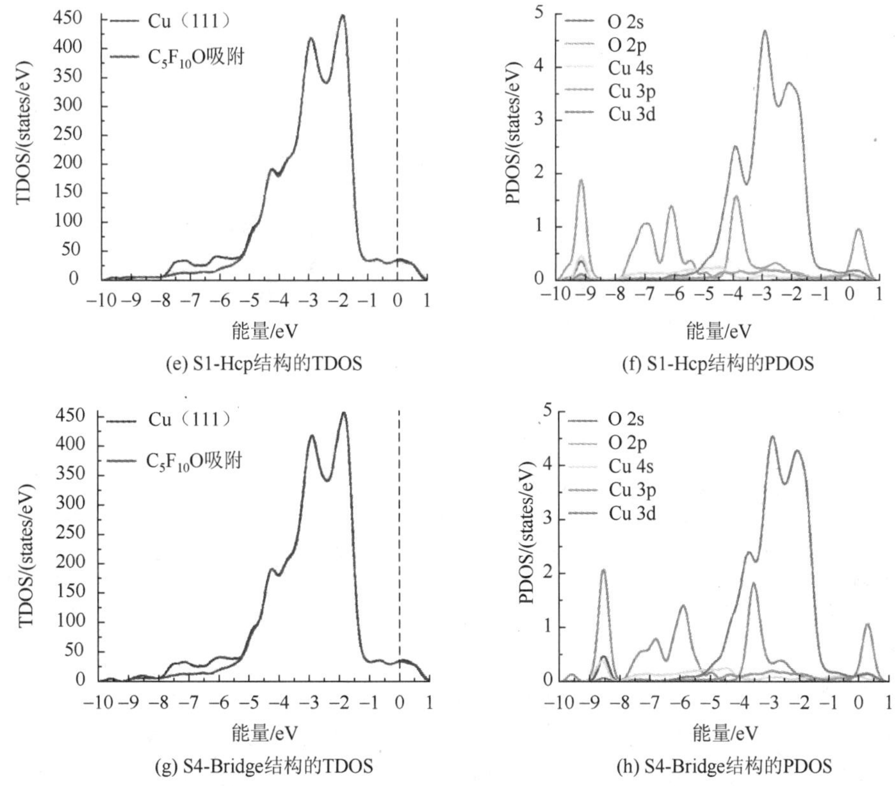

(e) S1-Hcp结构的TDOS　(f) S1-Hcp结构的PDOS

(g) S4-Bridge结构的TDOS　(h) S4-Bridge结构的PDOS

图 8.57　$C_5F_{10}O$ 吸附在 Cu（111）上的总态密度（TDOS）和分波态密度（PDOS）

密度主要由 O 原子的 2p 轨道组成；−8～−9eV 中的态密度主要由 Cu 原子的 4s 轨道、O 原子的 2s 和 2p 轨道组成，它们之间有明显的重叠。另外，Cu 原子的 3d 轨道和 O 原子的 2p 轨道在−3～−4eV 和 0～1eV 附近明显重叠，表明这些原子轨道之间发生了杂化，证实了 Cu 与 O 原子之间的强相互作用。

图 8.58 给出了相互作用前后体系的差分电荷密度。橙色区域对应于电荷密度的增加，蓝色区域对应于电荷密度的减小。可以发现，相互吸附后 O 原子和 C2 原子附近的电荷密度明显增加。Cu 原子和 O 原子之间的电荷密度也增加，表明吸附后 Cu 与 O 形成了化学键。

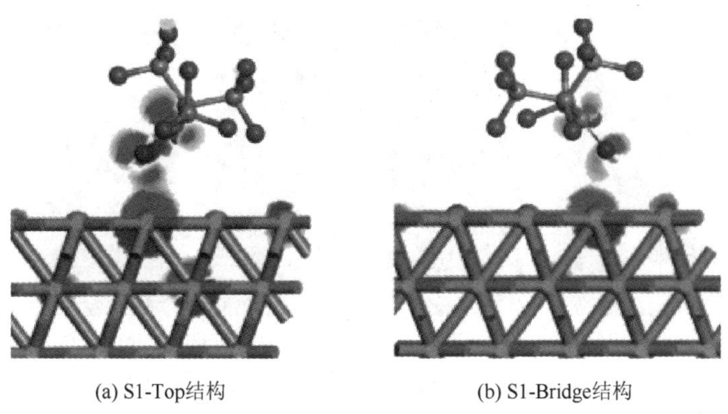
(a) S1-Top结构　(b) S1-Bridge结构

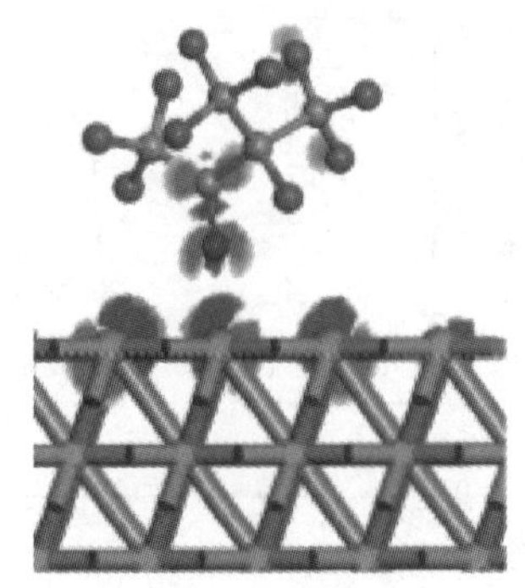

(c) S1-Hcp结构

(d) S4-Bridge结构

图 8.58　$C_5F_{10}O$ 吸附在 Cu（111）上的差分电荷密度

2）$C_5F_{10}O$ 与铜、铝相容性试验评估

为探究 $C_5F_{10}O$ 混合气体与金属铜、铝的相互作用情况，对 5% $C_5F_{10}O$/95% CO_2 混合气体开展了不同温度下的相容性测试。考虑设备内部载流金属额定工作条件下的温升效应及触头接触不良等引发的局部过热，选择 150℃、200℃及 250℃三个温度条件开展试验，以模拟真实设备正常及故障条件下的载流金属的实际状态，测试持续 8h[12]。

图 8.59 给出了在不同测试温度下相互作用后铜片的颜色对比，可以看到不同测试温度下铜表面的颜色存在显著差异，表明铜在 $C_5F_{10}O/CO_2$ 混合气体中被腐蚀。未反应的铜的表面颜色为紫红色，颜色分布均匀。在 150℃的 $C_5F_{10}O/CO_2$ 混合气体中暴露 8h 的铜颜色变为浅棕色，并且表面颜色分布略有不均匀，表明铜表面已被腐蚀。当测试温度达到 200℃时，铜的颜色变为深棕色，颜色分布均匀，表明腐蚀已经很严重。随着温度升至 250℃，铜的颜色变为棕红色，表明腐蚀更加严重。随着测试温度的升高，$C_5F_{10}O/CO_2$ 混合气体中铜的表面颜色逐渐从紫色变为棕色。颜色变化规律可以初步反映出 $C_5F_{10}O/CO_2$ 混合气体对铜片的腐蚀严重程度，这也表明在温度升高和局部过热的情况下，铜电极与 $C_5F_{10}O/CO_2$ 混合气体的相容性较差。为了进一步研究 $C_5F_{10}O/CO_2$ 混合气体使铜发生腐蚀的初始温度，开展了 80℃和 100℃条件下的测试，发现铜片表面在 100℃时略有腐蚀，部分区域会发生颜色变化。在 80℃下试验前后，没有明显的颜色变化。对于金属铝，采用相似方法开展了测试（图 8.60），可以看到测试前后铝表面没有明显变化，表明 $C_5F_{10}O/CO_2$ 混合气体与铝的相容性优于铜。

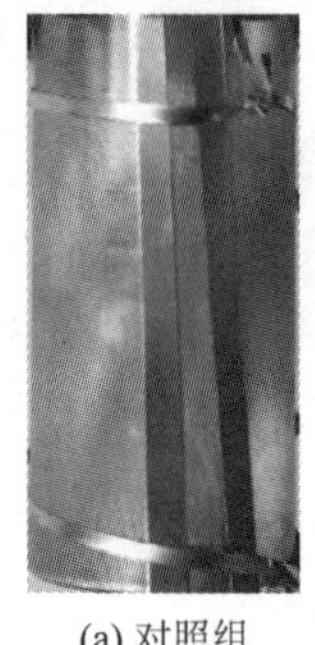

(a) 对照组

(b) 150℃

(c) 200℃

(d) 250℃

(e) 80℃

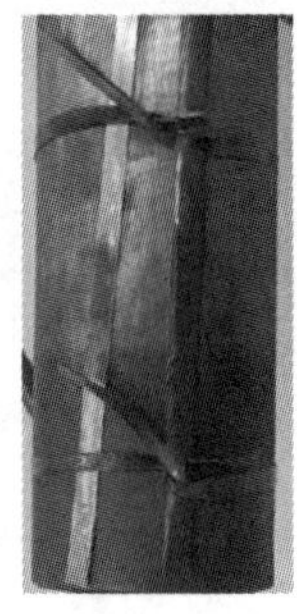

(f) 100℃

图 8.59　不同温度下 $C_5F_{10}O$ 与铜接触后铜表面颜色变化

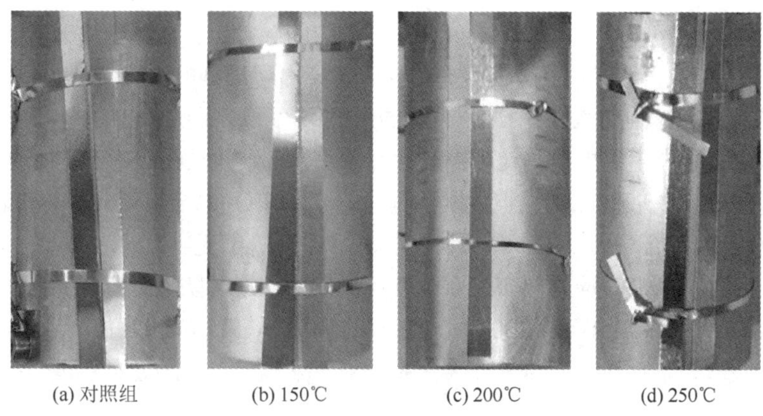

(a) 对照组　(b) 150℃　(c) 200℃　(d) 250℃

图 8.60　不同温度下 $C_5F_{10}O$ 与铝接触后铝表面颜色变化

根据图 8.61，对照组的铜表面仅存在条纹，未发现腐蚀点。铜片表面温度为 80℃时，相互作用后铜表面出现少量分布不均匀的腐蚀点，但结构完整性被破坏，表明铜在此温度下开始在 $C_5F_{10}O/CO_2$ 混合气体中被腐蚀。当温度升至 100℃时，铜表面的腐蚀点逐渐增大，并且

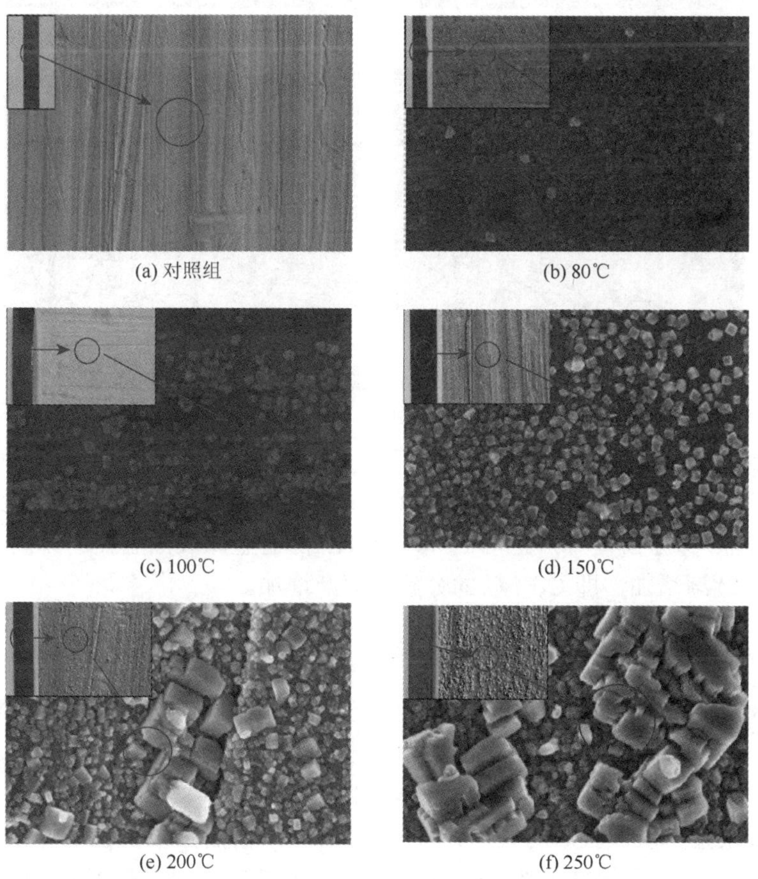

(a) 对照组　(b) 80℃　(c) 100℃　(d) 150℃　(e) 200℃　(f) 250℃

图 8.61　不同温度下 $C_5F_{10}O$ 与铜相互作用后铜表面形貌变化

在整个样品表面上都可以看到大小不一、分布不均匀的腐蚀点。当温度从150℃升高到250℃时，腐蚀逐渐覆盖整个铜表面。铜表面被腐蚀后，会出现规则的立方块状晶粒，并且随着温度的升高，块状晶粒逐渐变大。在200℃和250℃的温度下以2000倍的放大倍数观察到铜表面的显著变化。腐蚀产生的大量晶粒使铜表面开始变粗糙，并且在250℃下腐蚀最严重，晶体颗粒已经覆盖了原有的表面凹槽。整体上，铜与$C_5F_{10}O/CO_2$混合气体的相容性较差，在高温下会与$C_5F_{10}O/CO_2$混合气体反应，从而引起表面形态的明显变化。因此，当使用$C_5F_{10}O/CO_2$混合气体作为绝缘介质时，应对电气设备中使用的铜表面进行防腐处理。另外，根据图8.62，对照组铝表面相对平坦。150℃、200℃和250℃的铝片与$C_5F_{10}O$相互作用后，其表面形貌与对照组一致，没有发现腐蚀点，证实了金属铝与$C_5F_{10}O$表现出了较好的相容性。

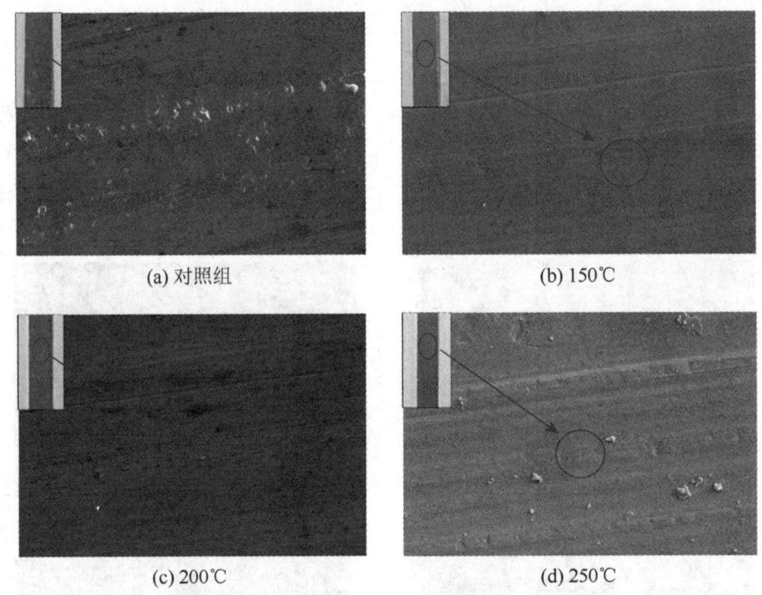

(a) 对照组　(b) 150℃　(c) 200℃　(d) 250℃

图8.62　不同温度下$C_5F_{10}O$与铝相互作用后铝表面形貌变化

从气体角度，$C_5F_{10}O/CO_2$与铜和铝相互作用后产生了C_3F_6和C_3F_7H两类分解产物（图8.63）。当测试温度升高时，$C_5F_{10}O/CO_2$混合气体会与铜和铝表面发生反应，从而使一小部分$C_5F_{10}O$分子解离并产生C_3F_6和C_3F_7H。随着金属表面温度的升高，气体分解副产物的浓度也逐渐增加，即$C_5F_{10}O$的分解量逐渐增加。

2. $C_5F_{10}O$与非金属材料相容性

考虑三元乙丙橡胶一般作为GIS设备外壳的密封材料使用，因此有必要针对$C_5F_{10}O$与其相容性开展研究。

针对7.5% $C_5F_{10}O$/92.5% CO_2混合气体，开展了70℃和80℃温度下的相容性测试[13]。试验结束后，采集少量试验后的气体分析其分解产物，分解产物的色谱峰如图8.64所示，通过质谱识别发现分解产物分别为C_3F_6O、C_3F_6和C_3F_7H。对照试验组产生的分解产物中有含H元素的C_3F_7H这一分解产物与少量的H_2O残留在模拟气室内部有关，在试验过程

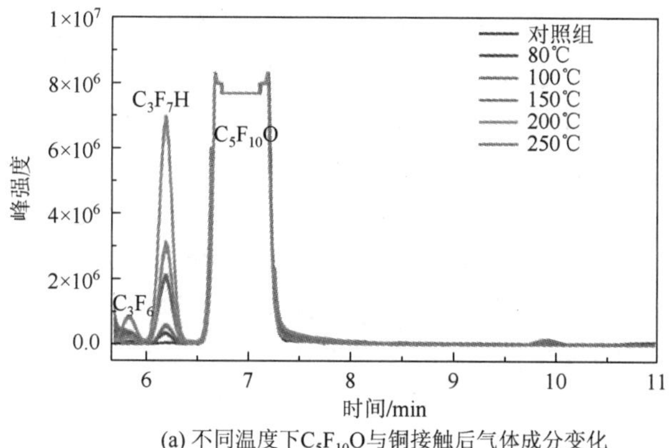

(a) 不同温度下$C_5F_{10}O$与铜接触后气体成分变化

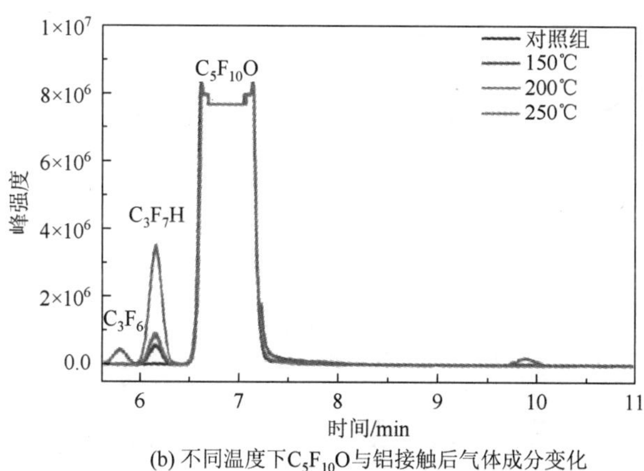

(b) 不同温度下$C_5F_{10}O$与铝接触后气体成分变化

图 8.63　不同温度下 $C_5F_{10}O$ 与铜、铝接触后气体成分变化

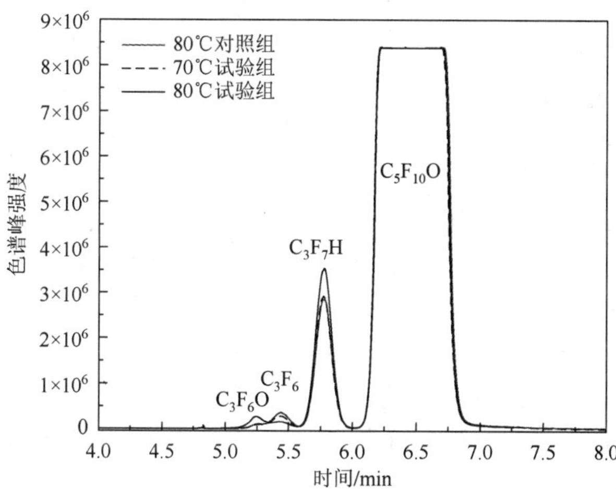

图 8.64　不同温度下 $C_5F_{10}O$ 与三元乙丙橡胶相互作用后气体成分变化

中 H_2O 参与了 $C_5F_{10}O$ 气体的分解反应。在反应过程中 H_2O 会分解产生 H 和 OH，与 $C_5F_{10}O$

气体分解产生的CF_3、C_3F_7和F等粒子反应，生成C_3F_6和C_3F_7H等分解产物。根据图8.65，在试验温度为80℃时，三元乙丙橡胶试验组相比对照组中$C_5F_{10}O$气体分解产生了更多的C_3F_6O和C_3F_7H，而C_3F_6的含量大幅降低。对照试验组产生的C_3F_6和C_3F_7H含量分别为83.70ppm和232.33ppm，80℃三元乙丙橡胶试验组产生的C_3F_6含量降低了69.57%，C_3F_6O和C_3F_7H的含量分别升高了156.55%和26.98%。在不同温度试验组中，温度为70℃的试验组分解产生的C_3F_6和C_3F_7H含量分别为70.45ppm和260.38ppm，温度为80℃的三元乙丙橡胶试验组产生的C_3F_6含量比温度为70℃的试验组降低了64.41%，C_3F_6O和C_3F_7H的含量分别升高了148.09%和13.30%。上述结果表明，在高温下$C_5F_{10}O$气体与热源外的不锈钢外罩表面长时间接触会使少量$C_5F_{10}O$气体发生分解，产生C_3F_6O、C_3F_6和C_3F_7H三种主要分解产物。

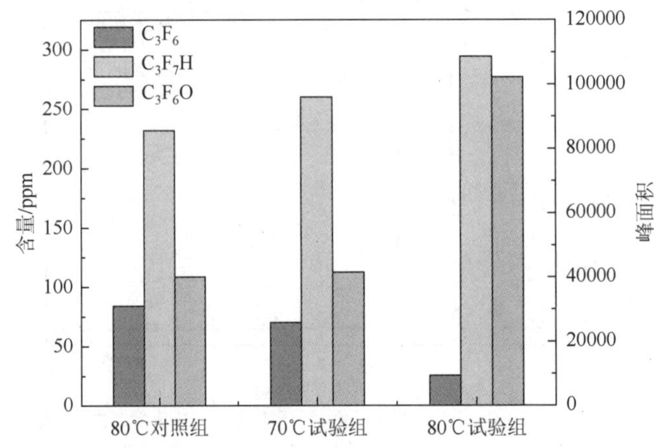

图8.65　不同温度下$C_5F_{10}O$与三元乙丙橡胶相互作用后气体成分含量

从机械性能角度考虑，经测试，相互作用前的三元乙丙橡胶样品的断裂伸长率为111.6%，拉伸的最大力为250MPa（图8.66）；试验温度为70℃和80℃时的三元乙丙橡胶样品断裂伸长率相比于试验前分别降低了19.47%和16.98%，拉伸的最大力分别降低了10.88%和1.92%。上述机械参数的变化表明三元乙丙橡胶发生了脆化，老化试验后三元乙丙橡胶样品的机械性能稍有降低。

图8.67给出了三元乙丙橡胶在试验前后表面形貌的变化。试验前的三元乙丙橡胶表面有一些小沟壑，在高倍镜下可以观察到橡胶表面布满了砂砾状颗粒，这是制造过程中工艺的限制产生的。试验温度为70℃时，表面的小沟壑没有对照组明显，高倍镜下观察到的砂砾状颗粒大部分已经消失，除部分区域有晶体颗粒（图中白色颗粒）析出外，橡胶表面结构较为光滑。上述结果表明试验温度为70℃时，在$C_5F_{10}O/CO_2$混合气体氛围中老化90h后三元乙丙橡胶已经开始出现轻微腐蚀现象。当试验温度为80℃时，三元乙丙橡胶表面均匀分布大量晶体颗粒，橡胶表面的结构遭到严重破坏，橡胶表面的晶体颗粒来自三元乙丙橡胶生产过程中加入的交联剂因高温析出至表面。

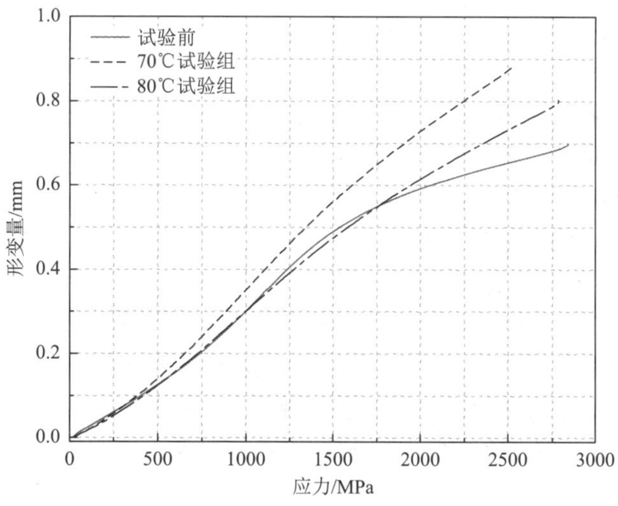

图 8.66　$C_5F_{10}O$ 与三元乙丙橡胶相互作用后对橡胶机械性能的影响

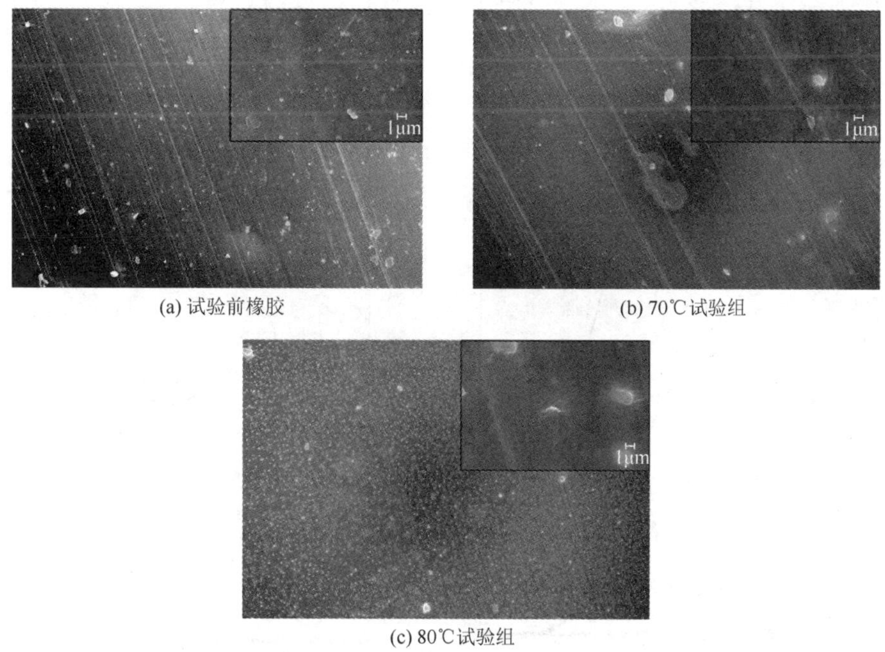

(a) 试验前橡胶　(b) 70℃试验组　(c) 80℃试验组

图 8.67　$C_5F_{10}O$ 与三元乙丙橡胶相互作用后对橡胶形貌的影响

进一步地，由图 8.68 所示的 F 1s 和 C 1s 的高分辨率光电子能谱可以看出，试验后的三元乙丙橡胶样品表面元素的特征化学键发生了变化，不同的特征化学键信息代表了不同的物质，这直接表明 $C_5F_{10}O$ 气体在高温老化过程中与三元乙丙橡胶发生了相互作用。具体地，试验前的三元乙丙橡胶基本没有检测到 F 元素，试验后的橡胶表面检测到两个 F 元素特征峰，在 684.50eV 和 688.15eV 处分别检测到了 C—F 键和—CF_2—CH_2—基团。684.50eV 处 C—F 键表明在橡胶表面检测到了 F 原子固定在 C 原子上形成的化学键。而位于 688.15eV 处的

—CF_2—CH_2—基团则证实了 $C_5F_{10}O$ 气体与橡胶反应过程中有一部分—CF_2—基团取代橡胶中的—CH_2—基团，形成了含有有机氟组分的长链结构。C 元素 1s 轨道的光电子能谱检测到了 C 和 O 元素形成的化学键，进一步证实了三元乙丙橡胶试验前与氧气接触后产生的缓慢老化，这也是所有橡胶不可避免的老化现象。需要特别指出的是，试验后三元乙丙橡胶样品表面 C 元素在 292.80eV 处产生了一个新的特征峰，该特征峰对应—CF_2—CF_2—基团。

上述结果中 F 1s 的两个特征峰和 C 1s 新产生的特征峰证实了热老化条件下 $C_5F_{10}O$ 气体与三元乙丙橡胶发生了化学反应，$C_5F_{10}O$ 气体在高温下会对三元乙丙橡胶表面造成腐蚀。$C_5F_{10}O$ 气体在高温老化过程中与三元乙丙橡胶的相容性较差，在设计和制造气体绝缘设备密封材料时需考虑到这一特点，对三元乙丙橡胶表面进行防腐蚀处理或使用与 $C_5F_{10}O$ 气体相容性更好的橡胶替代三元乙丙橡胶作为密封圈使用，防止密封圈腐蚀加速老化过程，造成设备使用寿命缩短，甚至出现密封圈老化造成设备内部气体泄漏导致的绝缘故障。

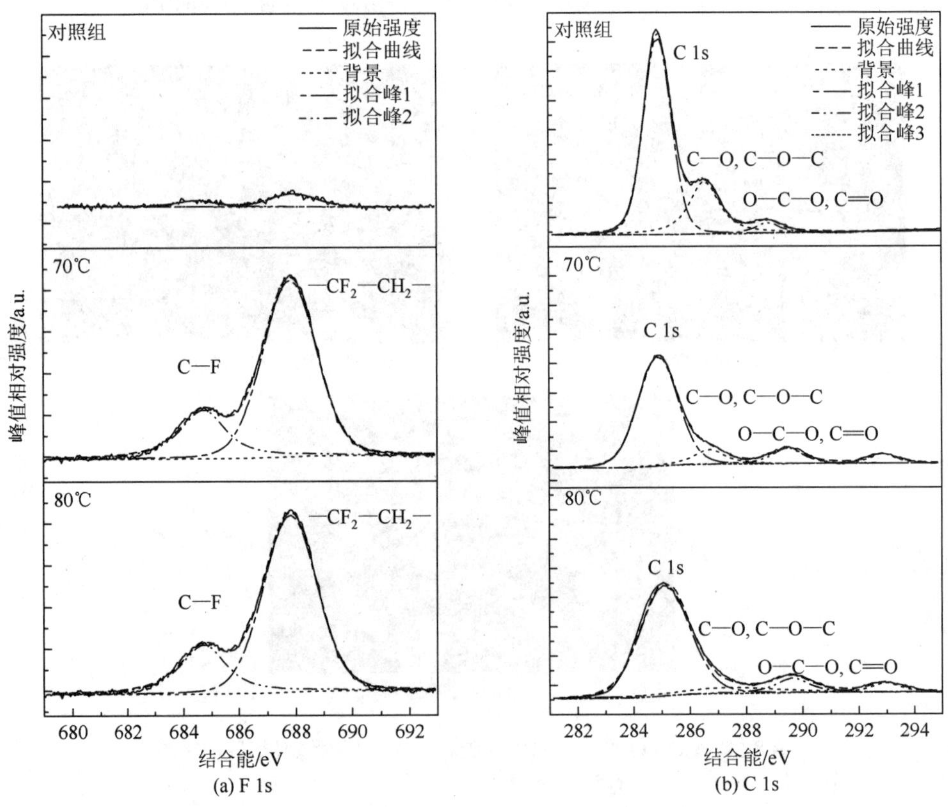

图 8.68　$C_5F_{10}O$ 与三元乙丙橡胶相互作用后对橡胶表面元素组成的影响

8.4.2　$C_6F_{12}O$ 材料相容性

为厘清 $C_6F_{12}O$ 与铜、铝、银等金属之间的相互作用机理，构建了多种气体-金属界面相互作用模型，并基于密度泛函理论获取了满足能量最低原理的体系弛豫结构（图 8.69）[9]。

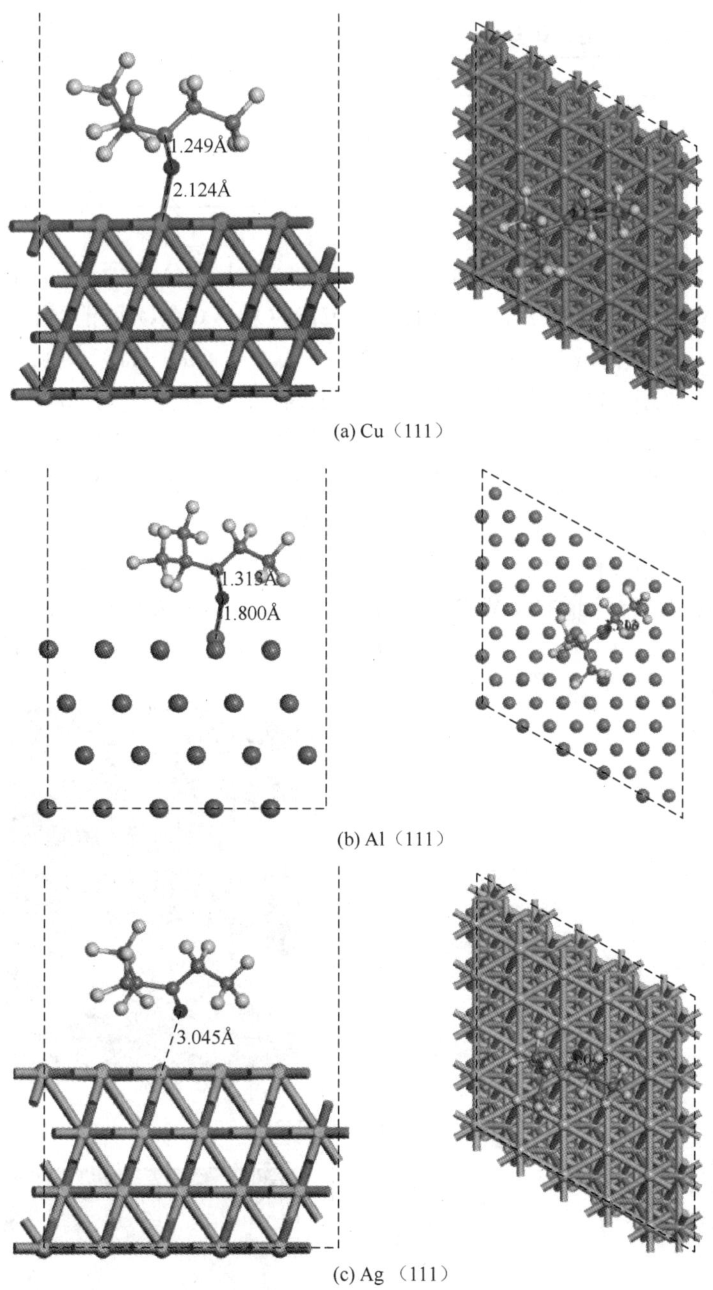

(a) Cu（111）

(b) Al（111）

(c) Ag（111）

图 8.69　$C_6F_{12}O$ 吸附在 Cu（111）、Al（111）和 Ag（111）的弛豫结构

表 8.16 给出了 $C_6F_{12}O$ 在 Cu（111）、Al（111）和 Ag（111）表面上具有最低能量的吸附构型参数。$C_6F_{12}O$ 与 Ag（111）相互作用的吸附能（0.894eV）低于 Cu（111）和 Al（111），表明 $C_6F_{12}O$ 与银之间的相互作用弱于铜、铝。此外，$C_6F_{12}O$ 分子在相互作用后从金属表面获得电子，即金属充当电子供体。$C_6F_{12}O$ 与 Al（111）相互作用的总电荷转移最高（0.616e），其次是 Cu（111）和 Ag（111）表面。

表 8.16　$C_6F_{12}O$ 在 Cu（111）、Al（111）和 Ag（111）表面的吸附参数

类型	吸附能 E_{ad}/eV	电荷转移 Q_t/e	吸附距离 D/Å	
Cu（111）	0.935	0.265	Cu—O: 2.124	C═O: 1.249
Al（111）	1.151	0.616	Al—O: 1.800	C═O: 1.313
Ag（111）	0.894	0.181	Cu—O: 3.045	C═O: 1.227

当 $C_6F_{12}O$ 与 Cu（111）相互作用时，$C_6F_{12}O$ 分子中的 O 原子位于 Cu（111）表面的顶部位置，弛豫结构 Cu—O 距离为 2.124Å；$C_6F_{12}O$ 中 C═O 键的键长从 1.205Å 变为 1.249Å，表明吸附作用后 C═O 之间的键强度降低。与 Cu（111）类似，$C_6F_{12}O$ 中的 O 原子相互作用后与 Al（111）表面中的 Al 原子更为接近。O 原子与 Al 原子之间的距离达到 1.800Å，小于 Cu（111），且吸附作用后 C═O 键的键长增加 0.108Å。对于 Ag（111），$C_6F_{12}O$ 与金属表面之间的吸附距离达到 3.045Å，C═O 键仅增加 0.022Å，说明 O 原子具有远离 Ag（111）的倾向，两者之间的相互作用较弱。

图 8.70 给出了相互作用前后体系的 TDOS、PDOS 和 ELF。可以看到 O 2s、O 2p 的电子轨道与−9eV Cu 4s 轨道有所重叠，且 O 2p 轨道与−3～−4eV 附近的 Cu 3d 轨道重叠。

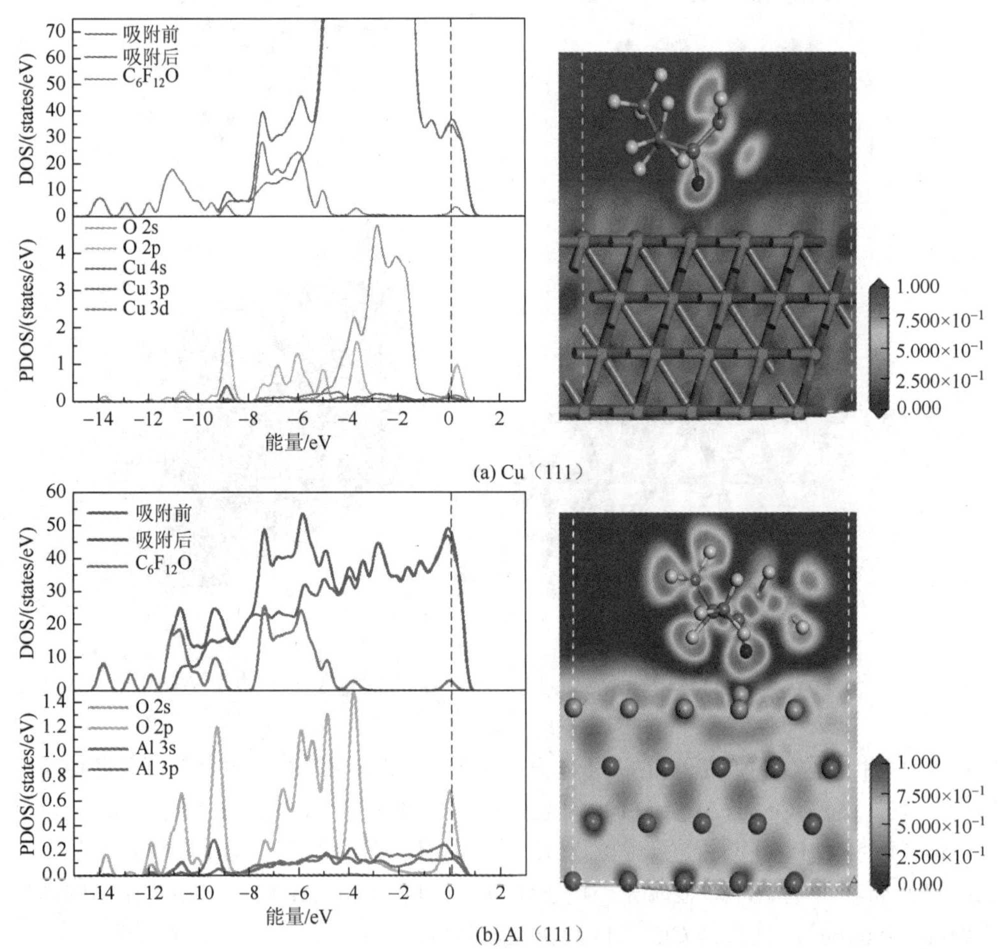

(a) Cu（111）

(b) Al（111）

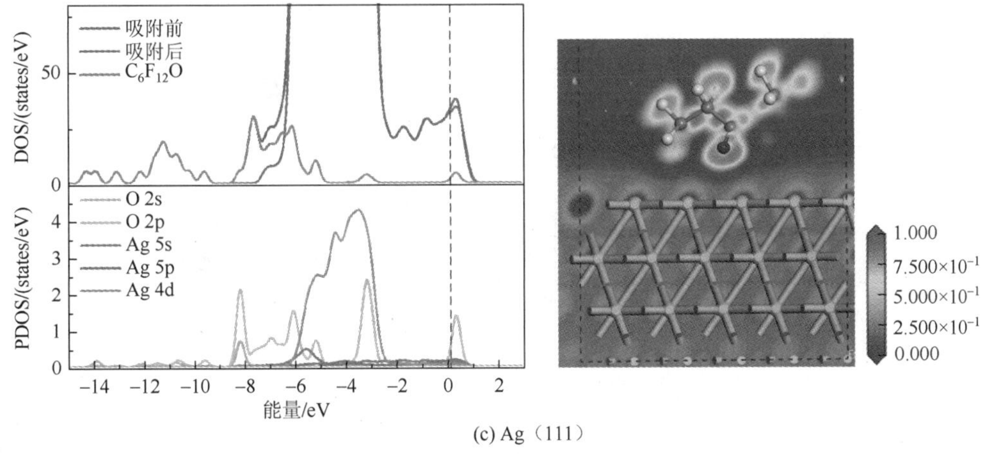

(c) Ag（111）

图 8.70　$C_6F_{12}O$ 分子与三种金属相互作用前后的 TDOS、PDOS 和 ELF

因此，O 原子与 Cu 原子之间的轨道相互作用很强（存在轨道杂化）。此外，ELF 剖面显示在 O 和 Cu 原子之间不存在明显的电荷耗尽区，产生 O—Cu 键的可能性较大。

对于 Al（111），$C_6F_{12}O$ 的 DOS 在−6～−10eV 的范围内有明显的变化：−6～−7eV 的峰面积增加，−7～−8eV 的两个峰在相互作用后聚集成一个峰。PDOS 图显示 O 2s、O 2p 轨道与−12eV 处的 Al 3s 轨道重叠，O 2p 轨道与 Al 3s 和 Al 3p 轨道在−9eV 和−11eV 处重叠。另外，O 原子与 Al 原子之间的成键情况可以通过 ELF 剖面确认，因为它们之间几乎不存在电子离域区域。因此，$C_6F_{12}O$ 中的 O 原子与 Al（111）表面之间的相互作用很强，属于化学吸附，形成新的化学键。

对于 Ag（111），PDOS 图显示吸附后 O 原子和 Ag 原子的轨道之间没有明显的重叠，表明在相互作用过程中没有发生电子轨道杂化过程。ELF 剖面还表明在 $C_6F_{12}O$ 和 Ag（111）表面之间存在电子离域区域，这证实它们之间的相互作用较弱。

图 8.71 给出了 $C_6F_{12}O$ 与金属界面相互作用后体系的差分电荷密度。蓝色区域表示电子密度的增加，黄色区域表示电子密度的减少。由图可知，黄色区域主要集中在金属表面，证实金属充当电子供体。蓝色区域主要位于 C══O 基团的 O 原子和 C 原子周围，表明 C══O 基团在相互作用后获得电子。

综上，$C_6F_{12}O$ 与 Al（111）、Cu（111）间的相互作用强于 Ag（111）。$C_6F_{12}O$ 中的 O 原子与金属中的 Al 原子、 Cu 原子之间存在明显的电荷转移并呈现成键的趋势，相互作用机理属于化学吸附。$C_6F_{12}O$ 与银之间的相互作用属于物理吸附过程，范德瓦耳斯力起主要作用。

进一步地，针对 $C_6F_{12}O/N_2$ 混合气体开展了不同温度下的金属界面相容性测试。根据图 8.72，150℃下的铜片与 $C_6F_{12}O/N_2$ 混合气体反应 8h 后，铜片的颜色发生了明显的变化，部分区域呈现一定红色，随着温度的升高，铜片表面颜色加深，黄色变为亮橙黄，红色变为紫红色；温度升高到 250℃后，表面颜色发生显著变化，大部分区域均呈现紫红色，说明铜与混合气体间发生了显著的化学反应。同时，SEM 结果显示 $C_6F_{12}O$ 与 150℃铜相互作用 8h 会产生较少的腐蚀点，但铜片纹路未被破坏，随着温度的进一步升高，铜片表面已变得凹凸不平，腐蚀现象较为严重。这些现象说明了铜与 $C_6F_{12}O$ 混合气体间的相容性较差。

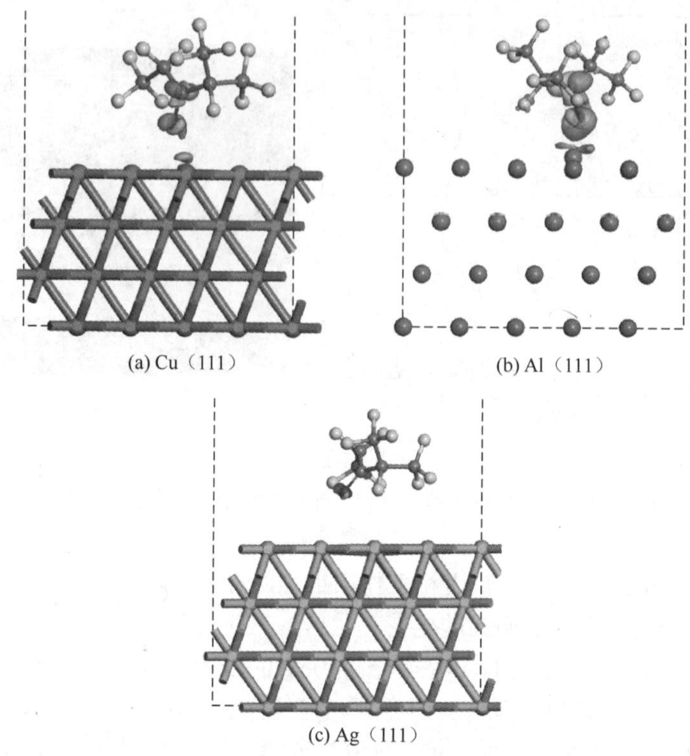

图 8.71　$C_6F_{12}O$ 与金属界面相互作用后体系的差分电荷密度（等值面积为 0.005e/Å^3）

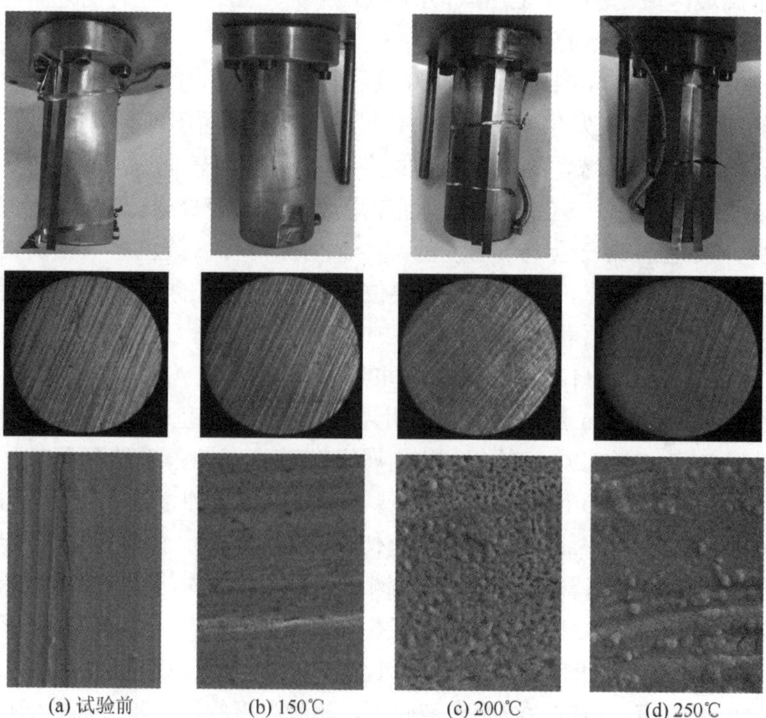

图 8.72　$C_6F_{12}O/N_2$ 与铜相互作用后形貌

图 8.73 给出了不同温度条件下 $C_6F_{12}O/N_2$ 混合气体试验后的气相色谱图，可以看出，150℃温度下 $C_6F_{12}O/N_2$ 混合气体已经出现了分解，主要分解产物包括 C_4F_8O、$C_2F_6O_3$、C_3F_6 以及 C_2F_5H 等组分。随着温度的升高，C_3F_6 以及 C_2F_5H 两类组分产物峰面积明显增大，而 C_4F_8O 和 $C_2F_6O_3$ 的含量有一定下降。说明随着温度的升高，大分子产物有进一步分解的趋势。C_2F_5H 的产生可能与微量水分有关。

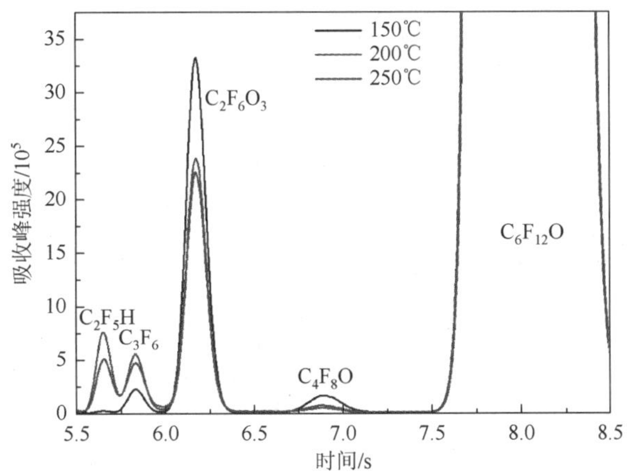

图 8.73　$C_6F_{12}O/N_2$ 与铜相互作用后气相色谱图

综合铜片表面反应前后的形貌变化以及 $C_6F_{12}O/N_2$ 混合气体的组分变化，可以判断 $C_6F_{12}O/N_2$ 混合气体与紫铜在 150℃及以上的条件下会发生相互作用，铜片表面结构会有一定程度腐蚀，且混合气体也会分解产生 C_3F_6 等分解产物。因此，在 $C_6F_{12}O/N_2$ 混合气体替代 SF_6 作为绝缘介质应用于气体绝缘设备中时，有必要对设备中使用的金属铜表面进行一定的防腐蚀处理，以防止设备内部出现局部过热，从而引起 $C_6F_{12}O/N_2$ 混合气体与金属材料的相互反应，造成电气设备内部绝缘故障，给设备的长期正常运行带来安全隐患。

根据图 8.74，铝与 $C_6F_{12}O/N_2$ 混合气体反应 8h 后，铝的颜色未发生明显的变化，颜色均呈银白色，且光泽透亮。SEM 结果表明，铝片表面的纹路随着温度的升高保持着清晰的结构，未出现腐蚀变化。这些现象说明了铝与混合气体间的材料兼容性很好，混合气体与铝片之间的反应不会导致其表面发生变化。

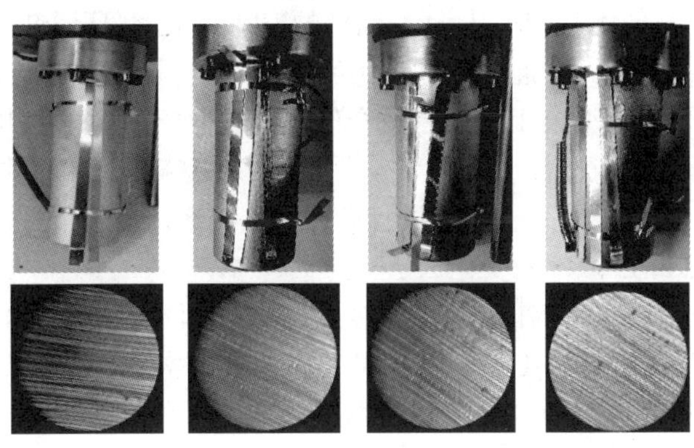

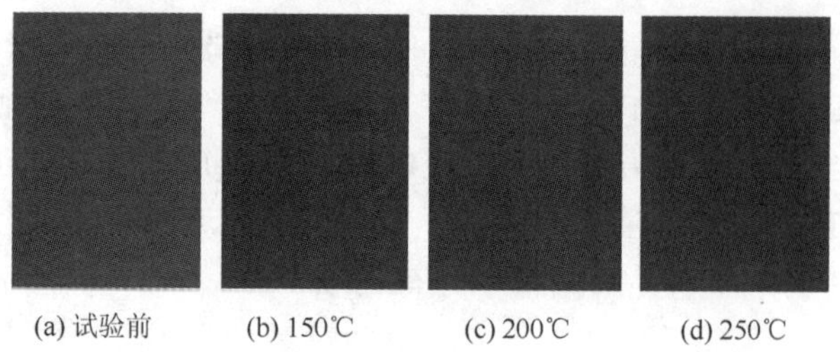

图 8.74　$C_6F_{12}O/N_2$ 与铝相互作用后形貌

另外，$C_6F_{12}O/N_2$ 混合气体与铝相互作用后的分解组分种类和与铜作用后的相同，反应后的混合气体都检测到了 C_4F_8O、$C_2F_6O_3$、C_3F_6 及 C_2F_5H 四类分解产物，且产物中 C_4F_8O 的峰强度比与铜作用时强，其他三种产物均较与铜作用时低（图 8.75）。由于相互作用后铝片表面结构未被破坏，因此分解产物的出现推测为 $C_6F_{12}O$ 气体受热后发生微量分解。

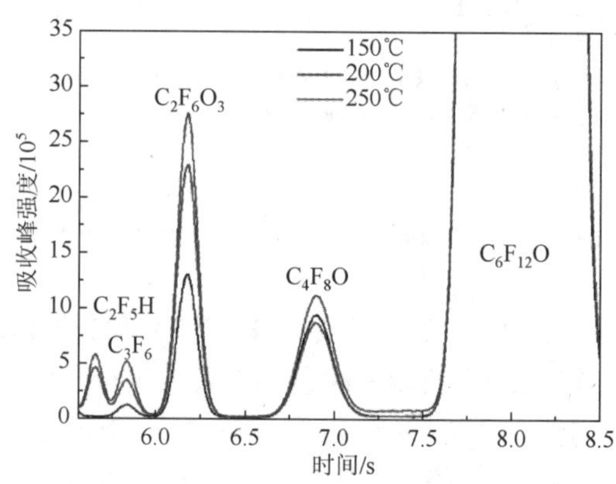

图 8.75　$C_6F_{12}O/N_2$ 与铝相互作用后气相色谱图

8.5　工 程 应 用

8.5.1　$C_5F_{10}O$ 混合气体

2015 年 ABB 公司使用额定电压为 245kV 的 ELK-14C 型高压 SF_6 GIS 开发出额定电压为 170kV，以 $C_5F_{10}O/CO_2/O_2$ 混合气体为绝缘介质的高压设备，并通过了所有型式试验。ABB 公司与瑞士的一家大型公用事业公司合作，将这种新技术带进电网，于 2015 年在苏黎世市的 Elektrizitätswerke Zürich 变电站安装了 8 台 170kV 电压等级高压 GIS 和 50 台 24kV 电压等级中压 GIS（图 8.76）。对变电站进行高压测试并运行了三个月之后采集的气体混合物显示没有检测到 $C_5F_{10}O$ 浓度的变化[14]。

ABB 公司于 2015 年 11 月在荷兰弗莱弗兰的利安德网络安装了 4 台 AirPlus（$C_5F_{10}O$/空气混合气体）环主单元（RMUs），以开展为期 3 年的实地体验项目，每年开展几次采集并分析气体样本的工作，并在实地视察时对各单位进行目测检查（图 8.77）。2018 年实地体验项目结束，回收检查设备后发现自机组安装和通电以来，气体分析和测量结果没有发生重大变化[15]。

图 8.76　使用环保绝缘介质的 170kV 高压 GIS 和 24kV 中压 GIS

图 8.77　安装在荷兰的 AirPlus CCV 开关设备

ABB 公司已经从德国电网运行公司获得了约 4000 万美元的订单用于升级高压变电站，作为升级的组成部分之一，预计将于 2026 年在德国安装世界上第一个 380kV GIS（图 8.78），该设备将使用符合工业标准的环保 $C_5F_{10}O$ 混合气体作为 SF_6 的替代品。

图 8.78　ABB 在德国建设的 380kV 变电站

8.5.2　$C_6F_{12}O$ 混合气体

1. 10kV 开关柜耐压试验

通过比较不同的混合比和气压下混合气体的绝缘特性，结合设备运行温度要求，笔者团队联合山东泰开电力开关有限公司对 4% $C_6F_{12}O$/96% CO_2 混合气体在开关柜中进行了应用可行性测试[16]。

在 10kV 开关柜内进行了基本的设备出厂测试，主要涉及耐压试验测试。试验采用两种开关柜：负荷开关柜（C 柜），主开关为快速刀式三工位负荷开关；断路器柜（V 柜），主开关为真空断路器，隔离开关同 C 柜，为快速刀式三工位隔离。两种开关柜的接线如图 8.79 所示。两种结构的区别在于 V 柜中有含真空灭弧室的断路器。

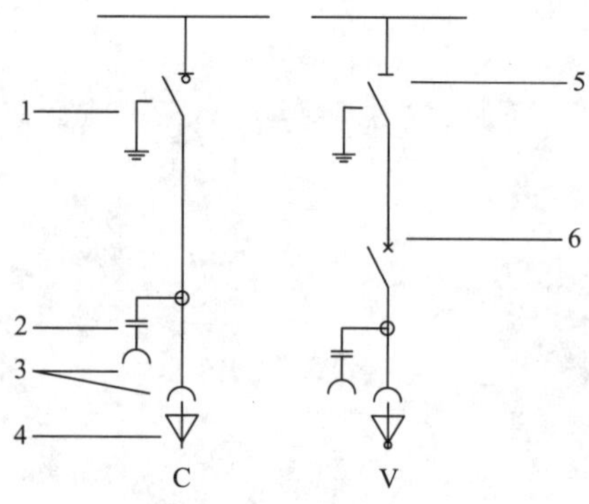

图 8.79　两种开关柜的接线原理

1. 负荷开关；2. 电容器；3. 带电显示器；4. 电缆终端；5. 隔离开关；6. 断路器

测试所用的开关柜为山东泰开电力开关有限公司生产的开关柜，典型的 V 柜气室内的结构如图 8.80 所示。C 柜由于没有断路器，其结构略有不同。测试类型：分别对隔离断口、相间和对地进行额定工频 1min 耐受电压和标准雷电冲击（1.2/50μs）耐受电压测试。测试标准如下：

工频耐压试验：相间及对地 42kV/60s，隔离断口 48kV/60s；

雷电冲击试验：相间及对地 75kV/5 次，隔离断口 85kV/5 次。

试验中将 4%混合比的混合气体充入开关柜的气室。在 0.12MPa、0.14MPa、0.16MPa 和 0.18MPa 气压下开展了耐压试验，试验严格按照标准的操作规程进行。测试结果见表 8.17。在 C 柜中，0.12MPa 下的 4% $C_6F_{12}O/CO_2$ 混合气体在进行隔离断口的工频耐压试验时无法通过；除上述条件下无法通过测试标准，其他条件下均可以通过测试。相同条件下 4% $C_6F_{12}O/CO_2$ 混合气体在 V 柜中的耐压值均大于 C 柜。该测量结果差异主要是两种开关柜的结构不同引起的电场分布不同造成的。实验室内的击穿试验也证明了相比于均匀场，$C_6F_{12}O/CO_2$ 混合气体在不均匀电场中的绝缘性能明显降低。在雷电冲击电压测试中，混合气体具有更明显的优势，耐压值明显高于设备测试的标准值。

两种柜型的雷电冲击试验结果也略不相同：相间及对地的测试结果显示电压的正负极性对 C 柜无差别，而对于 V 柜，正极性耐压值低于负极性耐压值；对于隔离断口的测试结果显示，两种柜型在低气压时出现了正负极性的差异，而气压较高时正负极性的耐压值相同。

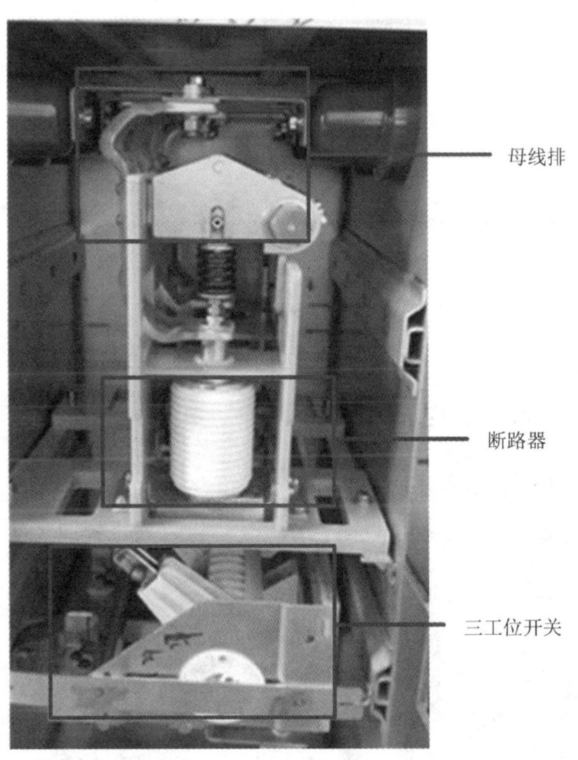

图 8.80　V 柜气室的内部典型结构

表 8.17　4%混合气体耐压试验测试结果

柜型	气压/MPa	工频耐压试验测得耐压值/kV		雷电冲击试验测得耐压值/kV	
		相间及对地 42kV/60s	隔离断口 48kV/60s	相间及对地 75kV/5 次	隔离断口 85kV/5 次
C 柜	0.18	46	53	正负极性 95	正负极性 100
	0.16	45.5	52.9	正负极性 95	正负极性 100
	0.14	46	50.9	正负极性 90	正 88，负 100
	0.12	46	46	正负极性 85	正 85，负 95
V 柜	0.18	46	50	正 110，负 115	正负极性 115
	0.16	46	50	正 110，负 115	正负极性 115
	0.14	46	50	正 105，负 110	正负极性 115
	0.12	49.7	49.7	正 100，负 110	正 85，负 95

综合考虑液化温度的限制，0.14MPa 下 4% $C_6F_{12}O/CO_2$ 混合气体可以满足–15℃的最低运行温度，较为适合用于 10kV 开关柜中。

2. 开关柜型式试验

通过在两种不同开关柜内进行的耐压试验，发现气压大于 0.14MPa 且混合比大于 4% 的 $C_6F_{12}O/CO_2$ 混合气体可以通过基本耐压试验，满足设备的绝缘要求。采用的开关柜为山东泰开电力开关有限公司生产的断路器开关柜，产品型号为 XGN□-12(V)/T630-20。试验现场图和型式试验检验报告见图 8.81。

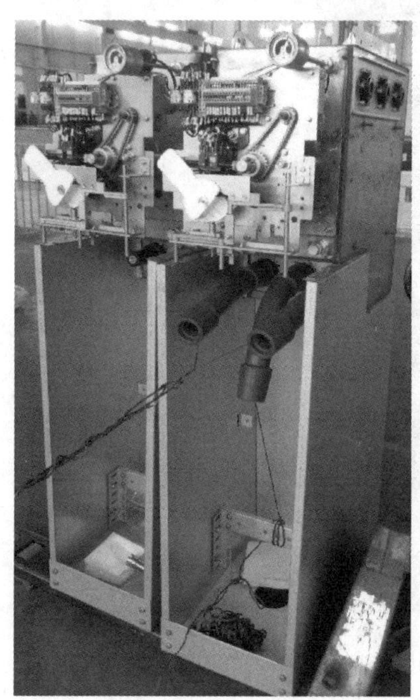

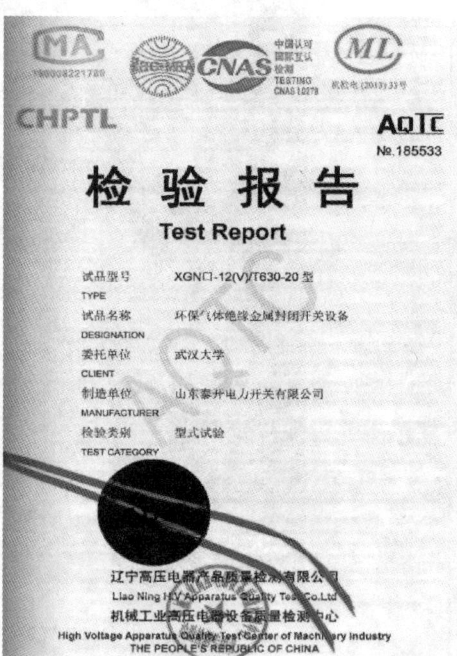

CMA
CNAS
ML
CHPTL
AQTC
№.185533

检 验 报 告

Test Report

试品型号 TYPE XGN□-12(V)/T630-20 型

试品名称 DESIGNATION 环保气体绝缘金属封闭开关设备

委托单位 CLIENT 武汉大学

制造单位 MANUFACTURER 山东泰开电力开关有限公司

检验类别 TEST CATEGORY 型式试验

辽宁高压电器产品质量检测有限公司
Liao Ning HV Apparatus Quality Test Co.Ltd
机械工业高压电器设备质量检测中心
High Voltage Apparatus Quality Test Center of Machinery Industry
THE PEOPLE'S REPUBLIC OF CHINA

图 8.81 $C_6F_{12}O/CO_2$ 混合气体环网试验现场图及型式试验检验报告

参 考 文 献

[1] Tuma P E. Fluoroketone $C_2F_5C(O)CF(CF_3)_2$ as a heat transfer fluid for passive and pumped 2-phase applications//24th Annual IEEE Semiconductor Thermal Measurement and Management Symposium. IEEE, 2008: 173-179.

[2] Mantilla J D, Gariboldi N, Grob S, et al. Investigation of the insulation performance of a new gas mixture with extremely low GWP//2014 IEEE Electrical Insulation Conference (EIC). IEEE, 2014: 469-473.

[3] Owens J, Xiao A, Bonk J, et al. Recent development of two alternative gases to SF_6 for high voltage electrical power applications. Energies, 2021, 14(16): 5051.

[4] Koch D. SF_6 properties, and use in MV and HV switchgear. Cashier Technique Schneider Electric, 2003：188.

[5] Chachereau A, Hösl A, Franck C M. Electrical insulation properties of the perfluoroketone $C_5F_{10}O$. Journal of Physics D: Applied Physics, 2018, 51(33): 335204.

[6] Zhang Y, Zhang X, Li Y, et al. AC breakdown and decomposition characteristics of environmental friendly gas $C_5F_{10}O$/Air and $C_5F_{10}O/N_2$. IEEE Access, 2019, 7: 73954-73960.

[7] Li Y, Zhang X, Li Y, et al. Effect of oxygen on power frequency breakdown characteristics and decomposition properties of C5-PFK/CO_2 gas mixture. IEEE Transactions on Dielectrics and Electrical Insulation, 2021, 28(2): 373-380.

[8] Tian S, Zhang X, Xiao S, et al. Experimental research on insulation properties of $C_6F_{12}O/N_2$ and $C_6F_{12}O/CO_2$ gas mixtures. IET Generation, Transmission & Distribution, 2018, 13(3): 417-422.

[9] 田双双. 环保型绝缘气体 $C_6F_{12}O/CO_2$ 绝缘性能和分解特性的研究及应用. 武汉：武汉大学, 2019.

[10] Li Y, Zhang X, Wang Y, et al. Experimental study on the effect of O_2 on the discharge decomposition products of C5-PFK/N_2 mixtures. Journal of Materials Science Materials in Electronics, 2019, 30(5): 19353-19361.

[11] Li Y, Zhang X, Tian S, et al. Insight into the decomposition mechanism of $C_6F_{12}O$-CO_2 gas mixture. Chemical Engineering Journal, 2019, 360: 929-940.

[12] Li Y, Zhang Y, Li Y, et al. Experimental study on compatibility of eco-friendly insulating medium $C_5F_{10}O/CO_2$ gas mixture with copper and aluminum. IEEE Access, 2019, 7: 83994-84002.

[13] 程林，李亚龙，张晓星，等. 三元乙丙橡胶与 $C_5F_{10}O/CO_2$ 混合气体的相容性研究.高电压技术，2021，47(5):1771-1779.

[14] Diggelmann T, Tehlar D, Müller P. 170 kV pilot installation with a ketone based insulation gas with first experience from operation in the grid//CIGRE Report, Paris, 2016: 105-113.

[15] Kristoffersen M, Hyrenbach M, Harmsen D, et al. RMU with eco-efficient gas mixture: evaluation after 3 years of field experience// CIRED 2019 Conference, Madrid, 2019：1031.

[16] Tian S, Zhang X, Xiao S, et al. Application of $C_6F_{12}O/CO_2$ mixture in 10kV medium-voltage switchgear. IET Science, Measurement & Technology, 2019, 13(9): 1225-1230.

第 9 章　其他电子亲和性气体

9.1　概　　述

由于 C 元素和 F 元素具有较好的电负性，因此与其他原子如 H、Cl、S、N 等组合形成的气体分子一般也具有较好的绝缘性能。1980 年，美国通用电气公司对上千种气体的绝缘强度和液化温度等关键参数展开了研究，并筛选出了性能相对较高的绝缘介质[1]，研究对象主要包括氢氟碳化物（HFCs）、全氟化碳（PFCs）及 C_nF_mX 类气体，大部分气体在绝缘强度和液化温度两方面无法同时达到 SF_6 水平，见图 9.1。CF_nCl_{4-n}、CHF_nCl_{3-n}、C_nH_{2n+2} 类的气体随着 n 的增加，绝缘强度逐渐增加，但是液化温度升高也逐渐明显，并且有些气体存在温室效应问题，有的为毒性气体如 CF_3CN。因此当时的结论仍然是 SF_6 是最为理想的绝缘气体。

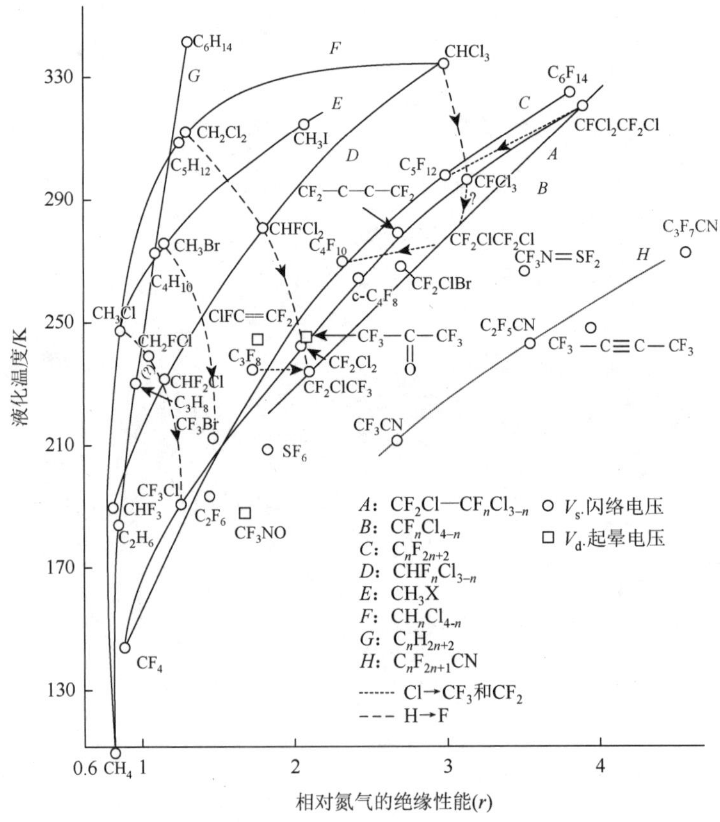

图 9.1　绝缘气体液化温度与绝缘性能分布

除了前述章节中提及的被广泛关注的强电子亲和性气体，还有一些强电子亲和性气体也具有应用潜力。例如，CF_3NSF_2的绝缘强度约为SF_6的 2.41 倍，液化温度为–6℃。但是，该气体的毒性是其最大的缺点，这使得对该气体绝缘性能、分解性能的试验研究受限，研究局限在理论层面[2, 3]。目前对于该气体的研究可供参考的文献仍较少，对于其应用的领域也较为模糊。CCl_2F_2（R12）是一种制冷剂，GWP 为 2400，大气寿命为 12 年，绝缘强度接近SF_6。与空气和N_2的混合气体具有较好的自恢复性，在一定气压和混合比下，混合气体的绝缘强度可以达到SF_6的 90%～95%[4]。

氢氟烯烃 HFO-1234ze(*E*)（$CF_3CH{=}CHF$）无毒不燃，可作为制冷剂使用，对臭氧层无破坏，GWP 小于 0.02，在大气中存在的时间不超过 1 天。HFO-1234ze(*E*)表现出与SF_6非常相似的绝缘性能[5]。通过测量 HFO-1234ze(*E*)分子在脉冲汤森放电时的电子崩参数，发现该气体具有较强的电子吸附能力[6]。相比于前几种气体，该气体具有明显的优势，本章主要介绍 HFO-1234ze(*E*)及其混合气体的相关性质。

9.2　HFO-1234ze(*E*)混合气体

9.2.1　基本性质

HFO-1234ze(*E*)的分子量为 114，其分子结构如图 9.2 所示。HFO-1234ze(*E*)的 GWP 为 0.315，在大气中存在的寿命不超过 10 天，ODP 为 0；其 LC_{50}（4h，大鼠）＞207000ppm，具备不致基因突变、不致癌、不具有生殖毒性、不致神经毒性等优点，同时常压下在–19.2℃液化，绝缘强度能达到纯SF_6的 0.85 倍[7-11]。HFO-1234ze(*E*)与主要环保气体的基本参数对比见表 9.1。

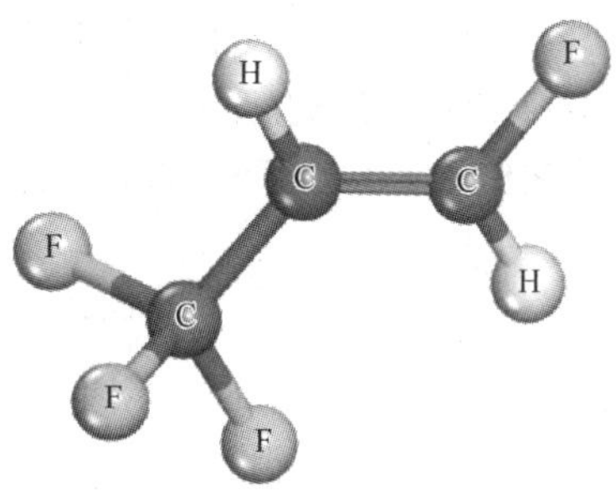

图 9.2　HFO-1234ze(*E*)分子结构

表 9.1　气体基本参数对比

气体	液化温度/℃	GWP	ODP	易燃性	LC_{50} (4h)/ppm
SF_6	–62	23500	0	否	—
HFO-1234ze(*E*)	–19.2	0.315	0	低	＞207000
HFO-1234 yf（顺式）	–29	4	0	可燃	＞405000

法国施耐德电气公司中低压设备团队评估后认为$C_3H_2F_4$的毒性参数与SF_6相近，且$C_3H_2F_4$相对于C_4F_7N和$C_5F_{10}O$在安全性上更具优势，认为其绝缘性能满足在中低压设备中应用的要求，并计划将其应用在 24kV 开关柜中（图 9.3）[8]。

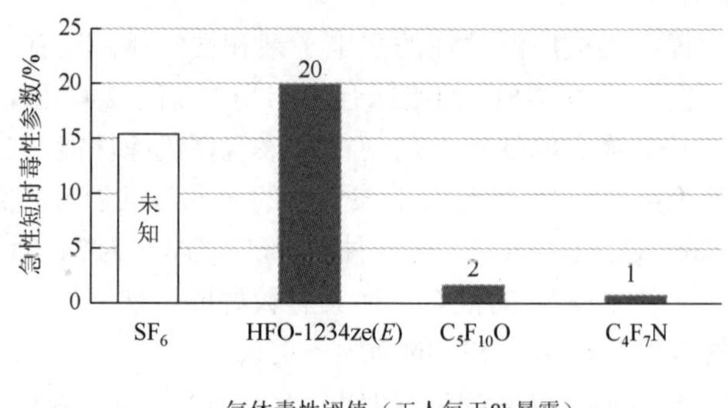

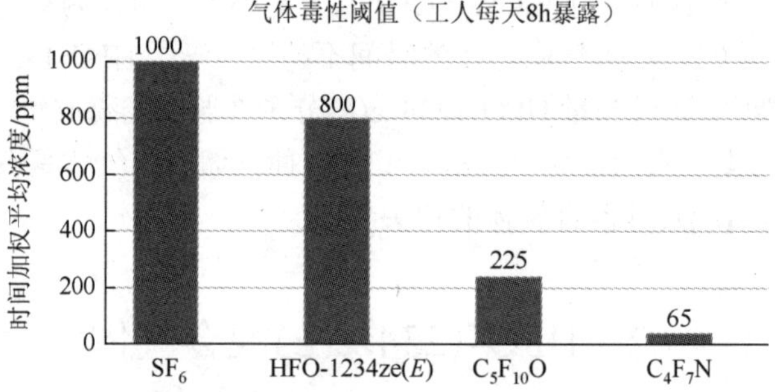

图 9.3　三种环保气体与 SF_6 毒性参数对比[8]

一般缓冲气体液化温度远低于 HFO-1234ze(*E*)，因此混合气体的液化温度主要由 HFO-1234ze(*E*)的饱和蒸气压方程决定。HFO-1234ze(*E*)的−19℃饱和蒸气压为 99.4kPa，25.4℃的饱和蒸气压为 496.0kPa，拟合得到 HFO-1234ze(*E*)不同温度下的饱和蒸气压曲线，见图 9.4。

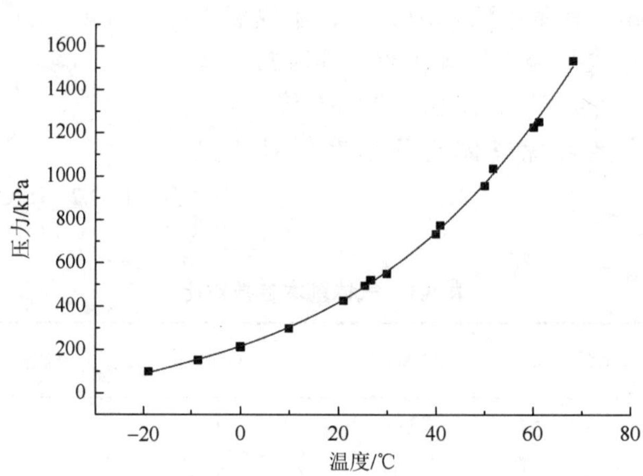

图 9.4　HFO-1234ze(*E*)的饱和蒸气压曲线

$$P = 214.1957 + 7.62973T + 0.10681T^2 + 0.000876232T^3$$

式中，P 为压力；T 为温度。

根据道尔顿分压定律以及 HFO-1234ze(*E*)的饱和蒸气压特性，可得到不同气压下 HFO-1234ze(*E*)混合比与液化温度的关系曲线，如图 9.5 所示。

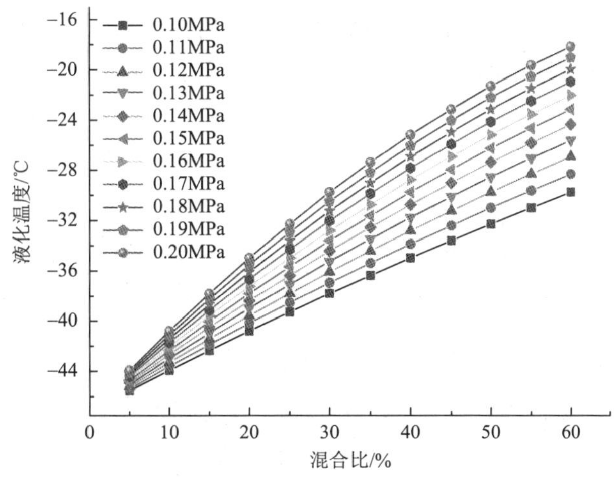

图 9.5　不同气压下 HFO-1234ze(*E*)混合比与液化温度的关系曲线

对于中低压设备，《低压成套开关设备和控制设备 第 1 部分：总则》（GB 7251.1—2013）中规定设备的运行温度在−5～40℃，最低运行温度为−15℃，因此为保证混合绝缘气体不液化，必须满足以上两个温度条件。在气压为 0.10MPa、设备运行在−5℃甚至最低运行温度−15℃时，HFO-1234ze(*E*)均能使用纯气体，即混合比为 100%。相同运行温度下，气压升高要减小 HFO-1234ze(*E*)的混合比。选择的 HFO-1234ze(*E*)混合比一般低于 40%，混合气体的气压在 0.10～0.30MPa。

9.2.2　绝缘性能

纯 HFO-1234ze(*E*)气体绝缘强度约为 SF_6 的 98%，基本上可以达到与 SF_6 相近的水平。考虑液化温度的影响，加入缓冲气体后混合气体的绝缘性能仍会受到混合比、气压值等参数的影响。本节通过球-球、棒-板以及针-板电极实现对不同电场形式的模拟，完成工频击穿特性试验，同时考虑不同气压值和不同混合比对 HFO-1234ze(*E*)/CO_2 混合气体绝缘性能的影响。

图 9.6 为准均匀电场条件下，HFO-1234ze(*E*)/CO_2 混合气体工频击穿电压与气压值的关系曲线。从图中可知，混合比一定的情况下，随着气压的增大，击穿电压呈现上升趋势。0.3MPa 下的击穿电压与 0.1MPa 相比，击穿电压增长的幅度在 18～27kV。以 30%混合比曲线为例，当气压值从 0.1MPa 增至 0.2MPa 时，击穿电压增加 12.56kV；气压值从 0.2MPa 增至 0.3MPa，击穿电压增加 12.46kV；可以得出击穿电压随着气压值的增加呈近似线性增长。

稍不均匀电场下 HFO-1234ze(*E*)/CO_2 混合气体击穿电压随气压值的变化曲线如图 9.7 所示，稍不均匀电场中，击穿电压的增长规律同准均匀电场中类似，随着气压值的增加，其击穿电压也呈近似线性增长，以 20%混合比的 HFO-1234ze(*E*)混合气体为例，气压值从 0.1MPa 增至 0.2MPa 时，击穿电压增加 6.62kV；气压值从 0.2MPa 增至 0.3MPa，击穿电压增加 6.61kV。从图中可以发现，在 CO_2 中加入 HFO-1234ze(*E*)气体，绝缘性能有了不同水平的提高，其中在 0.3MPa 下，HFO-1234ze(*E*)的含量为 20%～25%时，击穿电压能够达到常压下 CO_2 绝缘水平的三倍左右，但击穿电压值较准均匀电场中的击穿电压值有不同程度的下降。

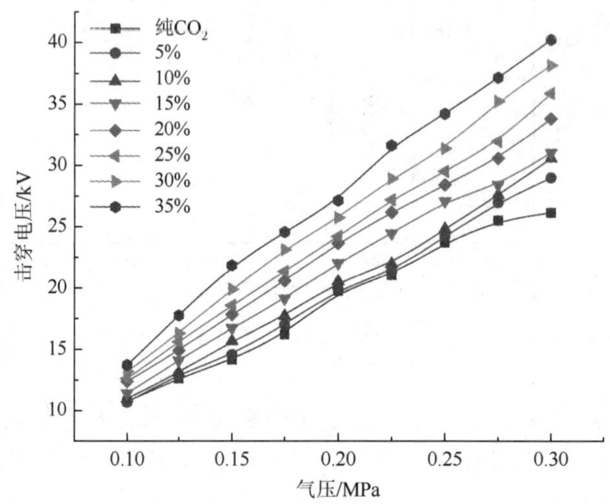

图 9.6　准均匀电场下 HFO-1234ze(*E*)/CO_2 混合气体的工频击穿电压

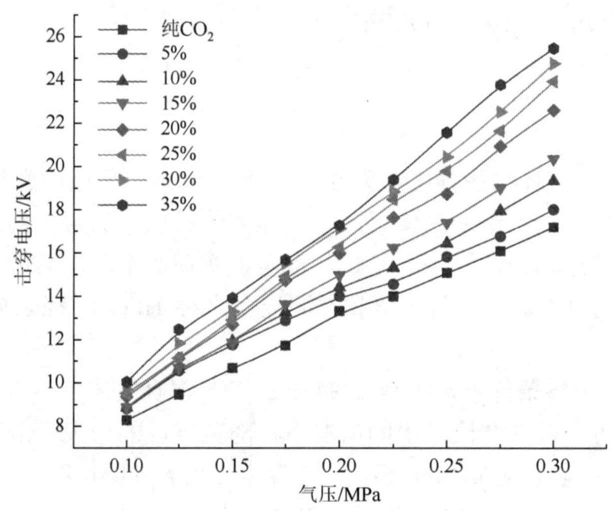

图 9.7　稍不均匀电场下 HFO-1234ze(*E*)/CO_2 混合气体的工频击穿电压

针-板电极所模拟的极不均匀电场下 HFO-1234ze(*E*)/CO_2 混合气体击穿电压随混合比的变化曲线如图 9.8 所示，随着气压的增大，击穿电压的非线性程度也越来越大。以 25%的混合比为例，气压值从 0.1MPa 增至 0.2MPa 时，击穿电压增加了 6.34kV；而气压值从 0.2MPa 增至 0.3MPa，击穿电压增加 3.92kV，其增长的斜率较之前下降了 38.17%。从图中可以发现，在气压值为 0.2MPa 时，HFO-1234ze(*E*)/CO_2 混合气体绝缘性能的增长幅度出现明显的变化，其击穿电压的增长率伴随着气压的增大而呈现下降的趋势，由此可以推断中低气压值有利于 HFO-1234ze(*E*)发挥强的绝缘特性，保证良好的经济性。

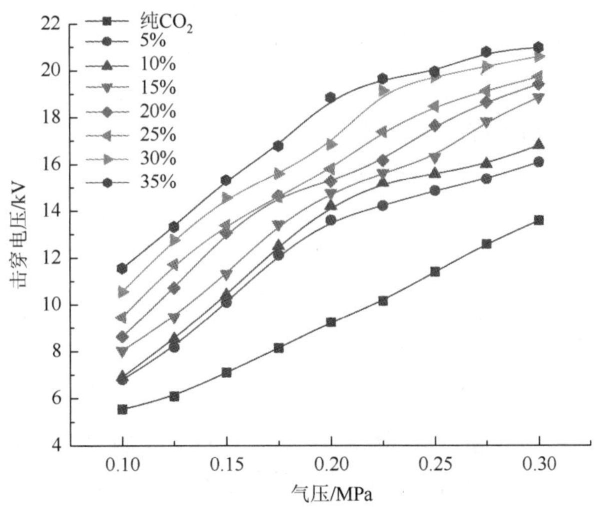

图 9.8　极不均匀电场下 HFO-1234ze(*E*)/CO_2 混合气体击穿电压随混合比的变化曲线

综合不同均匀场条件下 HFO-1234ze(*E*)/CO_2 混合气体的击穿特性，混合气体的绝缘强度基本随着气压值的增加而增强，并且气压值越大，绝缘性能越强。随着气室内气压的提升，气室内单位体积的气体分子数增加，随着气体分子的密度增大，碰撞次数增多，这将减小气室内部气体分子的平均自由程，平均自由程被缩短，碰撞电离过程被削弱，击穿电压值会提高。

为了综合压力、混合比以及电场均匀度三个变量对 HFO-1234ze(*E*)/CO_2 混合气体击穿电压的影响，将相同条件下相同比例的 HFO-1234ze(*E*)/CO_2 混合气体在不同电场下的击穿电压进行对比，表 9.2 为 HFO-1234ze(*E*)/CO_2 混合气体稍不均匀电场相对准均匀电场的工频绝缘强度。

表 9.2　HFO-1234ze(*E*)/CO_2 混合气体稍不均匀电场相对准均匀电场的工频绝缘强度

压力/MPa	工频绝缘强度						
	$k=5\%$	$k=10\%$	$k=15\%$	$k=20\%$	$k=25\%$	$k=30\%$	$k=35\%$
0.300	0.604	0.665	0.656	0.677	0.667	0.636	0.633
0.275	0.621	0.651	0.669	0.685	0.677	0.625	0.640
0.250	0.653	0.662	0.642	0.694	0.670	0.683	0.630
0.225	0.682	0.697	0.663	0.674	0.679	0.651	0.613
0.200	0.704	0.702	0.680	0.676	0.671	0.665	0.637
0.175	0.758	0.748	0.713	0.716	0.699	0.671	0.638
0.150	0.808	0.762	0.708	0.712	0.694	0.668	0.637
0.125	0.815	0.812	0.760	0.748	0.715	0.726	0.703
0.100	0.824	0.805	0.778	0.756	0.754	0.734	0.732

由表 9.2 可得，HFO-1234ze(*E*)/CO_2 混合气体在稍不均匀电场中的击穿电压只能达到准均匀电场中电压的 0.6～0.8 倍，表征电场不均匀系数值 f 越大，HFO-1234ze(*E*)/CO_2 混合气体的绝缘性能受到的影响越大。为达到较好的绝缘水平，在设计应用绝缘介质的设备中应尽可能降低内部结构的不均匀度。同时从表中可以发现，当压力为较低值时，HFO-1234ze(*E*)为 5%～10%的混合比对于电场不均匀度的敏感度较低。而当压力为 0.25～0.30MPa 时，HFO-1234ze(*E*)的混合比在 20%～25%范围内，电场不均匀度对于击穿电压的影响相对较小。

9.2.3 分解特性

1. HFO-1234ze(*E*)分子结构特性

HFO-1234ze(*E*)的结构主要是 C═C 双键、C—F 单键以及 C—H 单键的组合。由于电离能、电子亲和能和电子轨道分布等参数能从一定程度上反映分子的稳定性和参与化学反应的难易程度，首先基于密度泛函理论计算了 HFO-1234ze(*E*)的上述参数值，表 9.3 给出了 HFO-1234ze(*E*)与 SF_6 分子的对比参数。可以看到 HFO-1234ze(*E*)的电子亲和能低于 SF_6，即 HFO-1234ze(*E*)相对 SF_6 形成负离子较难，证实了 HFO-1234ze(*E*)较 SF_6 的电子亲和性偏弱。但 HFO-1234ze(*E*)的电离能与 SF_6 相差不大，鉴于低温等离子体中多数电子的能量范围在 1～10eV[12]，故 HFO-1234ze(*E*)和 SF_6 均较难电离，具有较强的绝缘性能；而 HFO-1234ze(*E*)的分子轨道能隙值低于 SF_6，表明其分子结构化学稳定性略弱于 SF_6。

表 9.3 HFO-1234ze(*E*)和 SF_6 的电离能、电子亲和能与分子轨道能隙值（单位：eV）

参数	HFO-1234ze(*E*)	SF_6
电离能	10.572	15.15
电子亲和能	−0.594	0.44
HOMO 能级	−7.273	−12.27
LUMO 能级	−1.797	−3.09
分子轨道能隙值	5.476	9.18

通过对分子的轨道分布计算得到 HFO-1234ze(*E*)的 HOMO 和 LUMO 分布。图 9.9（a）为 HFO-1234ze(*E*)的 HOMO 分布图，图 9.9（b）为 HFO-1234ze(*E*)的 LUMO 分布图。从图中可以看出，C═C 双键及其相邻的 H 原子上，电荷密度较大，因此可以推断其具有较强的化学反应活性，比较容易发生反应。

图 9.10 所示为分子结构优化后的键长和键角，其中键长单位为 Å，键角单位为（°）。图 9.11 为分子优化后的键级值，HFO-1234ze(*E*)分子中 C—C 键和 C═C 的强度大于 C—F 键和 C—H 键的强度。其中 C—H 键的键级为 1.088～1.090，是所有化学键中键级最小的，综合图 9.10 中的键长以及键角参数，可以判断该键容易发生断裂分解。结合分子轨道理论所得结论，HFO-1234ze(*E*)分子主要有 C═C、C—H 以及 C—F 三种类型键的断裂分解。

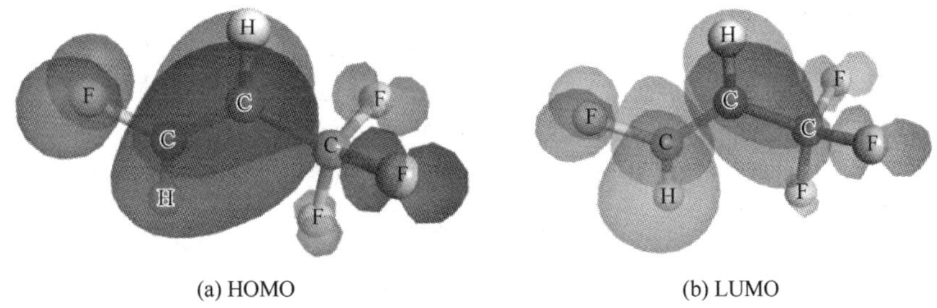

图 9.9　HFO-1234ze(*E*)的分子轨道分布

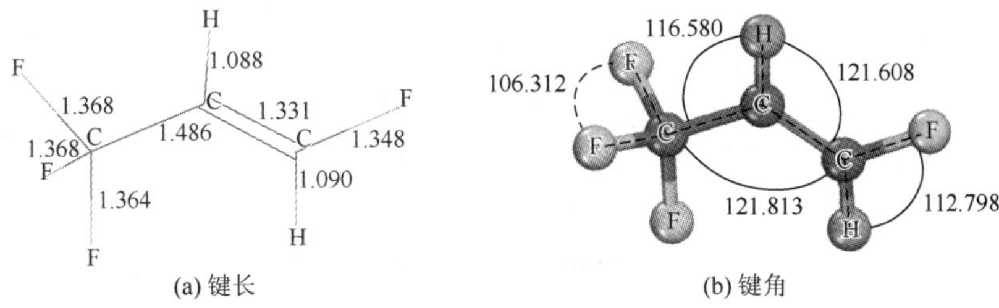

图 9.10　HFO-1234ze(*E*)的键长和键角

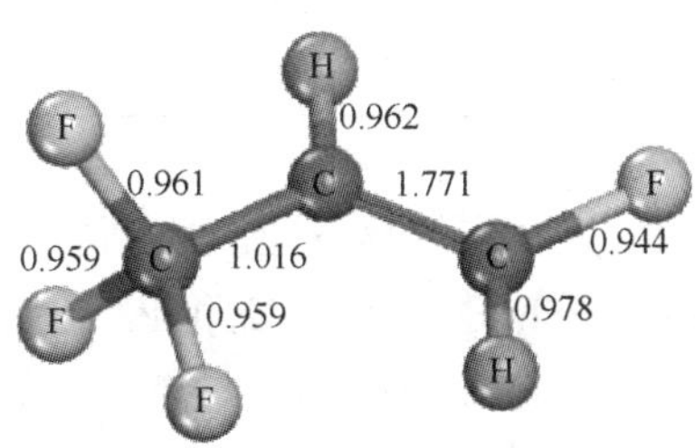

图 9.11　HFO-1234ze(*E*)的键级

2. HFO-1234ze(*E*)分解机理

HFO-1234ze(*E*)的主要解离反应及其在标准条件下的焓值（即能量变化）如表 9.4 所示。

表 9.4　HFO-1234ze(*E*)的主要解离反应及其焓值

路径	反应方程式	焓值/(kJ/mol)
P1	$C_3H_2F_4 \longrightarrow CF_3 + CH{=}CHF$	508.77
P2	$C_3H_2F_4 \longrightarrow CF_3CH + CHF$	730.18
P3	$C_3H_2F_4 \longrightarrow C_3HF_4 + H$	595.64
P4	$C_3H_2F_4 \longrightarrow C_3H_2F_3 + F$	479.18
P5	$CF_3 \longrightarrow CF_2 + F$	350.11
P6	$CH{=}CHF \longrightarrow CH{=}CH + F$	184.45

续表

路径	反应方程式	焓值/(kJ/mol)
P7	CH═CHF ⟶ CH + CHF	700.67
P8	CH═CHF ⟶ C_2HF + H	236.12
P9	CH═CHF ⟶ CH—CHF	−0.08
P10	CF_3CH ⟶ CF_3 + CH	410.32
P11	CF_3CH ⟶ C_2F_3 + H	395.06
P12	CF_3CH ⟶ C_2F_2H + F	185.47
P13	CHF ⟶ CH + F	486.82
P14	CHF ⟶ CF + H	365.73
P15	C_3HF_4 ⟶ C_2F_3 + CHF	677.80
P16	C_3HF_4 ⟶ C_3HF_3 + F	208.41
P17	C_3HF_4 ⟶ CF_3 + C_2HF	201.60
P18	C_3HF_4 ⟶ C_3F_4 + H	244.93
P19	$C_3H_2F_3$ ⟶ CF_3 + C_2H_2	159.63
P20	$C_3H_2F_3$ ⟶ C_2HF_3 + CH	777.11
P21	$C_3H_2F_3$ ⟶ C_3HF_3 + H	201.83
P22	$C_3H_2F_3$ ⟶ $C_3H_2F_2$ + F	354.88

表 9.4 中，解离途径 P1～P4 为初步解离反应。P1 断裂 C—C 单键，P2 断裂 C═C 双键，P3 断裂 C—H 键，P4 断裂 C—F 键，其中 P2 和 P3 的焓值变化较大，说明相应的键断裂需要更多的能量。P4 反应需要 479.18kJ/mol 的能量，这是 P1～P4 反应中最低的，这说明相应的 C—F 键比其他键更容易断裂。图 9.12 给出了 HFO-1234ze(*E*)初步分解途径的能量变化。

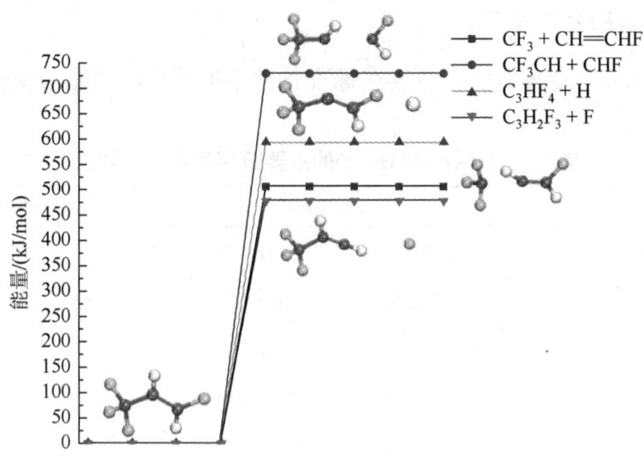

图 9.12　HFO-1234ze(*E*)初步分解途径的能量变化

HFO-1234ze(*E*)初步解离后产生的几种自由基（CF_3、CH═CHF、CF_3CH、CHF、C_3HF_4、H、$C_3H_2F_3$、F）可能进一步发生解离或复合过程。其中，路径 P5～P22 是随后发生的解离反应，其中路径 P9 的焓值为负，说明 CH═CHF 能够进一步自发解离，而 P6、P12 和 P19 反应分别需要 184.45kJ/mol、185.47kJ/mol 和 159.63kJ/mol 的能量。考虑解离产生的各类自由基复合，表 9.5 给出了典型自由基复合反应路径及其焓值。

表 9.5　自由基的主要复合反应及其焓值

路径	反应方程式	焓值/(kJ/mol)
R1	$CF_3 + F \longrightarrow CF_4$	−477.09
R2	$CF_3 + H \longrightarrow CHF_3$	−458.42
R3	$CF_3 + CF_3 \longrightarrow C_2F_6$	−445.43
R4	$CF_2 + CF_2 \longrightarrow C_2F_4$	−360.07
R5	$CH{=}CHF + F \longrightarrow CF_2{=}CH_2$	−482.59
R6	$CH{=}CHF + H \longrightarrow C_2H_3F$	−531.57
R7	$CF_3CH + H + F \longrightarrow C_2H_2F_4$	−908.79
R8	$C_2H_2F_4 \longrightarrow CHF_2CHF_2$	26.66
R9	$CF_3CH + 2H \longrightarrow C_2F_3H_3$	−1002.14
R10	$CF_3CH + 2F \longrightarrow C_2HF_5$	−996.90
R11	$CF_3CH \longrightarrow C_2HF_3$	−242.38
R12	$CHF + 2H \longrightarrow CH_3F$	−875.94
R13	$CHF + 2F \longrightarrow CHF_3$	−947.18
R14	$CHF + H + F \longrightarrow CH_2F_2$	−879.32
R15	$CHF + CHF \longrightarrow C_2H_2F_2$	−704.84
R16	$C_3HF_4 + H \longrightarrow C_3H_2F_4$	−485.80
R17	$C_3H_2F_3 + H \longrightarrow C_3H_3F_3$	−486.42
R18	$C_3H_2F_3 + F \longrightarrow C_3H_2F_4$	−10.94
R19	$C_3H_2F_4 \longrightarrow CF_3CF{=}CH_2$	10.94
R20	$C_3H_2F_4 \longrightarrow CF_3CHCHF$（顺式）	9.41
R21	$H + H \longrightarrow H_2$	−438.26
R22	$H + F \longrightarrow HF$	−539.55

其中，路径 R1、R3、R4 显示了全氟化碳的形成过程，可以看到 R4 反应的焓值比 R3 高，说明 C—C 单键的形成比 C═C 双键的形成容易。因此，不饱和氟代烃 C_2F_4 的形成比全氟乙烷 C_2F_6 的形成更困难。CF_3 源于 P1、P10、P17 及 P19 的解离过程，而 CF_2、F 则是由 P5 进一步分解形成。CHF 自由基可以与自身结合，也可以与 H 或 F 自由基结合，从而形成 $C_2H_2F_2$、CH_3F、CHF_3 和 CH_2F_2。无论是初步解离还是分解产物的进一步解离，形成的自由基 H 和 F 可组合形成有毒的 HF。

综上，图 9.13 总结了 HFO-1234ze(*E*)可能的解离和复合途径。考虑氟碳化合物的异构化以及单自由基的组合可以产生更多的物质，在实际条件下 HFO-1234ze(*E*)的分解途径更加复杂。

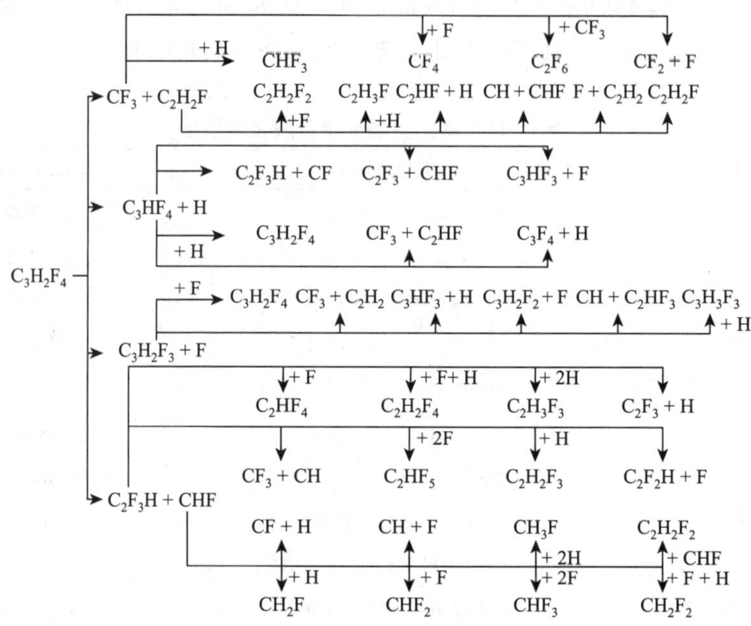

图 9.13　HFO-1234ze(*E*)可能的解离及复合路径

CO_2 主要断键分解为 CO 和 O，反应所需的能量如图 9.14 所示，从图中可以得出该反应需要吸收 745.9865kJ/mol 的能量，对比 HFO-1234ze(*E*)发生初步解离时所需要的能量，可以发现 CO_2 的分解较 HFO-1234ze(*E*)更难，表明 CO_2 相对比较稳定。

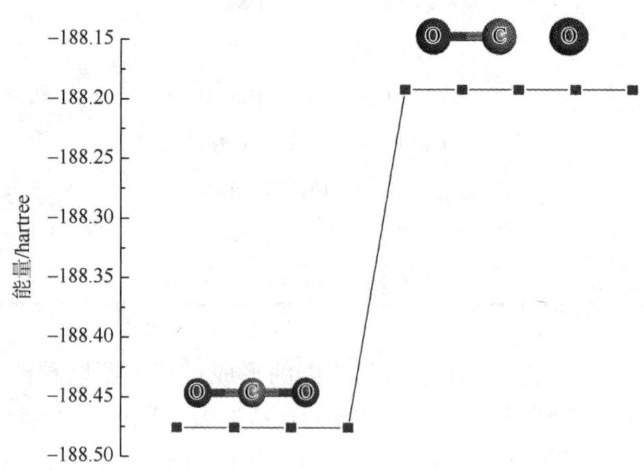

图 9.14　CO_2 解离的能量变化

表 9.6 给出了 HFO-1234ze(*E*)/CO_2 混合气体自由基的主要复合反应路径及其焓值。

表 9.6　自由基的主要复合反应路径及其焓值

路径	反应方程式	焓值/(kJ/mol)
L1	$CF_2 + O \longrightarrow CF_2O$	−161.20
L2	$CHF + O \longrightarrow CHFO$	−181.43
L3	$CF_3CH + O \longrightarrow CF_3CHO$	−176.72
L4	$CHFOH + H \longrightarrow CH_2FOH$	−96.62
L5	$CHFOH + F \longrightarrow CHF_2OH$	−76.18
L6	$CF_3CHOH + H \longrightarrow CF_3CH_2OH$	−98.44
L7	$CF_3CHOH + F \longrightarrow CF_3CHFOH$	−68.79
L8	$CF_3CHCFOH + F \longrightarrow CF_3CHFCFOH$	−75.78
L9	$CF_3CHCFOH + H \longrightarrow CF_3CH_2CFOH$	−109.55
L10	$CF_3CHOHCHF + F \longrightarrow CF_3CHOHCHF_2$	−78.47
L11	$CF_3CHOHCHF + H \longrightarrow CF_3CHOHCH_2F$	−105.08

路径 L1 为自由基 CF_2 与 O 的复合反应，自由基 CF_2 源自路径 P5，也可能源于 P1、P10、P17 以及 P19 产生的 CF_3 自由基的进一步解离。路径 L2 及 L3 为 C═C 双键断裂后产生的 CHF 和 CF_3CH 与 O 进行的反应，它们分别释放−181.43kJ/mol 和−176.72kJ/mol 能量，说明上述反应较为容易发生。O 原子具有良好的电负性，容易与其他自由基发生化学反应生成稳定的化合物。O 容易与 H 反应产生羟基（OH），为了简化反应路径且使其简单清晰，本节研究将羟基作为整体参与反应。从表 9.6 中可以看出，能量变化均为负值，表征反应能够自发进行。

为了获取各化学过程的反应程度，本节计算温度范围 300～3500K 内主要化学反应的速率。通过阿伦尼乌斯公式（9.1）可以拟合不同温度下的速率常数[13]。

$$k_{\mathrm{f}} = AT^{n}\exp(-E_{\mathrm{a}} / RT) \tag{9.1}$$

式中，k_f 为化学反应速率常数；A 为指前因子；T 为温度；n 为温度指数；E_a 为活化能；R 为摩尔气体常量。其中只要确定 A、n 以及 E_a 三个参数就可以确定不同温度条件下的化学反应速率常数。表 9.7 给出了不同反应路径的上述三个参数。

表 9.7　HFO-1234ze(*E*)/CO_2 分解反应的参数

路径	A/s^{-1}	n	E_a/(kcal/mol)
$C_3H_2F_4 \longrightarrow CF_3 + CH{=}CHF$	3.21×10^{16}	1.0600	103.58
$C_3H_2F_4 \longrightarrow CF_3CH + CHF$	3.24×10^{15}	0.9989	150.93
$C_3H_2F_4 \longrightarrow C_3HF_4 + H$	3.76×10^{16}	0.0676	127.10
$CHF + O \longrightarrow CHFO$	6.48×10^{15}	0.0335	176.83
$CF_3CH + O \longrightarrow CF_3CHO$	2.21×10^{15}	0.1250	174.74

续表

路径	A/s^{-1}	n	E_a/(kcal/mol)
$CHFOH + H \longrightarrow CH_2FOH$	6.01×10^{13}	0.3360	1.91
$CHFOH + F \longrightarrow CHF_2OH$	1.06×10^{15}	0.2346	122.17
$CF_3CHOH + H \longrightarrow CF_3CH_2OH$	6.46×10^{15}	1.2660	91.56
$CF_3CHOH + F \longrightarrow CF_3CHFOH$	1.50×10^{16}	0.7383	92.30
$CF_3CHCFOH + F \longrightarrow CF_3CHFCFOH$	1.22×10^{16}	0.6787	179.43
$CF_3CHCFOH + H \longrightarrow CF_3CH_2CFOH$	7.35×10^{14}	1.5033	102.03
$CF_3CHOHCHF + F \longrightarrow CF_3CHOHCHF_2$	1.63×10^{16}	0.5707	169.27
$CF_3CHOHCHF + H \longrightarrow CF_3CHOHCH_2F$	2.87×10^{16}	1.4005	98.40

通过 HFO-1234ze(E)及其混合气体的分解和复合路径，根据表 9.7 的参数以及公式（9.1），计算了以下四种反应的速率常数 k_f，A1：$C_3H_2F_4 \longrightarrow CF_3CH + CHF$，A2：$C_3H_2F_4 \longrightarrow C_3HF_4 + H$，A3：$CHF + O \longrightarrow CHFO$ 和 A4：$CF_3CHOH + H \longrightarrow CF_3CH_2OH$，结果如图 9.15 所示。

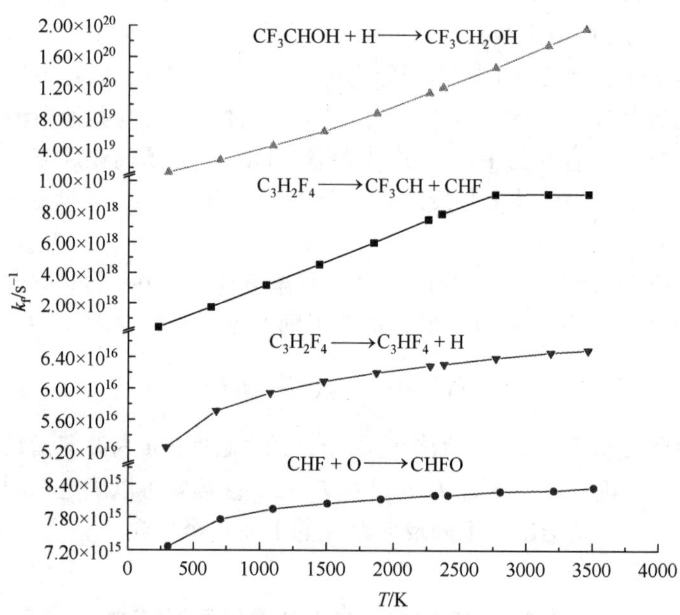

图 9.15 HFO-1234ze(E)分解反应速率常数

A1 产生的 CHF 自由基与 CO_2 断键产生的 O 结合生成 CHFO，该反应即为 A3，而 A4 则是由 A1 产生的 CF_3CH 基团与羟基反应后再与 A2 产生的 H 自由基反应得到 CF_3CH_2OH。从图 9.15 中可以看出，随着温度的升高，化学反应速率常数值也增大。A4 反应的速率相对较大，表明 H 具有较高的化学反应活性，与分子轨道计算分析的结果一致。反应 A1 在 2500K 出现了明显的拐点，反应速率常数趋于饱和。当发生局部放电时，气体绝缘介质也会发生局部过热以及各类物理化学反应，使得气体分子的化学键断裂，造成绝缘介质的劣化与分解。而上述规律也符合气体放电的基本物理过程，随着温度的升高，分子能够获得更高的能量，碰撞的频率也会增大，最终会使得有效碰撞频率提高，因此化学反应速率加快。

图 9.16 给出了 HFO-1234ze(*E*)以及主要分解产物的分子轨道能隙值。从分子轨道能隙值的大小来看，C_2F_6 的分子轨道能隙值为 10.11eV，大于 HFO-1234ze(*E*)的 5.48eV，分子结构较为稳定，且 C_2F_6 具有与 SF_6 相近的绝缘性能。在 HFO-1234ze(*E*)的分解产物中，$C_2H_3F_3$、$C_2H_2F_4$、$C_3H_2F_6$ 等分子具有高于或类似 HFO-1234ze(*E*)的绝缘强度。因此在一定程度上可以判断，当 HFO-1234ze(*E*)发生分解时，分解产物的组分基本能保持原有气体的绝缘性能。

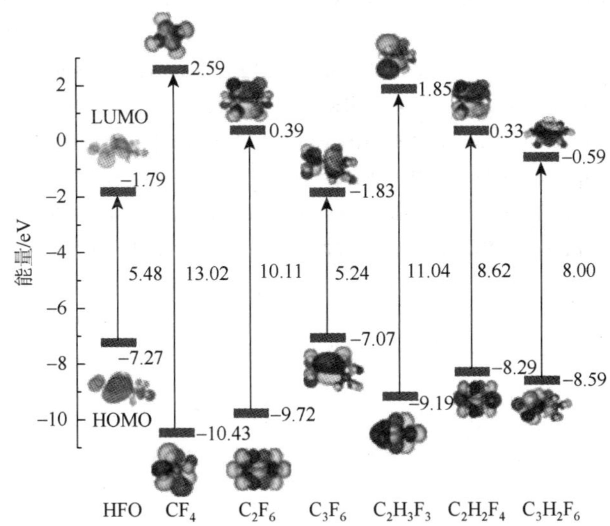

图 9.16　HFO-1234ze(*E*)和主要分解产物的分子轨道能隙

从复合反应路径中可以得出主要的产物是氢氟碳化物(HFCs)和碳氢化合物，如 HFCs 中的 CH_3F 主要用作制冷剂、麻醉剂，$C_2H_2F_4$ 是主流的环保制冷剂等，它们具有的共同特点是 ODP 为 0[13]，完全不破坏臭氧层，不会对环境造成危害，而氟碳化合物中的 CF_4、C_2F_6、C_2F_4，不管是饱和还是非饱和碳氢化合物，均可作为制冷剂使用。因此可以认为生成物对环境的影响程度远远低于 SF_6。

参考文献

[1] Devins J C. Replacement gases for SF_6. IEEE Transactions on Electrical Insulation，1980，(2)：81-86.

[2] Beroual A，Haddad A M. Recent advances in the quest for a new insulation gas with a low impact on the environment to replace sulfur hexafluoride（SF_6）gas in high-voltage power network applications. Energies，2017，10（8）：1216.

[3] Cheng L，Yu X，Zhao K，et al. Electronic structures and OH-induced atmospheric degradation of CF_3NSF_2：a potential green dielectric replacement for SF_6. Journal of Physical Chemistry A，2017，121（13）：2610-2619.

[4] Ullah R，Rashid A，Rashid A，et al. Dielectric characteristic of dichlorodifluoromethane（R12）gas and mixture with N_2/air

as an alternative to SF_6 gas. High Voltage，2017，2（3）：205-210.

[5] Koch M，Franck C M. High voltage insulation properties of HFO1234ze. IEEE Transactions on Dielectrics and Electrical Insulation，2015，22（6）：3260-3268.

[6] Chachereau A，Rabie M，Franck C M. Electron swarm parameters of the hydrofluoroolefine HFO1234ze. Plasma Sources Science and Technology，2016，25（4）：045005.

[7] Maladen R，Prévé C，Piccoz D. Comparison of alternatives to SF_6 regarding EHS and end of life//24th International Conference on Electricity Distribution，2019：3-6.

[8] Preve C，Piccoz D，Maladen R. Application of HFO1234ze(*E*) in MV switchgear as SF_6 alternative gas. CIRED-Open Access Proceedings Journal，2017，2017（1）：42-45.

[9] Rusch G M. The development of environmentally acceptable fluorocarbons. Critical Reviews in Toxicology，2018，48（8）：615-665.

[10] Macpherson R W，Wilson M P，MacGregor S J，et al. Characterization and statistical analysis of breakdown data for a corona-stabilized switch in environmentally friendly gas mixtures. IEEE Transactions on Plasma Science，2018，46（10）：3557-3565.

[11] Preve C，Maladen R，Piccoz D. Method for validation of new eco-friendly insulating gases for medium voltage equipment//IEEE International Conference on Dielectrics（ICD）. IEEE，2016，1：235-240.

[12] Xiao S，Li Y，Zhang X，et al. Formation mechanism of CF_3I discharge components and effect of oxygen on decomposition. Journal of Physics D：Applied Physics，2017，50（15）：155601.

[13] Lin L，Chen Q，Wang X，et al. Study on the decomposition mechanism of the HFO1234ze*E*/N_2 gas mixture. IEEE Transactions on Plasma Science，2020，48（99）：1130-1137.

第10章 展　　望

10.1 新型环保绝缘气体的开发与合成

10.1.1 新型环保绝缘气体的开发

现阶段针对环保绝缘气体的研究多以试验为主，通过对拟研究气体绝缘性能（工频及雷电击穿、局部放电、绝缘复原特性）、稳定性及分解特性（放电分解、热分解）、材料相容性（气固相容性）、灭弧特性、生物安全性（毒性）等方面的测试，评估其应用的可行性。尽管过去几十年来针对 CF_3I、c-C_4F_8、C_4F_7N、$C_5F_{10}O$、$C_6F_{12}O$ 等环保绝缘气体的研究取得了大量成果，但也发现了一些应用上的缺陷或不足。例如，CF_3I 在放电后存在大量固体碘析出，且 CF_3I 具有一定的致癌性；c-C_4F_8 在放电后存在碳析出；$C_5F_{10}O$、$C_6F_{12}O$ 液化温度高等。大量的试验研究成本较高，而所发现或暴露的部分性能缺陷也导致工程应用困难，大多数研究仅停留在实验室阶段，耗费了大量的资源。因此，对新型环保绝缘气体的设计与开发是解决 SF_6 替代的重要途径。

1. 环保绝缘气体开发思路

气体绝缘介质的各类性能本质上由其分子的结构特性所决定。理想的环保绝缘气体绝缘介质应具备以下特性：①环保特性突出且液化温度低；②绝缘特性优异，绝缘强度高；③电、热稳定性优异；④材料相容性优异；⑤生物安全性良好。应用于灭弧的环保绝缘气体还要求其灭弧特性优异[1]。实际上，上述五方面的需求大多与分子微观性能相关联。例如，环保特性参数 GWP 和 ODP 与气体分子元素组成（是否含氯、溴）、大气降解机理（分子与 OH、O_3 反应机理）有关；绝缘特性则与分子的电子亲和性、电子碰撞和吸附截面、分子体积等有关；电、热稳定性则与分子结构对称性、化学键稳定性有关；材料相容性和生物安全性则与分子中的活性官能团等有关。同时，上述参数之间存在一定的关联和矛盾，如绝缘特性优异的气体分子尺寸往往较大、电子亲和性强、电子吸附截面大，且对加热、光照、放电等均呈现化学惰性；而电子亲和性强、分子体积大的分子之间存在较强相互作用，导致液化温度升高；稳定性优异的分子往往难以被大气中的活性粒子降解，GWP 较高。因此，如何厘清各类微观特性间的内在联系并寻求其平衡，是新型环保绝缘气体开发的关键。

目前，针对环保绝缘气体开发的核心思路是构建气体绝缘介质宏观特性与微观参数的关联关系（图 10.1）。具体地，首先，建立已知绝缘强度的气体绝缘介质分子、正离子、负离子模型，基于密度泛函理论等第一性原理方法对所构建模型进行结构优化、微观电子、能量等热力学参数计算，提取气体分子的微观参数集合；其次，构建计算得到的分子微观参数与已知理化参数的构效关系，明确宏观绝缘强度、液化温度等参量与分子结构微观参数间的关联关系并构建宏观理化特性预测模型；再次，将所构建的预测模型应用于部分已知宏观、微观参数气体的反演，验证所提出预测模型的准确性；最后，基于预测模型探索同分异构体、新型设计分子等宏观特性的预测。

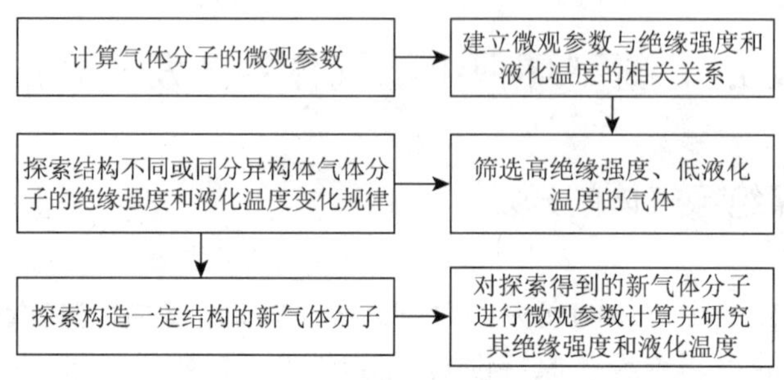

图 10.1　环保绝缘气体开发流程[2]

基于上述方法，能够实现环保绝缘气体宏观特性与微观参数的有效准确关联，上述方法可以用于环保绝缘气体的快速筛选、探究官能团取代等对分子宏观特性的影响规律、开发未知结构的新型潜在环保绝缘气体绝缘介质等领域[2]。表 10.1 给出了目前已知的常见气体绝缘强度参数，方便读者开展相关研究。

表 10.1　常见气体的绝缘强度[3]

分子	相对 SF_6 绝缘强度	分子	相对 SF_6 绝缘强度
H_2	0.22	CH_3CHCl_2	1.01
O_2	0.33	C_2F_6	0.76
N_2	0.38	CF_3CF_2Cl	1.04
N_2O	0.46	$F_2C{=}CFCl$	0.72
CO	0.4	$CF_3CH{=}CH_2$	0.8
CO_2	0.35	$CF_3CF{=}CF_2$	0.94
OCS	0.9	$CF_2{=}CF{-}CF{=}CF_2$	1.2
SF_6	1	c-C_6F_{10}	1.9
CH_4	0.43	c-C_4F_8	1.27
CH_3Cl	0.32	c-C_6F_{12}	2.35
CH_3Br	0.45	c-$CF_3\text{-}(C_4F_2)\text{-}CF_3$	2.3
CH_2F_2	0.27	CF_3OCF_3	1
CH_2Cl_2	0.68	c-$CF_3\text{-}(C_2F_2O)\text{-}CF_3$	1.6
CHF_2Cl	0.42	$HC{\equiv}CH$	0.6
$CHFCl_2$	0.92	SO_2F_2	0.73
CF_4	0.41	CF_3SO_2F	1.45
CF_3Cl	0.58	CH_3CN	0.8
CF_2Cl_2	0.99	CF_3CN	1.5
CF_3Br	0.75	C_2F_5CN	2
CH_3CF_3	0.41	C_3F_7CN	2.2
i-$C_3F_7COCF_3$（C_5-PFK）	2.1		
i-$C_3F_7COC_2F_5$（C_6-PFK）	2.8		

2. 环保绝缘气体分子设计方法

1）官能团取代

官能团取代是一种常见的分子设计方法。例如，3M 公司推出的 C_4F_7N 可以通过氰基（CN）取代八氟丙烷的一个氟原子得到。实际上，通过对现有分子结构中特征官能团的取代，能够揭示不同官能团对分子绝缘强度和液化温度的影响规律。例如，有学者使用 CF_3、NF_2、Cl 和 CN 基团取代 SF_6 的 1～6 个 F 原子，获得了一系列新型气体分子，并基于构效关系模型分析了取代后的分子的相对绝缘强度和液化温度，如图 10.2 所示。

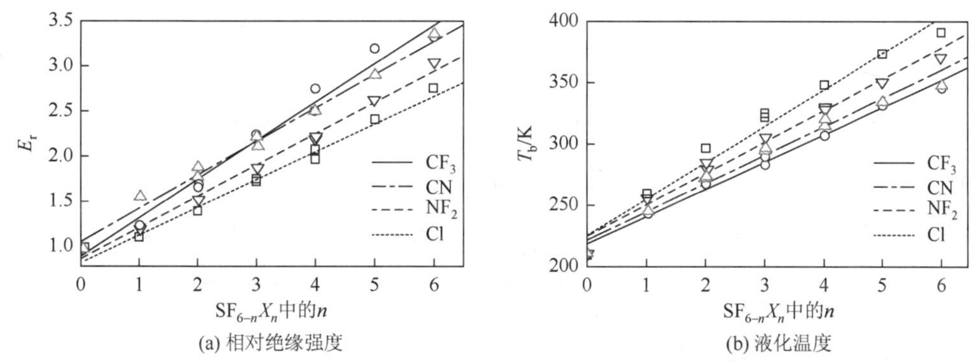

图 10.2 CF_3、NF_2、CN、Cl 官能团取代 SF_6 形成分子的相对绝缘强度与液化温度[4]

可以看到，相对于 NF_2、CN 和 Cl，CF_3 官能团的取代对提高气体绝缘介质的绝缘强度较为有效，且对液化温度的影响最弱，是一种较为理想的分子设计方向。但是，采用 CF_3 基团取代得到的分子的 GWP 仍然较高，如 SF_5CF_3 的 GWP 达到了 17770，环保性能较差。而使用 CN 基团取代 SF_6 中的 F 原子所得到的分子相对绝缘强度和液化温度特性仅次于 CF_3 取代方案，且新分子的 GWP 较低。例如，SF_5CN 相对 SF_6 绝缘强度达到了 1.55，液化温度为–26℃，且 GWP 约为 SF_6 的 5%，是一种潜在的环保绝缘气体[4]。考虑含 CN 基团的大部分分解物质为有毒甚至剧毒物质，因此有必要评估 CN 取代方案可能引发的生物安全性问题。需要指出的是，尽管通过官能团取代方式能够获得新气体分子，但难以获得包含新型化学键的全新分子结构。

2）分子杂化

考虑现阶段环保绝缘气体多以绝缘性能较高的主绝缘气体和液化温度较低的缓冲气体混合使用，一方面能够满足设备最低运行温度需求，另一方面物理混合后的气体分子间往往表现出绝缘协同效应。基于此，部分学者提出类似物理混合的“化学混合”分子杂化设计思想，其本质是将两种或两种以上气体分子通过杂化形成新的化学键[4]。表 10.2 给出了基于该方法设计的几类分子及其核心参数。

根据表 10.2，部分通过分子杂化方法得到的新型分子的预测液化温度与试验值较为吻合，具有与 SF_6 相当或更为优异的绝缘性能，且 GWP 较低，是潜在的环保气体绝缘介质。与传统的物理混合相比，杂化得到的气体具备直接以纯气体形式应用的潜力，避免了气体混合浓度控制、混合比监测、回收分离等难题[4]。

表 10.2 杂化分子的相对绝缘强度、液化温度和 GWP[4]

母体分子	杂化分子	E_r	T_b/℃	GWP
$SF_6 + N_2$	F_5SN_2F	1.37	−7	10
1/2 SF_6 + 1/2 N_2	F_3SN	1.35	−30	916
2/3 SF_6 + 1/2 N_2	F_4SNF	1.07	−17	9
2/3 SF_6 + 1/2 C_2F_4	F_4SCF_2	0.83	−4	0
1/2 SF_6 + 1/2 C_2F_2	F_3SCF	1.02	4	1
3/4 c-C_4F_8 + 1/2 N_2	c-C_3F_5N	1.42	−8	1602
1/2 CF_4 + 1/2 N_2	CF_2NF	0.93	−60	26
1/2 C_2F_6 + 1/2 N_2	CF_2NCF_3	1.07	−30	2091
$CF_4 + SO_2$	CF_3SO_2F	1.33	−28	3678
$CF_4 + CO_2$	$CF_3OC(O)F$	2.01	−37	1739

需要指出的是，尽管基于各种设计思想结合计算化学能够提出一系列绝缘性能、液化温度和环保性能优异的潜在气体，但还需要考虑合成的难易程度，尤其是原料价格、合成步骤、条件及产率等，需要将计算化学与化学工程等学科联合来开发。

10.1.2 新型环保绝缘气体的合成

新型环保绝缘气体的合成已经超越了传统电气工程高电压与绝缘学科的范畴，需要同化学工程等领域开展交叉合作。目前，已经有几种新型环保绝缘气体在实验室层面被成功合成。

例如，以二氯化二硫（S_2Cl_2）、三氟甲基磺酰氯（CF_3SO_2Cl）为原料，可以实现 F_3SN、CF_3SO_2F 两种新型绝缘气体的实验室合成[5, 6]。图 10.3 给出了不同气压下 CF_3SO_2F 与 SF_6 绝缘性能的对比。在相同压力下，CF_3SO_2F 的交流击穿电压是纯 SF_6 的 1.38 倍，直流击穿电压达到了纯 SF_6 的 1.4 倍，具备替代 SF_6 的潜力。

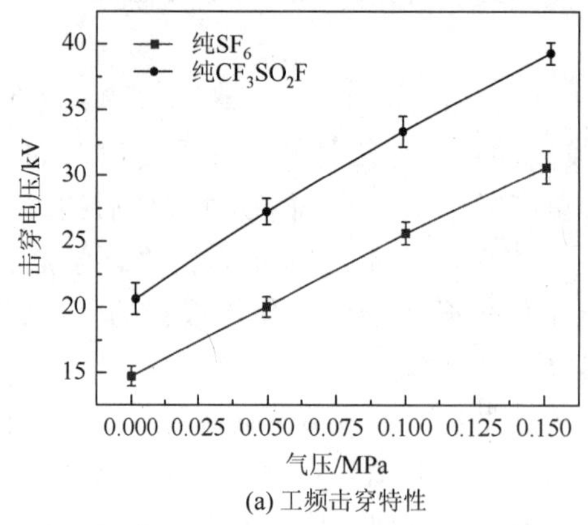

(a) 工频击穿特性

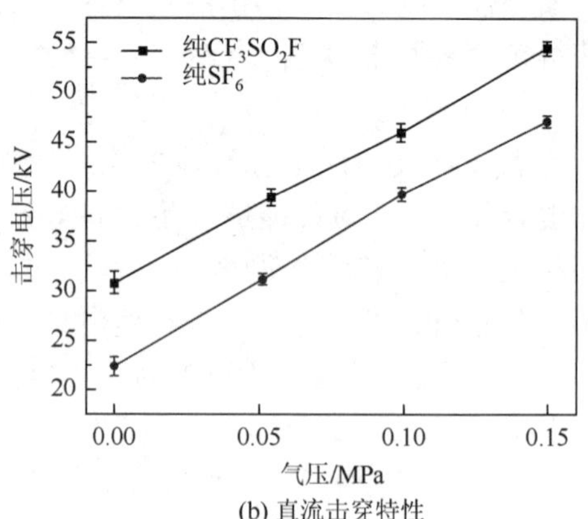

(b) 直流击穿特性

图 10.3 CF_3SO_2F 与 SF_6 工频及直流击穿性能[6]

图 10.4 给出了 CF_3SO_2F/CO_2 和 CF_3SO_2F/N_2 混合气体的工频击穿特性。50% CF_3SO_2F/50% CO_2 和 40% CF_3SO_2F/60% N_2 混合气体的绝缘性能达到了相同条件下纯 SF_6 的绝缘性能，具备一定的应用潜力[6]。需要指出的是，目前对 CF_3SO_2F 的合成仅在实验室阶段，同时针对该气体饱和蒸气压（液化温度）特性、电热稳定性及分解特性、材料相容性、生物安全性（急性吸入毒性）等核心性能的评估仍旧缺乏；合成成本及最终产率、杂质、污染情况等成本和环保参数目前尚无法评估；另外，CF_3SO_2F 气体仍需要与 CO_2、N_2 等缓冲气体混合使用，无法达到其单独应用的设计初衷[4]。

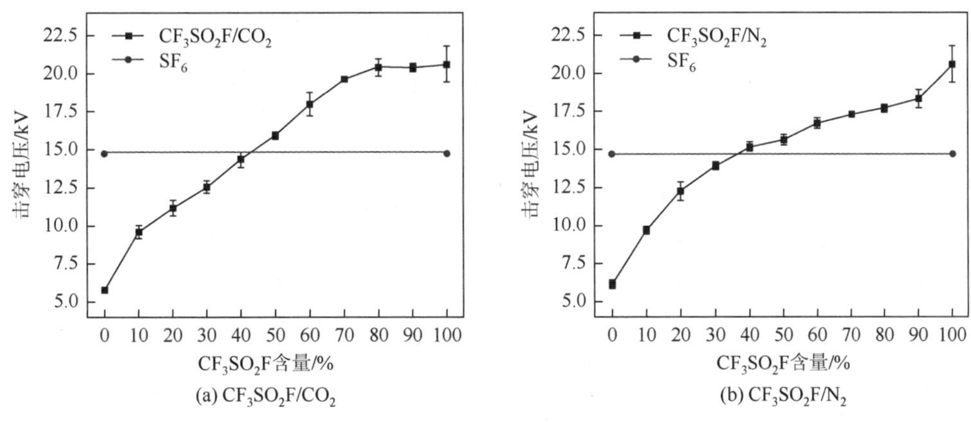

图 10.4 CF_3SO_2F 混合气体的工频击穿性能[6]

综上，新型环保绝缘气体的设计、合成、评估和应用是一项十分艰巨的系统工程。尽管理论层面上的计算结果能够为新型环保绝缘气体的设计提供指导，但后期合成、综合性能评估等仍存在结果不及预期的可能性，因此需要更为深入的多学科交叉与合作，以共同推动环保绝缘气体的设计、开发、性能评估及应用。

10.2 环保绝缘气体发展趋势与应用前景

10.2.1 环保绝缘气体发展趋势

实际上，学术界及工业界对 SF_6 替代气体的研究自 SF_6 获得应用以来便逐步开展，并逐步由实验室研究向工程应用推进。

从科学研究角度，学者们针对 SF_6 替代气体的研究自 20 世纪 90 年代便已经开始，主要目的是解决 SF_6 液化温度低，在高海拔、高寒地区使用容易液化的问题，并初步对 SF_6/N_2、SF_6/CO_2 和 SF_6/CF_4 等开展了大量研究工作。从 1997 年颁布的《京都议定书》将 SF_6 列为六大温室气体之一开始，学者们逐步认识到 SF_6 的温室效应，并开始将目光聚焦到 SF_6 完全替代技术。21 世纪以来，国内外学者针对 c-C_4F_8、CF_3I 等潜在气体开展了大量的理论及试验研究，但由于上述气体均存在一定缺陷，最终并没有获得工程示范应用和大规模应用，领域发展陷入困境。2015 年，3M 公司联合 ABB、通用电气推出了 $C_5F_{10}O$、

C_4F_7N 两类电子氟化液及其专利设备，最早将新一代环保气体绝缘设备成功研发并示范应用。自 2015 年至今，SF_6 替代气体的研究工作进入了另一个时期。国内外诸多学者和企业围绕上述两类新型环保绝缘气体，开展了大量系统性的研究工作，并致力于推出具有自主知识产权的新一代环保绝缘气体输配电设备。

从行业发展角度，电力工业作为 SF_6 的主要使用行业，在享受 SF_6 气体绝缘输配电设备带来的稳定性、可靠性、安全性等优势的同时，也需要坚持“创新、协调、绿色、开放、共享”的新发展理念，顺应绿色发展的国际潮流。实际上，由于世界各国的电网运营企业长期以来绩效考核的核心是输配电可靠性和电能质量，对新技术的部署以及可持续发展的需求并不高，加上早期对环境问题认识不充分，最终导致 SF_6 排放量逐年递增的局面。2010 年以来，国家电网有限公司和中国南方电网有限责任公司相继成立 SF_6 管理部门，以实现对 SF_6 气体的检测、处理、回收及再利用。例如，承担北京地区 75%以上电力输送任务的国网冀北电力有限公司，率先试点了国内首个 SF_6 气体的回收再利用装置。试点期间累计回收 SF_6 气体约 12t，相当于减排 28.44 万 t 的 CO_2，该试点项目于 2012 年 8 月获得联合国的签发认证，成为世界范围内首个电力行业 SF_6 应用减排的新“标杆”。2016 年至今，国家电网有限公司、中国南方电网有限责任公司联合中国电力科学研究院有限公司和国内高校、设备制造企业推出了一系列以环保绝缘气体及设备为主题的科研项目，首次实现了科研单位、设备制造企业和电网用户三类单位的“闭环”研究，共同针对 SF_6 替代气体及其应用开展产学研合作。

从政策及监管角度，21 世纪以来，面对资源约束趋紧、环境污染严重、生态系统退化的严峻形势，党的十八大做出“大力推进生态文明建设”的战略决策，将生态文明建设放在突出地位，融入经济建设、政治建设、文化建设、社会建设各方面和全过程。2020 年 9 月，习近平主席在第七十五届联合国大会一般性辩论上的讲话指出“中国将提高国家自主贡献力度，采取更加有力的政策和措施，二氧化碳排放力争于 2030 年前达到峰值，努力争取 2060 年前实现碳中和”。2021 年 3 月，中央财经委员会第九次会议提出将“双碳”目标纳入我国生态文明建设整体布局，促进经济健康发展和实现碳达峰、碳中和的基本思路和主要举措，而电力工业作为能源产业核心，担负着“碳达峰、碳中和”的重要任务和使命。另外，我国碳排放交易体系已正式运营，SF_6 气体也纳入其中。为进一步降低企业成本、落实碳排放主体责任，作为过渡方案，国家电网有限公司决定自 2021 年起开展 SF_6 混合气体母线、隔离及接地开关试点应用，并从 2023 年起全面推进混合气体的使用，新建站全部采用混合气体 GIS 设备，并逐步开展旧站改造，力争 2030 年 SF_6 使用达峰。随着“双碳”目标的进一步推进，未来针对 SF_6 的限排、限用政策将进一步落地，因此研发环保绝缘气体并逐步减少 SF_6 使用是大势所趋。

目前，尽管针对 SF_6 替代气体的研究取得了诸多突破，部分具有自主知识产权的环保气体绝缘设备也成功通过了型式试验，但环保绝缘气体未来的发展仍有很多亟须解决的问题。

1）环保绝缘气体的设计与合成

现阶段国内外学者针对 SF_6 替代气体的研究主要集中在 C_4F_7N、$C_5F_{10}O$、$C_6F_{12}O$、HFO-1234ze(*E*)等气体，尽管有部分被设计和合成的气体报道，但其相关性能并未完全达到预期水平。环保绝缘气体的设计与合成需要电气、化工、环境等学科的共同合作与交流，不仅要考虑电气应用的绝缘性能、稳定性、安全性，也要考虑合成成本、产率，还要考虑生物安全性、生态毒性等问题。考虑到目前提出的几类环保绝缘气体均存在一定不足，环保绝缘气体的设计与合成仍是未来的一个重要发展方向。

2）气体稳定性与材料相容性

环保绝缘气体要求GWP低、大气寿命短，而电气设备绝缘要求气体绝缘介质稳定性好、绝缘强度高、材料相容性优异。稳定性越好的气体越难以在大气环境中被降解，GWP较高，因此环保和电气需求在一定程度上存在矛盾。目前热门的C_4F_7N、$C_5F_{10}O$、$C_6F_{12}O$等电子氟化液及其混合气体均存在稳定性相对较差、与部分设备内材料不相容等问题。因此，环保绝缘气体稳定性和材料相容性的评估工作仍是未来应用前需要解决的问题，包括对提升稳定性方案和措施的寻求、对相容性材料的开发等。

3）环保气体绝缘设备研发

环保绝缘气体在实验室阶段完成可行性验证之后，需要在真型设备上应用并开展一系列测试。目前，针对环保绝缘气体各类性能的评估大多处于实验室阶段，尽管有部分环保气体绝缘设备通过了绝缘型式试验，但大多数设备仍基于现有SF_6设备的结构，仅对原设备进行了绝缘介质替换。一方面，从绝缘角度来看，环保绝缘气体对电场不均匀度的敏感性不同于SF_6，充气压力往往需要提升以达到原SF_6设备额定工作电压，或采用原设备充气气压但降压运行，即SF_6设备结构与环保绝缘气体存在不匹配问题。另一方面，环保绝缘气体的理化特性不同于SF_6，设备内部的密封圈、吸附剂等功能性材料需要更换以满足与气体相兼容。未来，从设备设计到功能性材料的选取，仍充满机遇和挑战。

4）环保气体绝缘设备运维技术

环保气体绝缘设备在成功开发后，需要开展试运行以验证其可靠性。目前，国内外尚无针对环保型设备运维的相关标准，缺乏环保气体绝缘设备运维经验，部分SF_6运维监测设备和技术无法满足环保绝缘气体要求。因此，环保绝缘气体运维相关传感器和监测系统的开发、运维标准的制定、运维技术经验的获取，仍是未来发展的重要方向。设备运维技术不仅需要硬件层面的支持，也需要设备用户人员对设备运行状态的准确把控，因此对环保型设备运维团队的构建和培养也十分重要。

5）环保绝缘气体灭弧技术

SF_6属于复原特性优异的惰性气体，其绝缘和灭弧能力都非常优异，同时电弧放电过程中发生分解产生的S和F原子能够在弧后复原为SF_6，断路器触头在SF_6气氛下也不易发生氧化，接触电阻可以保持长期稳定，设备整体使用可靠性高。

现阶段热门的环保绝缘气体分子结构均较为复杂，导致其分子结构的稳定性、弧后复原、导热及热耗散等特性较差。一方面，环保绝缘气体在电弧放电下会大量分解，在产生各类气体分解组分的同时会引发含碳固体颗粒的析出，导致环保绝缘气体灭弧能力丧失甚至灭弧室结构因固体析出而失效。另一方面，环保绝缘气体电弧分解产生的各类小分子组分易导致灭弧室气压增长，可能引发灭弧室爆炸等潜在风险。整体上，环保绝缘气体应用于电弧开断前景较差。针对环保绝缘气体灭弧技术的研发，一方面需要对气体配方进行优化，避免灭弧介质的大量分解尤其是固体副产物析出；另一方面需要对灭弧机构进行优化设计和防腐蚀处理，使其达到与环保绝缘气体充分匹配的工作状态。因此，环保绝缘气体灭弧及断路器研发仍是亟须突破的技术难点。

10.2.2 环保绝缘气体应用前景

全球气候变化深刻影响着人类生存和发展，是各国共同面临的重大挑战。据统计，目前全球 SF_6的年排放量超过 8100t，相当于约 1 亿辆新车每年产生的二氧化碳排放量。《中华人民共和国国民经济和社会发展第十四个五年规划和 2035 年远景目标纲要》明确提出单位国内生产总值能源消耗和二氧化碳排放分别降低 13.5%、18%。因此，从政策层面来看，环保绝缘气体及其设备的应用是未来输配电产业绿色化转型的必然要求，具备广阔的应用前景。

从技术层面，国内外高校和科研机构过去五年间对 C_4F_7N、$C_5F_{10}O$、$C_6F_{12}O$、HFO-1234ze(*E*)等新型环保绝缘气体开展了大量的研究工作，从绝缘性能、分解特性及稳定性、生物安全性、材料相容性等方面综合评估了上述气体的应用潜力。尽管部分研究发现相对于 SF_6 气体，上述新型气体存在一些不足，但仍能够通过各类优化方案得以解决，证实了上述气体应用的潜力和价值，从技术层面验证了其应用的可行性。

从产品层面，目前设备企业针对 C_4F_7N、$C_5F_{10}O$、$C_6F_{12}O$、HFO-1234ze(*E*)等新型环保气体绝缘设备的研发也取得了诸多成果，以上述混合气体为代表的设备均通过了型式试验，通用电气、ABB、施耐德电气、西门子等国外设备厂商均推出了多类中高压环保气体绝缘设备，国内诸多设备制造厂商也开展了环保气体绝缘设备研发工作，部分产品已经通过型式试验，具备批量生产许可。环保气体绝缘设备配套罐充气、混合比监测、泄漏检测等设备也已成功研发。整体上，环保气体绝缘设备的生产和应用具有广阔前景。

从用户层面，国家电网有限公司和中国南方电网有限责任公司均开展了环保气体绝缘设备相关科研立项和技术研发，并开展了少量示范应用，积累了相关运维数据和经验。同时，针对环保气体绝缘设备的企业标准也正在制定之中。电网公司对环保气体绝缘设备应用的意愿和需求较之前有了极大的提升，这为环保气体绝缘设备未来大规模应用奠定了良好的用户基础。

综合来看，在高校及科研院所、设备制造企业、电网公司的共同合作与努力下，环保绝缘气体及设备的研发、应用具有广阔发展前景。

参 考 文 献

[1] 张晓星，田双双，肖淞，等. SF_6替代气体研究现状综述. 电工技术学报，2018，33（12）：2883-2893.

[2] 李兴文，陈力，傅明利，等. 基于密度泛函理论的 SF_6替代气体筛选方法的研究综述. 高电压技术，2019，45（3）：673-680.

[3] Yu X，Hou H，Wang B. Prediction on dielectric strength and boiling point of gaseous molecules for replacement of SF_6. Journal of Computational Chemistry，2017，38（10）：721-729.

[4] 王宝山，余小娟，侯华，等. 六氟化硫绝缘替代气体的构效关系与分子设计技术现状及发展. 电工技术学报，2020，35（1）：21-33.

[5] 彭敏，王宝山，于萍，等. 六氟化硫替代气体三氟化硫氮的制备及表征. 应用化工，2018，47（11）：2301-2303.

[6] Wang Y，Gao Z，Wang B，et al. Synthesis and dielectric properties of trifluoromethanesulfonyl fluoride：an alternative gas to SF_6. Industrial & Engineering Chemistry Research，2019，58（48）：21913-21920.